全国高职高专院校“十二五”规划教材（自动化技术类）

可编程控制技术与应用（西门子S7-200）

主　编　邱　俊

中国水利水电出版社
www.waterpub.com.cn

内 容 提 要

本书根据职业岗位技能需求，结合最新的高职院校职业教育课程改革经验，以生产实践中典型的工作任务为项目，以国内广泛使用的德国西门子公司的S7-200系列PLC为例，从综合工程开发的角度出发，采用项目教学法，介绍了PLC的工作原理、硬件结构、指令系统、编程软件的使用方法。

本书共包括S7-200 PLC认知、简单电动机控制电路的PLC控制、灯光、抢答器和洗衣机的PLC控制、交通信号灯的PLC控制、除尘室的PLC控制、物料传送设备的PLC控制、机械手的PLC控制、步进电动机的PLC控制、啤酒发酵自动控制系统设计与调试等9个大项目30多个小的训练项目。

本书可作为高职高专院校工业自动化、电气自动化、机械制造及其自动化、机电一体化等相近专业的PLC教材，也可作为各类成人教育的PLC控制相关课程的教材，还可供从事PLC控制方面工作的工程技术人员和技术工人参考。

本书配有电子教案，读者可以从中国水利水电出版社网站和万水书苑上下载，网址为：http://www.waterpub.com.cn/softdown/和http://www.wsbookshow.com。

图书在版编目（CIP）数据

可编程控制技术与应用 ：西门子S7-200 / 邱俊主编. -- 北京 ：中国水利水电出版社，2013.7
全国高职高专院校“十二五”规划教材. 自动化技术类
ISBN 978-7-5170-0999-3

Ⅰ. ①可… Ⅱ. ①邱… Ⅲ. ①可编程序控制器－高等职业教育－教材 Ⅳ. ①TM571.6

中国版本图书馆CIP数据核字(2013)第145861号

策划编辑：宋俊娥　　责任编辑：李　炎　　封面设计：李　佳

书　名	全国高职高专院校“十二五”规划教材（自动化技术类） 可编程控制技术与应用（西门子 S7-200）
作　者	主　编　邱　俊
出版发行	中国水利水电出版社 （北京市海淀区玉渊潭南路1号D座　100038） 网址：www.waterpub.com.cn E-mail：mchannel@263.net（万水） sales@waterpub.com.cn 电话：（010）68367658（发行部）、82562819（万水）
经　售	北京科水图书销售中心（零售） 电话：（010）88383994、63202643、68545874 全国各地新华书店和相关出版物销售网点
排　版	北京万水电子信息有限公司
印　刷	北京蓝空印刷厂
规　格	184mm×260mm　16开本　17.5印张　427千字
版　次	2013年7月第1版　2013年7月第1次印刷
印　数	0001—3000册
定　价	32.00元

前　　言

为了实现高等职业技术教育的培养目标，更好地适应制造大业的发展，本书根据高等职业技术教育制造大业类专业教学大纲的要求，以及职业岗位技能需求，结合最新的高职院校职业教育课程改革经验，以生产实践中典型的工作任务为项目，编写了这本任务驱动式特色教材，以突出技术应用性和针对性，强化实践操作能力，更好地适应21世纪科技和经济发展对电气技术应用型高级技术人才的要求。

本书内容包括S7-200 PLC认知、简单电动机控制电路的PLC控制、灯光、抢答器和洗衣机的PLC控制、交通信号灯的PLC控制、除尘室的PLC控制、物料传送设备的PLC控制、机械手的PLC控制、步进电动机的PLC控制、啤酒发酵自动控制系统设计与调试等9个大项目。通过典型的西门子S7-200 PLC在9个大项目30多个小的训练项目中的应用，侧重学习PLC控制技术在工业产品设计生产中的应用方法。项目与项目间一环套一环，让所有的理论知识在每一个典型任务中表现得淋漓尽致。每个项目都力求与现场实际控制要求接轨，通过采用图纸、实际设计分析方法等内容，帮助读者更进一步地熟悉工业设计工艺和要求。

本书突破理论贯穿的思路，以综合项目－分解任务－具体步骤的模式组织内容，以加强基础知识、重视实践技能、培养动手能力为指导思想，强调理论联系实际，注重培养学生的动手能力、分析和解决实际问题的能力，以及工程设计能力和创新意识，体现理实一体化教材的特色。本书对相关项目的内容均通过实训加以验证和总结，并配有一定量的技能训练，以保证理论与实践的有机结合。技能训练安排在基础知识讲述的同时进行，以便学生在做中学，在学中做，边学边做，教、学、做合一，真正将企业应用很好地结合于教学内容。

本书是作者在多年从事本课程及相关课程的教学、教改及科研的基础上编写的，可作为高职高专院校工业自动化、电气自动化、机电一体化等相近专业的教材（教师可以根据专业需要选择讲解的内容），也可供从事电气控制方面工作的工程技术人员和技术工人参考。

本书由邱俊主编，黄翔、彭希南、陶锐、程卫权、周志光、徐丽娟、唐春霞、雷翔霄、任琪、刘定良等参加了编写工作，编写期间还得到了罗水华、胡良君、张韧、邹先明、陈舜、马威、谭新元、罗华阳、唐立伟、李荣华的大力支持，在此真诚致谢！

由于编者水平有限，在书中难免存在缺点和错误，敬请读者批评指正。

编　者
2013年4月

目　录

项目1 S7-200 PLC认知

1.1 PLC概述

1.1.1 PLC的产生

高速发展的现代社会要求制造业对市场需求做出迅速的反应，生产出小批量、多品种、多规格、低成本和高质量的产品。为了满足这一要求，生产设备和自动生产线的控制系统必须具有极高的可靠性和灵活性，PLC（Programmable Logic Controller，可编程控制器）正是顺应这一要求出现的。

可编程控制器最先出现在美国，1968年，美国的汽车制造公司通用汽车公司（GM）提出了研制一种新型控制器的要求，并从用户角度提出新一代控制器应具备十大条件：

（1）编程简单，可在现场修改程序。

（2）维护方便，最好是插件式。

（3）可靠性高于继电器控制柜。

（4）体积小于继电器控制柜。

（5）可将数据直接送入管理计算机。

（6）在成本上可与继电器控制柜竞争。

（7）输入可以是交流115V（即用美国的电网电压）。

（8）输出为交流115V、2A以上，能直接驱动电磁阀。

（9）在扩展时，原有系统只需要很小的变更。

（10）用户程序存储器容量至少能扩展到4KB。

条件提出后，立即引起了开发热潮。1969年，美国数字设备公司（DEC）研制出了世界上第一台可编程控制器，并应用于通用汽车公司的生产线上。当时叫可编程逻辑控制器（Programmable Logic Controller，PLC），目的是用来取代继电器，以执行逻辑判断、计时、计数等顺序控制功能。紧接着，美国MODICON公司也开发出同名的控制器，1971年，日本从美国引进了这项新技术，很快研制出了日本第一台可编程控制器。1973年，西欧国家也研制出他们的第一台可编程控制器。

随着半导体技术，尤其是微处理器和微型计算机技术的发展，到20世纪70年代中期以后，特别是进入80年代以来，PLC已广泛地使用16位甚至32位微处理器作为中央处理器，输入输出模块和外围电路也都采用了中、大规模甚至超大规模的集成电路，使PLC在概念、设计、性能价格比以及应用方面都有了新的突破。这时的 PLC 已不仅仅是逻辑判断功能，还同时具有数据处理、PID 调节和数据通信功能，称之为可编程控制器（Programmable Controller）更为合适，简称为 PC，但为了与个人计算机（Personal Computer）的简称 PC 相区别，一般仍将它简称为 PLC。

PLC 是微机技术与传统的继电器－接触器控制技术相结合的产物，其基本设计思想是把计算机的功能完善、灵活、通用等优点和继电器控制系统的简单易懂、操作方便、价格便宜等优点结合起来，控制器的硬件是标准的、通用的。根据实际应用对象，将控制内容编成软件写入控制器的用户程序存储器内。继电器控制系统已有上百年历史，它是用弱电信号控制强电系统的控制方法，在复杂的继电器控制系统中，故障的查找和排除困难，花费时间长，严重地影响工业生产。在工艺要求发生变化的情况下，控制柜内的元件和接线需要作相应的变动，改造工期长、费用高，以至于用户宁愿另外制作一台新的控制柜。而 PLC 克服了继电器－接触器控制系统中机械触点的接线复杂、可靠性低、功耗高、通用性和灵活性差的缺点，充分利用了微处理器的优点，并将控制器和被控对象方便的连接起来。由于 PLC 是由微处理器、存储器和外围器件组成，所以应属于工业控制计算机中的一类。

对用户来说，可编程控制器是一种无触点设备，改变程序即可改变生产工艺，因此如果在初步设计阶段就选用可编程控制器，可以使得设计和调试变得简单容易。从制造生产可编程控制器的厂商角度看，在制造阶段不需要根据用户的订货要求专门设计控制器，适合批量生产。由于这些特点，可编程控制器问世以后很快受到工业控制界的欢迎，并得到迅速的发展。目前，可编程控制器已成为工厂自动化的强有力工具，并得到了广泛的应用。掌握可编程控制器的工作原理，具备设计、调试和维护可编程控制器控制系统的能力，已经成为现代工业对电气技术人员和工科学生的基本要求。

1.1.2 PLC 的概念

1. PLC 的定义

PLC 的应用面广、功能强大、使用方便，已经广泛地应用在各种机械设备和生产过程的自动控制系统中，PLC 在其他领域，例如民用和家用自动化的应用也得到了迅速的发展。PLC 仍然处于不断的发展之中，其功能不断增强，更为开放，它不但是单机自动化中应用最广的控制设备，在大型工业网络控制系统中也占据不可动摇的地位。PLC 的普及程度之高，是其他计算机控制设备无法比拟的。

国际电工委员会（IEC）曾于 1982 年 11 月颁发了可编程控制器标准草案第一稿，1985 年 1 月又发表了第二稿，1987 年 2 月颁发了第三稿。该草案中对可编程控制器的定义是：

“可编程控制器是一种数字运算操作的电子系统，专为在工业环境下应用而设计。它采用了可编程序的存储器，用来在其内部存储和执行逻辑运算、顺序控制、定时、计数和算术运算等操作命令，并通过数字式和模拟式的输入和输出，控制各种类型的机械或生产过程。可编程控制器及其有关外围设备，都按易于与工业系统联成一个整体、易于扩充其功能的原则设计。”

定义强调了可编程控制器是“数字运算操作的电子系统”，是一种计算机。它是“专为在工业环境下应用而设计”的工业计算机，是一种用程序来改变控制功能的工业控制计算机，除了能完成各种各样的控制功能外，还有与其他计算机通信联网的功能。

这种工业计算机采用“面向用户的指令”，因此编程方便。它能完成逻辑运算、顺序控制、定时计数和算术操作，它还具有“数字量和模拟量输入输出控制”的能力，并且非常容易与“工业控制系统联成一体”，易于“扩充”。

定义还强调了可编程控制器应直接应用于工业环境，它须具有很强的抗干扰能力、广泛的适应能力和应用范围。这也是区别于一般微机控制系统的一个重要特征。

应该强调的是，可编程控制器与以往所讲的顺序控制器在“可编程”方面有质的区别。PLC 引入了微处理机及半导体存储器等新一代电子器件，并用规定的指令进行编程，能灵活地修改，即用软件方式来实现“可编程”的目的。

2. PLC的分类

（1）按I/O点数和功能分类

可编程控制器用于对外部设备的控制，外部信号的输入、PLC 的运算结果的输出都要通过PLC输入输出端子来进行接线，输入、输出端子的数目之和被称作PLC的输入、输出点数，简称I/O点数。

由I/O点数的多少可将PLC的I/O点数分成小型、中型和大型。

小型PLC的I/O点数小于256点，以开关量控制为主，具有体积小、价格低的优点。可用于开关量的控制、定时/计数的控制、顺序控制及少量模拟量的控制场合，代替继电器-接触器控制在单机或小规模生产过程中使用。

中型PLC的I/O点数在256～1024之间，功能比较丰富，兼有开关量和模拟量的控制能力，适用于较复杂系统的逻辑控制和闭环过程的控制。

大型PLC的I/O点数在1024点以上。用于大规模过程控制、集散式控制和工厂自动化网络。

（2）按结构形式分类

PLC可分为整体式结构和模块式结构两大类。

整体式PLC是将CPU、存储器、I/O部件等组成部分集中于一体，安装在印刷电路板上，并连同电源一起装在一个机壳内，形成一个整体，通常称为主机或基本单元。整体式结构的PLC具有结构紧凑、体积小、重量轻、价格低的优点。一般小型或超小型PLC多采用这种结构。

模块式PLC是把各个组成部分做成独立的模块，如CPU模块、输入模块、输出模块、电源模块等。各模块作成插件式，并组装在一个具有标准尺寸并带有若干插槽的机架内。模块式结构的PLC配置灵活，装配和维修方便，易于扩展。一般大中型的PLC都采用这种结构。

3. PLC的特点

（1）编程简单，使用方便。梯形图是使用得最多的可编程控制器的编程语言，其符号与继电器电路原理图相似。有继电器电路基础的电气技术人员只要很短的时间就可以熟悉梯形图语言，并用来编制用户程序，梯形图语言形象直观，易学易懂。

（2）控制灵活，程序可变，具有很好的柔性。可编程控制器产品采用模块化形式，配备有品种齐全的各种硬件装置供用户选用，用户能灵活方便地进行系统配置，组成不同功能、不同规模的系统。可编程序控制器用软件功能取代了继电器控制系统中大量的中间继电器、时间继电器、计数器等器件，硬件配置确定后，可以通过修改用户程序，不用改变硬件，方便快速地适应工艺条件的变化，具有很好的柔性。

（3）功能强，扩充方便，性能价格比高。可编程控制器内有成百上千个可供用户使用的编程元件，有很强的逻辑判断、数据处理、PID调节和数据通信功能，可以实现非常复杂的控制功能。如果元件不够，只要加上需要的扩展单元即可，扩充非常方便。与相同功能的继电器系统相比，具有很高的性能价格比。

（4）控制系统设计及施工的工作量少，维修方便。可编程控制器的配线与其他控制系统的配线比较少得多，故可以省下大量的配线，减少大量的安装接线时间，开关柜体积缩小，节省大量的费用。可编程控制器有较强的带负载能力、可以直接驱动一般的电磁阀和交流接触器。一般可用接线端子连接外部接线。可编程控制器的故障率很低，且有完善的自诊断和显示功能，便于迅速地排除故障。

（5）可靠性高，抗干扰能力强。可编程控制器是为现场工作设计的，采取了一系列硬件和软件抗干扰措施，硬件措施如屏蔽、滤波、电源调整与保护、隔离、后备电池等，例如，西门子公司 S7-200 系列 PLC 内部 EEPROM 中，存储用户原程序和预设值在一个较长时间段（190 小时），所有中间数据可以通过一个超级电容器保持，如果选配电池模块，可以确保停电后中间数据能保存 200 天；软件措施如故障检测、信息保护和恢复、警戒时钟，加强对程序的检测和校验。从而提高了系统抗干扰能力，平均无故障时间达到数万小时以上，可以直接用于有强烈干扰的工业生产现场，可编程控制器已被广大用户公认为最可靠的工业控制设备之一。

（6）体积小、重量轻、能耗低。复杂的控制系统用于 PLC 后，可以减少大量的中间继电器和时间继电器，小型 PLC 的体积仅相当于几个继电器的大小，因此可将开关柜的体积缩小到原来的 1/2～1/10。此外，PLC 的配线比继电器控制系统的配线少得多，故可以节省大量的配线和附件，减少大量的安装接线工时。

4. PLC 的应用领域

可编程控制器是应用面最广、功能强大、使用方便的通用工业控制装置，从研制成功开始使用以来，它已经成为了当代工业自动化的主要支柱之一，如图 1-1 所示。随着其性能价格比的不断提高，PLC 的应用范围不断扩大，主要有以下几个方面：

图 1-1　PLC 的应用领域

（1）数字量逻辑控制。PLC 用“与”、“或”、“非”等逻辑控制指令来实现触点和电路的串、并联，代替继电器进行组合逻辑控制、定时控制与顺序逻辑控制。数字量逻辑控制可以用于单台设备，也可以用于自动生产线，其应用领域已遍及各行各业，甚至深入到家庭。

（2）运动控制。PLC 使用专用的运动控制模块，对直线运动或圆周运动的位置、速度和加速度进行控制，可以实现单轴、双轴和多轴位置控制，使运动控制与顺序控制有机地结合在一起。PLC 的运动控制能广泛地用于各种机械，例如金属切削机床、金属成形机械、装配机械、机器人、电梯等。

（3）闭环过程控制。过程控制是指对温度、压力、流量等连续变化的模拟量的闭环控制。PLC 通过模拟量 I/O，实现模拟量（Analog）和数字量（Digital）之间的 A/D 转换和 D/A 转换，并对被控模拟量实行闭环 PID（比例-积分-微分）控制。现代的大中型可编程控制器一般都有 PID 闭环控制功能，此功能已经广泛地应用于工业生产、加热炉、锅炉等设备，以及轻工、化工、机械、冶金、电力、建材等行业。

（4）数据处理。可编程序控制器具有数学运算、数据传送、转换、排序和查表、位操作等功能，可以完成数据的采集、分析和处理。这些数据可以是运算的中间参考值，也可以通过通信功能传送到别的智能装置，或者将它们保存、打印。数据处理一般用于大型控制系统，如无人柔性制造系统，也可以用于过程控制系统，如造纸、冶金、食品工业中的一些大型控制系统。

（5）构建网络控制。可编程控制器的通信包括主机与远程 I/O 之间的通信、多台可编程控制器之间的通信、可编程控制器和其他智能控制设备（如计算机、变频器）之间的通信。可编程控制器与其他智能控制设备一起，可以组成“集中管理、分散控制”的分布式控制系统。

当然，并非所有的可编程控制器都具有上述功能，用户应根据系统的需要选择可编程控制器，这样既能完成控制任务，又可节省资金。

5. PLC 的发展

（1）向高集成、高性能、高速度，大容量发展。微处理器技术、存储技术的发展十分迅猛，功能更强大，价格更便宜，研发的微处理器针对性更强。这为可编程控制器的发展提供了良好的环境。大型可编程控制器大多采用多 CPU 结构，不断地向高性能、高速度和大容量方向发展。

在模拟量控制方面，除了专门用于模拟量闭环控制的 PID 指令和智能 PID 模块，某些可编程控制器还具有模糊控制、自适应、参数自整定功能，使调试时间减少，控制精度提高。

（2）向普及化方向发展。由于微型可编程控制器的价格便宜，体积小、重量轻、能耗低，很适合于单机自动化，它的外部接线简单，容易实现或组成控制系统等优点，在很多控制领域中得到广泛应用。

（3）向模块化、智能化发展。可编程控制器采用模块化的结构，方便了使用和维护。智能 I/O 模块主要有模拟量 I/O、高速计数输入、中断输入、机械运动控制、热电偶输入、热电阻输入、条形码阅读器、多路 BCD 码输入/输出、模糊控制器、PID 回路控制、通信等模块。智能 I/O 模块本身就是一个小的微型计算机系统，有很强的信息处理能力和控制功能，有的模块甚至可以自成系统，单独工作。它们可以完成可编程控制器的主 CPU 难以兼顾的功能，简化了某些控制领域的系统设计和编程，提高了可编程控制器的适应性和可靠性。

（4）向软件化发展。编程软件可以对可编程控制器控制系统的硬件组态进行设置，即设置硬件的结构和参数，例如设置各框架各个插槽上模块的型号、模块的参数、各串行通信接口的参数等。在屏幕上可以直接生成和编辑梯形图、指令表、功能块图和顺序功能图程序，并可以实现不同编程语言的相互转换。可编程控制器编程软件有调试和监控功能，可以在梯形图中显示触点的通断和线圈的通电情况，查找复杂电路的故障非常方便。历史数据可以存盘或打印，通过网络或 Modem 卡，还可以实现远程编程和传送。

个人计算机（PC）的价格便宜，有很强的数学运算、数据处理、通信和人机交互的功能。目前已有多家厂商推出了在 PC 上运行的可实现可编程控制器功能的软件包，如亚控公司的 KingPLC。“软 PLC”在很多方面比传统的“硬 PLC”有优势，有的场合“软 PLC”可能是理想的选择。

（5）向通信网络化发展。伴随科技发展，很多工业控制产品都加设了智能控制和通信功能，如变频器、软起动器等。可以和现代的可编程控制器通信联网，实现更强大的控制功能。通过双绞线、同轴电缆或光纤联网，信息可以传送到几十公里远的地方，通过 Modem 和互联网可以与世界上其他地方的计算机装置通信。

相当多的大中型控制系统都采用上位计算机加可编程控制器的方案，通过串行通信接口或网络通信模块，实现上位计算机与可编程控制器交换数据信息。组态软件引发的上位计算机编程革命，很容易实现两者的通信，降低了系统集成的难度，节约了大量的设计时间，提高了系统的可靠性。国际上比较著名的组态软件有 Intouch、Fix 等，国内也涌现出了组态王、力控等一批组态软件。有的可编程控制器厂商也推出了自己的组态软件，如西门子公司的 WINCC。

1.1.3 PLC 的基本组成

PLC 主要由 CPU、存储器、基本 I/O 接口电路、外设接口、编程装置、电源等组成。

可编程控制器的结构多种多样，但其组成的一般原理基本相同，都是以微处理器为核心的结构，如图 1-2 所示。编程装置将用户程序送入可编程控制器，在可编程控制器运行状态下，输入单元接收到外部元件发出的输入信号，可编程控制器执行程序，并根据程序运行后的结果，由输出单元驱动外部设备。

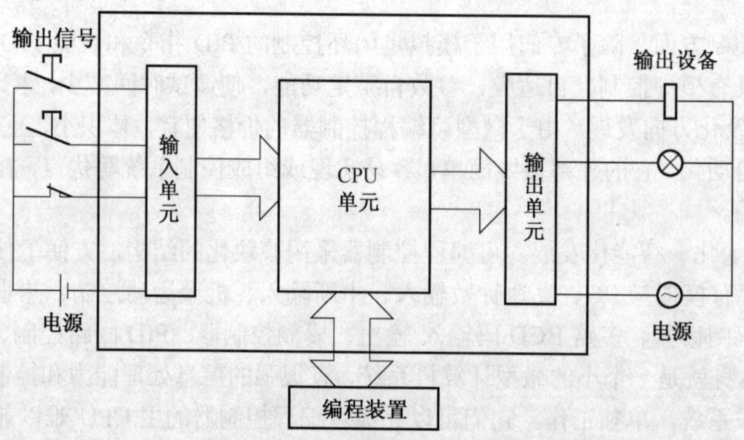

图 1-2　可编程控制器系统结构

1. CPU单元

CPU是可编程控制器的控制中枢，相当于人的大脑。CPU一般由控制电路、运算器和寄存器组成。这些电路通常都被封装在一个集成的芯片上。CPU 通过地址总线、数据总线、控制总线与存储单元、输入输出接口电路连接。CPU 的功能有：它在系统监控程序的控制下工作，通过扫描方式，将外部输入信号的状态写入输入映像寄存区域，PLC 进入运行状态后，从存储器逐条读取用户指令，按指令规定的任务进行数据的传送、逻辑运算、算术运算等，然后将结果送到输出映像寄存区域。

CPU 常用的微处理器有通用型微处理器、单片机和位片式微处理器等。通用型微处理器常见的如Intel公司的8086、80186到Pentium系列芯片，单片机型的微处理器如Intel公司的MCS-96系列单片机，位片式微处理器如AMD 2900系列的微处理器。小型PLC 的CPU多采用单片机或专用CPU，中型PLC的CPU大多采用16位微处理器或单片机，大型PLC的CPU多用高速位片式微处理器，具有高速处理能力。

2. 存储器

可编程控制器的存储器由只读存储器 ROM、随机存储器 RAM 和可电擦写的存储器EEPROM三大部分构成，主要用于存放系统程序、用户程序及工作数据。

只读存储器ROM用以存放系统程序，可编程控制器在生产过程中将系统程序固化在ROM中，用户是不可改变的。用户程序和中间运算数据存放在随机存储器RAM中，RAM存储器是一种高密度、低功耗、价格便宜的半导体存储器，可用锂电池做备用电源。它存储的内容是易失的，掉电后内容会丢失；当系统掉电时，用户程序可以保存在只读存储器EEPROM或由高能电池支持的RAM中。EEPROM兼有ROM的非易失性和RAM的随机存取优点，通常用来存放需要长期保存的重要数据。

3. I/O单元及I/O扩展接口

（1）I/O单元。PLC内部输入电路作用是将PLC外部电路（如行程开关、按钮、传感器等）提供的符合PLC输入电路要求的电压信号，通过光电耦合电路送至PLC内部电路。输入电路通常以光电隔离和阻容滤波的方式提高抗干扰能力，输入响应时间一般在 0.1～15ms 之间。根据输入信号形式的不同，可分为模拟量I/O单元、数字量I/O单元两大类。根据输入单元形式的不同，可分为基本I/O单元、扩展I/O单元两大类。

（2）I/O扩展接口。可编程控制器利用I/O扩展接口使I/O扩展单元与PLC的基本单元实现连接，当基本I/O单元的输入或输出点数不够使用时，可以用I/O扩展单元来扩充开关量的I/O点数和增加模拟量的I/O端子。

4. 外设接口

外设接口电路用于连接手持编程器或其他图形编程器、文本显示器，并能通过外设接口组成PLC的控制网络。PLC通过PC/PPI电缆或使用MPI卡通过RS-485接口与计算机连接，可以实现编程、监控、连网等功能。

5. 电源

电源单元的作用是把外部电源（220V的交流电源）转换成内部工作电压。外部连接的电源，通过PLC内部配有的一个专用开关式稳压电源，将交流/直流供电电源转化为PLC内部电路需要的工作电源（直流5V、±12V、24V），并为外部输入元件（如接近开关）提供24V直流电源（仅供输入端点使用），而驱动PLC负载的电源由用户提供。

1.1.4 PLC的输入输出接口电路

输入输出接口电路实际上是PLC与被控对象间传递输入输出信号的接口部件。输入输出接口电路要有良好的电隔离和滤波作用。

1. 输入接口电路

由于生产过程中使用的各种开关、按钮、传感器等输入器件直接接到PLC输入接口电路上，为防止由于触点抖动或干扰脉冲引起错误的输入信号，输入接口电路必须有很强的抗干扰能力。

如图1-3所示，输入接口电路提高抗干扰能力的方法主要有：

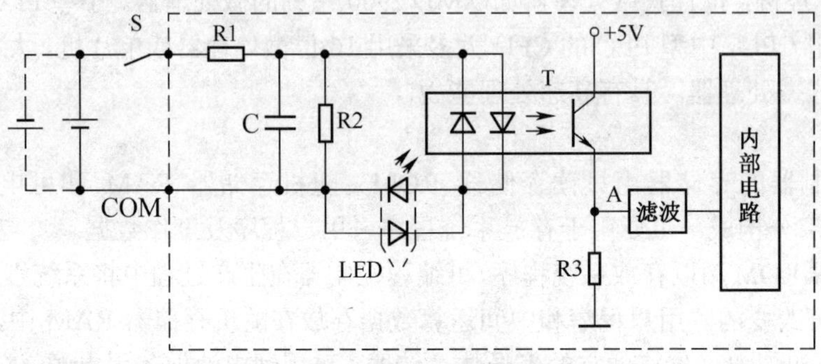

图1-3 可编程控制器输入电路

（1）利用光电耦合器提高抗干扰能力。光电耦合器工作原理是：发光二极管有驱动电流流过时，导通发光，光敏三极管接收到光线，由截止变为导通，将输入信号送入PLC内部。光电耦合器中的发光二极管是电流驱动元件，要有足够的能量才能驱动。而干扰信号虽然有的电压值很高，但能量较小，不能使发光二极管导通发光，所以不能进入PLC内，实现了电隔离。

（2）利用滤波电路提高抗干扰能力。最常用的滤波电路是电阻电容滤波，如图1-2中的R1、C。

图1-3中，S为输入开关，当S闭合时，LED点亮，显示输入开关S处于接通状态。光电耦合器导通，将高电平经滤波器送到PLC内部电路中。当CPU在循环的输入阶段锁入该信号时，将该输入点对应的映像寄存器状态置1；当S断开时，则对应的映像寄存器状态置0。

根据常用输入电路电压类型及电路形式不同，可以分为干接点式、直流输入式和交流输入式。输入电路的电源可由外部提供，有的也可由PLC内部提供。

2. 输出接口电路

根据驱动负载元件不同可将输出接口电路分为三种：

（1）小型继电器输出形式，如图1-4所示。这种输出形式既可驱动交流负载，又可驱动直流负载。它的优点是适用电压范围比较宽，导通压降小，承受瞬时过电压和过电流的能力强。缺点是动作速度较慢，动作次数（寿命）有一定的限制。建议在输出量变化不频繁时优先选用。

图1-4所示电路工作原理是：当内部电路的状态为1时，使继电器K的线圈通电，产生电磁吸力，触点闭合，则负载得电，同时点亮LED，表示该路输出点有输出；当内部电路的状态为0时，使继电器K的线圈无电流，触点断开，则负载断电，同时LED熄灭，表示该路输出点无输出。

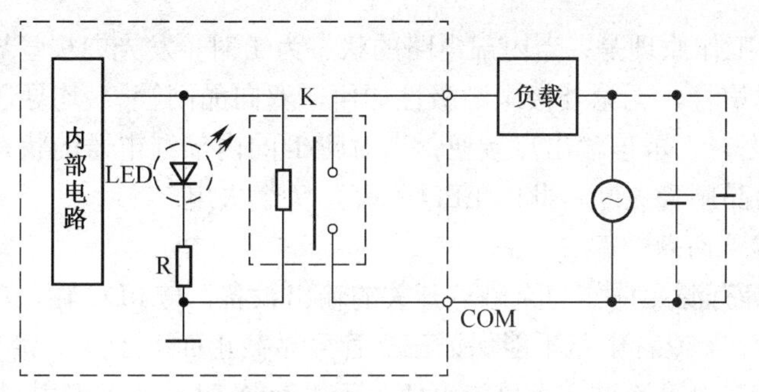

图 1-4 小型继电器输出形式电路

（2）大功率晶体管或场效应管输出形式，如图 1-5 所示。这种输出形式只可驱动直流负载。它的优点是可靠性强，执行速度快，寿命长。缺点是过载能力差。适合在直流供电、输出量变化快的场合选用。

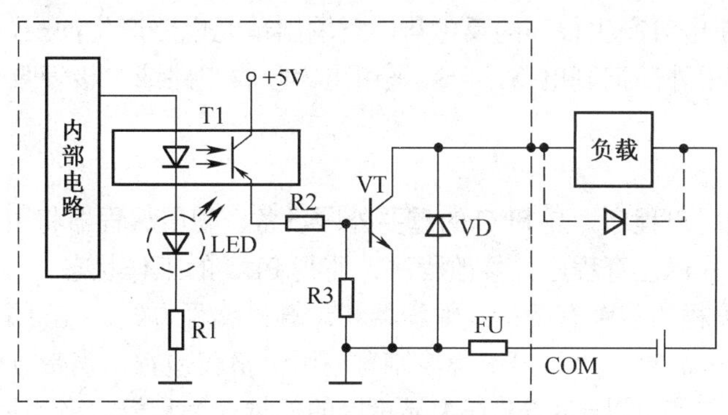

图 1-5 大功率晶体管输出形式电路

图 1-5 所示电路工作原理是：当内部电路的状态为 1 时，光电耦合器 T1 导通，使大功率晶体管 VT 饱和导通，则负载得电，同时点亮 LED，表示该路输出点有输出；当内部电路的状态为 0 时，光电耦合器 T1 断开，大功率晶体管 VT 截止，则负载失电，LED 熄灭，表示该路输出点无输出。当负载为电感性负载，VT 关断时会产生较高的反电势，VD 的作用是为其提供放电回路，避免 VT 承受过电压。

（3）双向晶闸管输出形式，如图 1-6 所示。这种输出形式适合驱动交流负载。由于双向可控硅和大功率晶体管同属于半导体材料元件，所以优缺点与大功率晶体管或场效应管输出形式的相似，适合在交流供电、输出量变化快的场合选用。

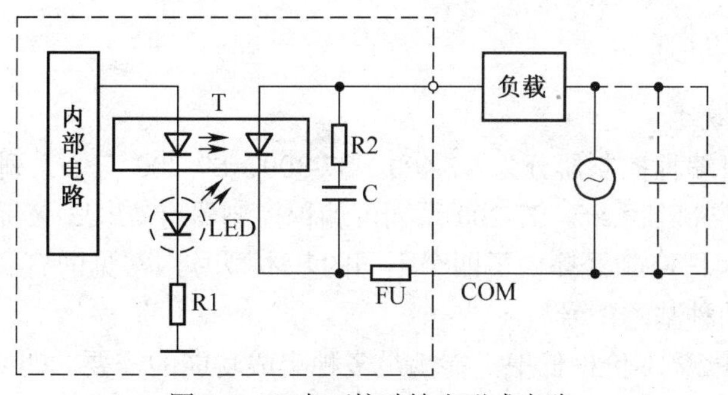

图 1-6 双向可控硅输出形式电路

图 1-6 所示电路工作原理是：当内部电路的状态为 1 时，发光二极管导通发光，相当于双向晶闸管施加了触发信号，无论外接电源极性如何，双向晶闸管 T 均导通，负载得电，同时输出指示灯 LED 点亮，表示该输出点接通；当对应 T 的内部继电器的状态为 0 时，双向晶闸管无触发信号，双向晶闸管关断，此时 LED 不亮，负载失电。

3. I/O 电路的常见问题

（1）用三极管等有源元件作为无触点开关的输出设备，与 PLC 输入单元连接时，由于三极管自身有漏电流存在，或者电路不能保证三极管可靠截止而处于放大状态，使得即使在截止时，仍会有一个小的漏电流流过，当该电流值大于 1.3mA 时，就可能引起 PLC 输入电路发生误动作。可在 PLC 输入端并联一个旁路电阻来分流，使流入 PLC 的电流小于 1.3mA。

（2）应在输出回路串联保险丝，避免负载电流过大，损坏输出元件或电路板。

（3）由于晶体管、双向晶闸管型输出端子漏电流和残余电压的存在，当驱动不同类型的负载时，需要考虑电平匹配和误动等问题。

（4）感性负载断电时产生很高的反电势，对输出单元电路产生冲击，对于大电感或频繁关断的感性负载应使用外部抑制电路，一般采用阻容吸收电路或二极管吸收电路。

1.1.5 编程器

编程器用来生成用户程序，是 PLC 的重要外围设备。利用编程器将用户程序送入 PLC 的存储器，还可以用编程器检查程序，修改程序，监视 PLC 的工作状态。

常见的给 PLC 编程的装置有手持式编程器和计算机编程方式。在可编程控制器发展的初期，使用专用编程器来编程。小型可编程控制器使用价格较便宜、携带方便的手持式编程器，大中型可编程控制器则使用以小 CRT 作为显示器的便携式编程器。专用编程器只能对某一厂家的某些产品编程，使用范围有限。手持式编程器不能直接输入和编辑梯形图，只能输入和编辑指令，但它有体积小、便于携带、可用于现场调试、价格便宜的优点。

计算机的普及，使得越来越多的用户使用基于个人计算机的编程软件。目前有的可编程控制器厂商或经销商向用户提供编程软件，在个人计算机上添加适当的硬件接口和软件包，即可用个人计算机对 PLC 编程。利用微机作为编程器，可以直接编制并显示梯形图，程序可以存盘、打印、调试，对于查找故障非常有利。

1.2 PLC 的硬件组成及工作原理

1.2.1 S7 系列 PLC 的硬件

1. S7 系列 PLC 概述

西门子 S7 系列可编程控制器分为 S7-400、S7-300、S7-200 三个系列，分别为 S7 系列的大、中、小型可编程控制器系统。S7-200 系列可编程控制器有 CPU21X 系列、CPU22X 系列，其中 CPU22X 型可编程控制器提供了四个不同的基本型号，常见的有 CPU221、CPU222、CPU224 和 CPU226 四种基本型号。

小型 PLC 中，CPU221 价格低廉，能满足多种集成功能的需要。CPU222 是 S7-200 家族中低成本的单元，通过可连接的扩展模块即可处理模拟量。CPU224 具有更多的输入输出点及更大的存储器。CPU226 和 CPU226XM 是功能最强的单元，可完全满足一些中小型复杂控制系统的要求。四种型号的 PLC 具有下列特点：

（1）集成的 24V 电源。可直接连接到传感器和变送器、执行器，CPU221 和 CPU222 具有 180mA 输出。CPU224 输出 280mA，CPU226、CPU226XM 输出 400mA 可用作负载电源。

（2）高速脉冲输出。具有 2 路高速脉冲输出端，输出脉冲频率可达 20kHz，用于控制步进电机或伺服电机，实现定位任务。

（3）通信口。CPU221、CPU222 和 CPU224 具有 1 个 RS-485 通信口。CPU226、CPU226XM 具有 2 个 RS-485 通信口。支持 PPI、MPI 通信协议，有自由口通信能力。

（4）模拟电位器。CPU221/222 有 1 个模拟电位器，CPU224/226/226XM 有 2 个模拟电位器。模拟电位器用来改变特殊寄存器（SMB28、SMB29）中的数值，以改变程序运行时的参数。如定时器、计数器的预置值，过程量的控制参数。

（5）中断输入允许以极快的速度对过程信号的上升沿作出响应。

（6）EEPROM 存储器模块（选件）。可作为修改与拷贝程序的快速工具，无需编程器并可进行辅助软件归档工作。

（7）电池模块。用户数据（如标志位状态、数据块、定时器、计数器）可通过内部的超级电容存储大约 5 天。选用电池模块能延长存储时间到 200 天。电池模块插在存储器模块的卡槽中。

（8）不同的设备类型。CPU221～226 各有 2 种类型 CPU，具有不同的电源电压和控制电压。

（9）数字量输入/输出点。CPU221 具有 6 个输入点和 4 个输出点；CPU222 具有 8 个输入点和 6 个输出点；CPU224 具有 14 个输入点和 10 个输出点；CPU226/226XM 具有 24 个输入点和 16 个输出点。CPU22X 主机的输入点为 24V 直流双向光电耦合输入电路，输出有继电器和直流（MOS 型）两种类型。

（10）高速计数器。CPU221/222 有 4 个 30kHz 高速计数器，CPU224/226/226XM 有 6 个 30kHz 的高速计数器，用于捕捉比 CPU 扫描频率更快的脉冲信号。

各型号 PLC 功能见表 1-1。

表 1-1 CPU22X 模块主要技术指标

型号	CPU221	CPU222	CPU224	CPU226	CPU226MX
用户数据存储器类型	EEPROM	EEPROM	EEPROM	EEPROM	EEPROM
程序空间（永久保存）	2048 字	2048 字	4096 字	4096 字	8192 字
用户数据存储器	1024 字	1024 字	2560 字	2560 字	5120 字
数据后备（超级电容）典型值/H	50	50	190	190	190
主机 I/O 点数	6/4	8/6	14/10	24/16	24/16
可扩展模块	无	2	7	7	7
24V 传感器电源最大电流/电流限制（mA）	180/600	180/600	280/600	400/约 1500	400/约 1500
最大模拟量输入/输出	无	16/16	28/7 或 14	32/32	32/32

续表

型号	CPU221	CPU222	CPU224	CPU226	CPU226MX
240V AC 电源 CPU 输入电流/最大负载电流（mA）	25/180	25/180	35/220	40/160	40/160
24V DC 电源 CPU 输入电流/最大负载（mA）	70/600	70/600	120/900	150/1050	150/1050
为扩展模块提供的 5V DC 电源的输出电流	-	最大 340mA	最大 660mA	最大 1000mA	最大 1000mA
内置高速计数器	4（30kHz）	4（30kHz）	6（30kHz）	6（30kHz）	6（30kHz）
高速脉冲输出	2（20kHz）	2（20kHz）	2（20kHz）	2（20kHz）	2（20kHz）
模拟量调节电位器	1 个	1 个	2 个	2 个	2 个
实时时钟	有（时钟卡）	有（时钟卡）	有（内置）	有（内置）	有（内置）
RS-485 通信口	1	1	1	1	1
各组输入点数	4,2	4,4	8,6	13,11	13,11
各组输出点数	4（DC 电源） 1,3（AC 电源）	6（DC 电源） 3,3（AC 电源）	5,5（DC 电源） 4,3,3（AC 电源）	8,8（DC 电源） 4,5,7（AC 电源）	8,8（DC 电源） 4,5,7（AC 电源）

1.2.2 S7-200 系列 CPU224 型 PLC 的结构

1. CPU224 型 PLC 外型及端子介绍

图 1-7 是 CPU224 型 PLC 外型，其输入、输出、CPU、电源模块均装设在一个基本单元的机壳内，是典型的整体式结构。当系统需要扩展时，选用需要的扩展模块与基本单元连接。

底部端子盖下是输入量的接线端子和为传感器提供的 24V 直流电源端子。

基本单元前盖下有工作模式选择开关、电位器和扩展 I/O 连接器，通过扁平电缆可以连接扩展 I/O 模块。西门子整体式 PLC 配有许多扩展模块，如数字量的 I/O 扩展模块、模拟量的 I/O 扩展模块、热电偶模块、通信模块等，用户可以根据需要选用，让 PLC 的功能更强大。

外端子为 PLC 输入、输出及外电源的连接触点。图 1-8 和图 1-9 是最具代表性的 CPU224XP DC/DC/DC 和 CPU224XP AC/DC/RLY 接线点的分布图，也称外端子图。

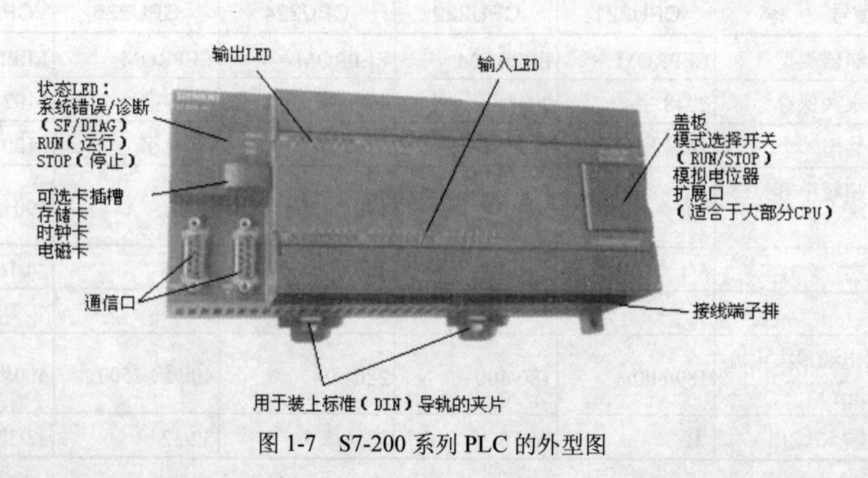

图 1-7 S7-200 系列 PLC 的外型图

（1）基本输入端子。CPU224 的主机共有 14 个输入点（I0.0～I0.7、I1.0～I1.5）和 10 个输出点（Q0.0～Q0.7，Q1.0～Q1.1），在编写端子代码时采用八进制，没有 0.8 和 0.9。CPU224 输入电路参见图 1-8 和图 1-9，它采用了双向光电耦合器，24V 直流极性可任意选择，系统设置 1M 为输入端子（I0.0～I0.7）的公共端，2M 为（I1.0～I1.5）输入端子的公共端。

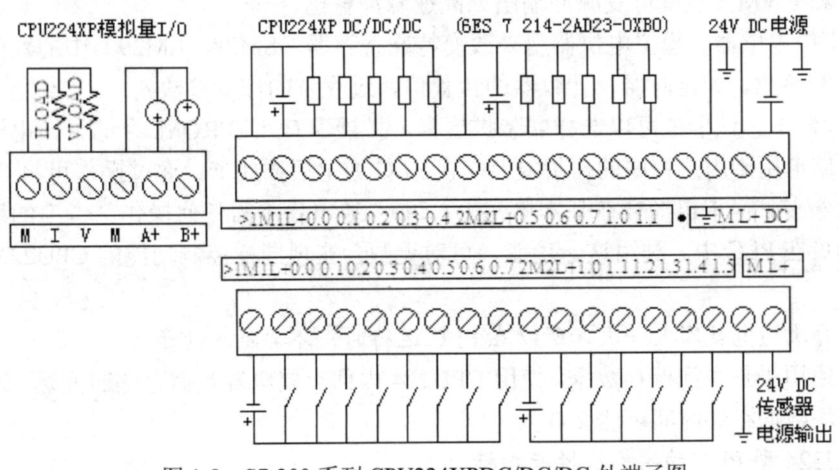

图 1-8 S7-200 系列 CPU224XPDC/DC/DC 外端子图

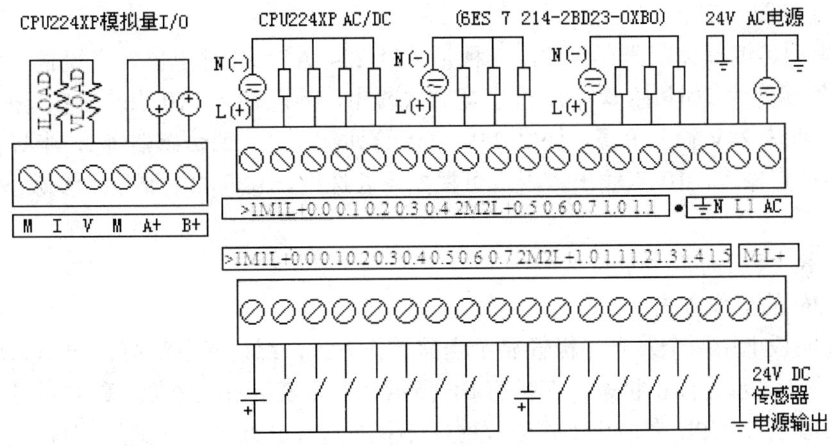

图 1-9 S7-200 系列 CPU224XPAC/DC/RLY 外端子图

（2）基本输出端子。CPU224 的 10 个输出端参见图 1-8 和图 1-9，Q0.0～Q0.4 共用 1M 和 1L 公共端，Q0.5～Q1.1 共用 2M 和 2L 公共端，在公共端上需要用户连接适当的电源，为 PLC 的负载服务。

CPU224 有晶体管输出电路和继电器输出电路两种供用户选用。在晶体管输出电路（型号为 6ES7 214-1AD21-0XB0）中，PLC 由 24V 直流供电，负载采用了 MOSFET 功率驱动器件，所以只能用直流为负载供电。输出端将数字量输出分为两组，每组有一个公共端，共有 1L、2L 两个公共端，可接入不同电压等级的负载电源。在继电器输出电路（型号为 6ES7 212-1BB21-0XB0）中，PLC 由 220V 交流电源供电，负载采用了继电器驱动，所以既可以选用直流为负载供电，也可以采用交流为负载供电。在继电器输出电路中，数字量输出分为三组，每组的公共端为本组的电源供给端，Q0.0～Q0.3 共用 1L，Q0.4～Q0.6 共用 2L，Q0.7～Q1.1

共用3L，各组之间可接入不同电压等级、不同电压性质的负载电源。

（3）高速反应性。CPU224 PLC有6个高速计数脉冲输入端（I0.0～I0.5），最快的响应速度为30kHz，用于捕捉比CPU扫描周期更快的脉冲信号。

CPU224 PLC 有2个高速脉冲输出端（Q0.0、Q0.1），输出频率可达20kHz，用于PTO（高速脉冲束）和PWM（宽度可变脉冲输出）高速脉冲输出。

（4）模拟电位器。模拟电位器用来改变特殊寄存器（SM28、SM29）中的数值，以改变程序运行时的参数。如定时器、计数器的预置值，过程量的控制参数。

（5）存储卡。该卡位可以选择安装扩展卡。扩展卡有 EEPROM 存储卡，电池和时钟卡等模块。存储卡用于用户程序的拷贝复制。在PLC通电后插此卡，通过操作可将PLC中的程序装载到存储卡。当卡已经插在基本单元上，PLC 通电后不需任何操作，卡上的用户程序数据会自动拷贝在PLC中。利用这一功能，可对无数台实现同样控制功能的CPU22X系列进行程序写入。

注意：每次通电就写入一次，所以在PLC运行时，不要插入此卡。

电池模块用于长时间保存数据，使用CPU224内部存储电容数据存储时间达190小时，而使用电池模块数据存储时间可达200天。

2. CPU224型PLC的结构及性能指标

CPU224型可编程控制器主要由CPU、存储器、基本I/O接口电路、外设接口、编程装置、电源等组成（见图1-2）。

CPU224 型可编程控制器有两种，一种是 CPU224 AC/DC/继电器，交流输入电源，提供24V直流给外部元件（如传感器等），继电器方式输出，14点输入，10点输出；一种是CPU224 DC/DC/DC，直流24V输入电源，提供24V直流给外部元件（如传感器等），半导体元件直流方式输出，14 点输入，10 点输出。用户可根据需要选用。它们的主要技术参数参看表1-1～表1-4。

3. PLC的CPU的工作方式

（1）CPU的工作方式

CPU 前面板上用两个发光二极管显示当前工作方式，绿色指示灯亮，表示为运行状态，红色指示灯亮，表示为停止状态，在标有SF指示灯亮时表示系统故障，PLC停止工作。

STOP（停止）：CPU在停止工作方式时，不执行程序，此时可以通过编程装置向PLC装载程序或进行系统设置，在程序编辑、上下载等处理过程中，必须把CPU置于STOP方式。

RUN（运行）：CPU在RUN工作方式下，PLC按照自己的工作方式运行用户程序。

（2）改变工作方式的方法

用工作方式开关改变工作方式：工作方式开关有3个挡位：STOP、TERM（Terminal）、RUN。把工作方式开关切到STOP位，可以停止程序的执行；把工作方式开关切到RUN位，可以起动程序的执行；把工作方式开关切到TERM（暂态）或RUN位，允许STEP 7- Micro/WIN软件设置CPU工作状态。

如果工作方式开关设为STOP或TERM，电源上电时，CPU自动进入STOP工作状态；设为RUN，电源上电时，CPU自动进入RUN工作状态。

用编程软件改变工作方式：把工作方式开关切换到TERM（暂态），可以使用STEP 7-Micro/WIN编程软件设置工作方式。

在程序中用指令改变工作方式：在程序中插入一个STOP指令，CPU可由RUN方式进入STOP工作方式。

1.2.3 扩展功能模块

1. 扩展单元及电源模块

（1）扩展单元

扩展单元没有CPU，作为基本单元输入/输出点数的扩充，只能与基本单元连接使用。不能单独使用。S7-200的扩展单元包括数字量扩展单元，模拟量扩展单元，热电偶、热电阻扩展模块，PROFIBUS-DP通信模块。

用户选用具有不同功能的扩展模块，可以满足不同的控制需要，节约投资费用。连接时CPU模块放在最左侧，扩展模块用扁平电缆与左侧的模块相连。

（2）电源模块

外部提供给PLC的电源，有24V DC、220V AC两种，根据型号不同有所变化。S7-200的CPU单元有一个内部电源模块，S7-200小型PLC的电源模块与CPU封装在一起，通过连接总线为CPU模块、扩展模块提供5V的直流电源，如果容量许可，还可提供给外部24V直流的电源，供本机输入点和扩展模块继电器线圈使用。应根据下面的原则来确定I/O电源的配置。

有扩展模块连接时，如果扩展模块对5V DC电源的需求超过CPU的5V电源模块的容量，则必须减少扩展模块的数量。

当+24V直流电源的容量不满足要求时，可以增加一个外部24V直流电源给扩展模块供电。此时外部电源不能与S7-200的传感器电源并联使用，但两个电源的公共端（M）应连接在一起。

I/O电源的具体参数可以参看表1-2～表1-4。

表1-2 电源的技术指标

特性	24V电源	AC电源
电压允许范围	20.4～28.8V	85～264V，47～63Hz
冲击电流	10A，28.8V	20A，254V
内部熔断器（用户不能更换）	3A，250V慢速熔断	2A，250V慢速熔断

表1-3 数字量输入技术指标

项目	输入类型	输入电压额定值	“1”信号	“0”信号	光电隔离	非屏蔽电缆长度	屏蔽电缆长度
指标	漏型/源型	24V DC	15～35V，最大4mA	0～5V	500V AC，1min	300m	500m

表1-4 数字量输出技术指标

特性	电压允许范围	逻辑1信号最大电流	逻辑0信号最大电流	灯负载	非屏蔽电缆长度	屏蔽电缆长度	触点机械寿命	额定负载时触点寿命
24V DC输出	20.4～28.8V	0.75A（电阻负载）	10μA	5W	150m	500m		
继电器型输出		2A（电阻负载）	0	30W DC/200W AC	150m	500m	10000000次	100000次

2. 常用扩展模块介绍

（1）数字量扩展模块

当需要本机集成的数字量输入/输出点外更多的数字量的输入/输出时，可选用数字量扩展模块。用户选择具有不同I/O点数的数字量扩展模块，可以满足应用的实际要求，同时节约不必要的投资费用，可选择8、16和32点输入/输出模块。

S7-200 PLC系列目前总共可以提供3大类共9种数字量输入输出扩展模块，见表1-5。

表1-5　数字量扩展模块

类型	型号	各组输入点数	各组输出点数
输入扩展模块 EM221	EM221 24V DC 输入	4，4	
	EM221 230V AC 输入	8点相互独立	
输出扩展模块 EM222	EM222 24V DC 输出		4，4
	EM222 继电器输出		4，4
	EM222 230V AC 双向晶闸管输出		8点相互独立
输入/输出扩展模块 EM223	EM223 24V DC 输入/继电器输出	4	4
	EM223 24V DC 输入/24V DC 输出	4，4	4，4
	EM223 24V DC 输入/24V DC 输出	8，8	4，4，8
	EM223 24V DC 输入/继电器输出	8，8	4，4，4，4

（2）模拟量扩展模块

模拟量扩展模块提供了模拟量输入/输出的功能。在工业控制中，被控对象常常是模拟量，如温度、压力、流量等。PLC内部执行的是数字量，模拟量扩展模块可以将PLC外部的模拟量转换为数字量送入PLC内，经PLC处理后，再由模拟量扩展模块将PLC输出的数字量转换为模拟量送给控制对象。模拟量扩展模块优点如下：

1）最佳适应性。可适用于复杂的控制场合，直接与传感器和执行器相连，例如EM235模块可直接与PT100 热电阻相连。

2）灵活性。当实际应用变化时，PLC可以相应地进行扩展，并可以非常容易地调整用户程序。

模拟量扩展模块的数据如表1-6所示。

表1-6　模拟量扩展模块

模块	EM231	EM232	EM235
点数	4路模拟量输入	2路模拟量输出	4路输入，1路输出

（3）热电偶、热电阻扩展模块

EM231热电偶、热电阻扩展模块是为S7-200 CPU222/CPU224和CPU226/226XM设计的模拟量扩展模块，EM231 热电偶模块具有特殊的冷端补偿电路，该电路测量模块连接器上的温度，并适当改变测量值，以补偿参考温度与模块温度之间的温度差，如果在EM231热电偶模块安装区域的环境温度迅速地变化，则会产生额外的误差，要想达到最大的精度和重复性，热电阻和热电偶模块应安装在稳定的环境温度中。

EM231热电偶模块用于七种热电偶类型：J、K、E、N、S、T和R型。用户必须用DIP

开关来选择热电偶的类型，连到同模块上的热电偶必须是相同类型。

（4）PROFIBUS-DP 通信模块

通过 EM 277 PROFIBUS-DP 扩展从站模块，可将 S7-200 CPU 连接到 PROFIBUS-DP 网络。EM 277 经过串行 I/O 总线连接到 S7-200 CPU，PROFIBUS 网络经过其 DP 通信端口，连接到 EM 277 PROFIBUS-DP 模块。EM 277 PROFIBUS-DP 模块的 DP 端口可连接到网络上的一个 DP 主站上，但仍能作为一个 MPI 从站，与同一网络上如 SIMATIC 编程器或 S7-300/S7-400 CPU 等其他主站通信。

1.2.4　S7-200 系列 PLC 内部元器件

1. 数据存储类型

（1）数据的长度

在计算机中使用的都是二进制数，其最基本的存储单位是位（bit），8 位二进制数组成 1 个字节（Byte），其中的第 0 位为最低位（LSB），第 7 位为最高位（MSB），如图 1-10 所示。两个字节（16 位）组成 1 个字（Word），两个字（32 位）组成 1 个双字（Double Word）。位、字节、字和双字占用的连续位数称为长度。

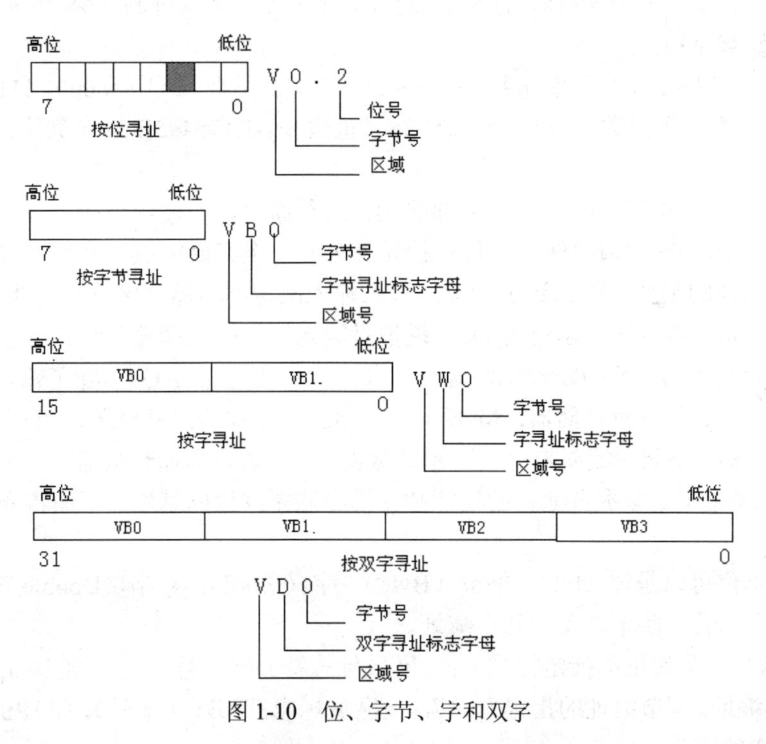

图 1-10　位、字节、字和双字

二进制数的“位”只有 0 和 1 两种取值，开关量（或数字量）也只有两种不同的状态，如触点的断开和接通，线圈的失电和得电等。在 S7-200 梯型图中，可用“位”描述它们，如果该位为 1，则表示对应的线圈为得电状态，触点为转换状态（常开触点闭合、常闭触点断开）；如果该位为 0，则表示对应线圈、触点的状态与前者相反。

（2）数据类型及数据范围

S7-200 系列 PLC 的数据类型可以是字符串、布尔型（0 或 1）、整数型和实数型（浮点数）。

布尔型数据指字节型无符号整数；整数型数据包括 16 位符号整数（INT）和 32 位符号整数（DINT）。实数型数据采用 32 位单精度数来表示。数据类型、长度及数据范围如表 1-7 所示。

表 1-7　数据类型、长度及数据范围

数据的长度、类型	无符号整数范围		符号整数范围	
	十进制	十六进制	十进制	十六进制
字节 B（8 位）	0～255	0～FF	-128～127	80～7F
字 W（16 位）	0～65535	0～FFFF	-32768～32767	8000～7FFF
双字 D（32 位）	0～4294967295	0～FFFFFFFF	-2147483648～2147483647	80000000～7FFFFFFF
位（BOOL）	0、1			
实数	-1038～1038			
字符串	每个字符串以字节形式存储，最大长度为 255 个字节，第一个字节中定义该字符串的长度			

（3）常数

S7-200 的许多指令中常会使用常数。常数的数据长度可以是字节、字和双字。CPU 以二进制的形式存储常数，但书写常数可以用二进制、十进制、十六进制、ASCII 码或实数等多种形式。书写格式如下：

十进制常数：1234；十六进制常数：16#3AC6；二进制常数：2#1010 0001 1110 0000；ASCII 码："Show"；实数（浮点数）：+1.175495E-38（正数），-1.175495E-38（负数）。

2. 编址方式

可编程控制器的编址就是对 PLC 内部的元件进行编码，以便程序执行时可以唯一地识别每个元件。PLC 内部在数据存储区为每一种元件分配一个存储区域，并用字母作为区域标志符，同时表示元件的类型。如：数字量输入写入输入映像寄存器（区标志符为 I），数字量输出写入输出映像寄存器（区标志符为 Q），模拟量输入写入模拟量输入映像寄存器（区标志符为 AI），模拟量输出写入模拟量输出映像寄存器（区标志符为 AQ）。除了输入输出外，PLC 还有其他元件，V 表示变量存储器；M 表示内部标志位存储器；SM 表示特殊标志位存储器；L 表示局部存储器；T 表示定时器；C 表示计数器；HC 表示高速计数器；S 表示顺序控制存储器；AC 表示累加器。掌握各元件的功能和使用方法是编程的基础。下面将介绍元件的编址方式。

存储器的单位可以是位（bit）、字节（Byte）、字（Word）、双字（Double Word），那么编址方式也可以分为位、字节、字、双字编址。

（1）位编址。位编址的指定方式为：（区域标志符）字节号.位号，如 I0.0、Q0.0、I1.2。

（2）字节编址。字节编址的指定方式为：（区域标志符）B（字节号），如 IB0 表示由 I0.0～I0.7 这 8 位组成的字节。

（3）字编址。字编址的指定方式为：（区域标志符）W（起始字节号），且最高有效字节为起始字节。例如 VW0 表示由 VB0 和 VB1 这 2 个字节组成的字。

（4）双字编址。双字编址的指定方式为：（区域标志符）D（起始字节号），且最高有效字节为起始字节。例如 VD0 表示由 VB0 到 VB3 这 4 个字节组成的双字。

3. 寻址方式

在 S7-200 中，通过地址访问数据，地址是访问数据的依据，访问数据的过程称为“寻址”。几乎所有的指令和功能都与各种形式的寻址有关。

（1）直接寻址。直接寻址是在指令中直接使用存储器或寄存器的元件名称（区域标志）和地址编号，直接到指定的区域读取或写入数据。例如 VW790 是 V 存储区中的字，其地址为 790。可以用字节（B）、字（W）或双字（DW）方式存取 V、I、Q、M、S 和 SM 存储器区。例如 VB100 表示以字节方式存取，VW100 表示存取 VB100、VB101 组成的字，VD100 表示存取 VB100～VB103 组成的双字。

取代继电器控制的数字量控制系统一般只用直接寻址。

（2）间接寻址。间接寻址时操作数并不提供直接数据位置，而是通过使用地址指针来存取存储器中的数据。在 S7-200 中允许使用指针对 I、Q、M、V、S、AI、AQ、T（仅当前值）和 C（仅当前值）存储区进行间接寻址。间接寻址不能用于位（bit）地址、HC 或 L 存储区。

使用间接寻址前，要先创建一指向该位置的指针。指针为双字（32 位），存放的是另一存储器的地址，只能用 V、L 或累加器 AC 作指针。生成指针时，要使用双字传送指令（MOVD），将数据所在单元的内存地址送入指针，双字传送指令的输入操作数开始处加&符号，表示某存储器的地址，而不是存储器内部的值。指令输出操作数是指针地址。例如：MOVD &VB200,AC1 指令就是将 VB200 的地址送入累加器 AC1 中。

指针建立好后，就可以利用指针存取数据。在使用地址指针存取数据的指令中，操作数前加“*”号表示该操作数为地址指针。例如：MOVW *AC1 AC0，MOVW 表示字传送指令，指令将 AC1 中的内容为起始地址的一个字长的数据（即 VB200、VB201 内部数据）送入 AC0 内，如图 1-11 所示。

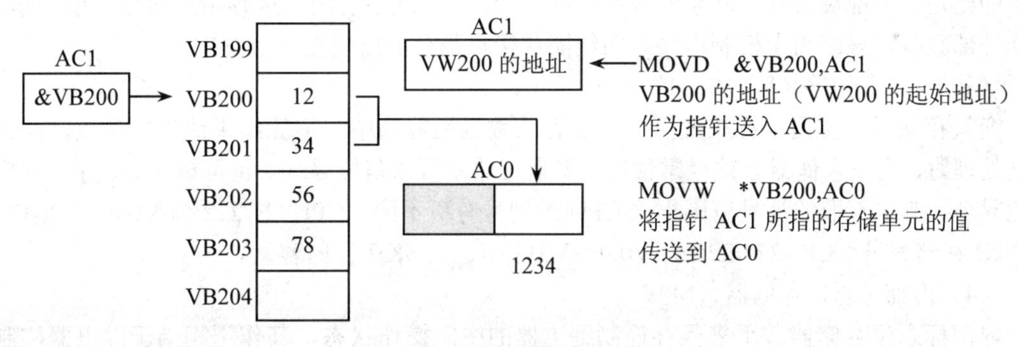

图 1-11　使用指针的间接寻址

4. 元件功能及地址分配

（1）输入过程映像寄存器（I）

输入继电器是 PLC 用来接收用户设备输入信号的接口。PLC 中的“继电器”与继电器控制系统中的继电器有本质性的差别，是“软继电器”，它实质是存储单元。每一个“输入继电器”线圈都与相应的 PLC 输入端相连（如“输入继电器”I0.0 的线圈与 PLC 的输入端子 0.0 相连），当外部开关信号闭合，则“输入继电器”的线圈得电，在程序中其常开触点闭合，常闭触点断开。由于存储单元可以无限次的读取，所以有无数对常开、常闭触点供编程时使用。编程时应注意，“输入继电器”的线圈只能由外部信号来驱动，不能在程序内部用指令来驱动，因此，在用户编制的梯形图中只应出现“输入继电器”的触点，而不应出现“输入继电器”的线圈。

S7-200 输入映像寄存器区域有 IB0～IB15 共 16 个字节的存储单元。系统对输入映像寄存器是以字节（8 位）为单位进行地址分配的。输入映像寄存器可以按位进行操作，每一位对应一个数字量的输入点。如 CPU224 的基本单元输入为 14 点，需占用 2×8=16 位，即占用 IB0 和 IB1 两个字节。而 I1.6、I1.7 因没有实际输入而未使用，用户程序中不可使用。但如果整个字节未使用，如 IB3～IB15，则可作为内部标志位（M）使用。

输入继电器可采用位、字节、字或双字来存取。输入继电器位存取的地址编号范围为 I0.0～I15.7。

（2）输出过程映像寄存器（Q）

“输出继电器”是用来将输出信号传送到负载的接口，每一个“输出继电器”线圈都与相应的 PLC 输出相连，并有无数对常开和常闭触点供编程时使用。除此之外，还有一对常开触点与相应 PLC 输出端相连（如输出继电器 Q0.0 有一对常开触点与 PLC 输出端子 0.0 相连）用于驱动负载。输出继电器线圈的通断状态只能在程序内部用指令驱动。

S7-200 输出映像寄存器区域有 QB0～QB15 共 16 个字节的存储单元。系统对输出映像寄存器也是以字节（8 位）为单位进行地址分配的。输出映像寄存器可以按位进行操作，每一位对应一个数字量的输出点。如 CPU224 的基本单元输出为 10 点，需占用 2×8=16 位，即占用 QB0 和 QB1 两个字节。但未使用的位和字节均可在用户程序中作为内部标志位使用。

输出继电器可采用位、字节、字或双字来存取。输出继电器位存取的地址编号范围为 Q0.0～Q15.7。

以上介绍的两种软继电器都是和用户有联系的，因而是 PLC 与外部联系的窗口。下面所介绍的则是与外部设备没有联系的内部软继电器。它们既不能用来接收用户信号，也不能用来驱动外部负载，只能用于编制程序，即线圈和接点都只能出现在梯形图中。

（3）变量存储器（V）

变量存储器主要用于存储变量。可以存放数据运算的中间运算结果或设置参数，在进行数据处理时，变量存储器会被经常使用。变量存储器可以是位寻址，也可按字节、字、双字为单位寻址，其位存取的编号范围根据 CPU 的型号有所不同，CPU221/222 为 V0.0～V2047.7，共 2KB 存储容量，CPU224/226 为 V0.0～V5119.7，共 5KB 存储容量。

（4）内部标志位存储器（M）

内部标志位存储器，用来保存控制继电器的中间操作状态，其作用相当于继电器控制中的中间继电器，内部标志位存储器在 PLC 中没有输入/输出端与之对应，其线圈的通断状态只能在程序内部用指令驱动，其触点不能直接驱动外部负载，只能在程序内部驱动输出继电器的线圈，再用输出继电器的触点去驱动外部负载。

内部标志位存储器可采用位、字节、字或双字来存取。内部标志位存储器位存取的地址编号范围为 M0.0～M31.7，共 32 个字节。

（5）特殊标志位存储器（SM）

PLC 中还有若干特殊标志位存储器，特殊标志位存储器提供大量的状态和控制功能，用来在 CPU 和用户程序之间交换信息，特殊标志位存储器能以位、字节、字或双字来存取，CPU224 的 SM 的位地址编号范围为 SM0.0～SM179.7，共 180 个字节。其中 SM0.0～SM29.7

的 30 个字节为只读型区域。

常用的特殊存储器的用途如下：

SM0.0：运行监视。SM0.0 始终为“1”状态。当 PLC 运行时可以利用其触点驱动输出继电器，在外部显示程序是否处于运行状态。

SM0.1：初始化脉冲。每当 PLC 的程序开始运行时，SM0.1 线圈接通一个扫描周期，因此 SM0.1 的触点常用于调用初始化程序等。

SM0.3：开机进入 RUN 时，接通一个扫描周期，可用在起动操作之前，给设备提前预热。

SM0.4、SM0.5：占空比为 50%的时钟脉冲。当 PLC 处于运行状态时，SM0.4 产生周期为 1min 的时钟脉冲，SM0.5 产生周期为 1s 的时钟脉冲。若将时钟脉冲信号送入计数器作为计数信号，可起到定时器的作用。

SM0.6：扫描时钟，1 个扫描周期闭合，另一个为 OFF，循环交替。

SM0.7：工作方式开关位置指示，开关放置在 RUN 位置时为 1。

SM1.0：零标志位，运算结果=0 时，该位置 1。

SM1.1：溢出标志位，结果溢出或非法值时，该位置 1。

SM1.2：负数标志位，运算结果为负数时，该位置 1。

SM1.3：被 0 除标志位。

其他特殊存储器的用途可查阅相关手册。

（6）局部变量存储器（L）

局部变量存储器用来存放局部变量，局部变量存储器（L）和变量存储器（V）十分相似，主要区别在于全局变量是全局有效，即同一个变量可以被任何程序（主程序、子程序和中断程序）访问。而局部变量只是局部有效，即变量只和特定的程序相关联。

S7-200 有 64 个字节的局部变量存储器，其中 60 个字节可以作为暂时存储器，或给子程序传递参数。后 4 个字节作为系统的保留字节。PLC 在运行时，根据需要动态地分配局部变量存储器，在执行主程序时，64 个字节的局部变量存储器分配给主程序，当调用子程序或出现中断时，局部变量存储器分配给子程序或中断程序。

局部变量存储器可以按位、字节、字、双字直接寻址，其位存取的地址编号范围为 L0.0～L63.7。

L 可以作为地址指针。

（7）定时器（T）

PLC 所提供的定时器作用相当于继电器控制系统中的时间继电器。每个定时器可提供无数对常开和常闭触点供编程使用。其设定时间由程序设置。

每个定时器有一个 16 位的当前值寄存器，用于存储定时器累计的时基增量值(1～32767)，另有一个状态位表示定时器的状态。若当前值寄存器累计的时基增量值大于等于设定值时，定时器的状态位被置“1”，该定时器的常开触点闭合。

定时器的定时精度分别为 1ms、10ms 和 100ms 三种，CPU222、CPU224 及 CPU226 的定时器地址编号范围为 T0～T225，它们的分辨率、定时范围并不相同，用户应根据所用 CPU 型号及时基，正确选用定时器的编号。

（8）计数器（C）

计数器用于累计计数输入端接收到的由断开到接通的脉冲个数。计数器可提供无数对常开和常闭触点供编程使用，其设定值由程序赋予。

计数器的结构与定时器基本相同，每个计数器有一个16位的当前值寄存器用于存储计数器累计的脉冲数，另有一个状态位表示计数器的状态，若当前值寄存器累计的脉冲数大于等于设定值时，计数器的状态位被置“1”，该计数器的常开触点闭合。计数器的地址编号范围为C0～C255。

（9）高速计数器（HC）

一般计数器的计数频率受扫描周期的影响，不能太高。而高速计数器可用来累计比 CPU 的扫描速度更快的事件。高速计数器的当前值是一个双字长（32位）的整数，且为只读值。

高速计数器的地址编号范围根据CPU的型号有所不同，CPU221/222各有4个高速计数器，CPU224/226各有6个高速计数器，编号为HC0～HC5。

（10）累加器（AC）

累加器是用来暂存数据的寄存器，它可以用来存放运算数据、中间数据和结果。CPU 提供了4个 32位的累加器，其地址编号为AC0～AC3。累加器的可用长度为32位，可采用字节、字、双字的存取方式，按字节、字只能存取累加器的低8位或低16位，双字可以存取累加器全部的32 位。

（11）顺序控制继电器（S状态元件）

顺序控制继电器是使用步进顺序控制指令编程时的重要状态元件，通常与步进指令一起使用以实现顺序功能流程图的编程。

顺序控制继电器的地址编号范围为S0.0～S31.7。

（12）模拟量输入/输出映像寄存器（AI/AQ）

S7-200 的模拟量输入电路是将外部输入的模拟量信号转换成 1 个字长的数字量存入模拟量输入映像寄存器区域，区域标志符为AI。

模拟量输出电路是将模拟量输出映像寄存器区域的 1 个字长（16 位）的数值转换为模拟电流或电压输出，区域标志符为AQ。

在PLC内的数字量字长为16位，即两个字节，故其地址均以偶数表示，如 AIW0、AIW2…；AQW0、AQW2…。

对模拟量输入/输出是以 2 个字（W）为单位分配地址，每路模拟量输入/输出占用 1 个字（2个字节）。如有3路模拟量输入，需分配4个字（AIW0、AIW2、AIW4、AIW6），其中没有被使用的字AIW6，不可被占用或分配给后续模块。如果有1路模拟量输出，需分配2个字（AQW0、AQW2），其中没有被使用的字AQW2，不可被占用或分配给后续模块。

模拟量输入/输出的地址编号范围根据 CPU 的型号的不同有所不同，CPU222 为 AIW0～AIW30/AQW0～AQW30；CPU224/226为AIW0～AIW62/AQW0～AQW62。

1.2.5 PLC的工作原理

结合PLC的组成和结构分析PLC的工作原理更容易理解。PLC是采用周期循环扫描的工作方式，CPU连续执行用户程序和任务的循环序列称为扫描。CPU对用户程序的执行过程是CPU的循环扫描，并用周期性地集中采样、集中输出的方式来完成的。一个扫描周期主要可分为：

1. 读输入阶段

每次扫描周期的开始，先读取输入点的当前值，然后写到输入映像寄存器区域。在之后的用户程序执行的过程中，CPU 访问输入映像寄存器区域，并非读取输入端口的状态，输入信号的变化并不会影响到输入映像寄存器的状态，通常要求输入信号有足够的脉冲宽度，才能被响应。

2. 执行程序阶段

用户程序执行阶段，PLC 按照梯形图的顺序，自左而右、自上而下的逐行扫描，在这一阶段 CPU 从用户程序的第一条指令开始执行直到最后一条指令结束，程序运行结果放入输出映像寄存器区域。在此阶段，允许对数字量 I/O 指令和不设置数字滤波的模拟量 I/O 指令进行处理，在扫描周期的各个部分，均可对中断事件进行响应。

3. 处理通信请求阶段

是扫描周期的信息处理阶段，CPU 处理从通信端口接收到的信息。

4. 执行 CPU 自诊断测试阶段

在此阶段 CPU 检查其硬件、用户程序存储器和所有 I/O 模块的状态。

5. 写输出阶段

每个扫描周期的结尾，CPU 把存在输出映像寄存器中的数据输出给数字量输出端点（写入输出锁存器中），更新输出状态。然后 PLC 进入下一个循环周期，重新执行输入采样阶段，周而复始。

如果程序中使用了中断，中断事件出现，立即执行中断程序，中断程序可以在扫描周期的任意点被执行。

如果程序中使用了立即 I/O 指令，可以直接存取 I/O 点。用立即 I/O 指令读输入点值时，相应的输入映像寄存器的值未被修改，用立即 I/O 指令写输出点值时，相应的输出映像寄存器的值被修改。

1.2.6　PLC 主要技术指标

可编程控制器的种类很多，用户可以根据控制系统的具体要求选择不同技术性能指标的 PLC。可编程控制器的技术性能指标主要有以下几个方面：

1. 输入/输出点数

可编程控制器的 I/O 点数指外部输入、输出端子数量的总和。它是描述 PLC 大小的一个重要的参数。

2. 存储容量

PLC 的存储器由系统程序存储器、用户程序存储器和数据存储器三部分组成。PLC 存储容量通常指用户程序存储器和数据存储器容量之和，表征系统提供给用户的可用资源，是系统性能的一项重要技术指标。

3. 扫描速度

可编程控制器采用循环扫描方式工作，完成 1 次扫描所需的时间叫做扫描周期。影响扫描速度的主要因素有用户程序的长度和 PLC 产品的类型。PLC 中 CPU 的类型、机器字长等直接影响 PLC 运算精度和运行速度。

4. 指令系统

指令系统是指 PLC 所有指令的总和。可编程控制器的编程指令越多，软件功能就越强，但掌握应用也相对较复杂。用户应根据实际控制要求选择合适指令功能的可编程控制器。

5. 通信功能

通信有PLC之间的通信和PLC与其他设备之间的通信。通信主要涉及通信模块、通信接口、通信协议和通信指令等内容。PLC的组网和通信能力也已成为PLC产品水平的重要衡量指标之一。

厂家的产品手册上还提供PLC的负载能力、外形尺寸、重量、保护等级、适用的安装和使用环境如温度、湿度等性能指标参数，供用户参考。

1.3 西门子PLC编程软件应用

1.3.1 编程软件认识

S7-200可编程控制器使用STEP 7-Micro/WIN编程软件进行编程。STEP 7-Micro/WIN编程软件是基于Windows的应用软件，功能强大，主要用于开发程序，也可用于实时监控用户程序的执行状态。加上汉化后的程序，可在全汉化的界面下进行操作。

1. STEP 7-Mirco/WIN的安装

（1）安装条件

操作系统：Windows 95以上的操作系统。

计算机配置：IBM486以上兼容机，内存8MB以上，VGA显示器，至少50MB以上硬盘空间。

通信电缆：用一条PC/PPI电缆实现可编程控制器与计算机的通信。

（2）编程软件的组成

STEP 7-Micro/WIN编程软件包括Microwin3.1；Microwin3.1的升级版本软件Microwin3.1 SP1；Toolbox（包括Uss协议指令：变频通信用，TP070：触摸屏的组态软件Tp Designer V1.0设计师）工具箱；以及Microwin 3.11 Chinese（Microwin3.11 SP1和Tp Designer的专用汉化工具）等编程软件。

（3）编程软件的安装

按Microwin3.1→Microwin3.1 SP1→Toolbox→Microwin 3.11 Chinese的顺序进行安装。

首先安装英文版本的编程软件：双击编程软件中的安装程序SETUP.EXE，根据安装提示完成安装。接着，用Microwin 3.11 Chinese软件将编程软件的界面和帮助文件汉化。

步骤如下：①在光盘目录下，找到“mwin_service_pack_from V3.1 to3.11”软件包，按照安装向导进行操作，把原来的英文版本的编程软件转换为3.11版本。②打开“Chinese3.11”目录；双击setup，按安装向导操作，完成汉化补丁的安装。③完成安装。

（4）建立S7-200 CPU的通信

可以采用PC/PPI电缆建立PC机与PLC之间的通信。这是典型的单主机与PC机的连接，不需要其他的硬件设备。如图1-12所示为连接S7-200与编程设备的RS-232/PPI多主站电缆。PC/PPI电缆的两端分别为RS-232和RS-485接口，RS-232端接到个人计算机RS-232通信口COM1或COM2接口上，RS-485端接到S7-200 CPU通信口上。PC/PPI电缆中间有通信模块，模块外部设有波特率设置开关，有5种支持PPI协议的波特率可以选择，分别为：1.2k，2.4k、9.6k、19.2k、38.4k。系统的默认值为9.6kb/s。PC/PPI电缆波特率设置开关（DIP开关）的位置应与软件系统设置的通信波特率相一致。DIP开关上有8个扳键，1、2、3号键用于设置波特率，4号和8号未用，5号键为1和0分别选择PPI和PPI/自由端口模式，6号键为1和0分别选择远程模式和本地模式，7号键为1和0分别对应于调制解调器的10位和11位模式。通信速率的默认值为9600b/s。

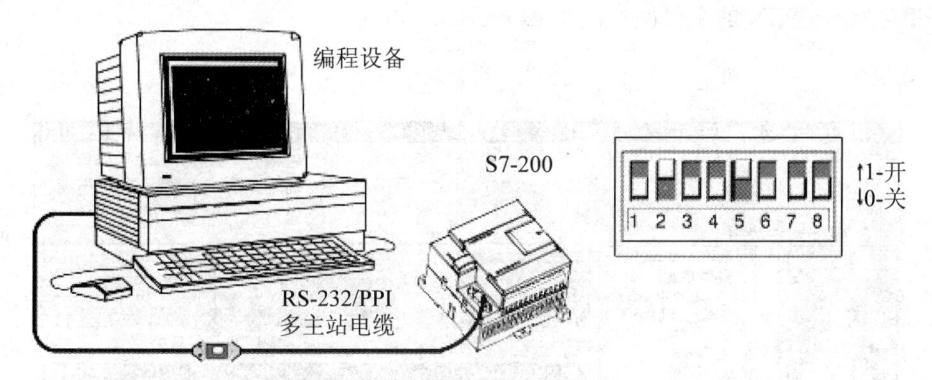

图1-12　PLC与计算机的连接及设置RS-232/PPI多主站电缆的DIP开关

（5）通信参数的设置

硬件设置好后，按下面的步骤设置通信参数。

1）在STEP 7-Micro/WIN运行时单击通信图标，或从“检视（View）”菜单中选择“通信（Communications）”，则会出现一个通信对话框。

2）在对话框中双击PC/PPI电缆图标，将出现PC/PG接口的对话框。

3）单击“属性（Properties）”按钮，将出现接口属性对话框，检查各参数的属性是否正确，初学者可以使用默认的通信参数，在PC/PPI性能设置的窗口中单击“默认（Default）”按钮，可获得默认的参数。默认站地址为2，波特率为9600b/s。

（6）建立在线连接

在前几步顺利完成后，可以建立与S7-200 CPU的在线联系，步骤如下：

1）在STEP 7-Micro/WIN运行时单击通信图标，或从“检视（View）”菜单中选择“通信（Communications）”，出现一个通信建立结果对话框，显示是否连接了CPU主机。

2）双击对话框中的刷新图标，STEP 7-Micro/WIN编程软件将检查所连接的所有S7-200 CPU站。在对话框中显示已建立起连接的每个站的CPU图标、CPU型号和站地址。

3）双击要进行通信的站，在通信建立对话框中，可以显示所选的通信参数。

（7）修改PLC的通信参数

计算机与可编程控制器建立起在线连接后，即可以利用软件检查、设置和修改PLC的通信参数。步骤如下：

1）单击浏览条中的系统块图标，或从“检视（View）”菜单中选择“系统块（System Block）”选项，将出现系统块对话框。

2）单击“通信口”选项卡，检查各参数，确认无误后单击“确定”按钮。若须修改某些参数，可以先进行有关的修改，再单击“确认”按钮。

3）单击工具条的“下载”按钮，将修改后的参数下载到可编程控制器，设置的参数才会起作用。

（8）可编程控制器的信息的读取

选择菜单命令“PLC”，找“信息”，将显示出可编程控制器 RUN/STOP 状态、扫描速率、CPU 的型号错误的情况和各模块的信息。

2. STEP 7-Mirco/WIN 窗口组件

STEP 7-Micro/WIN 的主界面如图 1-13 所示。

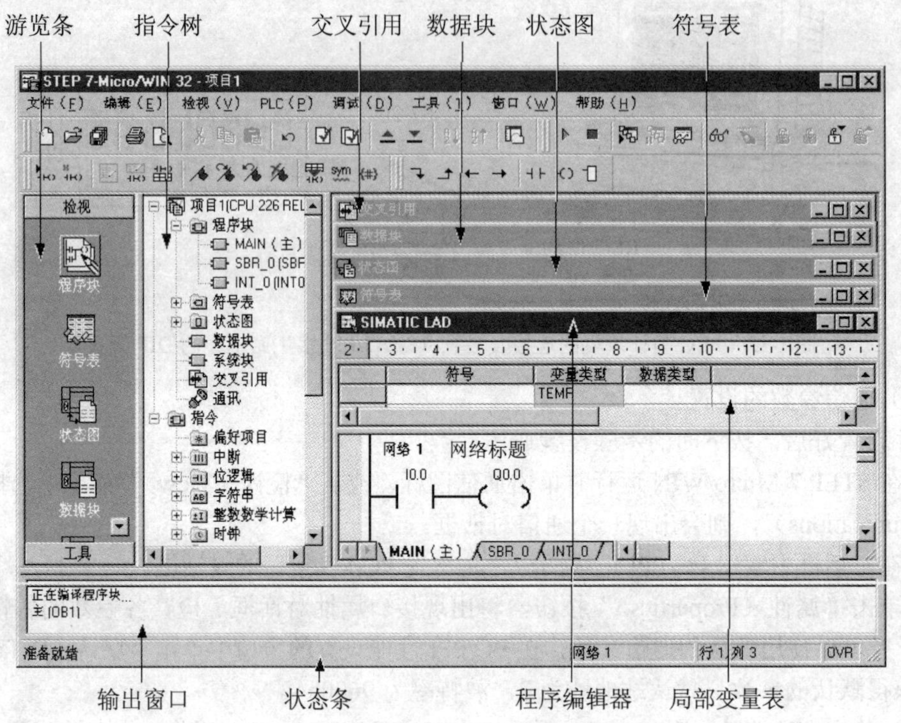

图 1-13　STEP 7-Micro/WIN 编程软件的主界面

主界面一般可以分为以下几个部分：菜单条、工具条、浏览条、指令树、用户窗口、输出窗口和状态条。除菜单条外，用户可以根据需要通过“检视”菜单和“窗口”菜单决定其他窗口的取舍和样式的设置。

（1）主菜单

主菜单包括：文件、编辑、检视、PLC、调试、工具、窗口、帮助 8 个主菜单项。各主菜单项的功能如下：

1）文件（File）。文件的操作有：新建（New）、打开（Open）、关闭（Close）、保存（Save）、另存（Save As）、导入（Import）、导出（Export）、上载（Upload）、下载（Download）、页面设置（Page Setup）、打印（Print）、预览、最近使用文件、退出。

导入：若从 STEP 7-Micro/WIN 32 编辑器之外导入程序，可使用“导入”命令导入 ASCII 文本文件。

导出：使用“导出”命令创建程序的 ASCII 文本文件，并导出至 STEP 7-Micro/WIN 外部的编辑器。

上载：在运行 STEP 7-Micro/WIN 的个人计算机和 PLC 之间建立通信后，从 PLC 将程序上载至运行 STEP 7-Micro/WIN 32 的个人计算机。

下载：在运行STEP 7-Micro/WIN的个人计算机和PLC之间建立通信将程序下载至该PLC。下载之前，PLC应位于“停止”模式。

2）编辑（Edit）。编辑菜单提供程序的编辑工具：撤消（Undo）、剪切（Cut）、复制（Copy）、粘贴（Paste）、全选（Select All）、插入（Insert）、删除（Delete）、查找（Find）、替换（Replace）、转至（Go To）等项目。

剪切/复制/粘贴：可以在STEP 7-Micro/WIN 32项目中剪切下列条目：文本或数据栏，指令，单个网络，多个相邻的网络，POU中的所有网络，状态图行、列或整个状态图，符号表行、列或整个符号表，数据块。不能同时选择多个不相邻的网络。不能从一个局部变量表成块剪切数据并粘贴至另一局部变量表中，因为每个表的只读L内存赋值必须唯一。

插入：在LAD编辑器中，可在光标上方插入行（在程序或局部变量表中），在光标下方插入行（在局部变量表中），在光标左侧插入列（在程序中），插入垂直接头（在程序中），在光标上方插入网络，并为所有网络重新编号，在程序中插入新的中断程序，在程序中插入新的子程序。

查找/替换/转至：可以在程序编辑器窗口、局部变量表、符号表、状态图、交叉引用标签和数据块中使用“查找”、“替换”和“转至”。

“查找”功能：查找指定的字符串，例如操作数、网络标题或指令助记符（“查找”不搜索网络注释，只能搜索网络标题。“查找”不搜索LAD和FBD中的网络符号信息表）。

“替换”功能：替换指定的字符串（“替换”对语句表指令不起作用）。

“转至”功能：通过指定网络数目的方式将光标快速移至另一个位置。

3）检视（View）

- 通过“检视”菜单可以选择不同的程序编辑器：LAD，STL，FBD。
- 通过“检视”菜单可以进行数据块（Data Block）、符号表（Symbol Table）、状态图表（Chart Status）、系统块（System Block）、交叉引用（Cross Reference）、通信（Communications）参数的设置。
- 通过“检视”菜单可以选择注释、网络注释（POU Comments）显示与否等。
- 通过“检视”菜单的工具栏区可以选择浏览栏（Navigation Bar）、指令树（Instruction Tree）及输出视窗（Output Window）的显示与否。
- 通过“检视”菜单可以对程序块的属性进行设置。

4）PLC。PLC菜单用于与PLC联机时的操作。如用软件改变PLC的运行方式（运行、停止），对用户程序进行编译、清除PLC程序、电源起动重置、查看PLC的信息、时钟、存储卡的操作、程序比较、PLC类型选择等操作。其中对用户程序进行编译可以离线进行。

联机方式（在线方式）：有编程软件的计算机与PLC连接，两者之间可以直接通信。

离线方式：有编程软件的计算机与PLC断开连接。此时可进行编程、编译。

联机方式和离线方式的主要区别是：联机方式可直接针对连接PLC进行操作，如上载、下载用户程序等。离线方式不直接与PLC联系，所有的程序和参数都暂时存放在磁盘上，等联机后再下载到PLC中。

PLC有两种操作模式：STOP（停止）和RUN（运行）模式。在STOP（停止）模式中可以建立/编辑程序，在RUN（运行）模式中可建立、编辑、监控程序操作和数据，进行动态调试。

若使用STEP 7-Micro/WIN 32软件控制RUN/STOP（运行/停止）模式，在STEP 7-Micro/

WIN 32 和 PLC 之间必须建立通信。另外，PLC 硬件模式开关必须设为 TERM（终端）或 RUN（运行）。

编译（Compile）：用来检查用户程序语法错误。用户程序编辑完成后通过编译在显示器下方的输出窗口显示编译结果，明确指出错误的网络段，可以根据错误提示对程序进行修改，然后再编译，直至无错误。

全部编译（Compile All）：编译全部项目元件（程序块、数据块和系统块）。

信息（Information）：可以查看 PLC 信息，例如 PLC 型号和版本号码、操作模式、扫描速率、I/O 模块配置以及 CPU 和 I/O 模块错误等。

电源起动重置（Power-Up Reset）：从 PLC 清除严重错误并返回 RUN（运行）模式。如果操作 PLC 存在严重错误，SF（系统错误）指示灯亮，程序停止执行。必须将 PLC 模式重设为 STOP（停止），然后再设置为 RUN（运行），才能清除错误，或使用“PLC”→“电源起动重置”。

5）调试（Debug）。调试菜单用于联机时的动态调试，有单次扫描（First Scan）、多次扫描（Multiple Scans）、程序状态（Program Status）、触发暂停（Triggred Pause）、用程序状态模拟运行条件（读取、强制、取消强制和全部取消强制）等功能。

第一次扫描时，SM0.1 数值为 1（打开）。

单次扫描：可编程控制器从 STOP 方式进入 RUN 方式，执行一次扫描后，回到 STOP 方式，可以观察到首次扫描后的状态。

PLC 必须位于 STOP（停止）模式，通过菜单“调试”→“单次扫描”操作。

多次扫描：调试时可以指定 PLC 对程序执行有限次数扫描（从 1 次扫描到 65535 次扫描）。通过选择 PLC 运行的扫描次数，可以在程序过程变量改变时对其进行监控。

PLC 必须位于 STOP（停止）模式时，通过菜单“调试”→“多次扫描”设置扫描次数。

6）工具。“工具”菜单提供复杂指令向导（PID、HSC、NETR/NETW 指令），使复杂指令编程时的工作简化。

- “工具”菜单提供文本显示器 TD200 设置向导。
- “工具”菜单的定制子菜单可以更改 STEP 7-Micro/WIN 32 工具条的外观或内容，以及在“工具”菜单中增加常用工具。
- “工具”菜单的“选项”子菜单可以设置 3 种编辑器的风格，如字体、指令盒的大小等样式。

7）窗口。“窗口”菜单可以设置窗口的排放形式，如层叠、水平、垂直。

8）帮助。“帮助”菜单可以提供 S7-200 的指令系统及编程软件的所有信息，并提供在线帮助、网上查询、访问等功能。

（2）工具条

1）标准工具条，如图 1-14 所示。

图 1-14　标准工具条

各快捷按钮从左到右分别为：新建项目、打开现有项目、保存当前项目、打印、打印预览、剪切选项并复制至剪贴板、将选项复制至剪贴板、在光标位置粘贴剪贴板内容、撤消最后一个条目、编译程序块或数据块（任意一个现用窗口）、全部编译（程序块、数据块和系统块）、将项目从PLC上载至STEP 7-Micro/WIN 32、从STEP 7-Micro/WIN 32下载至PLC、符号表名称列按照A-Z从小至大排序、符号表名称列按照Z-A从大至小排序、选项（配置程序编辑器窗口）。

2）调试工具条，如图1-15所示。

图1-15　调试工具条

各快捷按钮从左到右分别为：将PLC设为运行模式、将PLC设为停止模式、在程序状态打开/关闭之间切换、在触发暂停打开/停止之间切换（只用于语句表）、在图状态打开/关闭之间切换、状态图表单次读取、状态图表全部写入、强制PLC数据、取消强制PLC数据、状态图表全部取消强制、状态图表全部读取强制数值。

3）公用工具条，如图1-16所示。

图1-16　公用工具条

公用工具条各快捷按钮从左到右分别为：

插入网络：单击该按钮，在LAD或FBD程序中插入一个空网络。

删除网络：单击该按钮，删除LAD或FBD程序中的整个网络。

POU注释：单击该按钮在POU注释打开（可视）或关闭（隐藏）之间切换。每个POU注释可允许使用的最大字符数为4096。可视时，始终位于POU顶端，在第一个网络之前显示，如图1-17（a）所示。

网络注释：单击该按钮，在光标所在网络标号下方出现的灰色方框中，输入网络注释。再单击该按钮，网络注释关闭，如图1-17（b）所示。

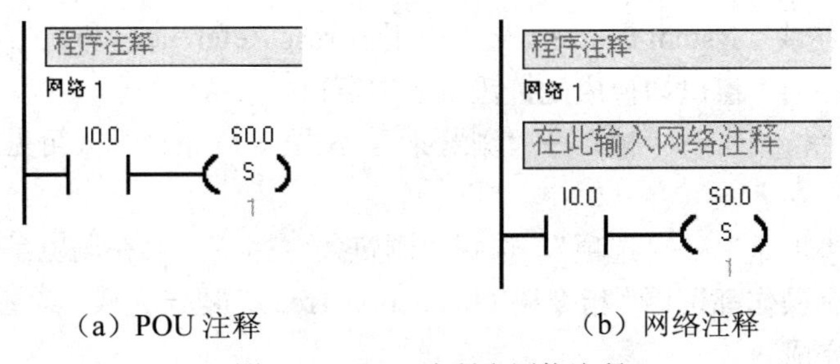

（a）POU注释　　（b）网络注释

图1-17　POU注释和网络注释

检视/隐藏每个网络的符号信息表：单击该按钮，用所有的新、旧和修改符号名更新项目，而且在符号信息表打开和关闭之间切换，如图1-18（a）所示。

切换书签：设置或移除书签，单击该按钮，在当前光标指定的程序网络设置或移除书签。在程序中设置书签，书签便于在较长程序中指定的网络之间来回移动，如图1-18（b）所示。

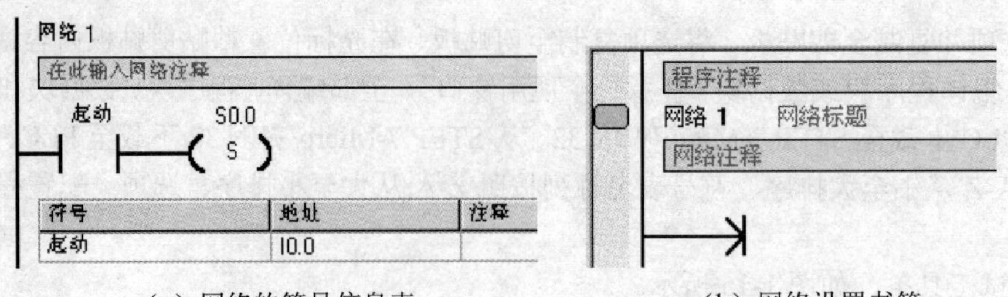

（a）网络的符号信息表　　（b）网络设置书签

图 1-18　网络的符号信息表和设置网络书签

下一个书签：将程序滚动至下一个书签，单击该按钮，向下移至程序的下一个带书签的网络。

前一个书签：将程序滚动至前一个书签，单击该按钮，向上移至程序的前一个带书签的网络。

清除全部书签：单击该按钮，移除程序中的所有当前书签。

在项目中应用所有的符号：单击该按钮，用所有新、旧和修改的符号名更新项目，并在符号信息表打开和关闭之间切换。

建立表格未定义符号：单击该按钮，从程序编辑器将不带指定地址的符号名传输至指定地址的新符号表标记。

常量说明符：在 SIMATIC 类型说明符打开/关闭之间切换，单击“常量描述符”按钮，使常量描述符可视或隐藏。对许多指令参数可直接输入常量。仅被指定为 100 的常量具有不确定的大小，因为常量 100 可以表示为字节、字或双字大小。当输入常量参数时，程序编辑器根据每条指令的要求指定或更改常量描述符。

4）LAD 指令工具条，如图 1-19 所示。

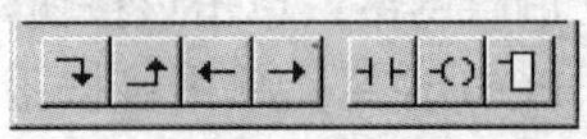

图 1-19　LAD 指令工具条

从左到右分别为：插入向下直线，插入向上直线，插入左行，插入右行，插入接点，插入线圈，插入指令盒。

（3）浏览条（Navigation Bar）

浏览条为编程提供按钮控制，可以实现窗口的快速切换，即对编程工具执行直接按钮存取，包括程序块（Program Block）、符号表（Symbol Table）、状态图表（Status Chart）、数据块（Data Block）、系统块（System Block）、交叉引用（Cross Reference）和通信（Communication）。单击上述任意按钮，则主窗口切换成此按钮对应的窗口。

单击菜单命令“检视”→“帧”→“浏览条”，浏览条可在打开（可见）和关闭（隐藏）之间切换。

单击菜单命令“工具”→“选项”，选择“浏览条”标签，可在浏览条中编辑字体。

浏览条中的所有操作都可用“指令树（Instuction Tree）”视窗完成，或通过“检视（View）”→“元件”菜单来完成。

（4）指令树（Instuction Tree）

指令树以树型结构提供编程时用到的所有快捷操作命令和 PLC 指令。可分为项目分支和指令分支。

1）项目分支用于组织程序项目：

用鼠标右键单击“程序块”文件夹，插入新子程序和中断程序。

打开“程序块”文件夹，并用鼠标右键单击 POU 图标，可以打开 POU、编辑 POU 属性、用密码保护 POU 或为子程序和中断程序重新命名。

用鼠标右键单击“状态图”或“符号表”文件夹，插入新图或表。

打开“状态图”或“符号表”文件夹，在指令树中用鼠标右键单击图或表图标，或双击适当的 POU 标记，执行打开、重新命名或删除操作。

2）指令分支用于输入程序，打开指令文件夹并选择指令：

拖放或双击指令，可在程序中插入指令。

用鼠标右键单击指令，并从弹出菜单中选择“帮助”，可获得有关该指令的信息。

可将常用指令拖放至“偏好项目”文件夹。

若项目指定了 PLC 类型，指令树中红色标记 x 是表示对该 PLC 无效的指令。

（5）用户窗口

可同时或分别打开图 1-13 中的 6 个用户窗口，分别为：交叉引用、数据块、状态图表、符号表、程序编辑器、局部变量表。

1）交叉引用（Cross Reference）

在程序编译成功后，可用下面的方法之一打开“交叉引用”窗口：

- 单击菜单命令“检视”→“交叉引用”（Cross Reference）。
- 单击浏览条中的“交叉引用”按钮。

如图 1-20 所示，“交叉引用”表列出在程序中使用的各操作数所在的 POU、网络或行位置，以及每次使用各操作数的语句表指令。通过交叉引用表还可以查看哪些内存区域已经被使用，作为位还是作为字节使用。在运行方式下编辑程序时，可以查看程序当前正在使用的跳变信号的地址。交叉引用表不下载到可编程控制器，在程序编译成功后，才能打开交叉引用表。在交叉引用表中双击某操作数，可以显示出包含该操作数的那一部分程序。

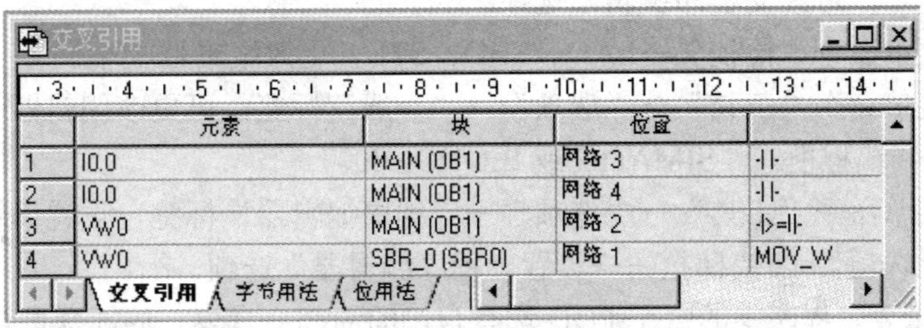

交叉引用

	元素	块	位置	
1	I0.0	MAIN (OB1)	网络 3	-| |-
2	I0.0	MAIN (OB1)	网络 4	-| |-
3	VW0	MAIN (OB1)	网络 2	-|>=I|-
4	VW0	SBR_0 (SBR0)	网络 1	MOV_W

交叉引用 字节用法 位用法

图 1-20 交叉引用表

2）数据块。“数据块”窗口可以设置和修改变量存储器的初始值和常数值，并加注必要的注释说明。

用下面的方法之一打开“数据块”窗口：

- 单击浏览条上的“数据块”按钮。
- 单击菜单命令“检视”→“元件”→“数据块”。
- 单击指令树中的“数据块”图标。

3）状态图表（Status Chart）。将程序下载至 PLC 之后，可以建立一个或多个状态图表，在联机调试时，打开状态图表，监视各变量的值和状态。状态图表并不下载到可编程控制器，只是监视用户程序运行的一种工具。

用下面的方法之一可打开状态图表：

- 单击浏览条上的“状态图表”按钮。
- 单击菜单命令“检视”→“元件”→“状态图”。
- 打开指令树中的“状态图”文件夹，然后双击“图”图标。

若在项目中有一个以上状态图，使用位于“状态图”窗口底部的 CHT1 CHT2 CHT3 “图”标签在状态图之间移动。

可在状态图表的地址列输入须监视的程序变量地址，在PLC运行时，打开状态图表窗口，在程序扫描执行时，连续、自动地更新状态图表的数值。

4）符号表（Symbol Table）。符号表是程序员用符号编址的一种工具表。在编程时不采用元件的直接地址作为操作数，而用有实际含义的自定义符号名作为编程元件的操作数，这样可使程序更容易理解。符号表则建立了自定义符号名与直接地址编号之间的关系。程序被编译后下载到可编程控制器时，所有的符号地址被转换成绝对地址，符号表中的信息不下载到可编程控制器。

用下面的方法之一可打开符号表：

- 单击浏览条中的“符号表”按钮。
- 单击菜单命令：“检视”→“符号表”。
- 打开指令树中的符号表或全局变量文件夹，然后双击一个表格图标。

5）程序编辑器。用菜单命令“文件”→“新建”，“文件”→“打开”或“文件”→“导入”，打开一个项目。然后用下面方法之一打开“程序编辑器”窗口，建立或修改程序：

- 单击浏览条中的“程序块”按钮，打开主程序（OB1）。可以单击子程序或中断程序标签，打开另一个POU。
- 指令树→程序块→双击主程序（OB1）图标、子程序图标或中断程序图标。

用下面方法之一可改变程序编辑器选项：

- 单击菜单命令“检视”→LAD、FBD、STL，更改编辑器类型。
- 单击菜单命令“工具”→“选项”→“一般”标签，可更改编辑器（LAD、FBD 或STL）和编程模式（SIMATIC或IEC1131-3）。
- 单击菜单命令“工具”→“选项”→“程序编辑器”标签，设置编辑器选项。
- 使用“选项”快捷按钮→设置“程序编辑器”选项。

6）局部变量表。程序中的每个POU都有自己的局部变量表，局部变量存储器（L）有64个字节。局部变量表用来定义局部变量，局部变量只在建立该局部变量的POU中才有效。在带参数的子程序调用中，参数的传递就是通过局部变量表传递的。

在用户窗口将水平分隔条下拉即可显示局部变量表，将水平分隔条拉至程序编辑器窗口的顶部，局部变量表不再显示，但仍旧存在。

（6）输出窗口

输出窗口：用来显示STEP 7-Micro/WIN 32程序编译的结果，如编译结果有无错误、错误编码和位置等。

单击菜单命令“检视”→“帧”→“输出窗口”在窗口打开或关闭输出窗口。

（7）状态条

状态条：提供有关在STEP 7-Micro/WIN 32中操作的信息。

3. 编程准备

（1）指令集和编辑器的选择

写程序之前，用户必须选择指令集和编辑器。

S7-200 系列 PLC 支持的指令集有 SIMATIC 和 IEC1131-3 两种。SIMATIC 是专为 S7-200 PLC 设计的，专用性强，采用 SIMATIC 指令编写的程序执行时间短，可以使用 LAD、STL、FBD 三种编辑器。IEC1131-3 指令集是按国际电工委员会（IEC）PLC 编程标准提供的指令系统，作为不同 PLC 厂商的指令标准，集中指令较少。有些 SIMATIC 所包含的指令，在 IEC1131-3 中不是标准指令。IEC1131-3 标准指令集适用于不同厂家 PLC，可以使用 LAD 和 FBD 两种编辑器。本教材主要用 SIMATIC 编程模式。

单击菜单命令“工具”→“选项”→“一般”标签→“编程模式”→选择 SIMATIC。

程序编辑器有 LAD、STL、FBD 三种，其比较在下一章介绍。本教材主要用 LAD 和 STL。

选择编辑器的方法如下：

- 单击菜单命令“检视”→LAD 或 STL。
- 或者单击菜单命令“工具”→“选项”→“一般”标签→“默认编辑器”。

（2）根据 PLC 类型进行参数检查

在 PLC 和运行 STEP 7-Micro/WIN 的 PC 连线后，建立通信或编辑通信设置以前，应根据 PLC 的类型进行范围检查。必须保证 STEP 7-Micro/WIN 中 PLC 类型选择与实际 PLC 类型相符。方法如下：

- 单击菜单命令“PLC”→“类型”→“读取 PLC”。
- 指令树→“项目”名称→“类型”→“读取 PLC”。

“PLC 类型”对话框如图 1-21 所示。

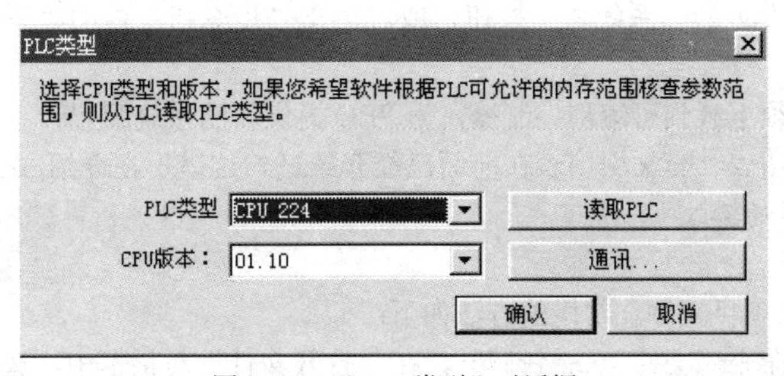

图 1-21 “PLC 类型”对话框

1.3.2 STEP 7-Mirco/WIN 主要编程功能

1. 编程元素及项目组件

S7-200 的三种程序组织单位（POU）指主程序、子程序和中断程序。STEP 7-Micro/WIN 为每个控制程序在程序编辑器窗口提供分开的制表符，主程序总是第一个制表符，后面是子程序或中断程序。

一个项目（Project）包括的基本组件有程序块、数据块、系统块、符号表、状态图表、交叉引用表。程序块、数据块、系统块须下载到 PLC，而符号表、状态图表、交叉引用表不下载到 PLC。

程序块由可执行代码和注释组成，可执行代码由一个主程序和可选子程序或中断程序组成。程序代码被编译并下载到 PLC，程序注释被忽略。

在“指令树”中右击“程序块”图标可以插入子程序和中断程序。

数据块由数据（包括初始内存值和常数值）和注释两部分组成。

数据被编译后，下载到可编程控制器，注释被忽略。数据块窗口的操作在 1.2 节中介绍过。

系统块用来设置系统的参数，包括通信口配置信息、保存范围、模拟和数字输入过滤器、背景时间、密码表、脉冲截取位和输出表等选项。系统块如图 1-22 所示。

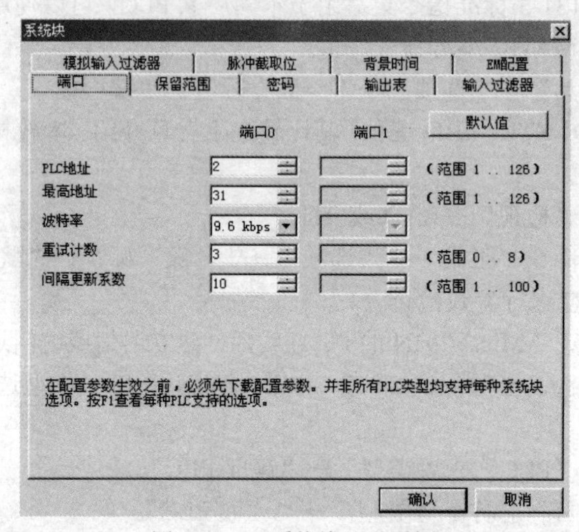

图 1-22 “系统块”对话框

单击“浏览栏”上的“系统块”按钮，或者单击“指令树”内的“系统块”图标，可查看并编辑系统块。

系统块的信息须下载到可编程控制器，为 PLC 提供新的系统配置。

符号表、状态图表、交叉引用表在前面已经介绍过，这里不在介绍。

2. 梯形图程序的输入

（1）建立项目

1）打开已有的项目文件。常用的方法如下：

- 单击菜单命令“文件”→“打开”，在“打开文件”对话框中，选择项目的路径及名称，单击“确定”按钮，打开现有项目。
- 在“文件”菜单底部列出最近工作过的项目名称，选择文件名，直接选择打开。
- 利用 Windows 资源管理器，选择扩展名为.mwp 的文件打开。

2）创建新项目。单击“新建”快捷按钮；单击菜单命令“文件”→“新建”；单击浏览条中的程序块图标，都可新建一个项目。

（2）输入程序

打开项目后就可以进行编程，本书主要介绍梯形图的相关操作。

1）输入指令。梯形图的元素主要有接点、线圈和指令盒，梯形图的每个网络必须从接点开始，以线圈或没有 ENO 输出的指令盒结束。线圈不允许串联使用。

要输入梯形图指令首先要进入梯形图编辑器：单击“检视”→“阶梯（L）”选项。接着在梯形图编辑器中输入指令。输入指令可以通过指令树、工具条按钮、快捷键等方法。在指令树中选择需要的指令，拖放到需要位置；将光标放在需要的位置，在指令树中双击需要的指令；将光标放到需要的位置，单击工具栏指令按钮，打开一个通用指令窗口，选择需要的指令；使用功能键：F4=接点，F6=线圈，F9=指令盒，打开一个通用指令窗口，选择需要的指令。

当编程元件图形出现在指定位置后，再单击编程元件符号的????，输入操作数。红色字样显示语法出错，当把不合法的地址或符号改变为合法值时，红色消失。若数值下面出现红色的波浪线，表示输入的操作数超出范围或与指令的类型不匹配。

2）上下线的操作。将光标移到要合并的触点处，单击上行线或下行线按钮。

3）输入程序注释。LAD 编辑器中共有四个注释级别：项目组件（POU）注释、网络标题、网络注释、项目组件属性。

①项目组件（POU）注释：在“网络 1”上方的灰色方框中单击，输入 POU 注释。

单击“切换 POU 注释”按钮或者单击菜单命令“检视”→“POU 注释”，可在 POU 注释“打开”（可视）或“关闭”（隐藏）之间切换。

每条 POU 注释所允许使用的最大字符数为 4096。可视时，始终位于 POU 顶端，并在第一个网络之前显示。

②网络标题：将光标放在网络标题行，输入一个便于识别该逻辑网络的标题。网络标题中可允许使用的最大字符数为 127。

③网络注释：将光标移到网络标号下方的灰色方框中，可以输入网络注释。网络注释可对网络的内容进行简单的说明，以便于程序的理解和阅读。网络注释中可允许使用的最大字符数为 4096。

单击“切换网络注释”按钮或者单击菜单命令“检视”→“网络注释”，可在网络注释“打开”（可视）和“关闭”（隐藏）之间切换。

④项目组件属性：用下面的方法存取“属性”标签。

- 用鼠标右键单击“指令树”中的 POU→选择“属性”。
- 用鼠标右键单击程序编辑器窗口中的任何一个 POU 标签，并从弹出菜单选择“属性”。

属性对话框如图 1-23 所示。

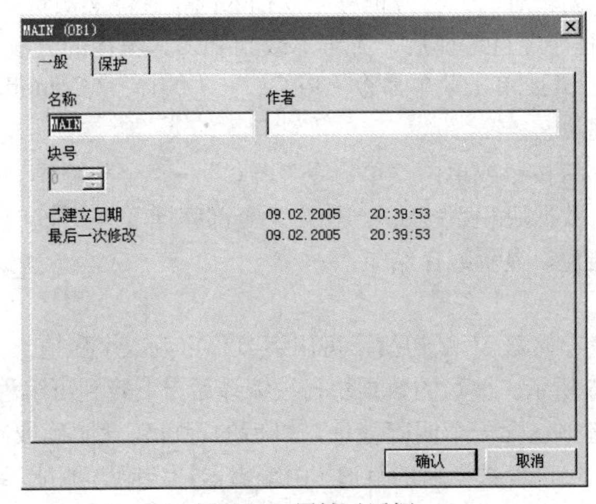

图 1-23 属性对话框

属性对话框中有两个标签：一般和保护。选择“一般”可为子程序、中断程序和主程序块（OB1）重新编号和重新命名，并为项目指定一个作者。选择“保护”则可以选择一个密码保护 POU，以便其他用户无法看到该 POU，并在下载时加密。若用密码保护 POU，则选中“用密码保护该 POU”复选框。输入一个四个字符的密码并核实该密码，如图 1-24 所示。

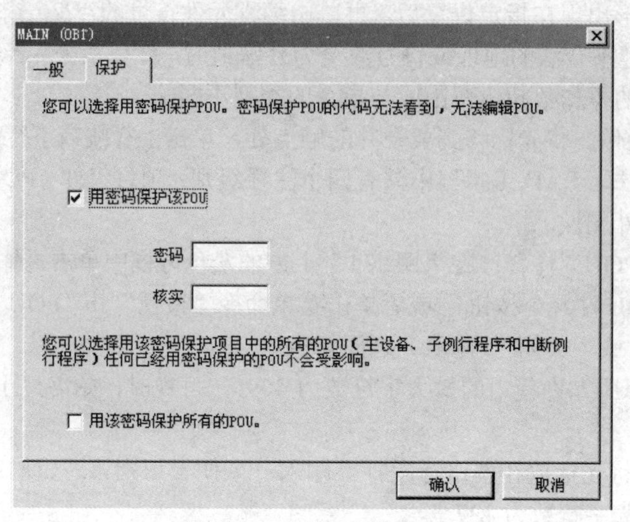

图 1-24 “保护”选项卡

4）程序的编辑。

- 剪切、复制、粘贴或删除多个网络

通过用 Shift 键+鼠标单击，可以选择多个相邻的网络，进行剪切、复制、粘贴或删除等操作。

注意： 不能选择部分网络，只能选择整个网络。

- 编辑单元格、指令、地址和网络

用光标选中需要进行编辑的单元，单击右键，弹出快捷菜单，可以进行插入或删除行、列、垂直线或水平线的操作。删除垂直线时把方框放在垂直线左边单元上，删除时选择“行”，或按 Del 键。进行插入编辑时，先将方框移至欲插入的位置，然后选择“列”。

5）程序的编译。程序经过编译后，方可下载到 PLC。编译的方法如下：

单击“编译”按钮或单击菜单命令“PLC”→“编译”（Compile），编译当前被激活的窗口中的程序块或数据块。

单击“全部编译”按钮或单击菜单命令“PLC”→“全部编译”（Compile All），编译全部项目元件（程序块、数据块和系统块）。使用“全部编译”，与哪一个窗口是活动窗口无关。

编译结束后，输出窗口显示编译结果。

3. 数据块编辑

数据块用来对变量存储器 V 赋初值，可用字节、字或双字赋值。注释（前面带双斜线）是可选项目，如图 1-25 所示。编写的数据块，被编译后，下载到可编程控制器，注释被忽略。

数据块的第一行必须包含一个明确地址，以后的行可包含明确或隐含地址。在单地址后键入多个数据值或键入仅包含数据值的行时，由编辑器指定隐含地址。编辑器根据先前的地址分配及数据长度（字节、字或双字）指定适当的 V 内存数量。

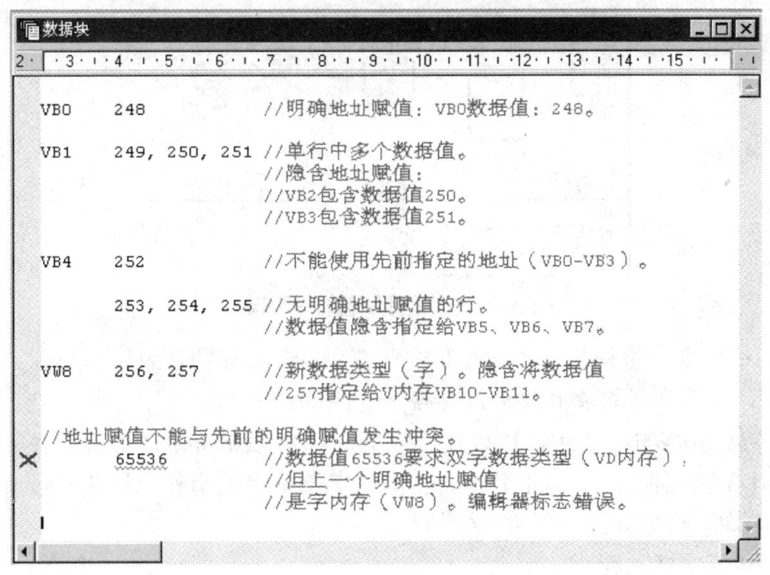

图1-25 数据块

数据块编辑器是一种自由格式文本编辑器，键入一行后，按Enter键，数据块编辑器格式化行（对齐地址列、数据、注释；捕获V内存地址）并重新显示。数据块编辑器接受大小写字母并允许使用逗号、制表符或空格，作为地址和数据值之间的分隔符。

在数据块编辑器中使用“剪切”、“复制”和“粘贴”命令将数据块源文本送入或送出STEP 7-Micro/WIN 32。

数据块需要下载至PLC后才起作用。

4. 符号表操作

（1）在符号表中符号赋值的方法

1）建立符号表：单击浏览条中的“符号表”按钮，符号表见图1-26。

			符号	地址	注释
1			起动	I0.0	起动按钮SB2
2			停止	I0.1	停止按钮SB1
3			M1	Q0.0	电动机
4					
5					

图1-26 符号表

2）在“符号”列键入符号名（如，起动），最大符号长度为23个字符。注意：在给符号指定地址之前，该符号下有绿色波浪下划线。在给符号指定地址后，绿色波浪下划线自动消失。如果选择同时显示项目操作数的符号和地址，较长的符号名在LAD、FBD和STL程序编辑器窗口中被一个波浪号（～）截断。可将鼠标放在被截断的名称上，在工具提示中查看全名。

3）在“地址”列中键入地址（例如：I0.0）。

4）键入注释（此为可选项：最多允许79个字符）。

5）符号表建立后，单击菜单命令“检视”→“符号编址”，直接地址将转换成符号表中对应的符号名。并且可通过菜单命令“工具”→“选项”→“程序编辑器”标签→“符号编址”选项，来选择操作数显示的形式。如选择“显示符号和地址”，则对应的梯形图如图1-27所示。

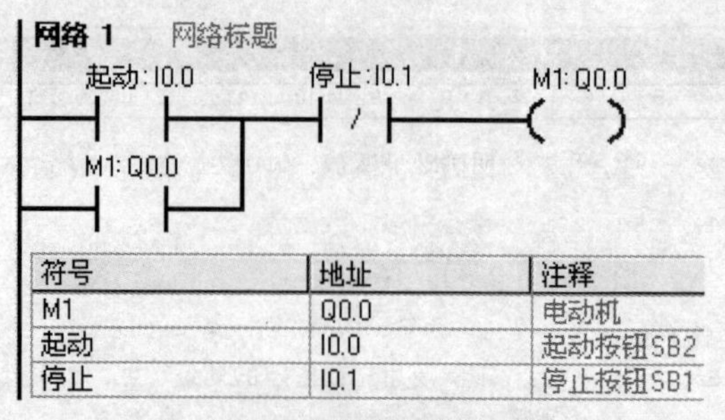

符号	地址	注释
M1	Q0.0	电动机
起动	I0.0	起动按钮SB2
停止	I0.1	停止按钮SB1

图 1-27　带符号表的梯形图

6）使用菜单命令“检视”→“符号信息表”，可选择符号表的显示与否。单击“检视”→“符号编址”，可选择是否将直接地址转换成对应的符号名。

在 STEP 7-Micro/WIN 32 中，可以建立多个符号表（SIMATIC 编程模式）或多个全局变量表（IEC 1131-3 编程模式）。但不允许将相同的字符串多次用作全局符号赋值，在单个符号表中和几个表内均不得如此。

（2）在符号表中插入行

使用下列方法之一在符号表中插入行：

- 单击菜单命令“编辑”→“插入”→“行”：将在符号表光标的当前位置上方插入新行。
- 用鼠标右键单击符号表中的一个单元格：选择弹出菜单中的命令“插入”→“行”。将在光标的当前位置上方插入新行。
- 若在符号表底部插入新行：将光标放在最后一行的任意一个单元格中，按“下箭头”键。

（3）建立多个符号表

默认情况下，符号表窗口显示一个符号名称（USR1）的标签。可用下列方法建立多个符号表。

- 在“指令树”用鼠标右键单击“符号表”文件夹，在弹出菜单中选择“插入符号表”命令。
- 打开符号表窗口，使用“编辑”菜单，或用鼠标右键单击，在弹出菜单中选择“插入”→“表格”。
- 插入新符号表后，新的符号表标签会出现在符号表窗口的底部。在打开符号表时，要选择正确的标签。双击或右击标签，可为标签重新命名。

1.3.3　通信

1. 通信网络的配置

通过下面的方法测试通讯网络：

（1）在 STEP 7-Micro/WIN 中，单击浏览条中的“通讯”图标，或用菜单命令“检视”→“元件”→“通讯”。

（2）在“通讯”对话框（如图 1-28 所示）的右侧窗格，单击显示“双击刷新”的蓝色文字。

如果建立了个人计算机与 PLC 之间的通讯，则会显示一个设备列表。

STEP 7-Micro/WIN 在同一时间仅与一个 PLC 通讯，会在 PLC 周围显示一个红色方框，说明该 PLC 目前正在与 STEP 7-Micro/WIN 通讯。

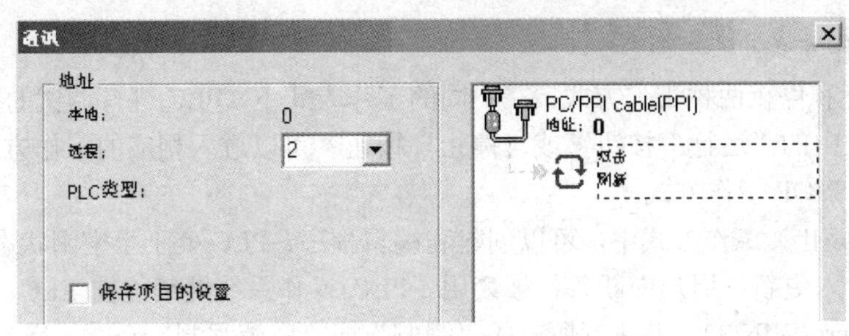

图 1-28 “通讯”对话框

2. 上载、下载

（1）下载

如果已经成功地在运行 STEP 7-Micro/WIN 的个人计算机和 PLC 之间建立了通讯，就可以将编译好的程序下载至该 PLC。如果 PLC 中已经有内容将被覆盖。下载步骤如下：

1）下载之前，PLC 必须位于“停止”的工作方式。检查 PLC 上的工作方式指示灯，如果 PLC 没有在“停止”，单击工具条中的“停止”按钮，将 PLC 置于停止方式。

2）单击工具条中的“下载”按钮，或单击菜单命令“文件”→“下载”。出现“下载”对话框。

3）根据默认值，在初次发出下载命令时，“程序代码块”、“数据块”和“CPU 配置”（系统块）复选框都被选中。如果不需要下载某个块，可以清除该复选框。

4）单击“确定”按钮，开始下载程序。如果下载成功，将出现一个确认框会显示以下信息：下载成功。

5）如果 STEP 7-Micro/WIN 32 中的 CPU 类型与实际的 PLC 不匹配，会显示以下警告信息：“为项目所选的 PLC 类型与远程 PLC 类型不匹配。继续下载吗？”。

6）此时应纠正 PLC 类型选项，选择“否”，终止下载程序。

7）单击菜单命令“PLC”→“类型”，调出“PLC 类型”对话框。单击“读取 PLC”按钮，由 STEP 7-Micro/WIN 自动读取正确的数值。单击“确定”按钮，确认 PLC 类型。

8）单击工具条中的“下载”按钮，重新开始下载程序，或单击菜单命令“文件”→“下载”。

下载成功后，单击工具条中的“运行”按钮，或单击“PLC”→“运行”，PLC 进入 RUN（运行）工作方式。

（2）上载

用下面的方法从 PLC 将项目元件上载到 STEP 7-Micro/WIN 32 程序编辑器：

- 单击“上载”按钮。
- 选择菜单命令“文件”→“上载”。
- 按快捷键 Ctrl+U。

执行的步骤与下载基本相同，选择需上载的块（程序块、数据块或系统块），单击“上载”按钮，上载的程序将从 PLC 复制到当前打开的项目中，随后即可保存上载的程序。

1.3.4 程序的调试与监控

在运行 STEP 7-Micro/WIN 32 编程设备和 PLC 之间建立通讯并向 PLC 下载程序后，便可运行程序，收集状态进行监控和调试程序。

1. 选择工作方式

PLC 有运行和停止两种工作方式。在不同的工作方式下，PLC 进行调试的操作方法不同。

单击工具栏中的“运行”按钮▶或“停止”按钮■可以进入相应的工作方式。

（1）选择 STOP 工作方式

在 STOP（停止）工作方式中，可以创建和编辑程序，PLC 处于半空闲状态：停止用户程序执行；执行输入更新；用户中断条件被禁用。PLC 操作系统继续监控 PLC，将状态数据传递给 STEP 7-Micro/WIN 32，并执行所有的“强制”或“取消强制”命令。当 PLC 位于 STOP（停止）工作方式可以进行下列操作：

1）使用图状态或程序状态检视操作数的当前值（因为程序未执行，这一步骤等同于执行“单次读取”）。

2）可以使用图状态或程序状态强制数值。使用图状态写入数值。

3）写入或强制输出。

4）执行有限次扫描，并通过状态图或程序状态观察结果。

（2）选择运行工作方式

当 PLC 位于 RUN（运行）工作方式时，不能使用“首次扫描”或“多次扫描”功能。可以在状态图表中写入和强制数值，或使用 LAD 或 FBD 程序编辑器强制数值，方法与在 STOP（停止）工作方式中强制数值相同。还可以执行下列操作（不能在 STOP 工作方式使用）：

1）使用图状态收集 PLC 数据值的连续更新。如果希望使用单次更新，图状态必须关闭，才能使用“单次读取”命令。

2）使用程序状态收集 PLC 数据值的连续更新。

3）使用 RUN 工作方式中的“程序编辑”编辑程序，并将改动下载至 PLC。

2. 程序状态显示

当程序下载至 PLC 后，可以用“程序状态”功能操作和测试程序网络。

（1）起动程序状态

1）在程序编辑器窗口，显示希望测试的程序部分和网络。

PLC 置于 RUN 工作方式，起动程序状态监控改动 PLC 数据值。方法如下：

单击“程序状态打开/关闭”按钮或单击菜单命令“调试”→“程序状态”，在梯形图中显示出各元件的状态。在进入“程序状态”的梯形图中，用彩色块表示位操作数的线圈得电或触点闭合状态。

如：┥■┝表示触点闭合状态，-(■)表示位操作数的线圈得电。

用菜单命令“工具”→“选项”打开的窗口中，可选择设置梯形图中功能块的大小、显示的方式和彩色块的颜色等。

运行中的梯形图内的各元件的状态将随程序执行过程连续更新变换。

（2）用程序状态模拟进程条件（读取、强制、取消强制和全部取消强制）

通过在程序状态中从程序编辑器向操作数写入或强制新数值的方法，可以模拟进程条件。

单击“程序状态”按钮，开始监控数据状态，并启用调试工具。

1）写入操作数：直接单击操作数（不要单击指令），然后用鼠标右键直接单击操作数，并从弹出菜单选择“写入”。

2）强制单个操作数：直接单击操作数（不是指令），然后从“调试”工具条单击“强制”

图标。

直接用鼠标右键单击操作数（不是指令），并从弹出菜单选择“强制”。

3）单个操作数取消强制：直接单击操作数（不是指令），然后从“调试”工具条单击“取消强制”图标。

直接用鼠标右键单击操作数（不是指令），并从弹出菜单选择“取消强制”。

4）全部强制数值取消强制：从“调试”工具条单击“全部取消强制”图标。

强制数据用于立即读取或立即写入指令指定I/O点，CPU进入STOP状态时，输出将为强制数值，而不是系统块中设置的数值。

注意：在程序中强制数值时，程序每次扫描时将操作数重设为该数值，与输入/输出条件或其他正常情况下对操作数有影响的程序逻辑无关。强制可能导致程序操作无法预料，可能导致人员死亡或严重伤害或设备损坏。强制功能是调试程序的辅助工具，切勿为了弥补处理装置的故障而执行强制。仅限合格人员使用强制功能。强制程序数值后，务必通知所有授权维修或调试程序的人员。在不带负载的情况下调试程序时，可以使用强制功能。

（3）识别强制图标

被强制的数据处将显示一个图标。

1）黄色锁定图标表示显式强制：即该数值已经被“明确”或直接强制为当前正在显示的数值。

2）灰色隐去锁定图标表示隐式强制：该数值已经被“隐含”强制，即不对地址进行直接强制，但内存区落入另一个被明确强制的较大区域中。例如，如果VW0被显示强制，则VB0和VB1被隐含强制，因为它们包含在VW0中。

3）半块图标表示部分强制。例如，VB1被明确强制，则VW0被部分强制，因为其中的一个字节VB1被强制。

3. 状态图显示

可以建立一个或多个状态图，用来监管和调试程序操作。打开状态图可以观察或编辑图的内容，起动状态图可以收集状态信息。

（1）打开状态图

用以下方法可以打开状态图：

- 单击浏览条上的“状态图”按钮。
- 单击菜单命令“检视”→“元件”→“状态图”。
- 打开指令树中的“状态图”文件夹，然后双击“图”图标。

如果在项目中有多个状态图，使用“状态图”窗口底部的“图”标签，可在状态图之间移动。

（2）状态图的创建和编辑

1）建立状态图。如果打开一个空状态图，可以输入地址或定义符号名，从程序监管或修改数值。按以下步骤定义状态图，如图1-29所示。

在“地址”列输入存储器的地址（或符号名）。

在“格式”列选择数值的显示方式。如果操作数是位（例如，I、Q或M），格式中被设为位。如果操作数是字节、字或双字，选中“格式”列中的单元格，并双击或按空格键或Enter键，浏览有效格式并选择适当的格式。定时器或计数器数值可以显示为位或字。如果将定时器或计数器地址格式设置为位，则会显示输出状态（输出打开或关闭）。如果将定时器或计数器地址格式设置为字，则使用当前值。

	地址	格式	当前值	新数值
1	I0.0	位		
2	VW0	带符号		
3	M0.0	位		
4	SMW70	带符号		

图 1-29　状态图举例

还可以按下面的方法更快地建立状态图，如图 1-30 所示：选中程序代码的一部分，单击鼠标右键→弹出菜单→“建立状态图”。新状态图包含选中程序中每个操作数的一个条目。条目按照其在程序中出现的顺序排列，状态图有一个默认名称。新状态图被增加在状态图编辑器中的最后一个标记之后。

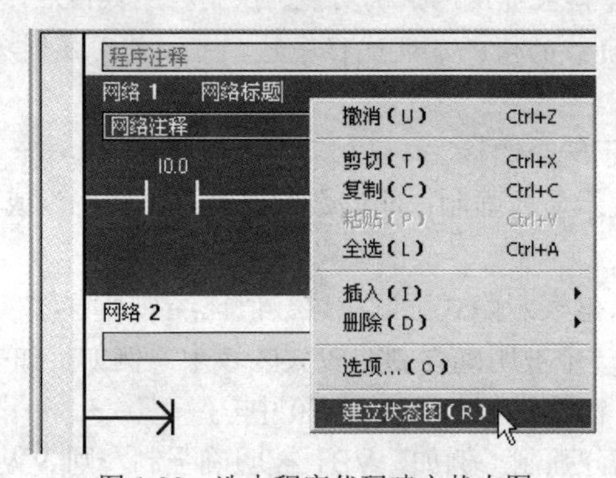

图 1-30　选中程序代码建立状态图

每次选择建立状态图时，只能增加头 150 个地址。一个项目最多可存储 32 个状态图。

2）编辑状态图。在状态图修改过程中，可采用下列方法：

插入新行：使用“编辑”菜单或用鼠标右键单击状态图中的一个单元格，从弹出菜单中选择“插入”→“行”。新行被插入在状态图中光标当前位置的上方。还可以将光标放在最后一行的任何一个单元格中，并按下箭头键，在状态图底部插入一行。

删除一个单元格或行：选中单元格或行，用鼠标右键单击，从弹出菜单中选择“删除”→“选项”。如果删除一行，其后的行（如果有）则向上移动一行。

选择一整行（用于剪切或复制）：单击行号。

选择整个状态图：在行号上方的左上角单击一次。

3）建立多个状态图。用下面方法可以建立一个新状态图：

- 从指令树，用鼠标右键单击“状态图”文件夹→弹出菜单命令→“插入”→“图”。
- 打开状态图窗口，使用“编辑”菜单或用鼠标右键单击，在弹出菜单中选择“插入”→“图”。

（3）状态图的起动与监视

1）状态图起动和关闭。开启状态图连续收集状态图信息，用下面的方法：

- 单击菜单命令“调试”→“图状态”或使用工具条按钮“图状态”。再操作一次可关闭状态图。

状态图起动后，便不能再编辑状态图。

2）单次读取与连续图状态。状态图被关闭时（未起动），可以使用“单次读取”功能，方法如下：

单击菜单命令“调试”→“单次读取”或使用工具条“单次读取”按钮。

单次读取可以从可编程控制器收集当前的数据，并在表中当前值列显示出来，且在执行用户程序时并不对其更新。

状态图被起动后，使用“图状态”功能，将连续收集状态图信息。

单击菜单命令“调试”→“图状态”或使用工具条“图状态”按钮。

3）写入与强制数值

全部写入：对状态图内的新数值改动完成后，可利用全部写入将所有改动传送至可编程控制器。物理输入点不能用此功能改动。

强制：在状态图的地址列中选中一个操作数，在新数值列写入模拟实际条件的数值，然后单击工具条中的“强制”按钮。一旦使用“强制”，每次扫描都会将强制数值应用于该地址，直至对该地址“取消强制”。

取消强制：和“程序状态”的操作方法相同。

4. 执行有限次扫描

可以指定 PLC 对程序执行有限次数扫描（从 1 次扫描到 65535 次扫描），通过指定 PLC 运行的扫描次数，可以监控程序过程变量的改变。第一次扫描时，SM0.1 数值为 1。

（1）执行单次扫描

“单次扫描”使 PLC 从 STOP 转变成 RUN，执行单次扫描，然后再转回 STOP，因此与第一次相关的状态信息不会消失。操作步骤如下：

1）PLC 必须位于 STOP（停止）模式。如果不在 STOP（停止）模式，将 PLC 转换成停止模式。

2）单击菜单命令“调试”→“首次扫描”。

（2）执行多次扫描

步骤如下：

1）PLC 必须位于 STOP（停止）模式。如果不在 STOP（停止）模式，将 PLC 转换成停止模式。

2）单击菜单“调试”→“多次扫描”→出现“执行扫描”对话框，如图 1-31 所示。

3）输入所需的扫描次数数值，单击“确定”按钮。

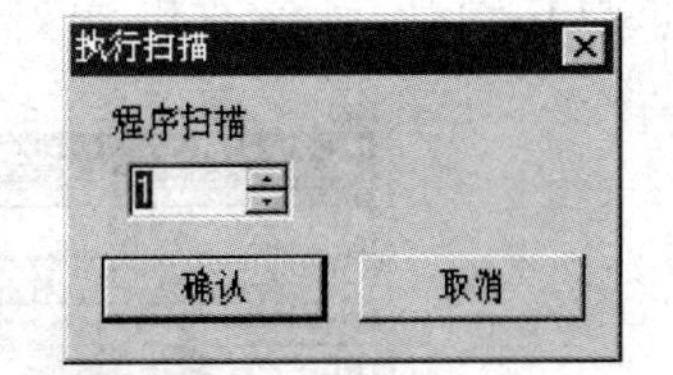

图 1-31 “执行扫描”对话框

5. 查看交叉引用

用下列方法打开“交叉引用”窗口：

单击菜单命令“检视”→“交叉引用”或单击浏览条中的“交叉引用”按钮。

单击“交叉引用”窗口底部的标签，可以查看“交叉引用”表、“字节用法”表或“位用法”表。

（1）“交叉引用”表

参看 1.3.1 节 STEP 7-Mirco/WIN 窗口组件。

（2）“字节用法”表

1）用“字节用法”表查看程序中使用的字节以及在哪些内存区使用。在“字节用法”表中，b 表示已经指定一个内存位；B 表示已经指定一个内存字节；W 表示已经指定一个字（16 位）；D 表示已经指定一个双字（32 位）；X 用于计时器和计数器。如图 1-32 所示“字节用法”表显示相关程序使用下列内存位置：MB0 中一个位；计数器 C30；计时器 T37。

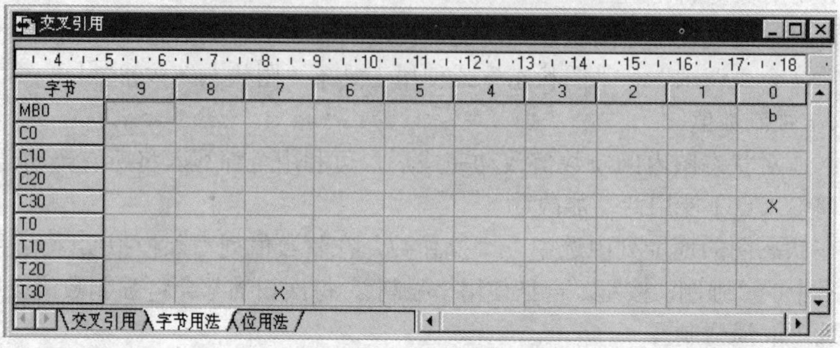

字节	9	8	7	6	5	4	3	2	1	0
MB0										b
C0										
C10										
C20										
C30										X
T0										
T10										
T20										
T30			X							

图 1-32 “字节用法”表

2）用“字节用法”表检查重复赋值错误。如图 1-33 所示，双字要求四个字节，VB0 行中应有 4 个相邻的 D。字要求 2 个字节，VB0 中应有 2 个相邻的 W。MB10 行存在相同的问题，此外在多个赋值语句中使用 MB10.0。

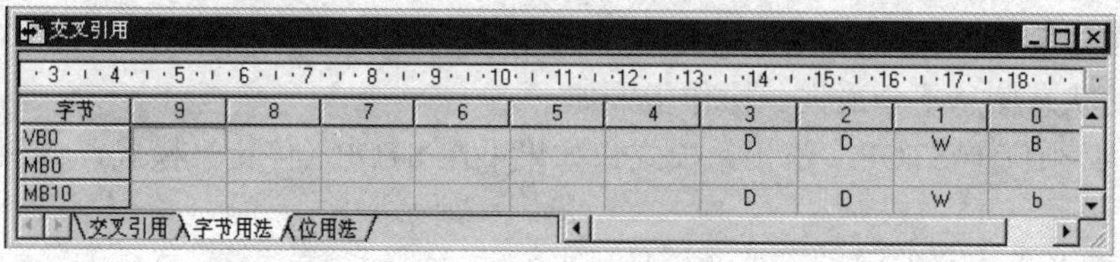

字节	9	8	7	6	5	4	3	2	1	0
VB0							D	D	W	B
MB0										
MB10							D	D	W	b

图 1-33 用“字节用法”表检查重复赋值错误举例

（3）“位用法”表

1）用“位用法”表查看程序中已经使用的位，以及在哪些内存使用。如图 1-34 所示“位用法”表显示相关程序使用下列内存位置：字节 IB0 的位 0、1、2、3、4、5 和 7；字节 QB0 的位 0、1、2、3、4 和 5；字节 MB0 的位 1。

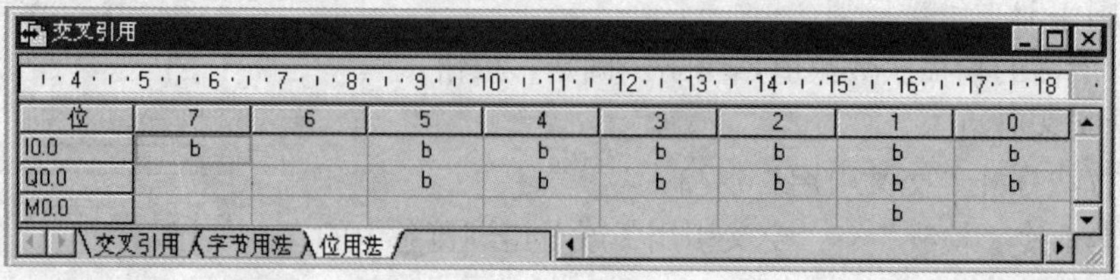

位	7	6	5	4	3	2	1	0
I0.0	b		b	b	b	b	b	b
Q0.0			b	b	b	b	b	b
M0.0							b	

图 1-34 “位用法”表

2）用“位用法”表识别重复赋值错误。在正确的赋值程序中，字节中间不得有位值。如图 1-35 所示，BBBBBBBb 无效，而 BBBBBBBB 则有效。相同的规定也适用于字赋值（应有 16 个相邻的位）和双字赋值（应有 32 个相邻的位）。

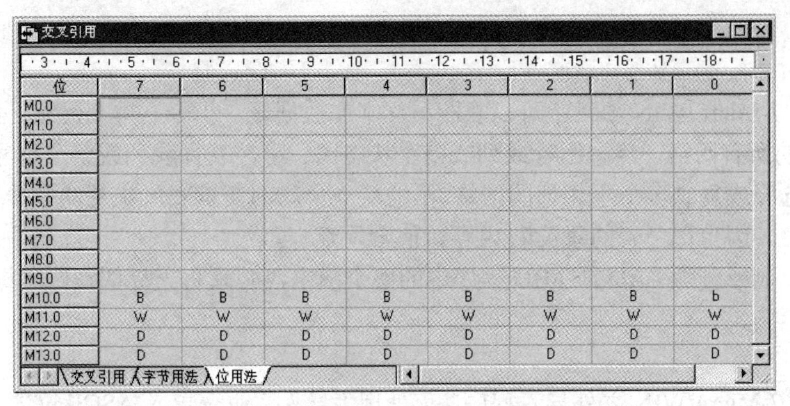

图 1-35　用“位用法”表识别重复赋值错误举例

1.4　项目管理

1.4.1　打印

1. 打印程序和项目文档的方法

用下面的方法打印程序和项目文档：

- 单击“打印”按钮。
- 选择菜单命令“文件”→“打印”。
- 按 Ctrl+P 快捷键。

2. 打印单个项目元件网络和行

以下方法可以从单个程序块打印一系列网络，或从单个符号表或状态图打印一系列行：

（1）选择适当的复选框，并使用“范围・符号表”域指定打印的元素。

（2）选中一段文本、网络或行，并选择“打印”。此时应检查以下条目：在“打印目录/次序”中写入正确的编辑器；在“范围”框中选择正确的 POU（如适用）；选择“范围”单选按钮；“范围”后的框中显示正确的数字。

如图 1-36 所示，从 USR1 符号表打印行 6～20，则应采取以下方法之一：

- 仅选择“打印目录/次序”下方的“符号表”复选框以及“范围”下方的“USR1”复选框，定义打印范围 6～20。
- 在符号表中增亮 6～20 行，并选择“打印”。

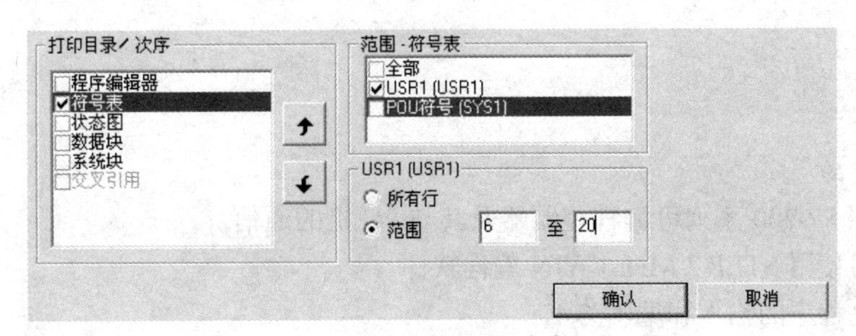

图 1-36　打印目录/次序

1.4.2 复制项目

在 STEP 7-Micro/WIN 项目中可以复制：文本或数据域、指令、单个网络、多个相邻的网络、POU 中的所有网络、状态图行或列或整个状态图、符号表行或列或整个符号表、数据块。但不能同时选择或复制多个不相邻的网络。不能从一个局部变量表成块复制数据并粘贴至另一个局部变量表，因为每个表的只读 L 内存赋值必须唯一。

剪切、复制或删除 LAD 或 FBD 程序中的整个网络，必须将光标放在网络标题上。

1.4.3 导入文件

从 STEP 7-Micro/WIN 之外导入程序，可使用"导入"命令导入 ASCII 文本文件。"导入"命令不允许导入数据块。打开新的或现有项目，才能使用"文件"→"导入"命令。

如果导入 OB1（主程序），会删除所有现有 POU。然后，用作为 OB1 和所有作为 ASCII 文本文件组成部分的子程序或中断程序的 ASCII 数据创建程序组织单元。

如果只导入子程序或中断程序（ASCII 文本文件中无定义的主程序），则 ASCII 文本文件中定义的 POU 将取代所有现有 STEP 7-Micro/WIN 32 项目中的对应号码的 POU（如果 STEP 7-Micro/WIN 32 项目未空置）。现有 STEP 7-Micro/WIN 32 项目的主程序以及未在 ASCII 文本文件中定义的所有 STEP 7-Micro/WIN 32 POU 均被保留。

如现有 STEP 7-Micro/WIN 32 项目中可能包括 OB1 和 SUB1、SUB3 和 SUB5，然后从一个 ASCII 文本文件导入 SUB2、SUB3 和 SUB4。最后得到的项目为：OB1（来自 STEP 7-Micro/WIN 32 项目）、SUB1（来自 STEP 7-Micro/WIN 32 项目）、SUB2（来自 ASCII 文本文件）、SUB3（来自 ASCII 文本文件）、SUB4（来自 ASCII 文本文件）、SUB5（来自 STEP 7-Micro/WIN 32 项目）。

1.4.4 导出文件

将程序导出到 STEP 7-Micro/WIN 之外的编辑器，可以使用"导出"命令创建 ASCII 文本文件。默认文件扩展名为".awl"，可以指定任何文件名称。程序只有成功通过编译才能执行"导出"操作。"导出"命令不允许导出数据块。打开一个新项目或旧项目，才能使用"导出"功能。

用"导出"命令按下列方法导出现有 POU（主程序、子例行程序和中断例行程序）：

- 如果导出 OB1（主程序），则所有现有项目 POU 均作为 ASCII 文本文件组合和导出。
- 导出子例行程序或中断例行程序，当前打开编辑的单个 POU 作为 ASCII 文本文件导出。

1.5 技能实训

1. 实训目的

（1）认识 S7-200 系列可编程控制器及其与 PC 机的通信。

（2）练习使用 STEP 7-Micro/WIN 编程软件。

（3）学会程序的输入和编辑方法。

（4）初步了解程序调试的方法。

2. 内容及指导

（1）PLC认识。

记录所使用PLC的型号，输入输出点数，观察主机面板的结构以及PLC和PC机之间的连接。

（2）开机（打开PC和PLC）并新建一个项目。

单击菜单命令“文件”→“新建”或用新建项目快捷按钮。

（3）检查PLC和运行STEP 7-Micro/WIN的PC连线后，设置与读取PLC的型号。

单击菜单命令“PLC”→“类型”→“读取PLC”或者在指令树→“项目”名称→“类型”→“读取PLC”。

（4）选择指令集和编辑器。

单击菜单命令“工具”→“选项”→“一般”标签→“编程模式”→选择SIMATIC。

单击菜单命令“检视”→“LAD”；或者单击菜单命令“工具”→“选项”→“一般”标签→“默认编辑器”。

（5）输入、编辑如图1-37所示梯形图，并转换成语句表指令。

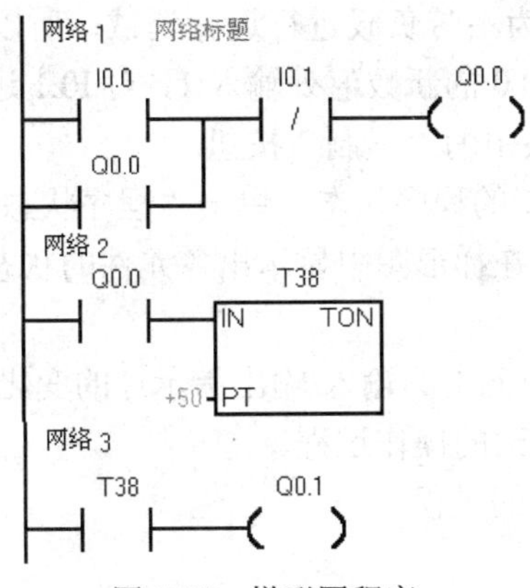

图1-37　梯形图程序

（6）给梯形图加POU注释、网络标题、网络注释。

（7）编写符号表，如图1-38所示。并选择操作数显示形式为：符号和地址同时显示。

建立符号表：单击浏览条中的“符号表”按钮。

符号和地址同时显示：单击菜单命令“工具”→“选项”→“程序编辑器”。

	符号	地址	注释
1	起动按钮	I0.0	
2	停止按钮	I0.1	
3	灯1	Q0.0	
4	灯2	Q0.1	
5			

图1-38　符号表

（8）编译程序。并观察编译结果，若提示错误，则修改，直到编译成功。

单击菜单命令“PLC”→“编译”、“全部编译”或使用快捷按钮。

（9）将程序下载到PLC。下载之前，PLC必须位于“停止”的工作方式。如果PLC没有在“停止”，单击工具条中的“停止”按钮，将 PLC 置于停止方式。

单击工具条中的“下载”按钮，或单击菜单命令“文件”→“下载”。出现“下载”对话框。可选择是否下载“程序代码块”、“数据块”和“CPU 配置”，单击“确定”按钮，开始下载程序。

（10）建立状态图表监视各元件的状态，如图 1-39 所示。选中程序代码的一部分，单击鼠标右键→弹出菜单→“建立状态图”。

	地址	格式	当前值	新数值
1	I0.0	位		
2	I0.1	位		
3	Q0.0	位		
4	Q0.1	位		
5	T38	位		

图 1-39　状态图表

（11）运行程序。单击工具栏中的“运行”按钮▸。

（12）起动状态图表。单击菜单命令“调试”→“图状态”或使用工具条“图状态”按钮。

（13）输入强制操作。因为不带负载进行运行调试，所以采用强制功能模拟物理条件。对 I0.0 进行强制 ON，在对应 I0.0 的新数值列输入 1，对 I0.1 进行强制 OFF，在对应 I0.1 的新数值列输入 0。然后单击工具条中的“强制”按钮。

（14）在运行中显示梯形图的程序状态。单击“程序状态打开/关闭”按钮或单击菜单命令“调试”→“程序状态”，在梯形图中显示出各元件的状态。

3. 结果记录

（1）认真观察 PLC 基本单元上的输入/输出指示灯的变化，并记录。

（2）总结梯形图输入及修改的操作过程。

（3）写出梯形图添加注释的过程。

思考与练习

1. 如何建立项目？
2. 如何在 LAD 中输入程序注释？
3. 如何下载程序？
4. 如何在程序编辑器中显示程序状态？
5. 如何建立状态图表？
6. 如何执行有限次数扫描？
7. 如何打开交叉引用表？交叉引用表的作用是什么？
8. 系列 PLC 有哪些编址方式？
9. S7-200 系列 CPU224 PLC 有哪些寻址方式？
10. S7-200 系列 PLC 的结构是什么？
11. CPU224 PLC 有哪几种工作方式？
12. CPU224 PLC 有哪些元件，它们的作用是什么？

项目 2 简单电动机控制电路的 PLC 控制

2.1 相关知识

2.1.1 可编程控制器程序设计语言

在可编程控制器中有多种程序设计语言，它们是梯形图、语句表、顺序功能流程图、功能块图等。

梯形图和语句表是基本程序设计语言，它通常由一系列指令组成，用这些指令可以完成大多数简单的控制功能，例如，代替继电器、计数器、计时器完成顺序控制和逻辑控制等，通过扩展或增强指令集，它们也能执行其他的基本操作。

供 S7-200 系列 PLC 使用的 STEP 7-Micro/WIN 编程软件支持 SIMATIC 和 IEC1131-3 两种基本类型的指令集，SIMATIC 是 PLC 专用的指令集，执行速度快，可使用梯形图、语句表、功能块图编程语言。IEC1131-3 是可编程控制器编程语言标准，但指令集中指令较少，只能使用梯形图和功能块图两种编程语言。SIMATIC 指令集的某些指令不是 IEC1131-3 中的标准指令。SIMATIC 指令和 IEC1131-3 中的标准指令系统并不兼容。我们将重点介绍 SIMATIC 指令。

1. 梯形图（Ladder Diagram）程序设计语言

梯形图程序设计语言是最常用的一种程序设计语言。它来源于继电器逻辑控制系统的描述。在工业过程控制领域，电气技术人员对继电器逻辑控制技术较为熟悉，因此，由这种逻辑控制技术发展而来的梯形图受到了欢迎，并得到了广泛的应用。梯形图与操作原理图相对应，具有直观性和对应性；与原有的继电器逻辑控制技术的不同点是：梯形图中的能流不是实际意义的电流，内部的继电器也不是实际存在的继电器，因此，应用时，需与原有继电器逻辑控制技术的有关概念区别对待。LAD 图形指令有 3 个基本形式：

（1）触点：
- 常开触点 ─┤ bit ├─
- 常闭触点 ─┤ bit / ├─

触点符号代表输入条件如外部开关、按钮及内部条件等。CPU 运行扫描到触点符号时，到触点位指定的存储器位访问（即 CPU 对存储器的读操作）。该位数据（状态）为 1 时，表示“能流”能通过。计算机读操作的次数不受限制，用户程序中，常开触点、常闭触点可以使用无数次。

（2）线圈：——(bit)

线圈表示输出结果，通过输出接口电路来控制外部的指示灯、接触器等及内部的输出条件等。线圈左侧接点组成的逻辑运算结果为1时，“能流”可以达到线圈，使线圈得电动作，CPU将线圈的位地址指定的存储器的位置位为1；逻辑运算结果为0，线圈不通电，存储器的位置0。即线圈代表CPU对存储器的写操作。PLC采用循环扫描的工作方式，所以在用户程序中，每个线圈只能使用一次。

（3）指令盒：指令盒代表一些较复杂的功能。如定时器，计数器或数学运算指令等。当“能流”通过指令盒时，执行指令盒所代表的功能。

梯形图按照逻辑关系可分成网络段，分段只是为了阅读和调试方便。在本书部分举例中我们将网络段省去。表2-1是梯形图示例。

表2-1 梯形图与语句表

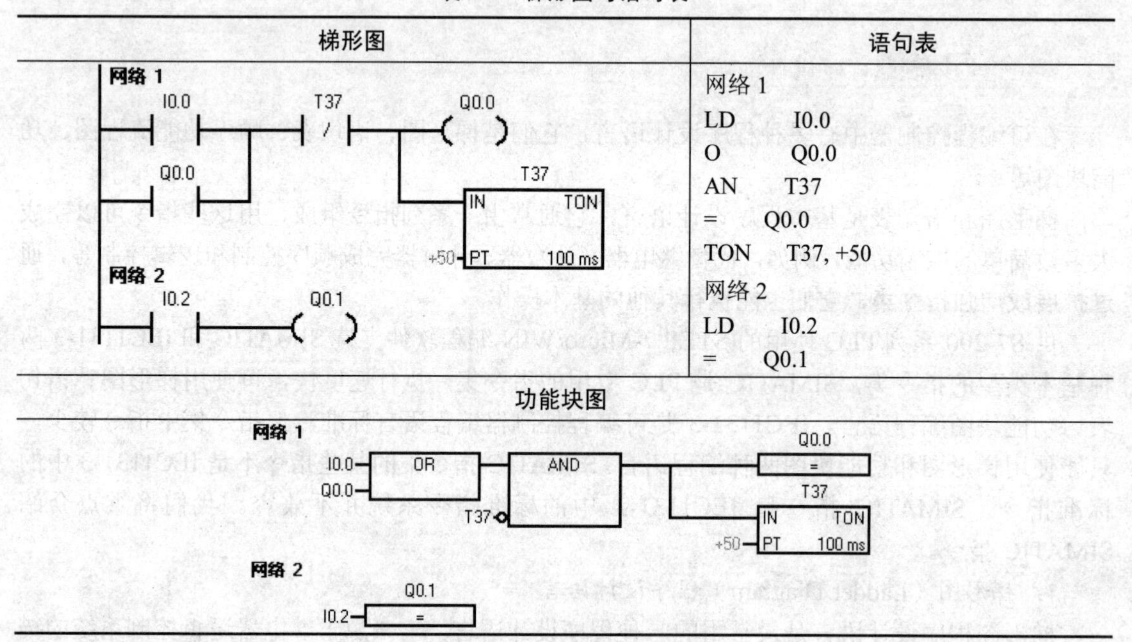

2. 语句表（Statement List）程序设计语言

语句表程序设计语言是用布尔助记符来描述程序的一种程序设计语言。语句表程序设计语言与计算机中的汇编语言非常相似，采用布尔助记符来表示操作功能。

语句表程序设计语言具有下列特点：

（1）采用助记符来表示操作功能，具有容易记忆、便于掌握的特点。

（2）在编程器的键盘上采用助记符表示，具有便于操作的特点，可在无计算机的场合进行编程设计。

（3）用编程软件可以将语句表与梯形图相互转换，如表2-1所示。

3. 功能块图（Function Block Diagram，FBD）程序设计语言

功能块图程序设计语言是采用逻辑门电路的编程语言，有数字电路基础的人很容易掌握。功能块图指令由输入、输出段及逻辑关系函数组成。用STEP 7-Micro/WIN编程软件将表2-1所示的梯形图转换为FBD程序，如表2-1所示。方框的左侧为逻辑运算的输入变量，右侧为

输出变量，输入输出端的小圆圈表示“非”运算，信号自左向右流动。

4. 顺序功能流程图（Sequential Function Chart）程序设计

顺序功能流程图程序设计是近年来发展起来的一种程序设计。采用顺序功能流程图的描述，控制系统被分为若干个子系统，从功能入手，使系统的操作具有明确的含义，便于设计人员和操作人员设计思想的沟通，便于程序的分工设计和检查调试。顺序功能流程图的主要元素是步、转移、转移条件和动作。顺序功能流程图及特点如表 2-2 所示。

表 2-2　顺序功能流程图

顺序功能流程图	特点
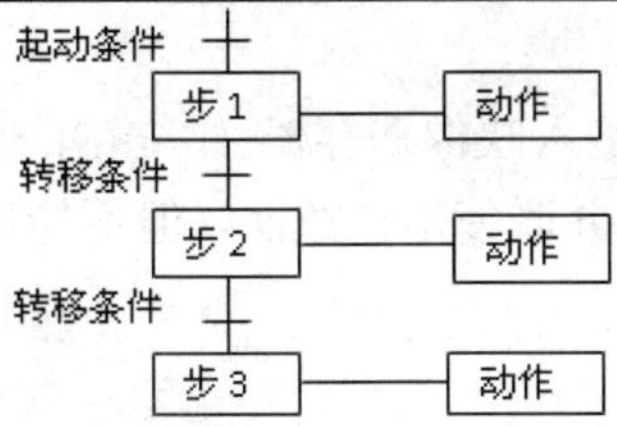 起动条件 步 1 — 动作 转移条件 步 2 — 动作 转移条件 步 3 — 动作	①以功能为主线，条理清楚，便于对程序操作的理解和沟通； ②对大型的程序，可分工设计，采用较为灵活的程序结构，可节省程序设计时间和调试时间； ③常用于系统规模校大，程序关系较复杂的场合； ④只有在活动步的命令和操作被执行后，才对活动步后的转换进行扫描，因此，整个程序的扫描时间要大大缩短

2.1.2　基本位操作指令

位操作指令是 PLC 常用的基本指令，梯形图指令有触点和线圈两大类，触点又分常开触点和常闭触点两种形式；语句表指令有与、或及输出等逻辑关系，位操作指令能够实现基本的位逻辑运算和控制。

1. 逻辑取（装载）及线圈驱动指令 LD/LDN/=

（1）指令功能：

LD（Load）：常开触点逻辑运算的开始。对应梯形图则为在左侧母线或线路分支点处初始装载一个常开触点。

LDN（Load not）：常闭触点逻辑运算的开始（即对操作数的状态取反），对应梯形图则为在左侧母线或线路分支点处初始装载一个常闭触点。

=（OUT）：输出指令，对应梯形图则为线圈驱动。对同一元件只能使用一次。

（2）指令格式如表 2-3 所示。

表 2-3　LD/LDN、OUT 指令的使用

梯形图	语句表	操作数
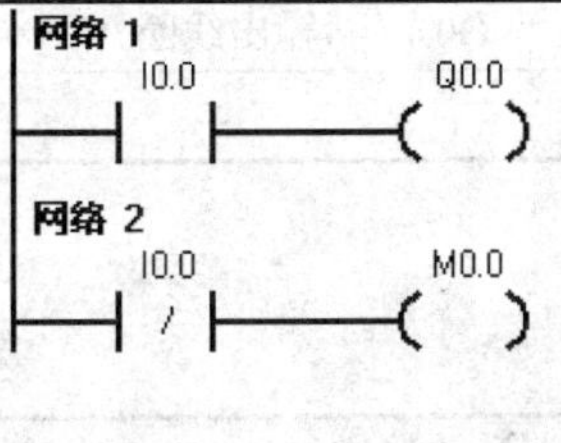 网络 1 I0.0　Q0.0 ─┤ ├──( ) 网络 2 I0.0　M0.0 ─┤/├──( )	网络 1 LD　I0.0　//装载常开触点 =　Q0.0　//输出线圈 网络 2 LDN　I0.0　//装载常闭触点 =　M0.0　//输出线圈	LD/LDN 的操作数： I、Q、M、SM、T、C、V、S “=”（OUT）的操作数： Q、M、SM、T、C、V、S

说明：

1）触点代表 CPU 对存储器的读操作，常开触点和存储器的位状态一致，常闭触点和存储器的位状态相反。用户程序中同一触点可使用无数次。

如：存储器 I0.0 的状态为 1，则对应的常开触点 I0.0 接通，表示能流可以通过；而对应的常闭触点 I0.0 断开，表示能流不能通过。存储器 I0.0 的状态为 0，则对应的常开触点 I0.0 断开，表示能流不能通过；而对应的常闭触点 I0.0 接通，表示能流可以通过。

2）线圈代表 CPU 对存储器的写操作，若线圈左侧的逻辑运算结果为“1”，表示能流能够达到线圈，CPU 将该线圈所对应的存储器的位置位为“1”，若线圈左侧的逻辑运算结果为“0”，表示能流不能够达到线圈，CPU 将该线圈所对应的存储器的位写入“0”。用户程序中，同一线圈只能使用一次。

（3）LD、LDN、= 指令使用说明：

LD、LDN 指令用于与输入公共母线（输入母线）相联的接点，也可与 OLD、ALD 指令配合使用于分支回路的开头。

“=”指令用于 Q、M、SM、T、C、V、S。但不能用于输入映像寄存器 I。输出端不带负载时，控制线圈应尽量使用 M 或其他，而不用 Q。“=”可以并联使用任意次，但不能串联。如图 2-1 所示。

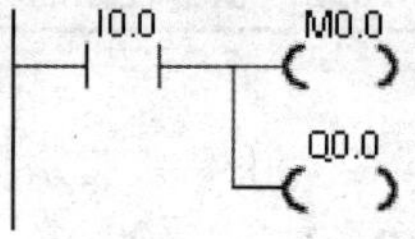

I0.0　M0.0　Q0.0

LD　I0.0
=　M0.0
=　Q0.0

图 2-1　输出指令可以并联使用

2. 触点串联指令 A/AN

（1）指令功能：

A（And）：与操作，在梯形图中表示串联连接单个常开触点。

AN（And not）：与非操作，在梯形图中表示串联连接单个常闭触点。

（2）指令格式如表 2-4 所示。

表 2-4　A/AN 指令格式

梯形图	语句表	
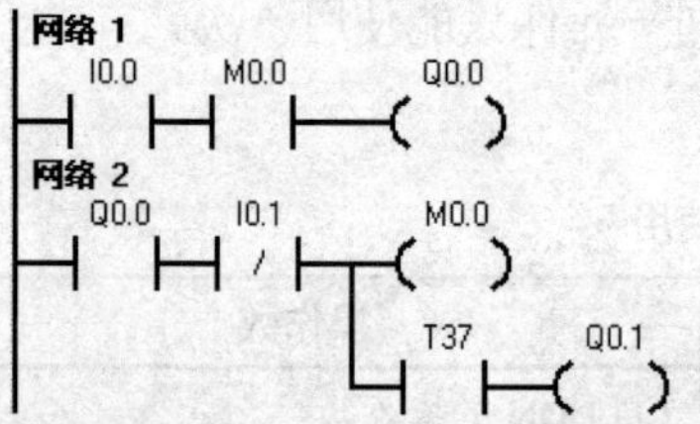 网络 1 I0.0　M0.0　Q0.0 网络 2 Q0.0　I0.1　M0.0 T37　Q0.1	网络 1 LD　I0.0　//装载常开触点 A　M0.0　//与常开触点 =　Q0.0　//输出线圈	网络 2 LD　Q0.0　//装载常开触点 AN　I0.1　//与常闭触点 =　M0.0　//输出线圈 A　T37　//与常开触点 =　Q0.1　//输出线圈
A/AN 的操作数：I、Q、M、SM、T、C、V、S		

（3）A/AN 指令使用说明如表 2-5 所示。

表 2-5　A/AN 指令使用说明

A、AN 是单个触点串联连接指令	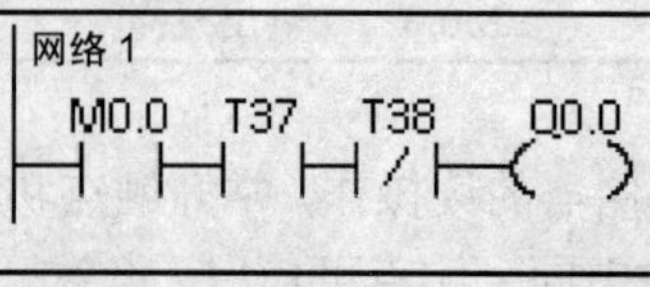 网络 1 M0.0　T37　T38　Q0.0	LD　M0.0 A　T37 AN　T38 =　Q0.0

续表

串联多个接点组合回路时，必须使用 ALD 指令	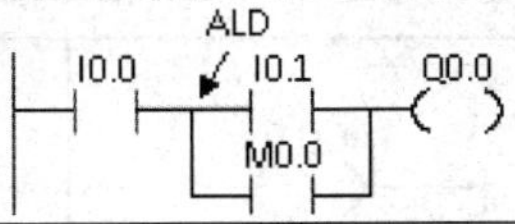 ALD I0.0 I0.1 Q0.0 M0.0
若按正确次序编程（即输入：左重右轻、上重下轻；输出：上轻下重），可以反复使用“=”指令	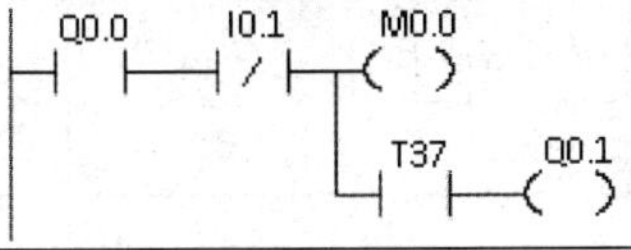 Q0.0 I0.1 M0.0 T37 Q0.1 LD Q0.0 AN I0.1 = M0.0 A T37 = Q0.1
若按右图所示的编程次序，就不能连续使用“=”指令	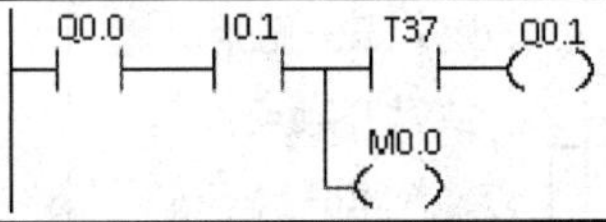 Q0.0 I0.1 T37 Q0.1 M0.0

3. 触点并联指令 O/ON

（1）指令功能

O（Or）：或操作，在梯形图中表示并联连接一个常开触点。

ON（Or not）：或非操作，在梯形图中表示并联连接一个常闭触点。

（2）指令格式如表 2-6 所示。

表 2-6　O/ON 指令格式

梯形图	语句表		操作数
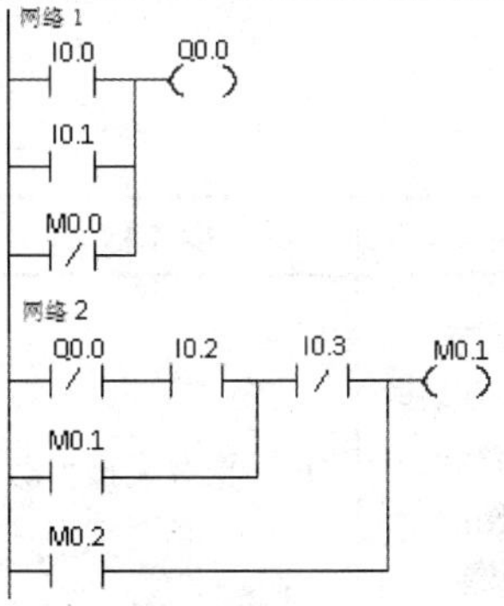 网络 1 I0.0 Q0.0 I0.1 M0.0 网络 2 Q0.0 I0.2 I0.3 M0.1 M0.1 M0.2	网络 1 LD I0.0 O I0.1 ON M0.0 = Q0.0	网络 2 LDN Q0.0 A I0.2 O M0.1 AN I0.3 O M0.2 = M0.1	ON 操作数： I、Q、M、SM、V、S、T、C

（3）O/ON 指令使用说明：

O/ON 指令可作为并联一个触点指令，紧接在 LD/LDN 指令之后用，即对其前面的 LD/LDN 指令所规定的触点并联一个触点，可以连续使用。

若要并联连接两个以上触点的串联回路时，须采用 OLD 指令。

4. 电路块的串联指令 ALD

（1）指令功能：

ALD：块“与”操作，用于串联连接多个并联电路组成的电路块。

（2）指令格式如表 2-7 所示。

（3）ALD 指令使用说明：

并联电路块与前面电路串联连接时，使用 ALD 指令。分支的起点用 LD/LDN 指令，并联电路结束后使用 ALD 指令与前面电路串联。

可以顺次使用 ALD 指令串联多个并联电路块，支路数量没有限制。如表 2-7 所示。

表 2-7 ALD 指令格式

梯形图	网络 1 I1.0 ALD I1.2 Q0.0 I1.1 I1.3	网络 1 ALD ALD I0.0 I0.1 I0.2 Q0.0 I0.3 I0.4 I0.5 多个并联电路块
语句表	LD I1.0 //装入常开触点 O I1.1 //或常开触点 LD I1.2 //装入常开触点 O I1.3 //或常开触点 ALD //块与操作 = Q0.0 //输出线圈	LD I0.0 ON I0.3 LD I0.1 O I0.4 ALD LD I0.2 O I0.5 ALD = Q0.0
操作数	ALD 指令无操作数	

5. 电路块的并联指令 OLD

（1）指令功能：

OLD：块“或”操作，用于并联连接多个串联电路组成的电路块。

（2）指令格式如表 2-8 所示。

表 2-8 OLD 指令格式表

梯形图	语句表		操作数
网络 1 I0.0 I0.1 Q0.0 I0.2 I0.3 OLD I0.4 I0.5 OLD	LD I0.0 //装入常开触点 A I0.1 //与常开触点 LD I0.2 //装入常开触点 A I0.3 //与常开触点	OLD //块或操作 LDN I0.4 //装入常闭触点 A I0.5 //与常开触点 OLD //块或操作 = Q0.0 //输出线圈	OLD 指令无操作数

（3）OLD 指令使用说明：

并联连接几个串联支路时，其支路的起点以 LD、LDN 开始，并联结束后用 OLD。

可以顺次使用 OLD 指令并联多个串联电路块，支路数量没有限制。

【例 2-1】根据图 2-2 所示梯形图，写出对应的语句表。

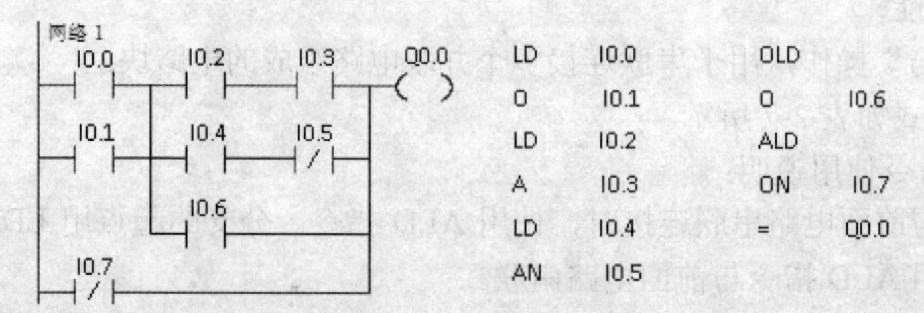

图 2-2 例 2-1 图

6. 逻辑堆栈的操作

S7-200 系列采用模拟栈的结构，用于保存逻辑运算结果及断点的地址，称为逻辑堆栈。S7-200 系列 PLC 中有一个 9 层的堆栈。在此讨论断点保护功能的堆栈操作。

（1）指令的功能。堆栈操作指令用于处理线路的分支点。在编制控制程序时，经常遇到多个分支电路同时受一个或一组触点控制的情况，如表 2-9 所示，若采用前述指令不容易编写程序，用堆栈操作指令则可方便地将表 2-9 所示梯形图转换为语句表。

表 2-9　堆栈指令格式

梯形图	语句表	
网络 1 I0.0　I0.1　Q0.0 I0.2 LPS I0.3　Q0.1 LRD I0.4 LPP I0.5　Q0.2	LD　I0.0　//装载常开触点 LPS　//压入堆栈 LD　I0.1　//装载常开触点 O　I0.2　//或常开触点 ALD　//块与操作 =　Q0.0　//输出线圈 LRD　//读栈	LD　I0.3　//装载常开触点 O　I0.4　//或常开触点 ALD　//块与操作 =　Q0.1　//输出线圈 LPP　//出栈 A　I0.5　//与常开触点 =　Q0.2　//输出线圈

LPS（入栈）指令：LPS 指令把栈顶值复制后压入堆栈，栈中原来数据依次下移一层，栈底值压出丢失。

LRD（读栈）指令：LRD 指令把逻辑堆栈第二层的值复制到栈顶，2-9 层数据不变，堆栈没有压入和弹出。但原栈顶的值丢失。

LPP（出栈）指令：LPP 指令把堆栈弹出一级，原第二级的值变为新的栈顶值，原栈顶数据从栈内丢失。

LPS、LRD、LPP 指令的操作过程如表 2-10 所示。图中 ivx 为存储在栈区的断点的地址。

表 2-10　LPS/LRD/LPP 指令的操作过程

LPS 进栈		LRD 读栈		LPP 出栈	
前	后	前	后	前	后
iv0	iv0	iv0	iv0	iv0	iv1
iv1	iv0	iv1	iv1	iv1	iv2
iv2	iv1	iv2	iv2	iv2	iv3
iv3	iv2	iv3	iv3	iv3	iv4
iv4	iv3	iv4	iv4	iv4	iv5
iv5	iv4	iv5	iv5	iv5	iv6
iv6	iv5	iv6	iv6	iv6	iv7
iv7	iv6	iv7	iv7	iv7	iv8
iv8	iv7	iv8	iv8	iv8	X

（2）指令格式如表 2-9 所示。

（3）指令使用说明：逻辑堆栈指令可以嵌套使用，最多为 9 层。

为保证程序地址指针不发生错误，入栈指令 LPS 和出栈指令 LPP 必须成对使用，最后一次读栈操作应使用出栈指令 LPP。

堆栈指令没有操作数。

7. 置位/复位指令 S/R

（1）指令功能

置位指令 S：使能输入有效后从起始位 S-bit 开始的 N 个位置“1”并保持。

复位指令 R：使能输入有效后从起始位 S-bit 开始的 N 个位清“0”并保持。

（2）指令格式及用法如表 2-11 所示。

表 2-11 S/R 指令格式

S/R 指令格式		S/R 使用示例	
梯形图	语句表	网络 1 I0.0 Q0.0 —┤├—(S) 1 ⋮ 网络 4 I0.1 Q0.0 —┤├—(R) 1	网络 1 LD I0.0 S Q0.0, 1 ⋮ 网络 2 LD I0.1 R Q0.0, 1
S-bit —( ) N	S S-bit,N		
R-bit —( ) N	R S-bit,N		

（3）指令使用说明：

对同一元件（同一寄存器的位）可以多次使用 S/R 指令（与“=”指令不同）。

由于是扫描工作方式，当置位、复位指令同时有效时，写在后面的指令具有优先权。

操作数 N 为：VB，IB，QB，MB，SMB，SB，LB，AC，常量，*VD，*AC，*LD。取值范围为：0～255。数据类型为：字节。

操作数 S-bit 为：I，Q，M，SM，T，C，V，S，L。数据类型为：布尔。

置位复位指令通常成对使用，也可以单独使用或与指令盒配合使用。

【例 2-2】基本位指令举例，如表 2-12 所示。

表 2-12 基本位指令举例

梯形图	语句表
网络 1 I0.0 —┤├— Q0.0 ( ) Q0.1 ( ) V0.0 ( )	网络 1 网络标题 LD I0.0 = Q0.0 = Q0.1 = V0.0
网络 2 I0.1 —┤├— Q0.2 (S) 6	网络 2 //连续将一组6位置为1 //指定起始的位置和置位的个数 LD I0.1 S Q0.2, 6
网络 3 I0.2 —┤├— Q0.2 (R) 6	网络 3 //连续将一组6位置为0 //指定起始的位置和置位的个数 LD I0.2 R Q0.2, 6
网络 4 I0.3 —┤├— I0.4 —┤├— Q1.0 (S) 8 I0.5 —┤├— Q1.0 (R) 8	网络 4 //置位和复位一组8个输出位 LD I0.3 LPS A I0.4 S Q1.0, 8 LPP A I0.5 R Q1.0, 8
网络 5 I0.6 —┤├— Q1.0 ( )	网络 5 //置位和复位指令实现锁存器功能 LD I0.6 = Q1.0

【例 2-3】逻辑堆栈指令程序举例，如表 2-13 所示。

表 2-13　逻辑堆栈指令程序举例

梯形图	语句表	
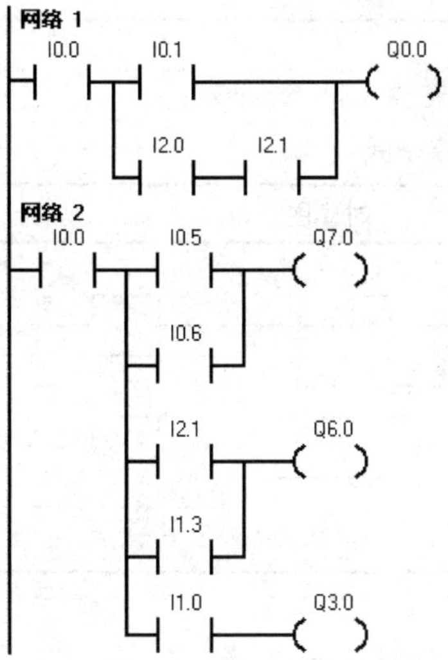 网络 1 I0.0　I0.1　Q0.0 I2.0　I2.1 网络 2 I0.0　I0.5　Q7.0 I0.6 I2.1　Q6.0 I1.3 I1.0　Q3.0	网络 1	网络 2
	LD　I0.0	LD　I0.0
	LD　I0.1	LPS
	LD　I2.0	LD　I0.5
	A　I2.1	O　I0.6
	OLD	ALD
	ALD	=　Q7.0
	=　Q0.0	LRD
		LD　I2.1
		O　I1.3
		ALD
		=　Q6.0
		LPP
		A　I1.0
		=　Q3.0

8. RS 触发器指令

RS 触发器指令包括置位优先触发指令（SR）和复位优先触发指令（RS）。

置位优先触发器是一个置位优先的锁存器，当置位信号（S1）和复位信号（R）都为 1 时，输出为 1；复位优先触发器是一个复位优先的锁存器，当置位信号（S）和复位信号（R1）都为 1 时，输出为 0。Bit 参数用于指定被置位或者复位的位元件。

RS 触发器指令梯形图符合及反映指令功能的真值表如表 2-14 所示。RS 触发器指令的有效操作数如表 2-15 所示。

表 2-14　RS 触发器指令及真值表

指令 SR		SI	R	输出（bit）
置位优先触发指令	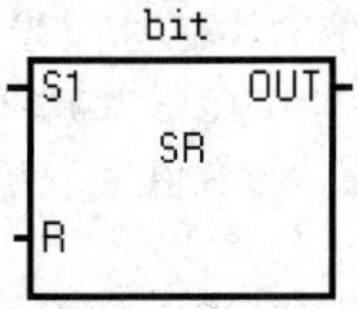 bit S1　OUT SR R	0	0	保持前一状态
		0	1	0
		1	0	1
		1	1	1
指令 RS		**S**	**RI**	**输出（bit）**
复位优先触发指令	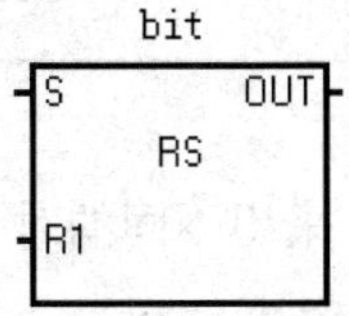 bit S　OUT RS R1	0	0	保持前一状态
		0	1	0
		1	0	1
		1	1	0

表 2-15　RS 触发器指令的有效操作数

输入/输出	数据类型	操作数
S1、R	BOOL	I、O、V、M、SM、S、T、C、能流
S、R1、OUT	BOOL	I、O、V、M、SM、S、T、C、L、能流
Bit	BOOL	I、O、V、M、S

【例 2-4】RS 触发器指令程序举例，如表 2-16 所示。

表 2-16　RS 触发器指令程序举例

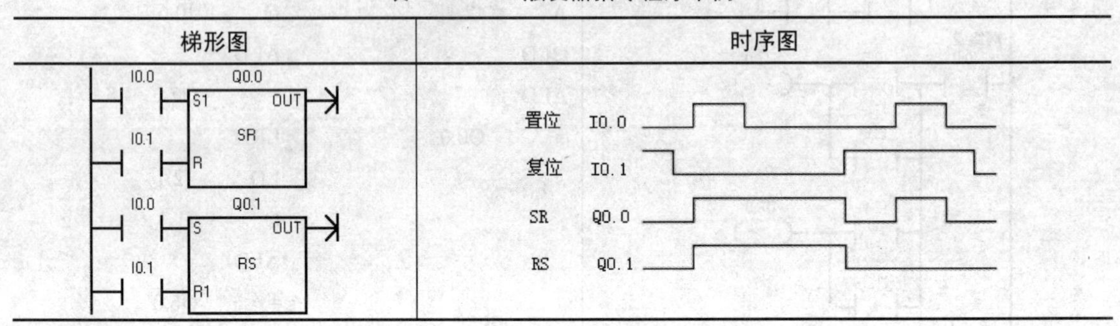

2.1.3　定时器指令

S7-200 系列 PLC 的定时器是对内部时钟累计时间增量计时的。每个定时器均有一个 16 位的当前值寄存器用以存放当前值（16 位符号整数）；一个 16 位的预置值寄存器用以存放时间的设定值；还有一位状态位，反应其触点的状态。

1. 工作方式

S7-200 系列 PLC 定时器按工作方式分三大类定时器。其指令格式如表 2-17 所示。

表 2-17　定时器的指令格式

梯形图	语句表	说明
???? IN TON ????-PT	TON　T××，PT	TON—通电延时定时器 TONR—记忆型通电延时定时器 TOF—断电延时定时器 IN 是使能输入端，指令盒上方输入定时器的编号（T××），范围为 T0-T255；PT 是预置值输入端，最大预置值为 32767；PT 的数据类型：INT； PT 操作数有：IW，QW，MW，SMW，T，C，VW，SW，AC，常数
???? IN TONR ????-PT	TONR T××，PT	
???? IN TOF ????-PT	TOF　T××，PT	

2. 时基

按时基脉冲分，则有 1ms、10ms、100ms 三种定时器。采用不同的时基标准，定时精度、定时范围和定时器刷新的方式也不同。

（1）定时精度和定时范围

定时器的工作原理是：使能输入有效后，当前值PT对PLC内部的时基脉冲增1计数，当计数值大于或等于定时器的预置值后，状态位置1。其中，最小计时单位为时基脉冲的宽度，又为定时精度；从定时器输入有效，到状态位输出有效，经过的时间为定时时间，即：定时时间=预置值×时基。当前值寄存器为16bit，最大计数值为32767，由此可推算不同分辨率的定时器的设定时间范围。CPU22X系列PLC的256个定时器分属TON（TOF）和TONR工作方式，以及3种时基标准，如表2-18所示。可见时基越大，定时时间越长，但精度越差。

表2-18 定时器的类型

工作方式	时基（ms）	最大定时范围（s）	定时器号
TONR	1	32.767	T0，T64
	10	327.67	T1-T4，T65-T68
	100	3276.7	T5-T31，T69-T95
TON/TOF	1	32.767	T32，T96
	10	327.67	T33-T36，T97-T100
	100	3276.7	T37-T63，T101-T255

（2）1ms、10ms、100ms定时器的刷新方式不同

1ms定时器每隔1ms刷新一次，与扫描周期和程序处理无关，即采用中断刷新方式。因此当扫描周期较长时，在一个周期内可能被多次刷新，其当前值在一个扫描周期内不一定保持一致。

10ms定时器则由系统在每个扫描周期开始自动刷新。由于每个扫描周期内只刷新一次，故而每次程序处理期间，其当前值为常数。

100ms定时器则在该定时器指令执行时刷新。下一条执行的指令，即可使用刷新后的结果，非常符合正常的思路，使用方便可靠。但应当注意，如果该定时器的指令不是每个周期都执行，定时器就不能及时刷新，可能导致出错。

3. 定时器指令工作原理

下面我们将从原理应用等方面分别叙述通电延时型、有记忆的通电延时型、断电延时型三种定时器的使用方法。

（1）通电延时定时器（TON）指令工作原理

程序及时序分析如表2-19所示。当I0.0接通时即使能端（IN）输入有效时，驱动T37开始计时，当前值从0开始递增，计时到设定值PT时，T37状态位置1，其常开触点T37接通，驱动Q0.0输出，其后当前值仍增加，但不影响状态位。当前值的最大值为32767。当I0.0分断时，使能端无效，T37复位，当前值清0，状态位也清0，即回复原始状态。若I0.0接通时间未到设定值就断开，T37则立即复位，Q0.0不会有输出。

（2）记忆型通电延时定时器（TONR）指令工作原理

使能端（IN）输入有效（接通）时，定时器开始计时，当前值递增，当前值大于或等于预置值（PT）时，输出状态位置1。使能端输入无效（断开）时，当前值保持（记忆），使能端（IN）再次接通有效时，在原记忆值的基础上递增计时。

表 2-19　通电延时定时器（TON）指令应用示例

梯形图	语句表
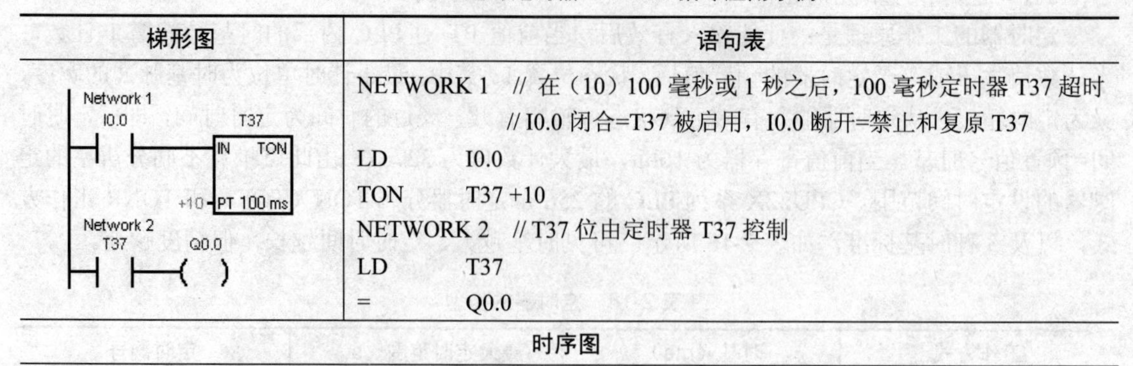	NETWORK 1 // 在（10）100 毫秒或 1 秒之后，100 毫秒定时器 T37 超时 // I0.0 闭合=T37 被启用，I0.0 断开=禁止和复原 T37 LD I0.0 TON T37 +10 NETWORK 2 // T37 位由定时器 T37 控制 LD T37 = Q0.0

时序图

I0.0
10(100ms)=1s
当前=10
最大值=32767
T37（当前）
T37 位
Q0.0

注意：TONR 记忆型通电延时定时器采用线圈复位指令 R 进行复位操作，当复位线圈有效时，定时器当前位清零，输出状态位置 0。

程序分析如表 2-20 所示。如 T1，当输入 IN 为 1 时，定时器计时；当 IN 为 0 时，其当前值保持并不复位；下次 IN 再为 1 时，T1 当前值从原保持值开始往上加，将当前值与设定值 PT 比较，当前值大于等于设定值时，T1 状态位置 1，驱动 Q0.0 有输出，以后即使 IN 再为 0，也不会使 T1 复位，要使 T1 复位，必须使用复位指令。

表 2-20　记忆型通电延时定时器（TONR）指令应用示例

梯形图	语句表

Network 1
I0.0 T1
IN TONR
+100 PT 10 ms
Network 2
T1 Q0.0
Network 3
I0.1 T1
R
1
	NETWORK 1 //10 毫秒 TONR 定时器在 PT=（100×10 毫秒）
	或 1 秒时超时
	LD I0.0
	TONR T1 +100
	NETWORK 2 //T1 位由定时器 T1 控制
	//在定时器总共累积 1 秒后，打开 Q0.0
	LD T1
	= Q0.0
	NETWORK 3 //TONR 定时器必须由带有 T 地址的复原指令复原
	//当 I0.1 打开时，复原定时器 T1（当前和位）
	LD I0.1
	R T1 1

续表

时序图
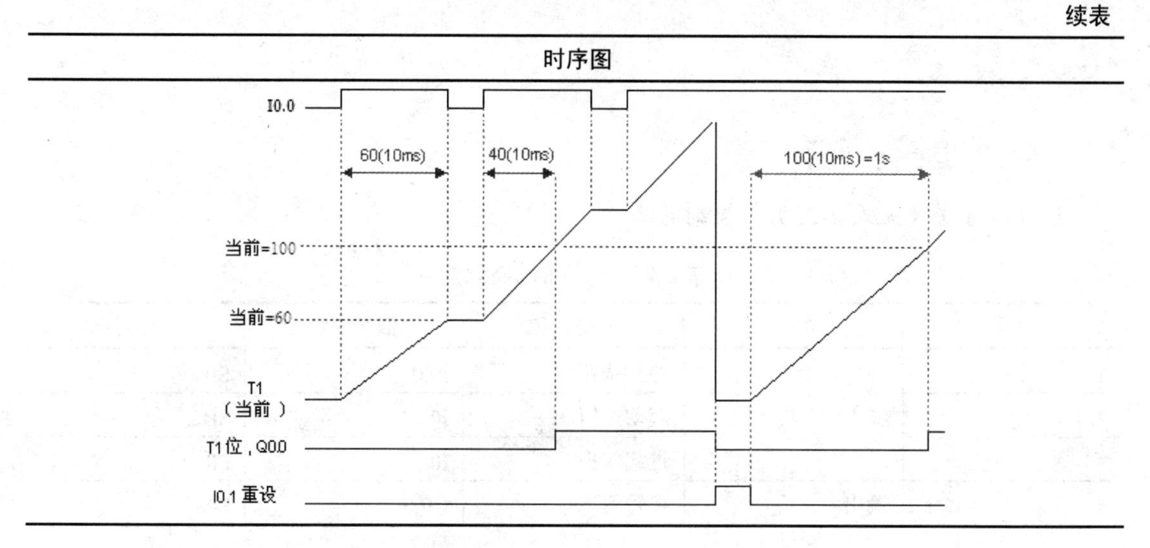

（3）断电延时型定时器（TOF）指令工作原理

断电延时型定时器用来在输入断开，延时一段时间后，才断开输出。使能端（IN）输入有效时，定时器输出状态位立即置1，当前值复位为0。使能端（IN）断开时，定时器开始计时，当前值从0递增，当前值达到预置值时，定时器状态位复位为0，并停止计时，当前值保持。

如果输入断开的时间小于预定时间，定时器仍保持接通。IN 再接通时，定时器当前值仍设为0。断电延时定时器的应用程序及时序分析如表2-21所示。

表2-21　断电延时型定时器（TOF）指令应用示例

梯形图（LAD）	语句表（STL）
Network 1 I0.0　T33 IN　TOF +100 PT　10 ms Network 2 T33　Q0.0	NETWORK 1 // 在（100×10 毫秒）或 1 秒之后，10 毫秒定时器 T33 超时 // I0.0 闭合至断开=T33 被启用，I0.0 断开至闭合=禁止和复原 T33 LD I0.0 TOF T33 +100 NETWORK 2 // 定时器 T33 通过定时器触点 T33 控制 Q0.0 // LD T33 = Q0.0

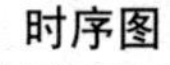

时序图
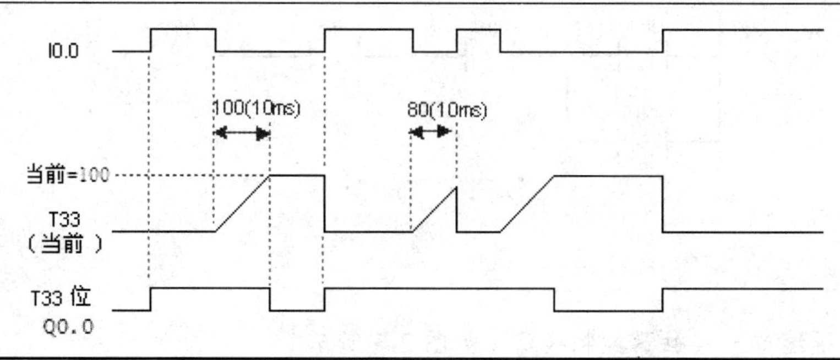

2.2 项目实施

2.2.1 电动机单向运行的 PLC 控制

1. I/O 配置（见表 2-22）与控制电路

表 2-22 PLC 的 I/O 配置

序号	类型	设备名称	信号地址	编号
1	输入	停止按钮	I0.0	SB1
2		起动按钮	I0.1	SB2
3		过载保护	I0.2	FR
4	输出	接触器	Q0.0	KM

2. 输入/输出接线

PLC 的 I/O 接线图如图 2-3 所示。

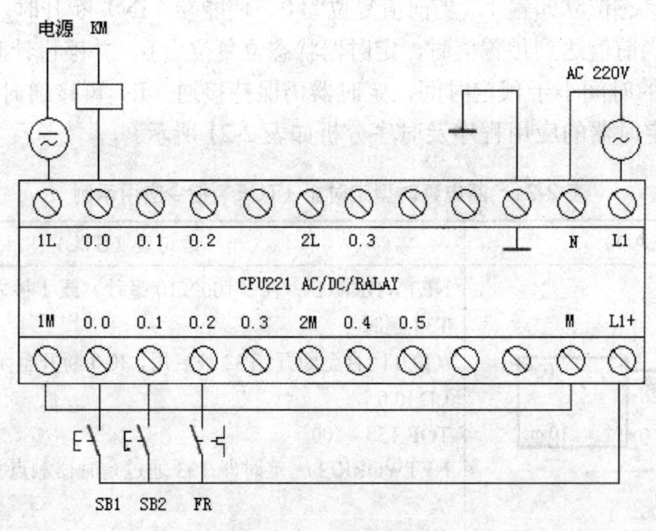

图 2-3 PLC 的 I/O 接线图

3. 梯形图程序设计（见图 2-4）

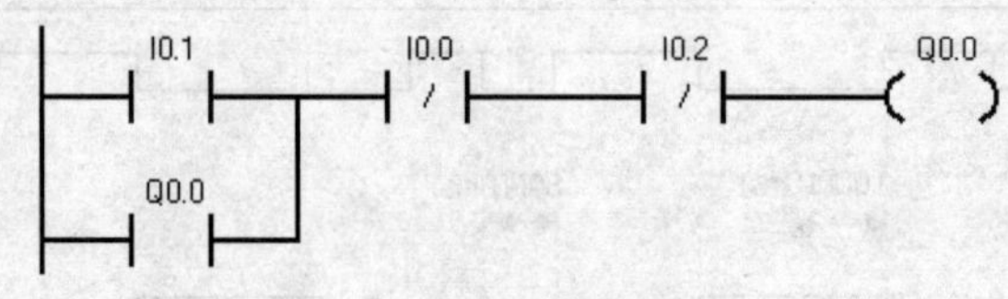

图 2-4 梯形图

2.2.2 自动循环控制电路的 PLC 控制

1. 自动往返继电－接触器控制线路（如图 2-5 所示）

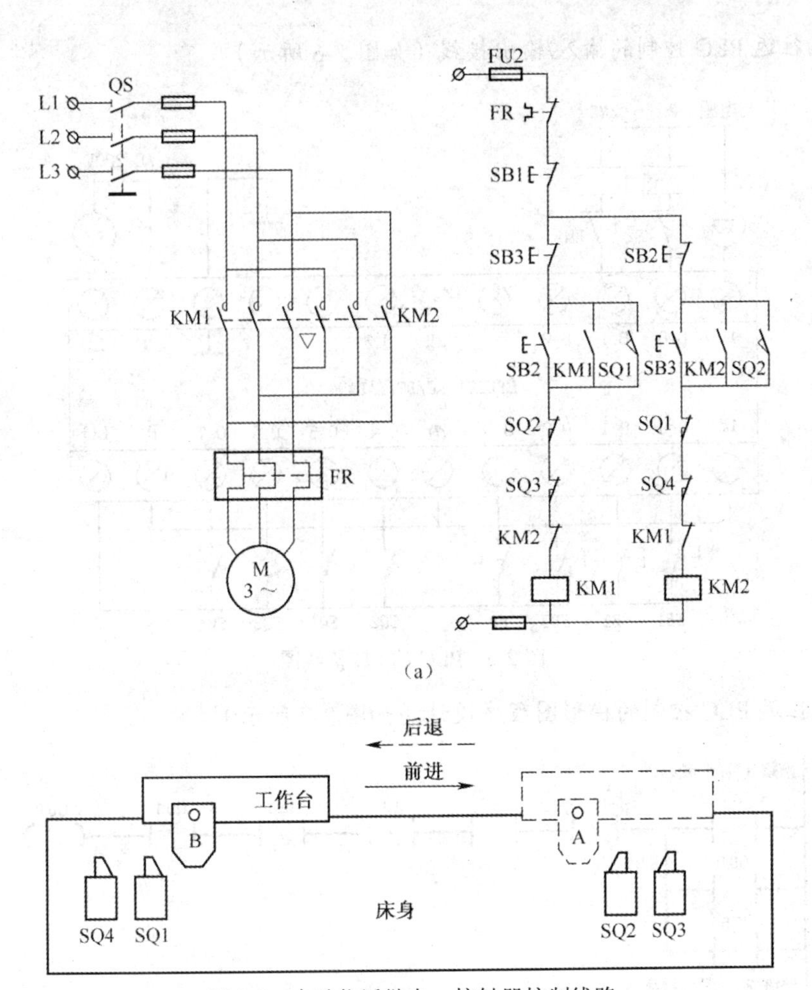

图 2-5　自动往返继电一接触器控制线路

2. 自动往返 PLC 控制的 I/O 配置（见表 2-23）与控制电路

表 2-23　PLC 的 I/O 配置

序号	类型	设备名称	信号地址	编号
1	输入	停止按钮	I0.0	SB1
2		正转起动按钮	I0.1	SB2
3		反转起动按钮	I0.2	SB3
4		过载保护	I0.3	FR
5		正转限位	I0.4	SQ2
6		反转限位	I0.5	SQ1
7		正转极限	I0.6	SQ3
8		反转极限	I0.7	SQ4
9	输出	电动机正转接触器	Q0.0	KM1
10		电动机正转接触器	Q0.1	KM2

3. 自动往返PLC控制的输入/输出接线（如图2-6所示）

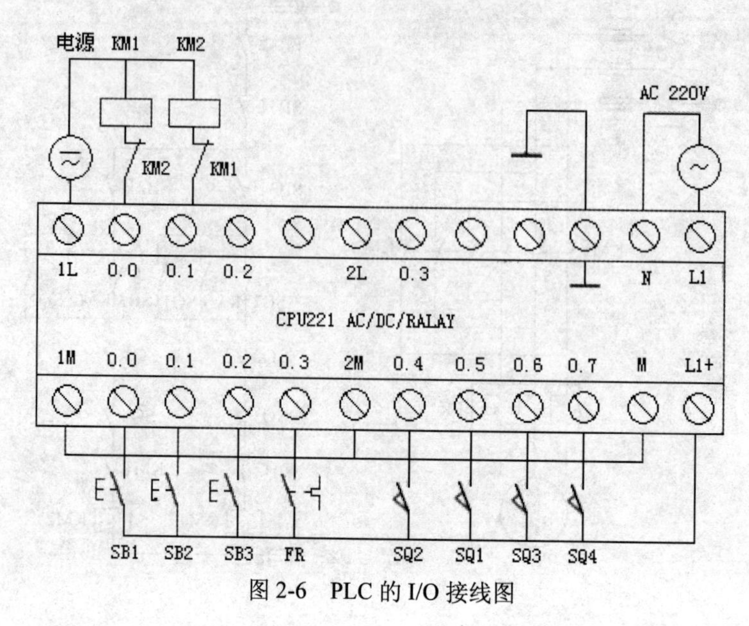

图2-6　PLC的I/O接线图

4. 自动往返PLC控制的梯形图程序设计（如图2-7所示）

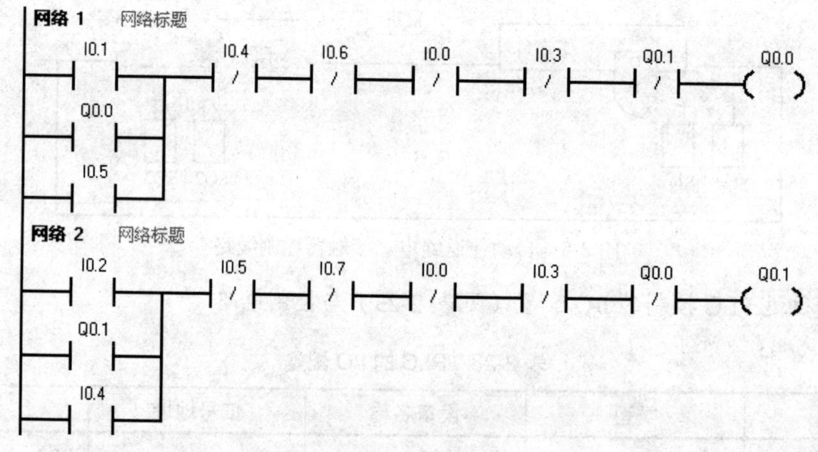

图2-7　梯形图

2.2.3　电动机正反转Y－△降压起动的PLC控制

1. Y－△降压起动继电-接触器控制线路

有些生产机械设备，要求加工时采用Y－△降压起动方式的三相鼠笼型电动机来拖动。

如图2-8所示。该电路能实现Y－△降压起动过程。三相鼠笼型电动机由$KM_{\triangle}$和KM_{Y}两个接触器来控制Y－△转换。

工作原理如下：按下起动按钮SB1，KT、KM_{Y}、KM通电并自保，电动机接成Y形起动，3s后，KT延时断开的常闭触点动作，使KM_{Y}断电，$KM_{\triangle}$通电吸合，电动机接成△型运行。按下停止按扭SB1，电动机停止运行。

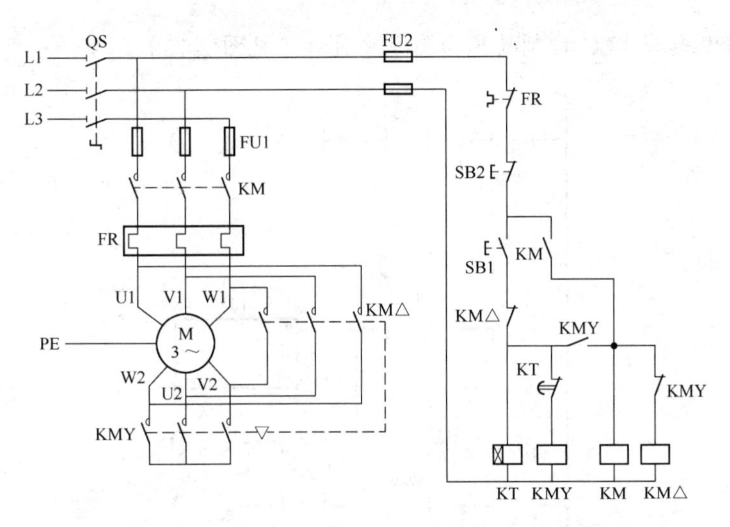

图 2-8　Y－△降压起动继电-接触器控制线路

2. Y－△降压起动 PLC 控制的 I/O 配置（见表 2-24）与控制电路

表 2-24　PLC 的 I/O 配置

序号	类型	设备名称	信号地址	编号
1	输入	起动按钮	I0.0	SB1
2		停止按钮	I0.1	SB2
3		过载保护	I0.2	FR
4	输出	电动机接通电源接触器	Q0.0	KM1
5		星形接法	Q0.1	KM2
6		三角形接法	Q0.2	KM3

3. Y－△降压起动 PLC 控制的输入/输出接线（如图 2-9 所示）

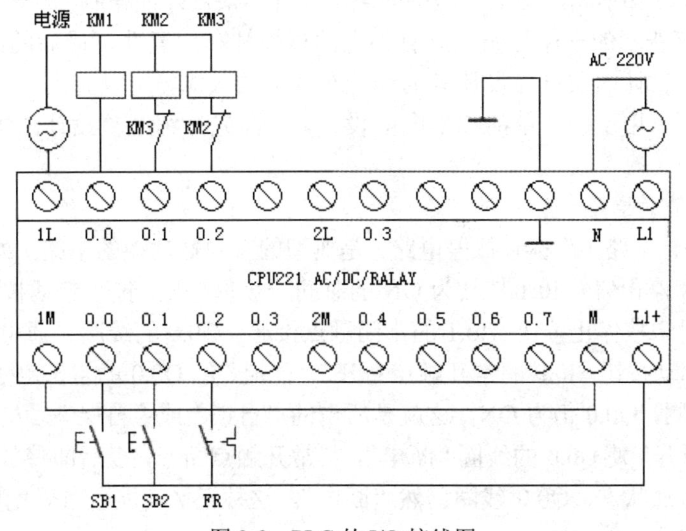

图 2-9　PLC 的 I/O 接线图

4. Y－△降压起动 PLC 控制的梯形图程序设计（见图 2-10）

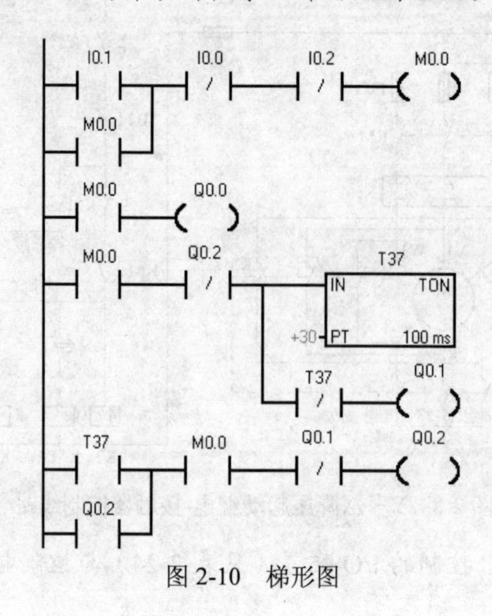

图 2-10　梯形图

2.3　知识拓展

PLC 程序设计常用的方法主要有经验设计法、继电器控制电路转换为梯形图法、逻辑设计法、顺序控制设计法等。

2.3.1　梯形图的经验设计法

数字量控制系统又称开关量控制系统，继电器控制系统就是典型的数字量控制系统。

可以用设计继电器电路图的方法来设计比较简单的数字量控制系统的梯形图，即在一些典型电路的基础上，根据被控对象对控制系统的具体要求，不断地修改和完善梯形图。需要多次反复地调试和修改梯形图，增加一些中间编程元件，最后才能得到一个较为满意的结果。

这种方法没有普遍的规律可循，具有很大的试探性和随意性，最后的结果不是唯一的，设计所用的时间、设计的质量与设计者的经验有很大的关系，所以有人把这种设计方法叫做经验设计法，它可以用于较简单的梯形图的设计。下面先介绍经验设计法中的一些常用的基本电路。

1. 有记忆功能的电路

起动-保持-停止电路（简称起保停电路）是典型的有记忆功能的电路，如图 2-11 所示。图中起动信号 I0.0 和停止信号 I0.1 持续为 ON 的时间一般都很短。按下起动按钮，I0.0 的常开触点接通，如果这时未按停止按钮，I0.1 的常闭触点接通，Q0.0 的线圈“通电”，它的常开触点同时接通。放开起动按钮，I0.0 的常开触点断开，“能流”经 Q0.0 的常开触点和 I0.1 的常闭触点流过 Q0.0 的线圈，Q0.0 仍为 ON，这就是所谓的“自锁”或“自保”功能。按下停止按钮，I0.1 的常闭触点断开，使 Q0.0 的线圈“断电”，其常开触点断开，以后即使放开停止按钮，I0.1 的常闭触点恢复接通状态，Q0.0 线圈仍然“断电”。这种记忆功能也可以用图 2-11 中的 S 指令和 R 指令来实现。

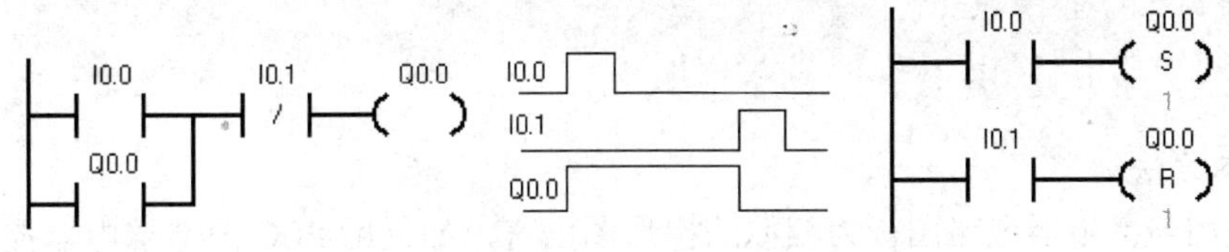

图 2-11 有记忆功能的电路

2. 定时器应用电路

【例 2-5】用定时器设计延时接通/延时断开电路，要求输入 I0.0 和输出 Q0.1 的波形如图 2-12 所示。

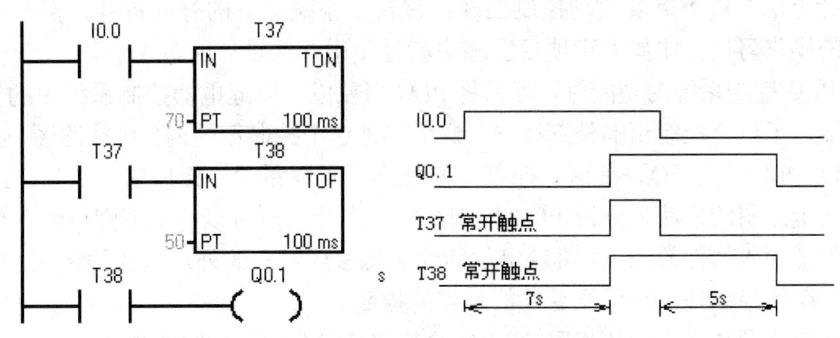

图 2-12 例 2-5 图

图中的电路用 I0.0 控制 Q0.1，I0.0 的常开触点接通后，T37 开始定时，7s 后 T37 的常开触点接通，使断开延时定时器 T38 通电，T38 的常开触点接通，使 Q0.1 的线圈通电。I0.0 变为 0 状态后 T38 开始定时，5s 后 T38 的定时时间到，其常开触点断开，使 Q0.1 变为 0 状态。

【例 2-6】用定时器设计输出脉冲的周期和占空比可调的振荡电路（即闪烁电路）。

图 2-13 中 I0.0 的常开触点接通后，T37 的 IN 输入端为 1 状态，T37 开始定时。7s 后定时时间到，T37 的常开触点接通，使 Q0.0 变为 ON，同时 T38 开始定时。5s 后 T38 的定时时间到，它的常闭触点断开，T37 因为 IN 输入电路断开而被复位。T37 的常开触点断开，使 Q0.0 变为 OFF，同时 T38 因为 IN 输入电路断开而被复位。复位后其常闭触点接通，T37 又开始定时。以后 Q0.0 的线圈将周期性地“通电”和“断电”，直到 I0.0 变为 OFF。Q0.0 的线圈 “通电”和“断电”的时间分别等于 T38 和 T37 的设定值。

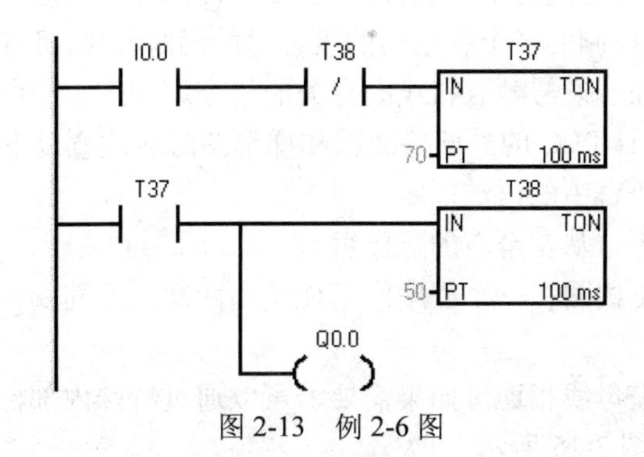

图 2-13 例 2-6 图

特殊存储器位 SM0.5 的常开触点提供周期为 1s，占空比为 0.5 的脉冲信号，可以用它来驱动需要闪烁的指示灯。

2.3.2 根据继电器电路图设计梯形图的方法

1. 基本方法

PLC 使用与继电器电路图极为相似的梯形图语言，如果用 PLC 改造继电器控制系统，根据继电器电路图来设计梯形图是一条捷径。这是因为原有的继电器控制系统经过长期的使用和考验，已经被证明能完成系统要求的控制功能，而继电器电路图又与梯形图有很多相似之处，因此可以将继电器电路图“翻译”成梯形图，即用 PLC 的外部硬件接线图和梯形图程序来实现继电器系统的功能。

这种设计方法一般不需要改动控制面板，保持了系统原有的外部特性，操作人员不用改变长期形成的操作习惯。比如本章项目实施中就是使用此法设计的。

在分析 PLC 控制系统的功能时，可以将 PLC 想象成一个继电器控制系统中的控制箱，其外部接线图描述了这个控制箱的外部接线，梯形图是这个控制箱的内部“线路图”，梯形图中的输入位（I）和输出位（Q）是这个控制箱与外部世界联系的“接口继电器”，这样就可以用分析继电器电路图的方法来分析 PLC 控制系统。在分析时可以将梯形图中输入位的触点想象成对应的外部输入器件的触点，将输出位的线圈想象成对应的外部负载的线圈。外部负载的线圈除受梯形图的控制外，还可能受外部触点的控制。

将继电器电路图转换成功能相同的 PLC 的外部接线图和梯形图的步骤如下：

（1）了解和熟悉被控设备的工艺过程和机械的动作情况，根据继电器电路图分析和掌握控制系统的工作原理，这样才能做到在设计和调试控制系统时心中有数。

（2）确定 PLC 的输入信号和输出负载，以及与它们对应的梯形图中的输入位和输出位的地址，画出 PLC 的外部接线图。

（3）确定与继电器电路图的中间继电器、时间继电器对应的梯形图中的位存储器（M）和定时器（T）的地址。这两步建立了继电器电路图中的元件和梯形图中编程元件的地址之间的对应关系。

（4）根据上述对应关系画出梯形图。

2. 注意事项

梯形图和继电器电路虽然表面上看起来差不多，实际上有本质的区别。继电器电路是全部由硬件组成的电路，而梯形图是一种软件，是 PLC 图形化的程序。在继电器电路图中，由同一个继电器的多对触点控制的多个继电器的状态可能同时变化。而 PLC 的 CPU 是串行工作的，即 CPU 同时只能处理一条与触点和线圈有关的指令。

根据继电器电路图设计 PLC 的外部接线图和梯形图时应注意以下问题：

（1）应遵守梯形图语言中的语法规定

1）程序应按自上而下，从左至右的顺序编写。

2）同一操作数的输出线圈在一个程序中不能使用两次，不同操作数的输出线圈可以并行输出，如图 2-14 所示。

3）线圈不能直接与左母线相连。如果需要，可以通过特殊内部标志位存储器 SM0.0（该位始终为 1）来连接，如图 2-15 所示。

4）适当安排编程顺序，以减少程序的步数。

串联多的支路应尽量放在上部，如图 2-16 所示。

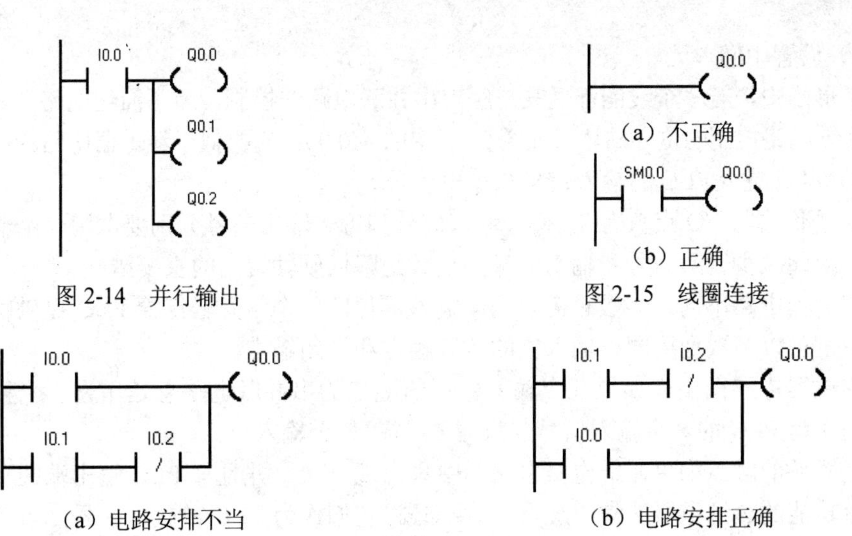

图 2-14　并行输出

（a）不正确

（b）正确

图 2-15　线圈连接

（a）电路安排不当

（b）电路安排正确

图 2-16　安排编程顺序

并联多的支路应靠近左母线，如图 2-17 所示。

（a）电路安排不当

（b）电路安排正确

图 2-17　并联多的电路应靠近左侧母线

触点不能放在线圈的左边。

对复杂的电路，用 ALD、OLD 等指令难以编程，可重复使用一些触点画出其等效电路，然后再进行编程，如图 2-18 所示。

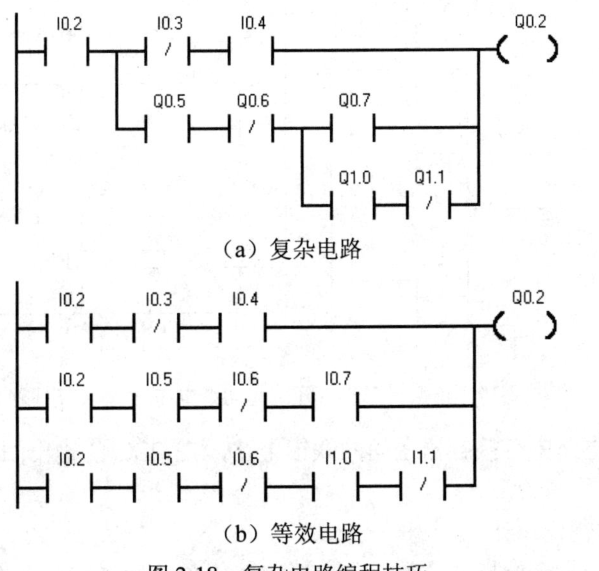

（a）复杂电路

（b）等效电路

图 2-18　复杂电路编程技巧

（2）设置中间单元

在梯形图中，若多个线圈都受某一触点串并联电路的控制，为了简化电路，在梯形图中可以设置用该电路控制的位存储器（如图 2-10 中的 M0.0），它类似于继电器电路的中间继电器。

（3）尽量减少 PLC 的输入信号和输出信号

PLC 的价格与 I/O 点数有关，每一输入信号和每一输出信号分别要占用一个输入点和一个输出点，因此减少输入信号和输出信号的点数是降低硬件费用的主要措施。

与继电器电路不同，一般只需要同一输入器件的一个常开触点给 PLC 提供输入信号，在梯形图中，可以多次使用同一输入位的常开触点和常闭触点。

在继电器电路图中，如果几个输入器件的触点的串并联电路总是作为一个整体出现，可以将它们作为 PLC 的一个输入信号，只占 PLC 的一个输入点。

某些器件的触点如果在继电器电路图中只出现一次，并且与 PLC 输出端的负载串联（例如有锁存功能的热继电器的常闭触点），不必将它们作为 PLC 的输入信号，可以将它们放在 PLC 的外部的输出回路，仍与相应的外部负载串联，如图 2-18 中的 FR 过载保护。

继电器控制系统中某些相对独立且比较简单的部分，可以用继电器电路控制，这样同时减少了所需的 PLC 的输入点和输出点。

（4）设立外部联锁电路

为了防止控制正反转的两个接触器同时动作造成三相电源短路，应在 PLC 外部设置硬件联锁电路。图 2-19 中的 KM1 与 KM2、KM3 与 KM4 的线圈不能同时通电，除了在梯形图中设置与它们对应输出位的线圈串联的常闭触点组成的联锁电路外，还在 PLC 外部设置了硬件联锁电路。

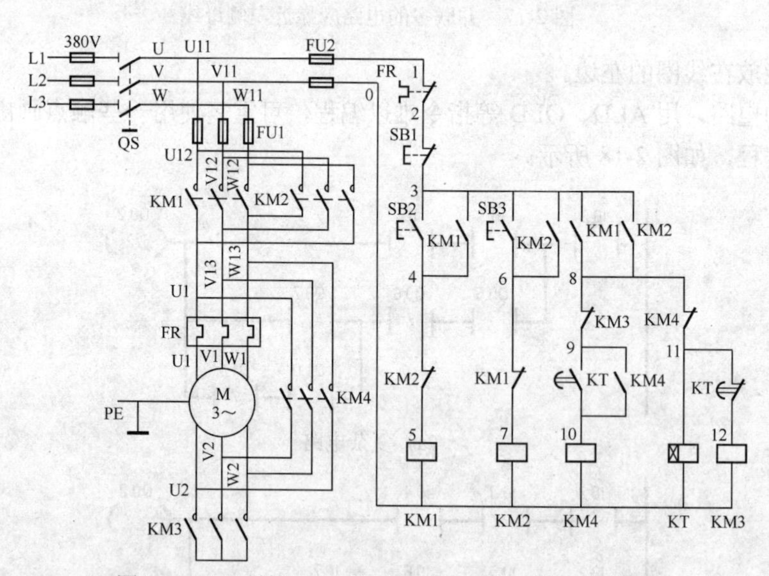

图 2-19　正反转 Y－△降压起动继电-接触器控制线路

如果在继电器电路中有接触器之间的联锁电路，在 PLC 的输出回路也应采用相同的联锁电路。

（5）梯形图的优化设计

为了减少语句表指令的指令条数，在串联电路中单个触点应放在右边（左重右轻），在并联电路中单个触点应放在下面（上重下轻）。

（6）外部负载的额定电压

PLC 的继电器输出模块和双向晶闸管输出模块只能驱动额定电压最高 AC220V 的负载，如果系统原来的交流接触器的线圈电压为 380V，应将线圈换成 220V 的，或设置外部中间继电器。

2.3.3　电动机正反转 Y－△降压起动的 PLC 控制

1．Y－△降压起动继电-接触器控制线路

有些生产机械设备，要求加工时采用正反转 Y－△降压起动方式的三相鼠笼型电动机来拖动。如图 2-19 所示。该电路能实现正、反两个方向的 Y－△降压起动过程。三相鼠笼型电动机的正反转分别由 KM1 和 KM2 两个接触器来控制，KM3 和 KM4 来完成 Y－△转换。

要求：电动机开始起动时接成 Y 形，延时一段时间后，自动切换到△连接运行。

2．Y－△降压起动 PLC 控制的 I/O 配置（见表 2-25）与控制电路

表 2-25　PLC 的 I/O 配置

序号	类型	设备名称	信号地址	编号
1	输入	正转起动按钮	I0.0	SB1
2		反转起动按钮	I0.1	SB2
3		停止按钮	I0.2	SB3
5	输出	电动机正转接触器	Q0.0	KM1
6		电动机反转接触器	Q0.1	KM2
7		星形接法	Q0.2	KM3
8		三角形接法	Q0.3	KM4

3．Y－△降压起动 PLC 控制的输入/输出接线（如图 2-20 所示）

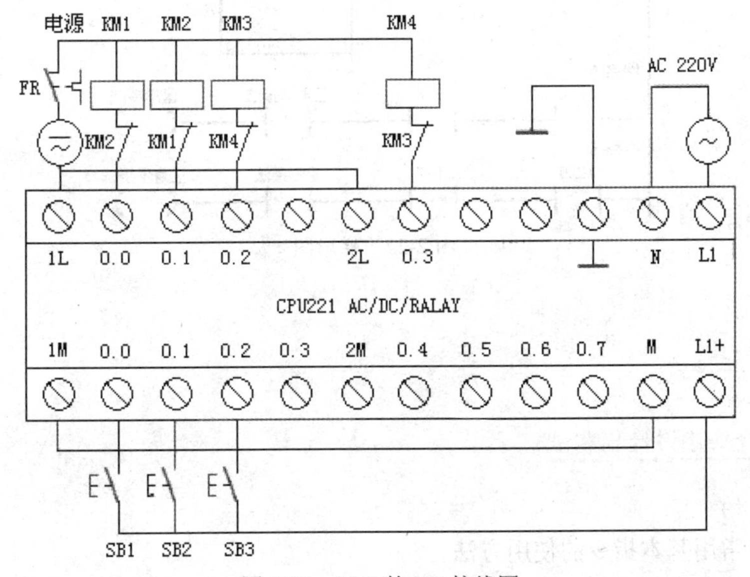

图 2-20　PLC 的 I/O 接线图

4. Y－△降压起动 PLC 控制的梯形图程序设计

（1）建立 PLC 符号表如图 2-21 所示。

符号表

			符号	地址	注释
1			正转启动	I0.0	正转启动
2			反转启动	I0.1	反转启动
3			停止	I0.2	停转
4			电动机正转	Q0.0	KM1
5			电动机反转	Q0.1	KM2
6			三角形接法	Q0.2	KM3
7			星形接法	Q0.3	KM4

图 2-21　符号表

（2）梯形图如图 2-22 所示。

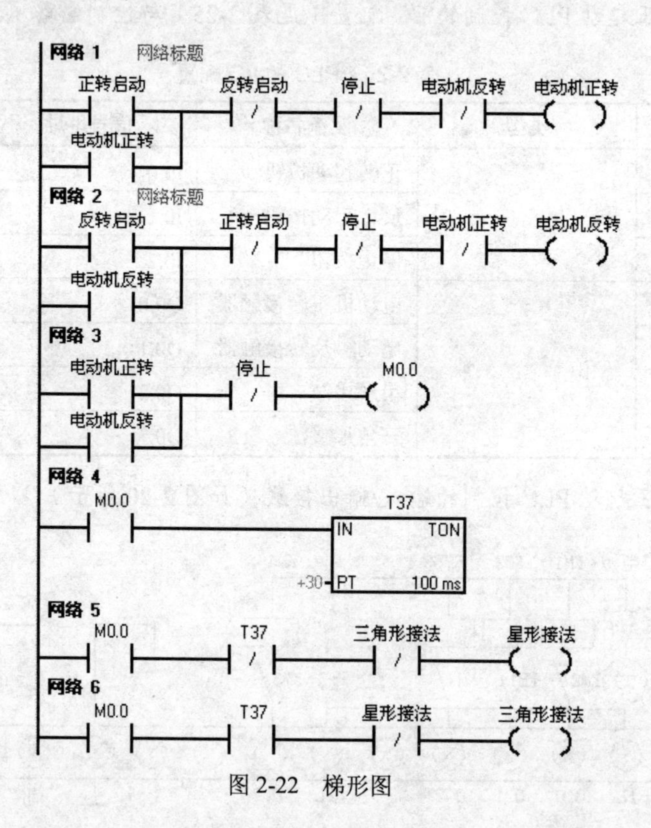

图 2-22　梯形图

2.4　技能实训

2.4.1　基本指令应用设计与调试

1. 实训目的

（1）掌握常用基本指令的使用方法。

（2）学会用基本逻辑与、或、非等指令实现基本逻辑组合电路的编程。

（3）熟悉 S、R 指令的使用方法。

（4）熟悉编译调试软件的使用。

2. 实训器材

PC 机一台、PLC 实训箱一台、编程电缆一根、导线若干。

3. 实训内容

西门子 S7-200 系列可编程控制器的常用基本指令有 10 条。本次实训进行常用基本指令 LD、LDN、A、AN、NOT、O、ON、ALD、OLD、= 及 S、R 指令的编程操作训练。

4. 实训步骤

（1）实训前，先用下载电缆将 PC 机串口与 S7-200 CPU 主机的 PORT1 端口连好，然后对实训箱通电，并打开 24V 电源开关。主机和 24V 电源的指示灯亮，表示工作正常，可进入下一步实训。

（2）进入编译调试环境，用指令符或梯形图输入下列练习程序。

（3）根据程序，进行相应的连线（接线可参见项目 1“输入/输出端口的使用方法”）。

（4）下载程序并运行，观察运行结果。

练习 1（见图 2-23）：

```
Network 1
LD      I0.0
O       Q0.0
AN      I0.1
=       Q0.0
```

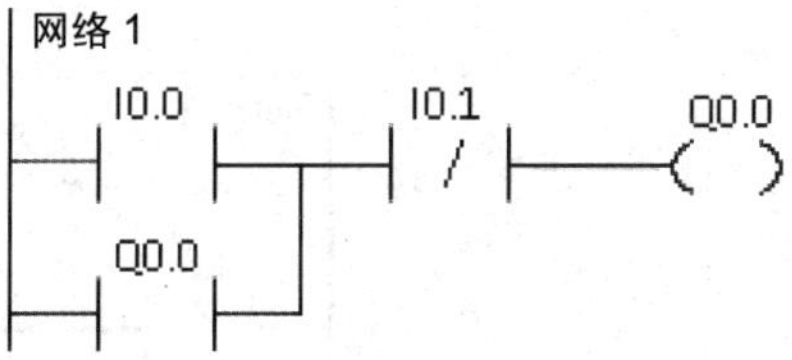

图 2-23　练习 1 图

练习 2（见图 2-24）：

```
Network 1
LD      I0.0
A       I0.1
ON      I0.2
=       Q0.0
```

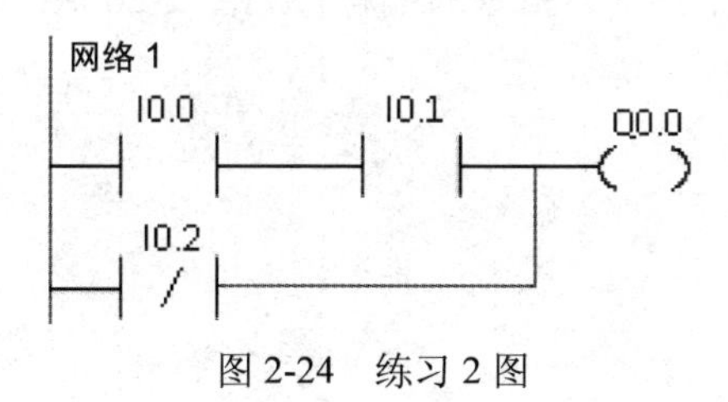

图 2-24　练习 2 图

练习 3：在程序中要将两个程序段（又叫电路块）连接起来时，需要用电路块连接指令。每个电路块都是以 LD 或 LDN 指令开始，如图 2-25 所示。

ALD 指令：

```
Network 1
LD      I0.0
A       I0.1
LD      I0.2
AN      I0.3
OLD
=       Q0.0
```

OLD 指令：

```
Network 1
LD      I0.0
A       I0.1
LDN     I0.2
AN      I0.3
OLD
LD      I0.4
AN      I0.5
OLD
=       Q0.0
```

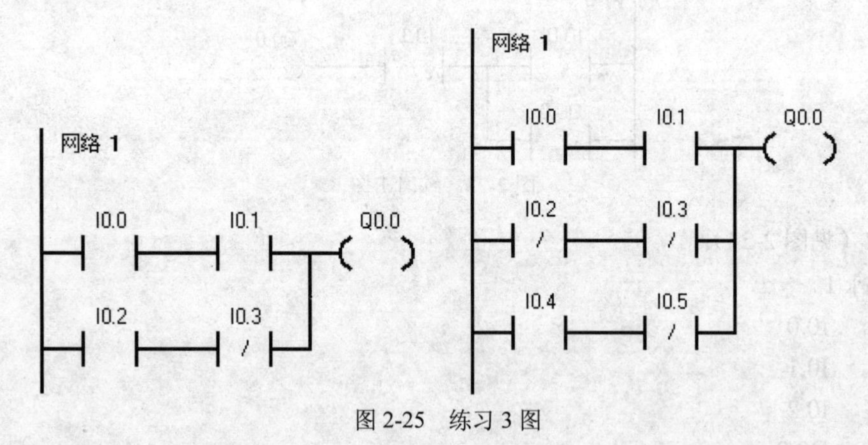

图 2-25　练习 3 图

练习 4：置位（S）或复位（R）指令的编程，如图 2-26 所示。

```
Network 1
LD      I0.0
S       Q0.0, 1
Network 2
LD      I0.1
R       Q0.0, 1
```

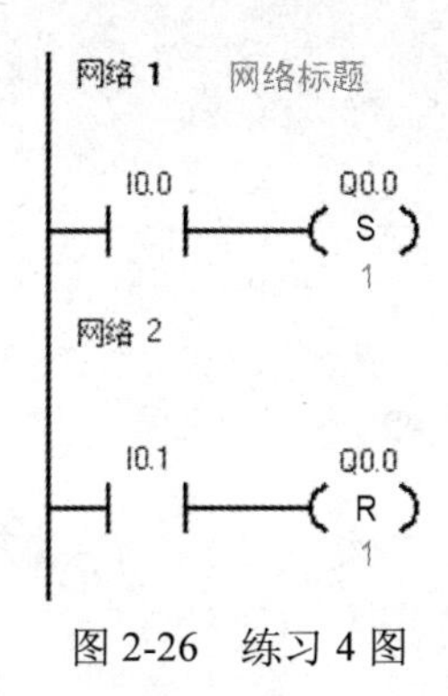

图2-26　练习4图

2.4.2　定时器指令应用设计与调试

1. 实训目的

（1）掌握常用定时指令的使用方法。

（2）掌握计数器指令的使用。

（3）掌握定时器内部时基脉冲参数的设置。

（4）熟悉编译调试软件的使用。

2. 实训器材

PC机一台、PLC实训箱一台、编程电缆一根、导线若干。

3. 实训内容

定时器指令

指令符：TONxx

梯形图符：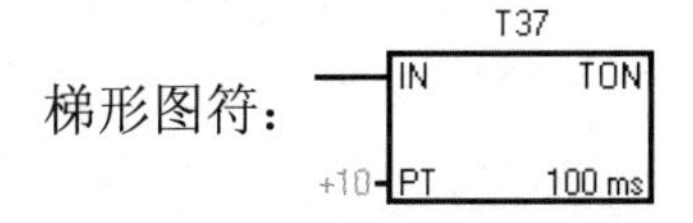

数据：xx（37）：为选定的定时器号；PT（+10）：是定时器的设定值，用4位十进制数表示，定时单位为0.1秒，所以最低位是十分位。例如定时5秒的设定值是+50。

定时范围是0.1～3276.7秒。

功能：定时时间到接通定时器接点。

定时器是增1定时器。当输入条件为ON时，开始增1定时，每经过0.1秒，定时器的当前值增1，当定时器的当前值与设定值相等时，定时时间到，定时器接点接通并保持。当输入条件为OFF时，不管定时器当前处于什么状态都复位，当前值恢复到0，相应的动合接点断开。定时器相当于时间继电器。在电源掉电时，定时器复位。

4. 实训步骤

（1）实训前，先用下载电缆将PC机串口与S7-200 CPU主机的PORT1端口连好，然后对实训箱通电，并打开24V电源开关。主机和24V电源的指示灯亮，表示工作正常，可进入下一步实训。

（2）进入编译调试环境，用指令符或梯形图输入下列练习程序。

（3）根据程序，进行相应的连线（接线可参见项目1“输入/输出端口的使用方法”）。

（4）下载程序并运行，观察运行结果。

练习 1：延时器，如图 2-27 所示。

```
Network 1
LD      I0.2
AN      I0.3
TON     T37, +30
Network 2
LD      T37
=       Q0.0
```

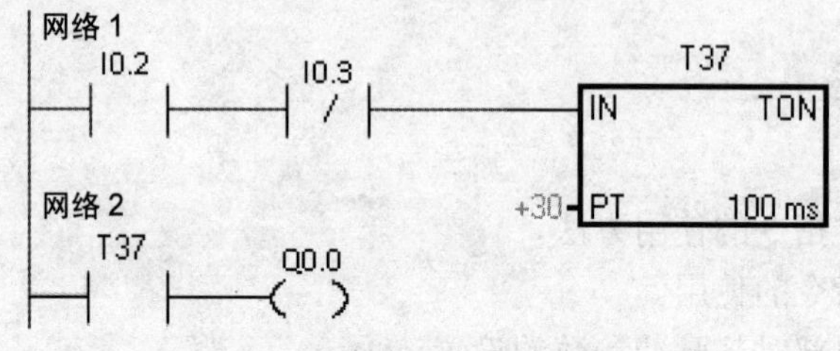

图 2-27　练习 1 图

练习 2：秒脉冲发生器，如图 2-28 所示。

```
Network 1
LDN     T38
TON     T37, +5
Network 2
LD      T37
TON     T38, +5
=       Q0.0
```

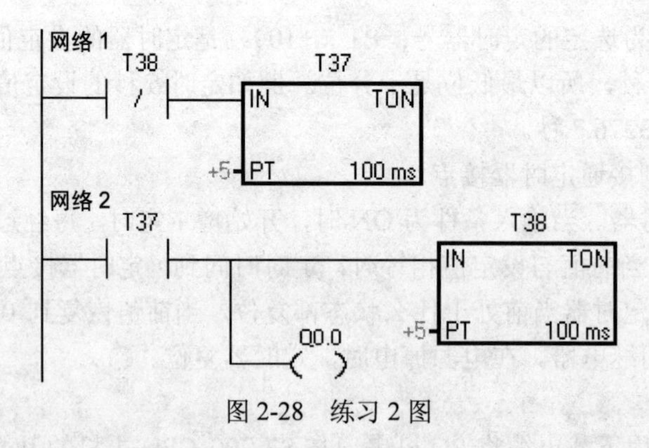

图 2-28　练习 2 图

2.4.3　电机的 Y－△起动控制电路设计与调试

1. 实训目的

（1）掌握 PLC 功能指令的用法。

（2）掌握用 PLC 控制交流电机的可逆起动控制电路及 Y/△起动的电路。

2. 实训器材

PC 机一台、PLC 实训箱一台、编程电缆一根、导线若干。

3. 实训内容及步骤

设计要求

（1）设计通过 PLC 控制电机的 Y－△起动电路的程序。

Y－△控制示意图如图 2-29 所示。

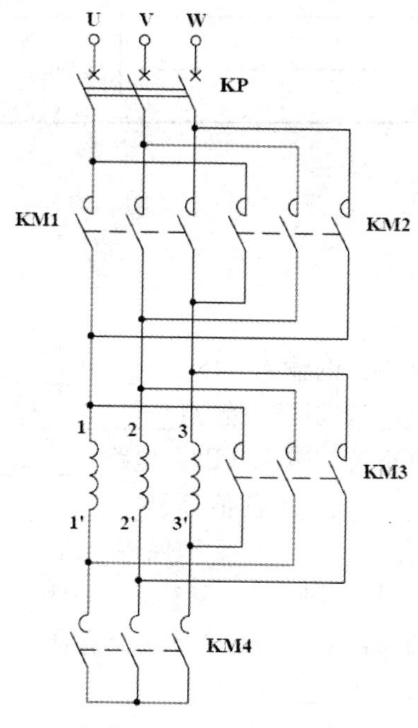

图 2-29　Y－△示意图

当按下正转起动按钮时，电机正转（继电器 KM1 控制），并运行在 Y 形接法（低速运行，继电器 KM4 控制）。过 3 秒后 KM4 断开，电机运行在△接法（全速运行，继电器 KM3 控制）。

当按下停止按钮时，电机停转。

当按下反转起动按钮时，电机反转（继电器 KM2 控制），并运行在 Y 形接法（低速运行，继电器 KM4 控制）。过 3 秒后 KM4 断开，电机运行在△接法（全速运行，继电器 KM3 控制）。

（2）确定输入、输出端口，并编写程序。

（3）编译程序，无误后下载至 PLC 主机的存储器中，并运行程序。

（4）调试程序，直至符合设计要求。

（5）参考 I/O 分配接线表如表 2-26 所示。

表 2-26　I/O 分配表

输入			输出		
主机	实训模块	注释	主机	实训模块	注释
I0.0	正转	正转	Q0.0	J1（KM1）	电机正转
I0.1	反转	反转	Q0.1	J2（KM2）	电机反转

续表

<table>
<tr><th colspan="3">输入</th><th colspan="5">输出</th></tr>
<tr><th>主机</th><th>实训模块</th><th>注释</th><th>主机</th><th colspan="2">实训模块</th><th colspan="2">注释</th></tr>
<tr><td>I0.2</td><td>停止</td><td>停止</td><td>Q0.2</td><td colspan="2">J3（KM3）</td><td colspan="2">三角形接法</td></tr>
<tr><td></td><td></td><td></td><td>Q0.3</td><td colspan="2">J4（KM4）</td><td colspan="2">星形接法</td></tr>
<tr><td>1M</td><td></td><td>24V</td><td>1L</td><td colspan="2"></td><td colspan="2">0V</td></tr>
<tr><td></td><td></td><td></td><td></td><td rowspan="2">实训区</td><td>24V</td><td rowspan="2">电源区</td><td>24V</td></tr>
<tr><td></td><td></td><td></td><td></td><td>0V</td><td>0V</td></tr>
</table>

思考与练习

1．填空

（1）通电延时定时器（TON）的输入（IN）__________时开始定时，当前值大于等于设定值时其定时器位变为__________，其常开触点__________，常闭触点__________。

（2）通电延时定时器（TON）的输入（IN）电路__________时被复位，复位后其常开触点__________，常闭触点__________，当前值等于__________。

（3）输出指令（=）不能用于__________映像寄存器。

（4）SM__________在首次扫描时为 1，SM0.0 一直为__________。

（5）外部的输入电路接通时，对应的输入映像寄存器为__________状态，梯形图中对应的常开接点__________，常闭接点__________。

（6）若梯形图中输出 Q 的线圈“断电”，对应的输出映像寄存器为__________状态，在输出刷新后，继电器输出模块中对应的硬件继电器的线圈__________，其常开触点__________。

2．写出图 2-30 所示梯形图的语句表程序。

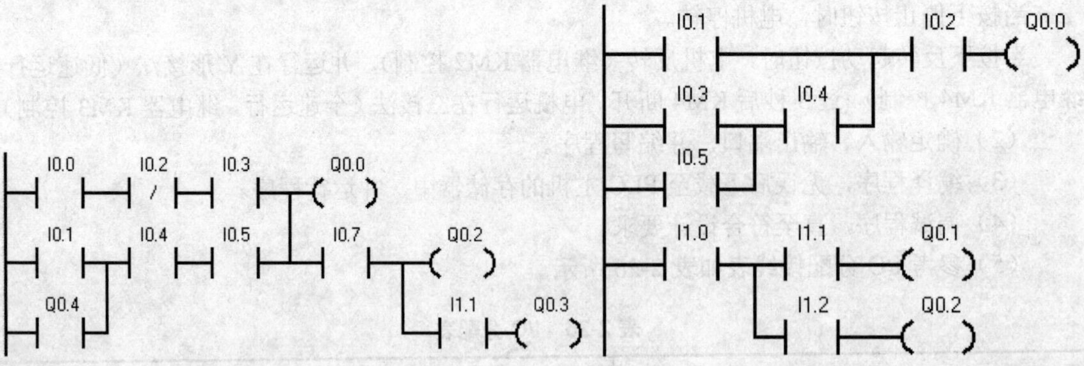

（a）

（b）

图 2-30　题 2 图

3．根据图 2-31 画出 M0.0 的波形图。

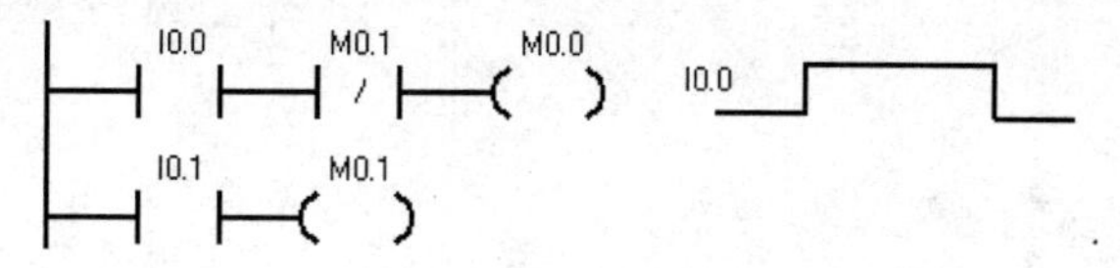

图 2-31　题 3 图

4．根据图 2-32 画出 Q0.0 的波形图。

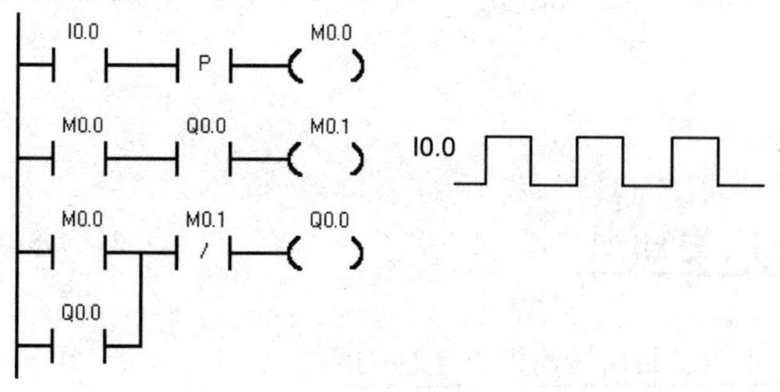

图 2-32　题 4 图

5．设计满足图 2-33 所示时序图的梯形图。

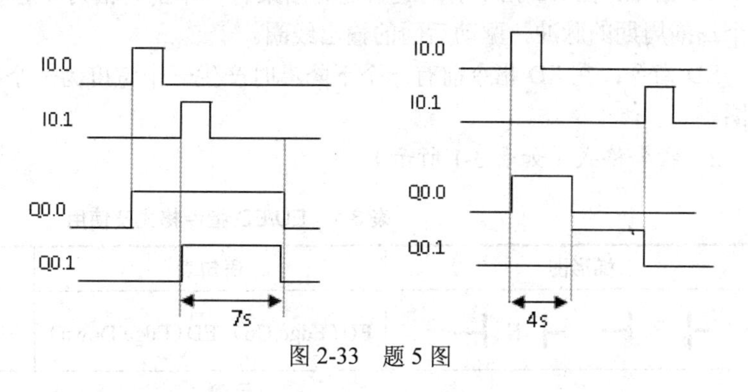

图 2-33　题 5 图

6．画出图 2-34 所示波形对应的顺序功能图。

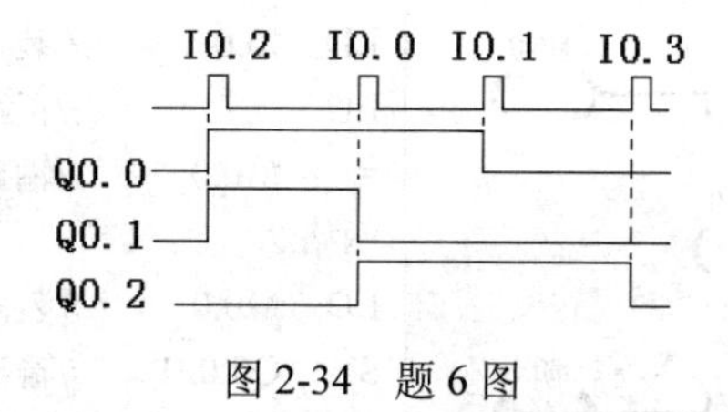

图 2-34　题 6 图

项目 3 灯光、抢答器和洗衣机的 PLC 控制

3.1 相关知识

3.1.1 正向、负向转换指令 EU/ED

1. 指令功能

EU 指令：在 EU 指令前的逻辑运算结果有一个上升沿时（由 OFF→ON）产生一个宽度为一个扫描周期的脉冲，驱动后面的输出线圈。

ED 指令：在 ED 指令前有一个下降沿时产生一个宽度为一个扫描周期的脉冲，驱动其后线圈。

2. 指令格式（如表 3-1 所示）

表 3-1 EU/ED 指令格式及使用

梯形图	语句表	操作数
┫P┣ ┫N┣	EU（Edge Up） ED（Edge Down）	EU、ED 指令无操作数
示例		
网络 1 I0.0 ─┤P├─ M0.0 ( ) 网络 2 M0.0 ─ Q0.0 (S) 1 网络 3 I0.1 ─┤N├─ M0.1 ( ) 网络 4 M0.1 ─ Q0.0 (R) 1	网络 1 LD I0.0 //装入常开触点 EU //正跳变 = M0.0 //输出 网络 2 LD M0.0 //装入 S Q0.0, 1 //输出置位 网络 3 LD I0.1 //装入 ED //负跳变 = M0.1 //输出	网络 4 LD M0.1 //装入 R Q0.0, 1 //输出复位 EU/ED 指令时序分析 I0.0 M0.0 扫描周期 I0.1 M0.1 Q0.0

程序及运行结果分析如下：

I0.0 的上升沿，经触点（EU）产生一个扫描周期的时钟脉冲，驱动输出线圈 M0.0 导通一个扫描周期，M0.0 的常开触点闭合一个扫描周期，使输出线圈 Q0.0 置位为 1，并保持。

I0.1 的下降沿，经触点（ED）产生一个扫描周期的时钟脉冲，驱动输出线圈 M0.1 导通一个扫描周期，M0.1 的常开触点闭合一个扫描周期，使输出线圈 Q0.0 复位为 0，并保持。时序分析见表 3-1。

3. 指令使用说明

EU、ED 指令只在输入信号变化时有效，其输出信号的脉冲宽度为一个机器扫描周期。

对开机时就为接通状态的输入条件，EU 指令不执行。

3.1.2 计数器指令

1. 计数器指令格式

计数器利用输入脉冲上升沿累计脉冲个数。结构主要由一个 16 位的预置值寄存器、一个 16 位的当前值寄存器和一位状态位组成。当前值寄存器用以累计脉冲个数，计数器当前值大于或等于预置值时，状态位置 1。

S7-200 系列 PLC 有三类计数器：CTU-加计数器，CTUD-加/减计数器，CTD-减计数。

计数器指令格式如表 3-2 所示

表 3-2　计数器的指令格式

<table>
<tr><th>语句表</th><th>梯形图</th><th>指令使用说明</th></tr>
<tr><td>CTU　Cxxx,PV</td><td>????
CU　CTU
R
????-PV</td><td rowspan="3">①梯形图指令符号中：CU 为加计数脉冲输入端；CD 为减计数脉冲输入端；R 为加计数复位端；LD 为减计数复位端；PV 为预置值
②Cxxx 为计数器的编号，范围为：C0-C255
③PV 预置值最大范围：32767；PV 的数据类型：INT；PV 操作数为：VW，T，C，IW，QW，MW，SMW，AC，AIW，K
④CTU/CTUD/CD 指令使用要点：STL 形式中 CU，CD，R，LD 的顺序不能错；CU，CD，R，LD 信号可为复杂逻辑关系</td></tr>
<tr><td>CTD　Cxxx,PV</td><td>????
CD　CTD
LD
????-PV</td></tr>
<tr><td>CTUD　Cxxx,PV</td><td>????
CU　CTUD
CD
R
????-PV</td></tr>
</table>

2. 计数器工作原理分析

（1）加计数器指令（CTU）

当 R=0 时，计数脉冲有效；　当 CU 端有上升沿输入时，计数器当前值加 1。当计数器当前值大于或等于设定值（PV）时，该计数器的状态位 C-bit 置 1，即其常开触点闭合。计数器仍计数，但不影响计数器的状态位。直至计数达到最大值（32767）。当 R=1 时，计数器复位，即当前值清零，状态位 C-bit 也清零。加计数器计数范围：0～32767。

（2）加/减计数指令（CTUD）

当 R=0 时，计数脉冲有效；当 CU 端（CD 端）有上升沿输入时，计数器当前值加 1（减 1）。当计数器当前值大于或等于设定值时，C-bit 置 1，即其常开触点闭合。当 R=1 时，计数器复位，即当前值清零，C-bit 也清零。加减计数器计数范围：–32768～32767。

（3）减计数指令（CTD）

当复位 LD 有效时，LD=1，计数器把设定值（PV）装入当前值存储器，计数器状态位复位（置0）。当LD=0，即计数脉冲有效时，开始计数，CD端每来一个输入脉冲上升沿，减计数的当前值从设定值开始递减计数，当前值等于0时，计数器状态位置位（置1），停止计数。

加减计数器指令应用示例，程序及运行时序如表3-3所示。

表3-3 加/减计数器（CTUD）指令应用示例

梯形图（LAD）	语句表（STL）
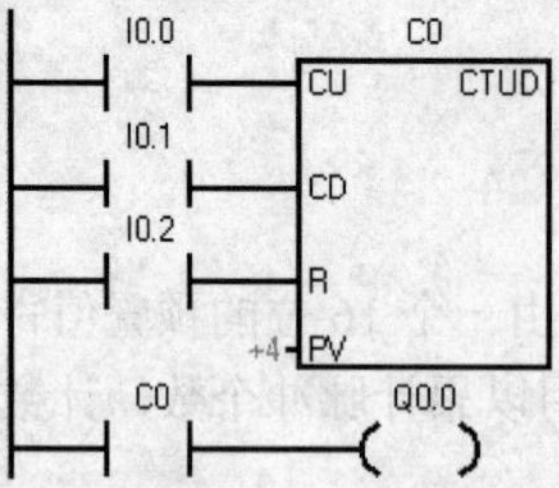 I0.0 C0 CU CTUD I0.1 CD I0.2 R +4 PV C0 Q0.0	LD I0.0 LD I0.1 LD I0.2 CTUD C0, +4 LD C0 = Q0.0
时序图 I0.0 I0.1 I0.2 C50当前值 .C50状态位 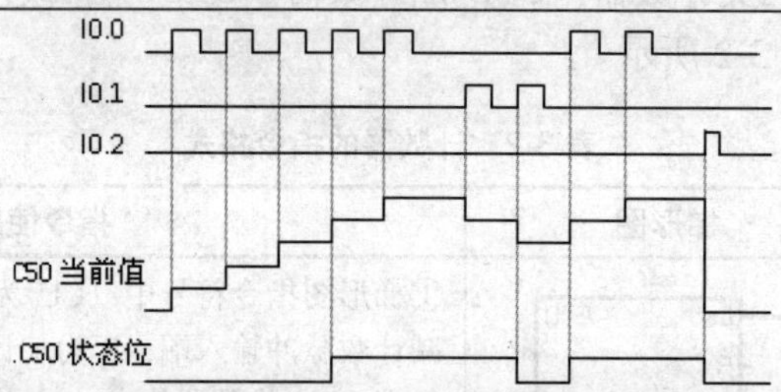	

减计数指令应用示例，程序及运行时序如表3-4所示。

表3-4 减计数器（CTUD）指令应用示例

梯形图（LAD）	语句表（STL）
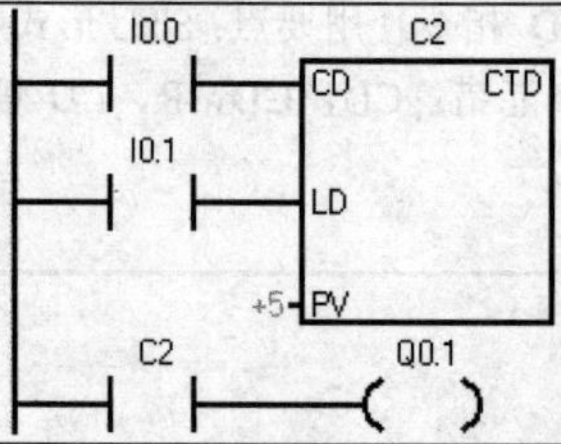 I0.0 C2 CD CTD I0.1 LD +5 PV C2 Q0.1	LD I0.0 LD I0.1 CTD C2, +5 LD C2 = Q0.1
时序图	**说明**
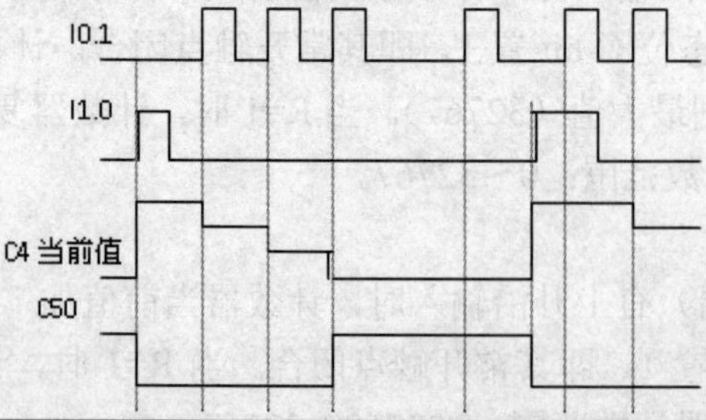 I0.1 I1.0 C4当前值 C50	在复位脉冲I1.0有效时，即I1.0=1时，当前值等于预置值，计数器的状态位置0；当复位脉冲I1.0=0，计数器有效，在CD端每来一个脉冲的上升沿，当前值减1计数，当前值从预置值开始减至0时，计数器的状态位C-bit=1，Q0.0=1。在复位脉冲I1.0有效时，即I1.0=1时，计数器CD端即使有脉冲上升沿，计数器也不减1计数

3. 计数器的扩展

S7-200系列PLC计数器最大的计数范围是32767，若须更大的计数范围，则须进行扩展。

如图 3-1 所示计数器扩展电路。图中是两个计数器的组合电路，C1 形成了一个设定值为 100 次自复位计数器。计数器 C1 对 I0.1 的接通次数进行计数，I0.1 的触点每闭合 100 次 C1 自复位重新开始计数。同时，连接到计数器 C2 端 C1 常开触点闭合，使 C2 计数一次，当 C2 计数到 2000 次时，I0.1 共接通 100×2000 次=200000 次，C2 的常开触点闭合，线圈 Q0.0 通电。该电路的计数值为两个计数器设定值的乘积，$C_{总}$=C1×C2。

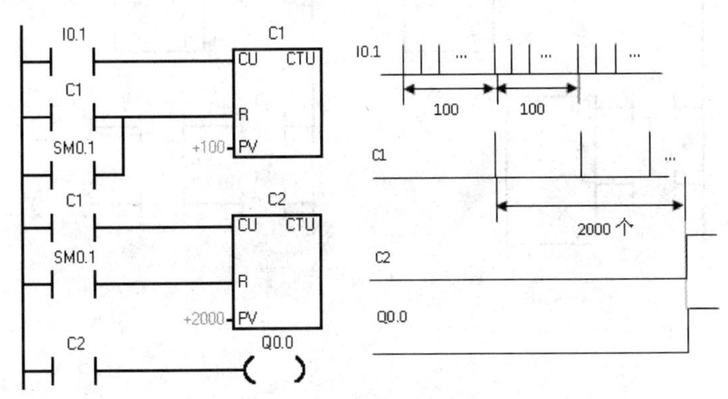

图 3-1　计数器扩展电路

4. 定时器的扩展

S7-200 的定时器的最长定时时间为 3276.7s，如果需要更长的定时时间，可使用图 3-2 所示的电路。图 3-2 中最上面一行电路是一个脉冲信号发生器，脉冲周期等于 T37 的设定值(60s)。I0.0 为 OFF 时，100ms 定时器 T37 和计数器 C4 处于复位状态，它们不能工作。I0.0 为 ON 时，其常开触点接通，T37 开始定时，60s 后 T37 定时时间到，其当前值等于设定值，它的常闭触点断开，使它自己复位，复位后 T37 的当前值变为 0，同时它的常闭触点接通，使它自己的线圈重新“通电”又开始定时，T37 将这样周而复始地工作，直到 I0.0 变为 OFF。

T37 产生的脉冲送给 C4 计数器，记满 60 个数（即 1h）后，C4 当前值等于设定值 60，它的常开触点闭合。设 T37 和 C4 的设定值分别为 K_T 和 K_C，对于 100ms 定时器总的定时时间为：$T=0.1K_TK_C$（s）。

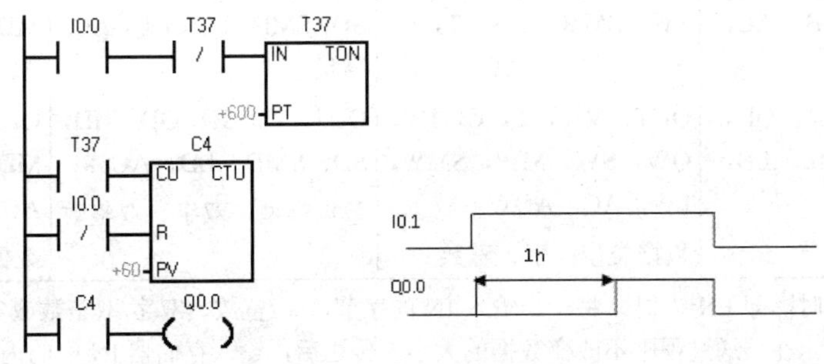

图 3-2　定时器的扩展

【例 3-1】 自动声光报警设计。该自动声光报警操作程序用于当电动单梁起重机加载到 1.1 倍额定负荷并反复运行 1h 后，发出声光信号并停止运行。

程序如图 3-3 所示。当系统处于自动工作方式时，I0.0 触点为闭合状态，定时器 T50 每 60s 发出一个脉冲信号作为计数器 C1 的计数输入信号，当计数值达 60，即 1h 后，C1 常开触点闭合，Q0.0、Q0.7 线圈同时得电，指示灯发光且电铃作响；此时 C1 另一常开触点接通定时器 T51 线圈，10s 后 T51 常闭触点断开 Q0.7 线圈，电铃音响消失，指示灯持续发光直至再一次重新开始运行。

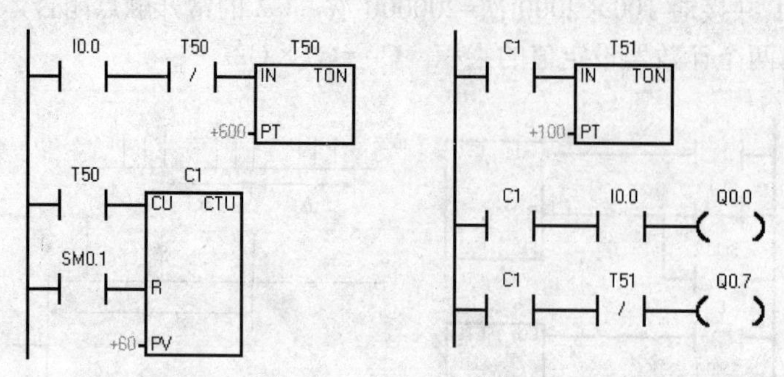

图 3-3　自动声光报警

3.1.3　传送指令

1. 字节、字、双字、实数单个数据传送（MOV）指令格式

数据传送指令 MOV，用来传送单个的字节、字、双字、实数。指令格式及功能如表 3-5 所示。

表 3-5　单个数据传送指令 MOV 指令格式

梯形图	MOV_B：EN ENO；????-IN OUT-????	MOV_W：EN ENO；????-IN OUT-????	MOV_DW：EN ENO；????-IN OUT-????	MOV_R：EN ENO；????-IN OUT-????
语句表	MOVB IN,OUT	MOVW IN,OUT	MOVD IN,OUT	MOVR IN,OUT
操作数及数据类型	IN：VB，IB，QB，MB，SB，SMB，LB，AC，常量 OUT：VB，IB，QB，MB，SB，SMB，LB，AC 数据类型：字节	IN：VW，IW，QW，MW，SW，SMW，LW，T，C，AIW，常量，AC OUT：VW，T，C，IW，QW，SW，MW，SMW，LW，AC，AQW 数据类型：字、整数	IN：VD，ID，QD，MD，SD，SMD，LD，HC，AC，常量 OUT：VD，ID，QD，MD，SD，SMD，LD，AC 数据类型：双字、双整数	IN：VD，ID，QD，MD，SD，SMD，LD，AC，常量 OUT：VD，ID，QD，MD，SD，SMD，LD，AC 数据类型：实数
功能	使能输入有效时，即 EN=1 时，将一个输入 IN 的字节、字/整数、双字/双整数或实数送到 OUT 指定的存储器输出。在传送过程中不改变数据的大小。传送后，输入存储器 IN 中的内容不变			

使 ENO＝0 即使能输出断开的错误条件是：SM4.3（运行时间），0006（间接寻址错误）。

2. 字节、字、双字、实数数据块传送指令 BLKMOV

数据块传送指令将从输入地址 IN 开始的 N 个数据传送到输出地址 OUT 开始的 N 个单元中，N 的范围为 1～255，N 的数据类型为：字节。指令格式及功能如表 3-6 所示。

表 3-6　数据传送指令 BLKMOV 指令格式

梯形图	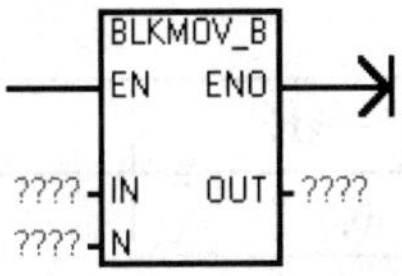 BLKMOV_B EN　ENO ????-IN　OUT-???? ????-N	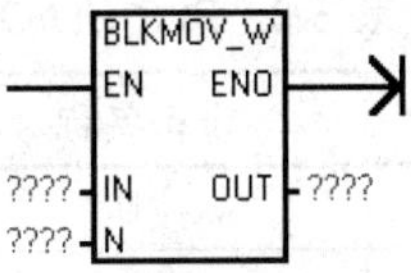 BLKMOV_W EN　ENO ????-IN　OUT-???? ????-N	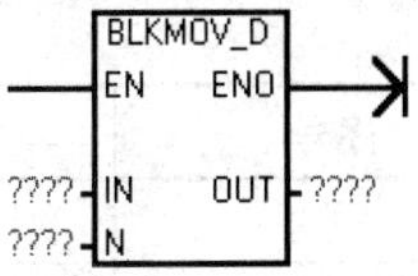 BLKMOV_D EN　ENO ????-IN　OUT-???? ????-N
语句表	BMB　IN,OUT	BMW　IN,OUT	BMD　IN,OUT
操作数及数据类型	IN：VB，IB，QB，MB，SB，SMB，LB。 OUT：VB，IB，QB，MB，SB，SMB，LB。 数据类型：字节	IN：VW，IW，QW，MW，SW，SMW，LW，T，C，AIW。 OUT：VW，IW，QW，MW，SW，SMW，LW，T，C，AQW。 数据类型：字	IN/ OUT：VD，ID，QD，MD，SD，SMD，LD。 数据类型：双字
	N：VB，IB，QB，MB，SB，SMB，LB，AC，常量；数据类型：字节；数据范围：1～255		
功能	使能输入有效时，即 EN=1 时，把从输入 IN 开始的 N 个字节（字、双字）传送到以输出 OUT 开始的 N 个字节（字、双字）中		

使 ENO＝0 的错误条件：0006（间接寻址错误），0091（操作数超出范围）。

【例 3-2】 程序举例：将变量存储器 VB20 开始的 4 个字节（VB20-VB23）中的数据，移至 VB100 开始的 4 个字节中（VB100-VB103）。程序如表 3-7 所示。

表 3-7　指令应用示例

梯形图（LAD）	语句表（STL）
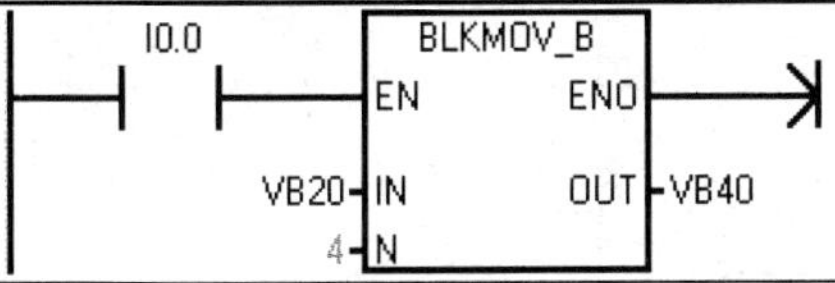 I0.0 BLKMOV_B EN　ENO VB20-IN　OUT-VB40 4-N	LD　　I0.0 BMB　　VB20, VB40, 4

说明：

程序执行后，将 VB20-VB23 中的数据 30、31、32、33 送到 VB100-VB103。

执行结果如下：数组 1 数据	30	31	32	33
数据地址	VB20	VB21	VB22	VB23
块移动执行后：数组 2 数据	30	31	32	33
数据地址	VB100	VB101	VB102	VB103

3.2　项目实施

3.2.1　灯光的 PLC 控制

1. 控制电路要求

单按钮控制楼梯灯。当按下一次按钮时，楼梯灯亮 5 分钟后自动熄灭；当连续按两次按钮时，灯长亮不灭；当按下按钮的时间超过 2 秒时，灯熄灭。

2. I/O 配置（见表 3-8）与控制电路

表 3-8　PLC 的 I/O 配置

序号	类型	设备名称	信号地址	编号
1	输入	按钮	I0.0	SB1
2	输出	灯	Q0.0	HL

3. 输入/输出接线

PLC 的 I/O 接线图如图 3-4 所示。

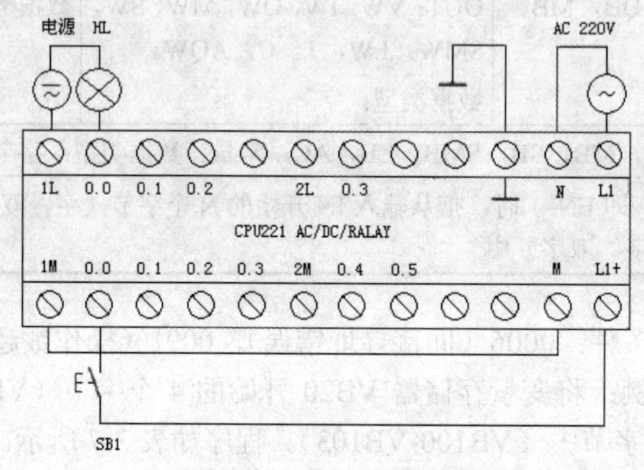

图 3-4　PLC 的 I/O 接线图

4. 梯形图程序设计

图 3-5 为 PLC 梯形图。

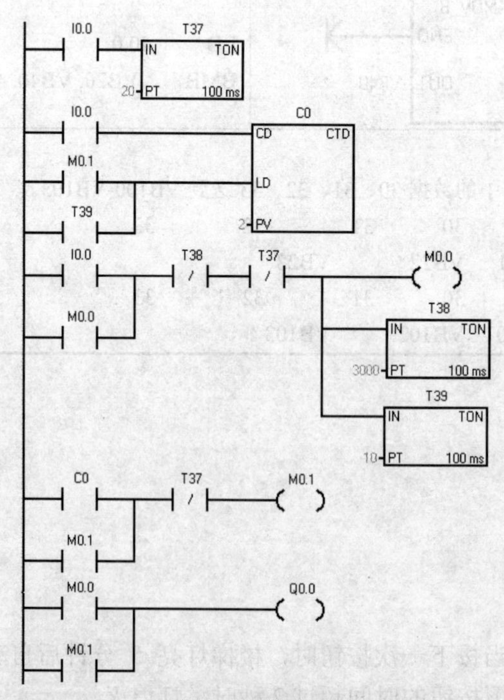

图 3-5　梯形图

3.2.2　抢答器的PLC控制

1．控制电路要求

（1）参赛者分三组，每组桌上设置一个抢答器按钮。当主持人按下开始抢答按钮后，如果在10s内有人抢答，则最先按下的抢答信号按钮有效，相应桌上的抢答指示灯亮。

（2）当主持人按下开始抢答按钮后，如果在10s内没有人抢答，则撤销抢答指示灯亮，表示抢答器自动撤销此次抢答信号。

（3）当主持人再次按下开始抢答按钮后，所有抢答指示灯熄灭。

2．I/O配置（见表3-9）与控制电路

表3-9　PLC的I/O配置

序号	类型	设备名称	信号地址	编号
1	输入	主持人启/停开关	I0.0	SA
2		第一组抢答按钮	I0.1	SB1
3		第二组抢答按钮	I0.2	SB2
4		第三组抢答按钮	I0.3	SB3
5		开始抢答按钮	I0.4	SB4
6	输出	起动抢答指示灯	Q0.0	HL5
7		第一组指示灯	Q0.1	HL1
8		第二组指示灯	Q0.2	HL2
9		第三组指示灯	Q0.3	HL3
10		撤销抢答指示灯	Q0.4	HL4

3．输入/输出接线

PLC的I/O接线图如图3-6所示。

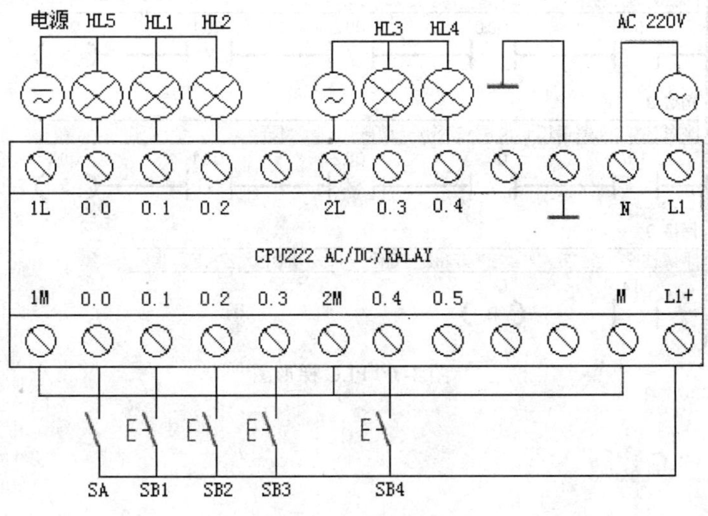

图3-6　PLC的I/O接线图

4. 梯形图程序设计

图 3-7 为 PLC 梯形图。

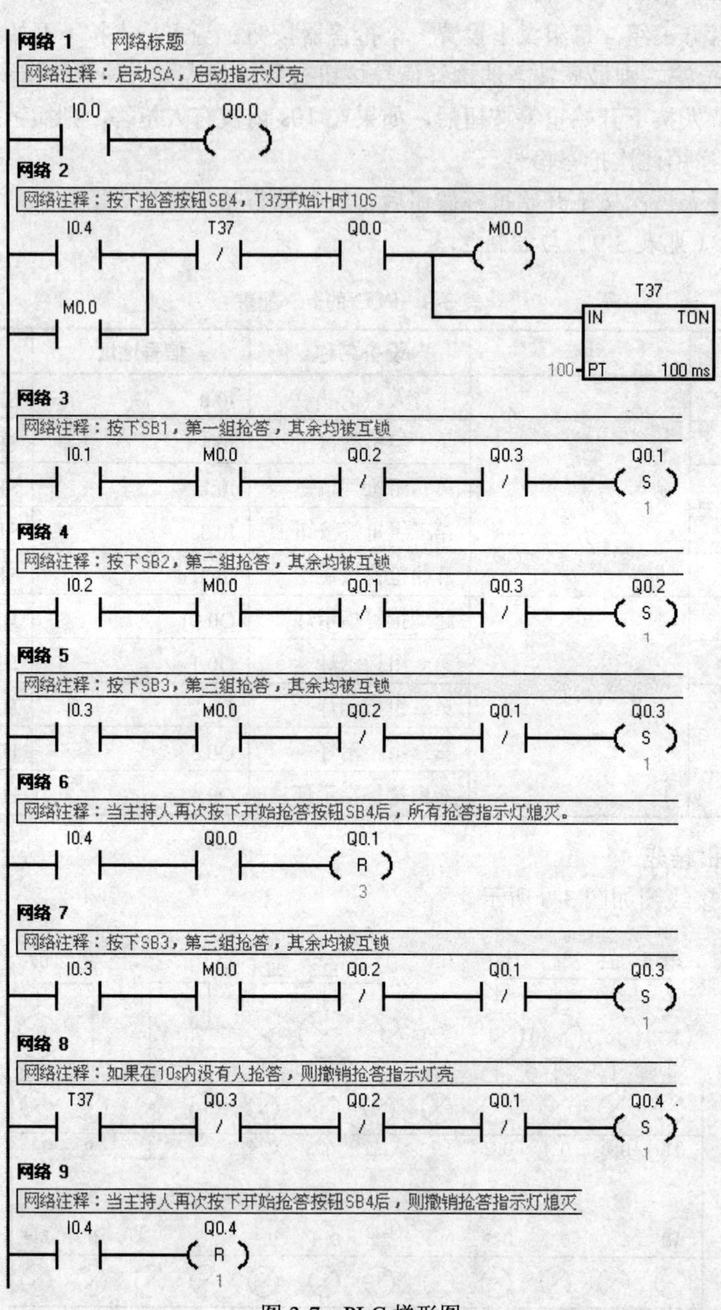

图 3-7 PLC 梯形图

3.2.3 洗衣机的 PLC 控制

全自动洗衣机的洗衣桶（外桶）和脱水桶（内桶）是以同一中心安放的。外桶固定，用于放水；内桶可以旋转，用于脱水（甩干）。内桶的四周有许多小孔，使内外桶的水流相通。

1. 控制电路要求

全自动洗衣机的进水和排水分别由进水电磁阀和排水电磁阀来执行。进水时，通过电控系统使进水电磁阀打开，经进水管注入到外桶。排水时，通过电控系统使排水电磁阀打开，将水由外桶排到机外。洗涤正转、反转由洗涤电动机驱动波盘正、反转来实现，此时脱水桶并不旋转。脱水时，通过电控系统将离合器合上，由洗涤电动机带动内桶正转进行甩干。高、低水位开关分别用来检测高、低水位。起动按钮用来起动洗衣机工作。停止按钮用来实现手动停止进水、排水、脱水及报警。排水按钮用来实现手动排水。

PLC 投入运行，系统处于初始状态，准备好起动。起动时开始进水。水满（即水位到达高水位）时停止进水并开始洗涤正转。正转洗涤 15s 后暂停。暂停 3s 后开始反转洗涤。反转 15s 后暂停。3s 后若正、反转没有满 3 次，则返回从正转洗涤开始；若正、反转满 3 次后，则开始排水。

水位下降到低水位时开始脱水并继续排水。脱水 10s 后即完成一次从进水到脱水的大循环过程。若未完成 3 次大循环，则返回从进水开始的全过程，进行下一次大循环；若完成了 3 次循环，则进行洗完报警。报警 10s 后结束全过程，自动停机。

此外，还可以按排水按钮以实现手动排水；按停止按钮以实现手动停止进水、排水、脱水及报警。

2. I/O 配置（见表 3-10）与控制电路

表 3-10　PLC 的 I/O 配置

序号	类型	设备名称	信号地址	编号
1	输入	起动按钮	I0.0	SB1
2		停止按钮	I0.1	SB2
3		排水按钮	I0.2	SB3
4		高水位开关	I0.3	SQ1
5		低水位开关	I0.4	SQ2
6	输出	进水电磁阀	Q0.0	YV1
7		电动机正转接触器	Q0.1	KM1
8		电动机反转接触器	Q0.2	KM2
9		排水电磁阀	Q0.3	YV2
10		脱水电磁离合器	Q0.4	YV3
11		报警蜂鸣器	Q0.5	HA

3. 输入/输出接线

PLC 的 I/O 接线图如图 3-8 所示。

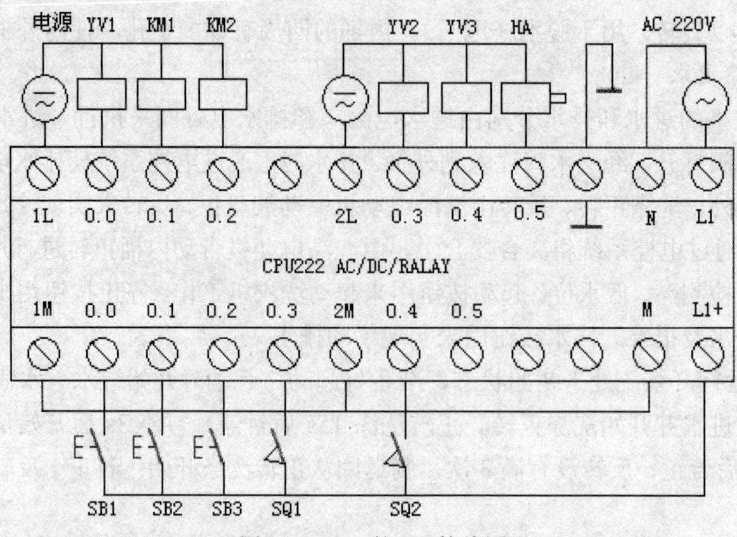

图 3-8 PLC 的 I/O 接线图

4. 流程图和梯形图程序设计

全自动洗衣机流程图如图 3-9 所示，PLC 梯形图如图 3-10 所示。

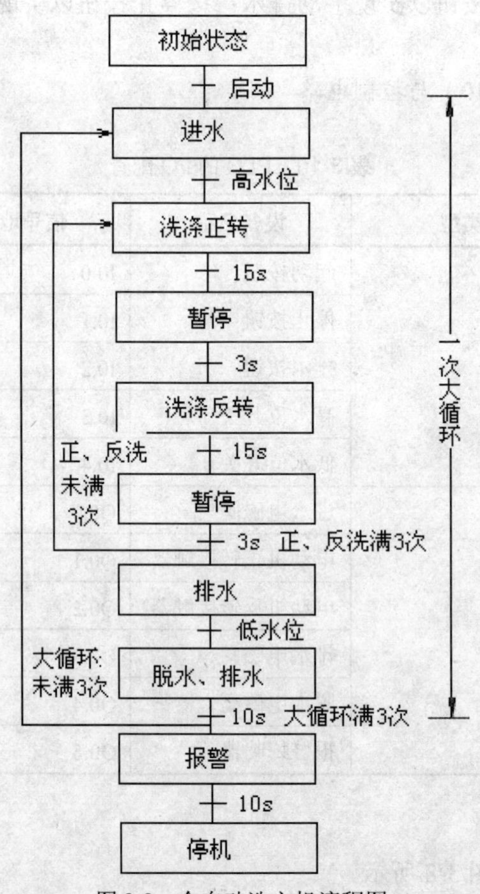

图 3-9 全自动洗衣机流程图

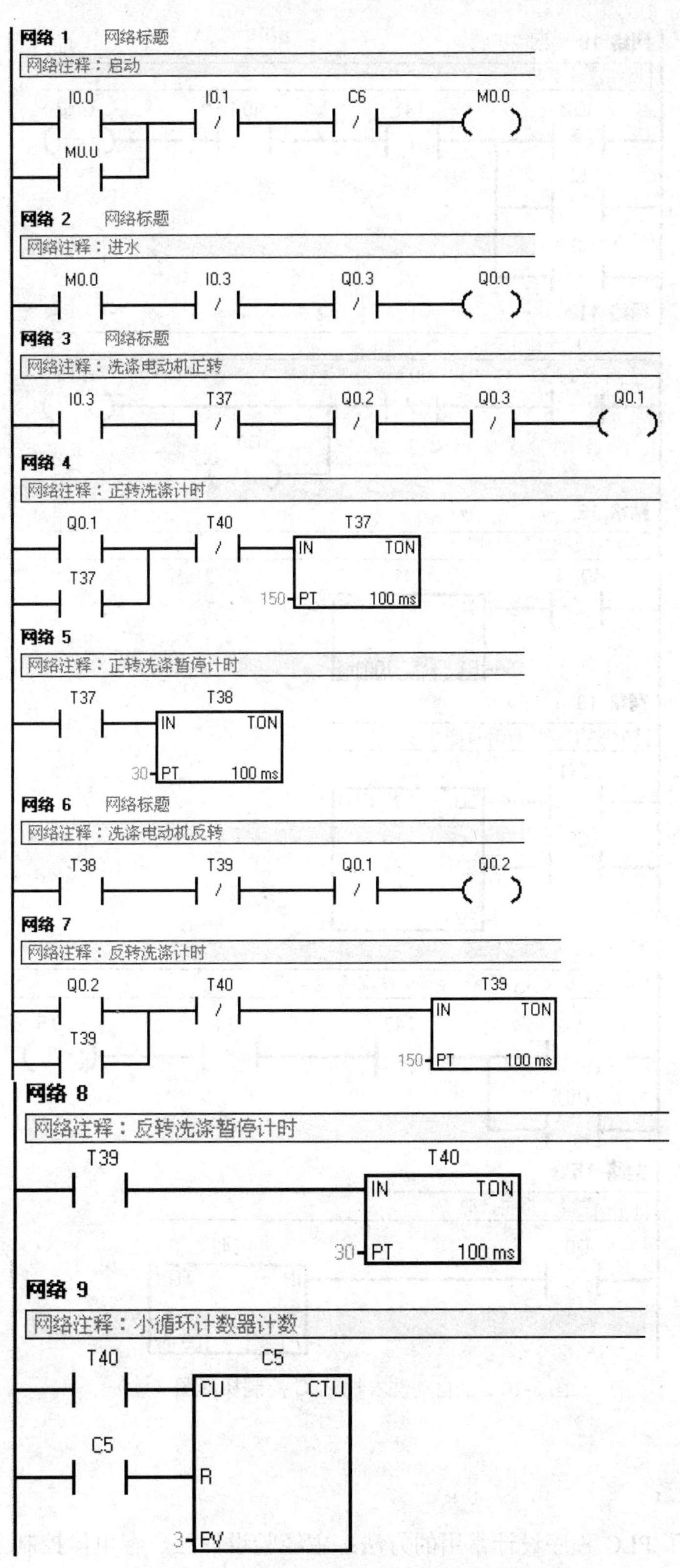

图 3-10　全自动洗衣机 PLC 控制梯形图

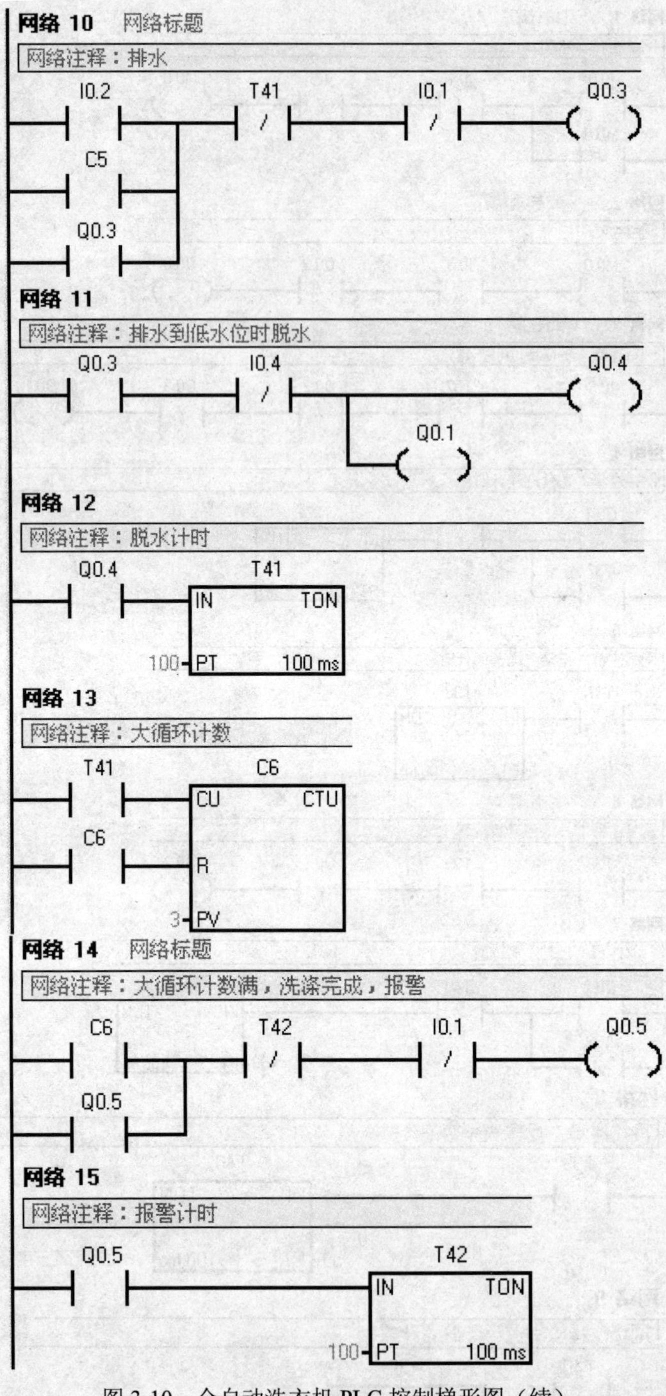

图 3-10 全自动洗衣机 PLC 控制梯形图（续）

3.3 知识拓展

项目 2 介绍了 PLC 程序设计常用的方法：主经验设计法、继电器控制电路转换为梯形图法、逻辑设计法。下面介绍顺序控制设计法。

3.3.1　顺序控制设计法与顺序功能图

1. 顺序控制设计法

用经验法设计梯形图时，没有一套固定的方法和步骤可以遵循，具有很大的试探性和随意性，对于不同的控制系统，没有一种通用的容易掌握的设计方法。在设计复杂系统的梯形图时，用大量的中间单元来完成记忆和互锁等功能，由于需要考虑的因素很多，它们往往又交织在一起，分析起来非常困难，并且很容易遗漏一些应该考虑的问题。修改某一局部电路时，很可能会"牵一发而动全身"，对系统的其他部分产生意想不到的影响，因此梯形图的修改很麻烦，往往花很长时间还得不到一个满意的结果。为此，我们再向大家介绍一种方法：顺序控制设计法。

所谓顺序控制，就是按照生产工艺预先规定的顺序，满足输入信号、内部状态和时间关系等条件时，各个执行机构按顺序进行操作。使用顺序控制设计法时，首先根据系统的工艺过程，画出顺序功能图，然后根据顺序功能图设计出梯形图。

顺序功能图是描述控制系统的控制过程、功能和特性的一种图形，也是设计 PLC 的顺序控制程序的有力工具。

顺序功能图并不涉及所描述的控制功能的具体技术，它是一种通用的技术语言，可以供进一步设计和不同专业的人员之间进行技术交流之用。

2. 功能流程图

功能流程图是按照顺序控制的思想根据工艺过程，根据输出量的状态变化，将一个工作周期划分为若干顺序相连的步，在任何一步内，各输出量 ON/OFF 状态不变，但是相邻两步输出量的状态是不同的。所以，可以将程序的执行分成各个程序步，通常用顺序控制继电器的位 S0.0～S31.7 代表程序的状态步。使系统由当前步进入下一步的信号称为转换条件，又称步进条件。转换条件可以是外部的输入信号，如按钮、指令开关、限位开关的接通/断开等；也可以是程序运行中产生的信号，如定时器、计数器的常开触点的接通等；转换条件还可能是若干个信号的逻辑运算的组合。一个三步循环步进的功能流程图如图 3-11 所示，功能流程图中的每个方框代表一个状态步，如图中 1、2、3 分别代表程序 3 步状态。与控制过程的初始状态相对应的步称为初始步，用双线框表示。可以分别用 S0.0、S0.1、S0.2 表示上述的三个状态步，程序执行到某步时，该步状态位置 1，其余为 0。如执行第一步时，S0.0=1，而 S0.1、S0.2 全为 0。每步所驱动的负载，称为步动作，用方框中的文字或符号表示，并用线将该方框和相应的步相连。状态步之间用有向连线连接，表示状态步转移的方向，有向连线上没有箭头标注时，方向为自上而下、自左而右。有向连线上的短线表示状态步的转换条件。

3. 顺序功能图的绘制

如图 3-12 所示。

（1）步用编程元件来表示。例如辅助继电器 M 和顺序控制继电器 S。步是根据输出量的状态变化来划分的，在任何一步之内，各输出量的 ON/OFF 状态不变。相邻两步输出量状态必须是不同的。

（2）当系统正处于某一步所在的阶段时，该步处于活动状态，称该步为当前步（也称为活动步）。步处于活动状态时，相应的动作被执行。处于不活动状态时，相应的非存储型动作被停止执行。

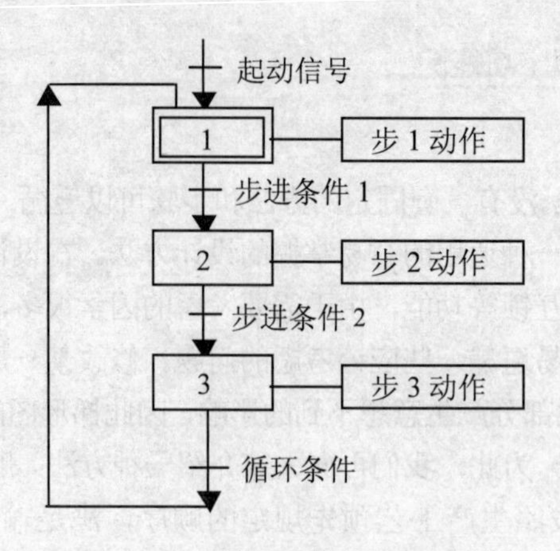

图3-11　循环步进功能流程图

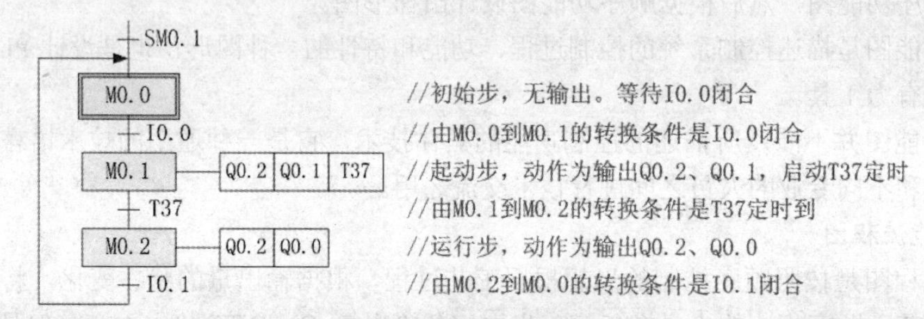

图3-12　顺序功能图

（3）将实际的控制工程和工艺要求划分成具体的工作步。

（4）每个工作步内的输出控制状态保持不变。

（5）每个工作步之间的输出状态至少有一个输出不同。

（6）从上个工作步转换到下一个工作步要满足相应的条件。

（7）正在执行或运行的工作步为当前步。

（8）当转换条件满足时可以从当前步转换到下一步。

4. 顺序功能图的基本结构

（1）单序列

单序列由一系列相继激活的步组成，每一步的后面仅有一个转换，每一个转换的后面只有一个步。如图3-13（a）所示的电动机Y－△降压起动控制顺序功能流程图，Q0.0为三角形接法接触器线圈，Q0.1为星形接法接触器线圈，Q0.2为主电源接触器线圈。

（2）选择序列

从多个分支流程中根据转换条件选择一个或几个分支执行程序，只允许同时选择一个序列，即选择序列中的各序列是互相排斥的，其中的任何两个序列都不会同时执行。如图3-13（b）所示的正、反转运行反接制动控制顺序功能流程图。

（3）并行序列

当满足转换条件是多个分支流程同时执行的程序结果称为并行分支，如图3-13（c）所示。

【例3-3】 用顺序功能图设计电动机正、反转运行反接制动控制。

电动机正、反转运行反接制动顺序功能图如图3-14所示。

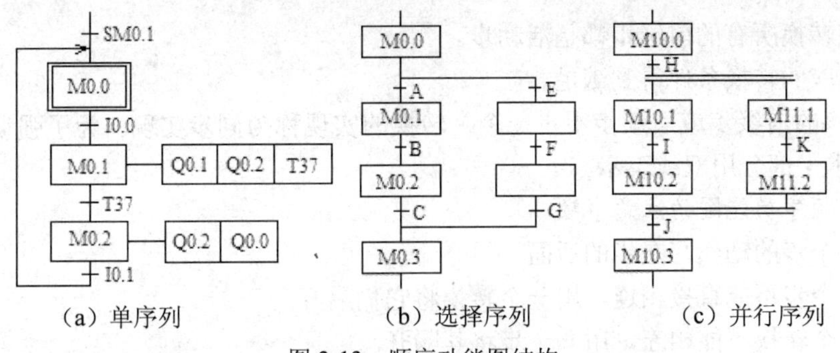

（a）单序列　　（b）选择序列　　（c）并行序列

图3-13　顺序功能图结构

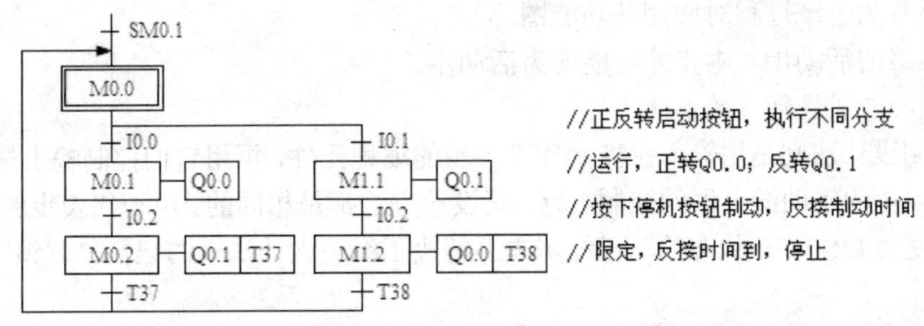

图3-14　电动机正、反转运行反接制动顺序功能图

【例3-4】 如图3-15（a）为液体混合装置的结构示意图。生产过程是定量放入A、B两种液体，搅拌后从放料阀放出到灌装生产线。

液体混合装置顺序功能图如图3-15（b）所示。

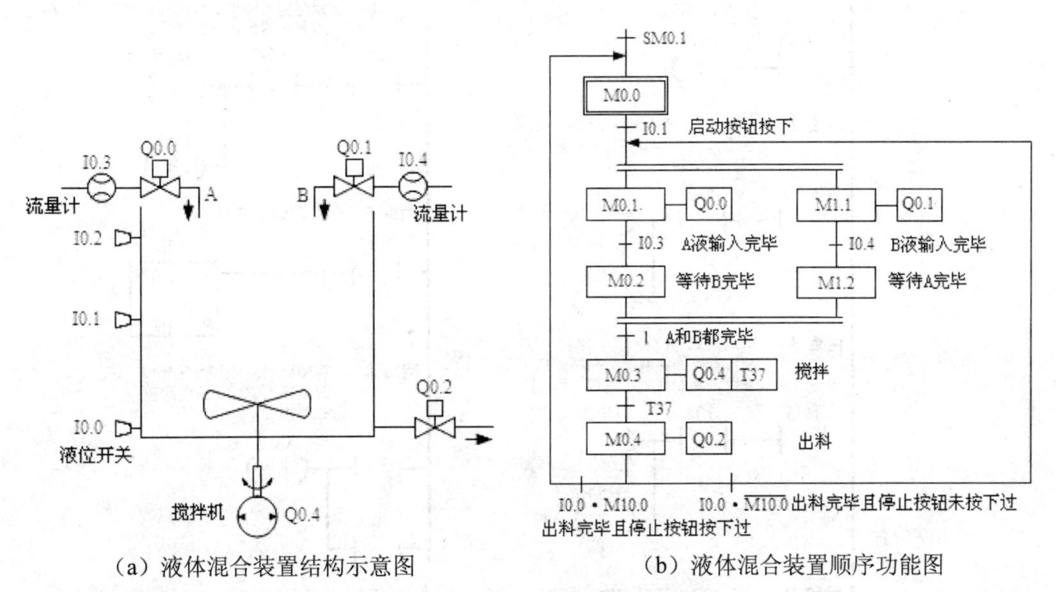

（a）液体混合装置结构示意图　　（b）液体混合装置顺序功能图

图3-15　液体混合装置顺序功能图

5．转换的条件

在顺序功能图中，步的活动状态的进展是由转换的实现来完成的。转换实现必须同时满足两个条件：

（1）该转换所有的前级步都是活动步。

（2）相应的转换条件得到满足。

如果转换的前级步或后续步不止一个，转换的实现称为同步实现。为了强调同步实现，有向连线的水平部分用双线表示。

6. 绘制顺序功能图的注意事项

（1）每个步的动作写在步的后面。

（2）两个步不能直接相连，用一个转换将它们隔开。

（3）两个转换不能相连，用一个步将其隔开。

（4）初始步可以没有输出，但是必须要有。

（5）重复的生产过程对应闭环功能图。

（6）前级的活动步，本步才可能变为活动步。

7. 顺序功能图设计法的本质

顺序控制设计法则是用输入量控制代表各步的编程元件，再用它们控制输出量Q。任何复杂系统的代表步的辅助继电器的控制电路，其设计方法都是相同的。由于代表步的辅助继电器是依次顺序变为ON/OFF状态的，已经基本上解决了经验设计法中的记忆、联锁等问题。

3.3.2 置位/复位编程法应用示例

1. 单序列顺序功能图编程方法

顺序功能图见图3-13（a）所示电动机Y－△降压起动控制，PLC的梯形图如图3-16所示。

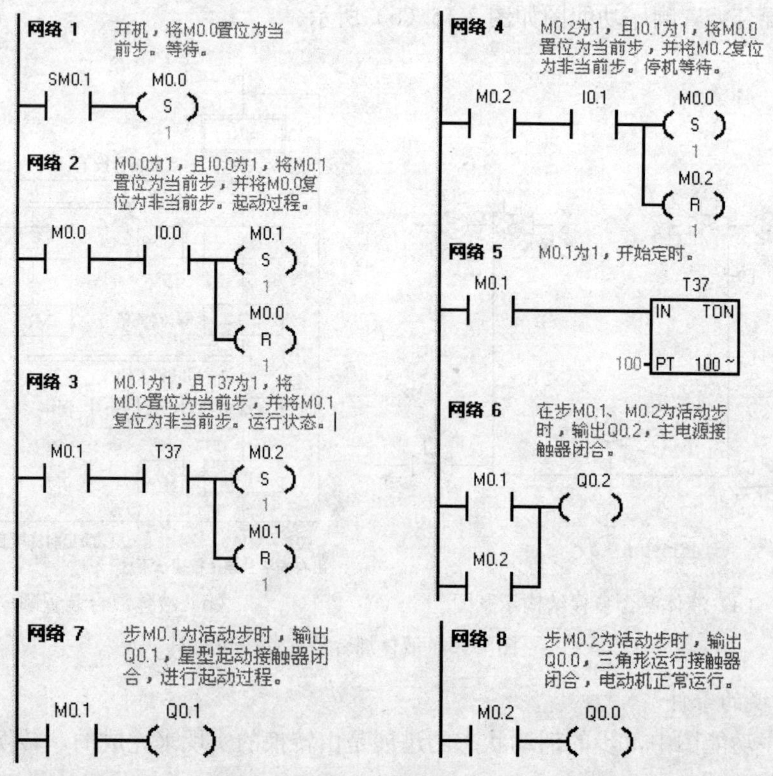

图3-16　PLC的梯形图

2. 选择序列顺序功能图编程方法

顺序功能图见图3-13（b）所示正、反转运行反接制动控制顺序功能流程图，PLC的梯形图如图3-17所示。

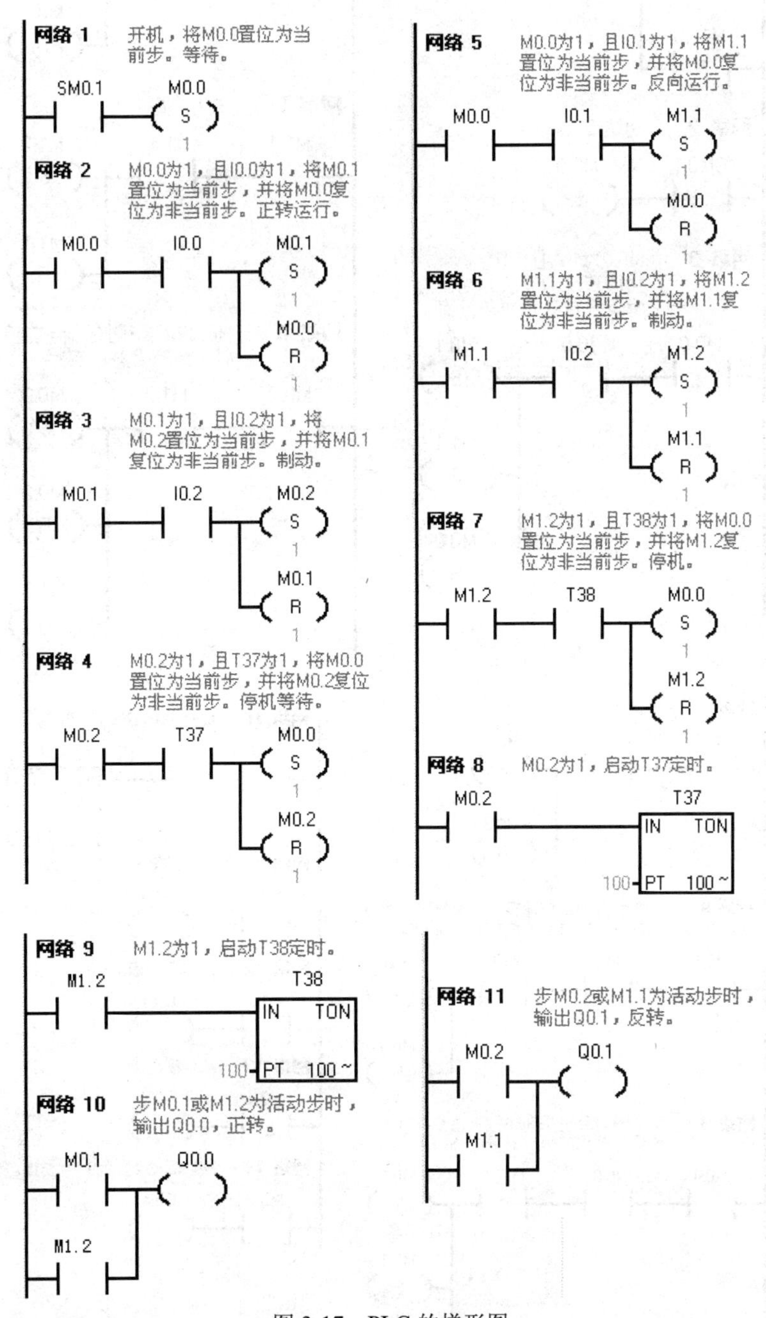

图3-17　PLC的梯形图

3. 并行序列顺序功能图编程方法

顺序功能图见图3-13（c）所示液体混合装置顺序功能图，PLC的梯形图如图3-18所示。

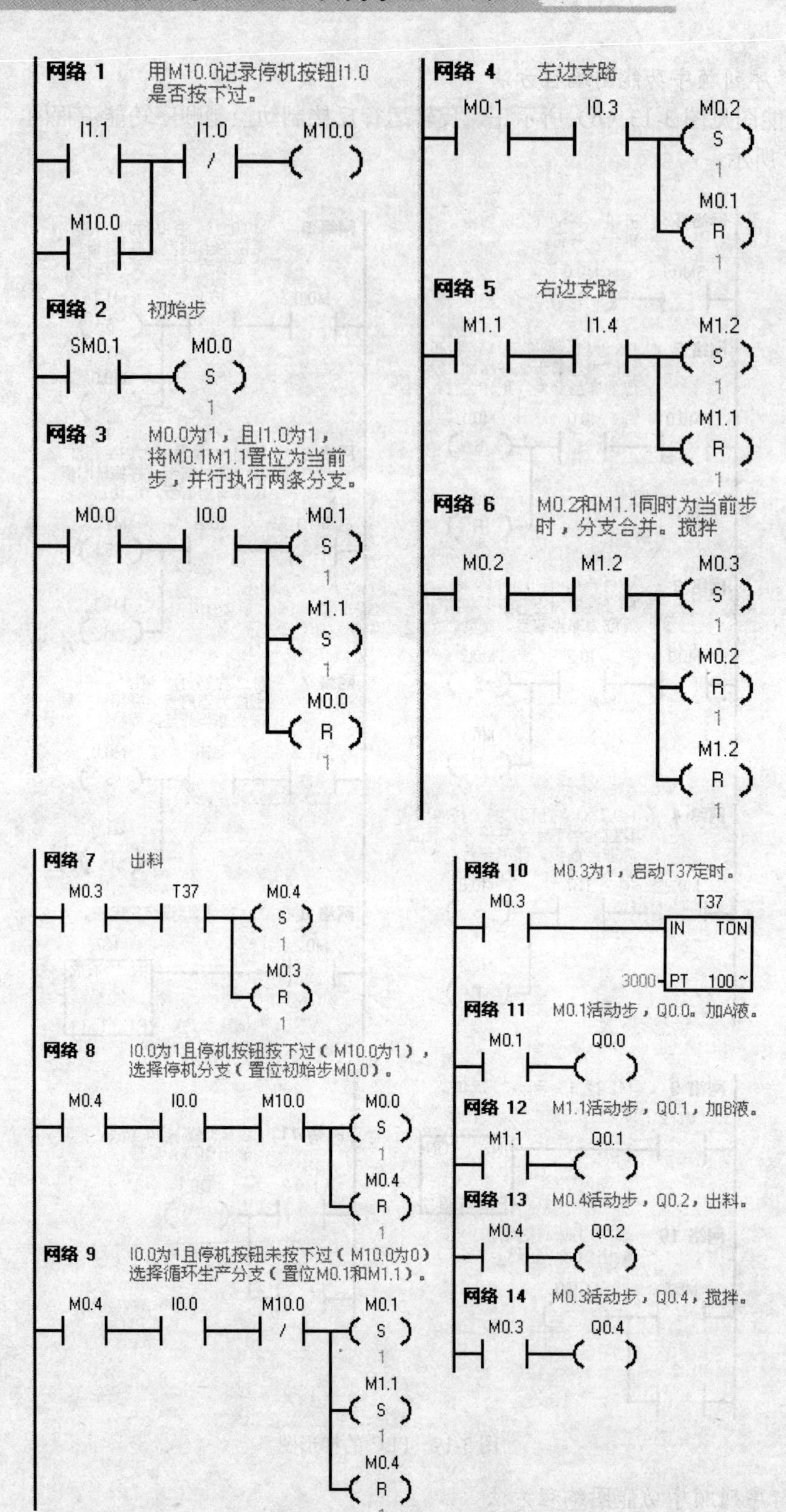

图 3-18 PLC 的梯形图

3.3.3　起保停编程法应用示例

1. 单序列顺序功能图编程方法

顺序功能图见图 3-13（a）所示电动机 Y－△降压起动控制，PLC 的梯形图如图 3-19 所示。

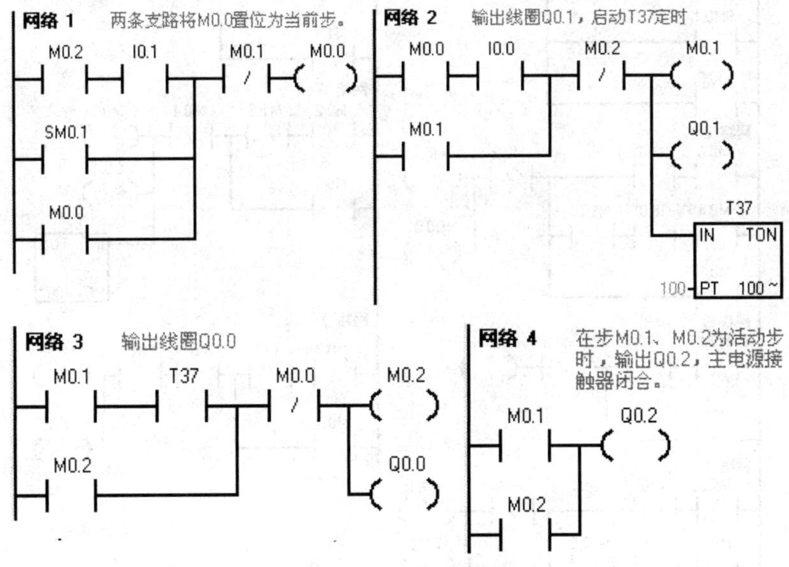

图 3-19　PLC 的梯形图

2. 选择序列顺序功能图编程方法

顺序功能图见图 3-13（b）所示正、反转运行反接制动控制顺序功能流程图，PLC 的梯形图如图 3-20 所示。

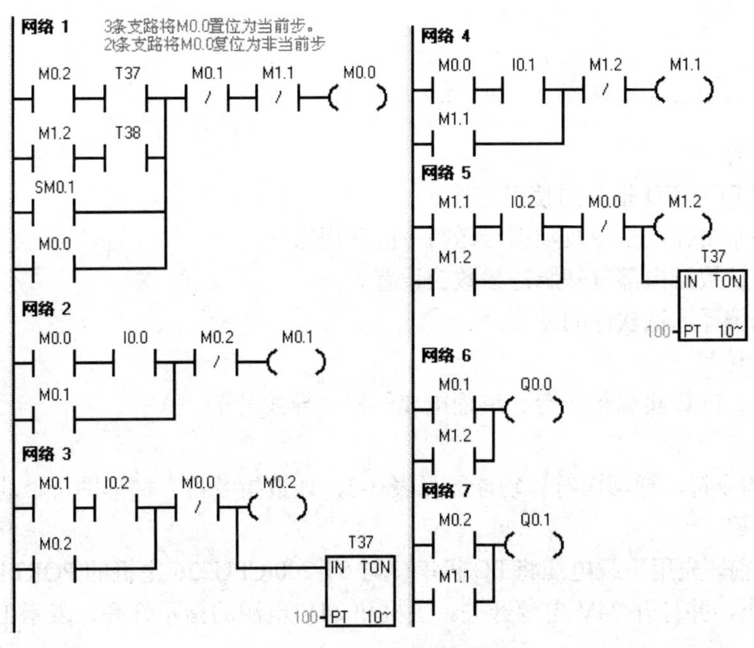

图 3-20　PLC 的梯形图

3. 并行序列顺序功能图编程方法

顺序功能图见图 3-15（b）所示液体混合装置顺序功能图，PLC 的梯形图如图 3-21 所示。

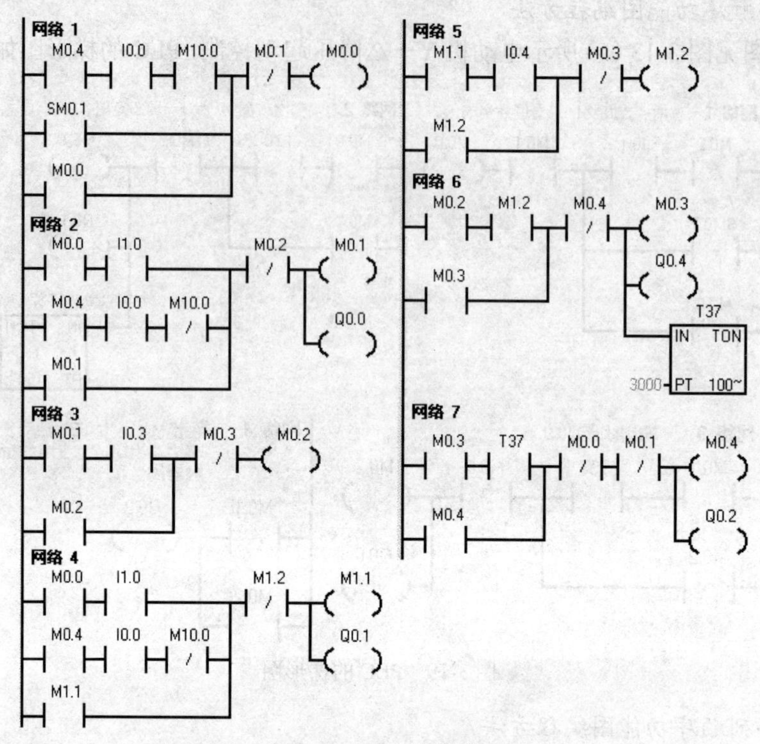

图 3-21 PLC 的梯形图

3.4 技能实训

3.4.1 EU、ED 计数器及 MOV 指令应用设计与调试

1. 实训目的

（1）掌握 EU、ED 指令的使用方法。

（2）掌握常用计数指令及数据传送指令的使用方法。

（3）掌握计数器内部时基脉冲参数的设置。

（4）熟悉编译调试软件的使用。

2. 实训器材

PC 机一台、PLC 实训箱一台、编程电缆一根、导线若干。

3. 实训内容

EU、ED 指令符、梯形图符、功能等见表 3-2，计数指令符、梯形图符、功能等见表 3-2。

4. 实训步骤

（1）实训前，先用下载电缆将 PC 机串口与 S7-200 CPU226 主机的 PORT1 端口连好，然后对实训箱通电，并打开 24V 电源开关。主机和 24V 电源的指示灯亮，表示工作正常，可进入下一步实训。

（2）进入编译调试环境，用指令符或梯形图输入下列练习程序。

（3）根据程序，进行相应的连线（接线可参见项目1“输入/输出端口的使用方法”）。

（4）下载程序并运行，观察运行结果。

练习1：增计数器（见图3-22）

Network 1
LD　　SM0.0
AN　　T38
TON　　T37, +5
Network 2
LD　　T37
TON　　T38, +5
=　　Q0.0
Network 3
LD　　Q0.0
LD　　I0.0
CTU　　C0, +10
Network 4
LD　　C0
=　　Q0.1

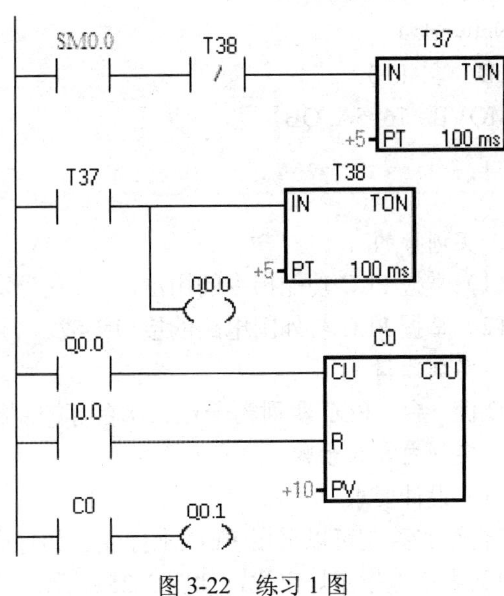

图3-22　练习1图

练习2：自行设计减计数器（参照增计数器）（见图3-23）

练习3：正负跳变指令的编程（见图3-24）

Network 1
LD　　I0.0
EU
S　　Q0.0, 1
Network 2
LD　　I0.0
ED
R　　Q0.0, 1

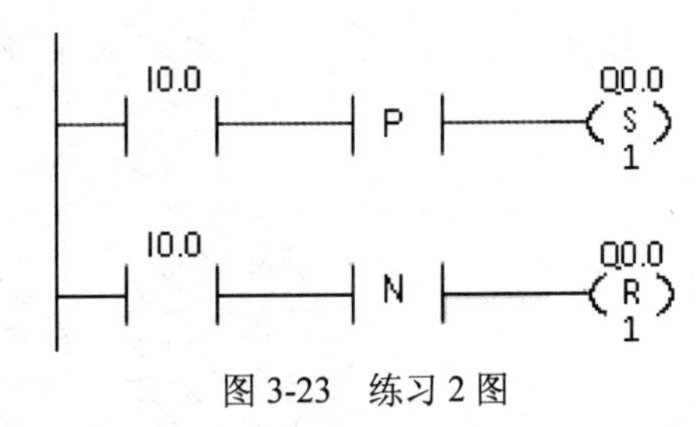

图3-23　练习2图

练习3中，I0.0接到按钮，当按钮按下时，相当于在I0.0上产生一个由0到1的跳变，因此输入接通一个扫描周期，Q0.0置位，即点亮。

当按钮松开时，相当于在I0.0上产生一个由1到0的跳变，因此输入接通一个扫描周期，Q0.0复位，即熄灭。

练习4：MOV指令

Network 1
LD　　I0.0
MOVB　16#55, QB0

```
Network 2
LD      I0.1
MOVB    16#AA, QB0
Network 3
LD      I0.2
MOVB    16#A5, QB1
Network 4
LD      I0.3
MOVB    16#5A, QB1
```

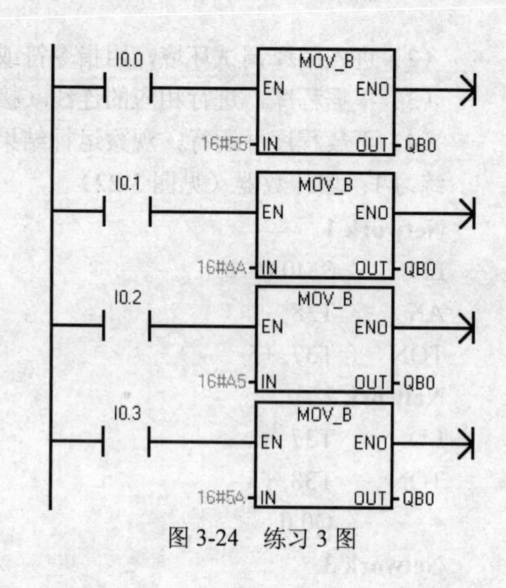

图 3-24　练习 3 图

3.4.2　舞台灯的 PLC 控制设计与调试

1. 实训目的

（1）掌握 PLC 功能指令的用法。

（2）掌握 PLC 与外围电路的接口连线。

2. 实训器材

PC 机一台、PLC 实训箱一台、舞台灯控制模块、编程电缆一根、导线若干。

3. 实训内容及步骤

（1）设计要求

舞台灯光控制可以采用 PLC 来控制，如灯光的闪耀、移位及各种时序的变化。舞台灯控制模块共由 7 组指示灯组成，如图 3-25 所示。

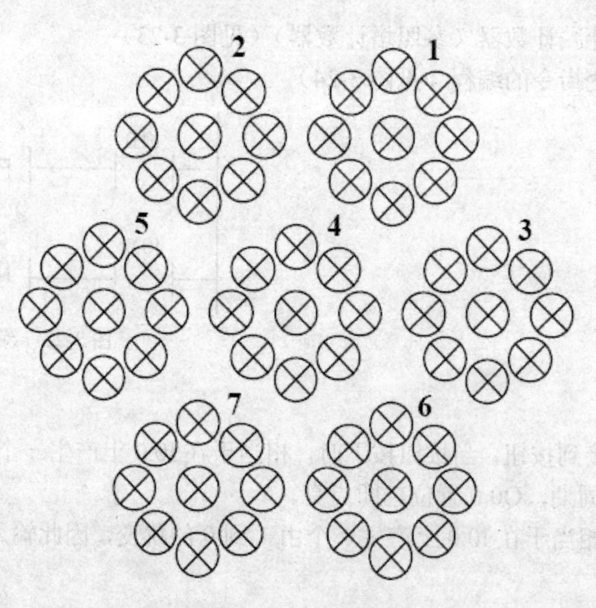

图 3-25　舞台灯控制示意图

现要求 1～7 组灯闪亮的时序如下：

1）1～7 号灯依次点亮，再全亮。

2）重复 1)，循环往复。

（2）确定输入、输出端口、并编写程序
（3）编译程序，无误后下载至PLC主机的存储器中，并运行程序。
（4）调试程序，直至符合设计要求。
（5）参考程序接线见表3-11。

表3-11　参考接线

输入			输出		
主机	实训模块	注释	主机	实训模块	注释
I0.0	K1	起动	Q0.0	1	灯1区
I0.1	K2	停止	Q0.1	2	灯2区
1M	24V		Q0.2	3	灯3区
	0V←→COM	开关公共端	Q0.3	4	灯4区
			Q0.4	5	灯5区
			Q0.5	6	灯6区
			Q0.6	7	灯7区
			1L、2L		24V

思考与练习

1．写出语句表对应的梯形图。

（1）

```
LD   I0.7
AN   I2.7
LD   Q0.3
ON   I0.1
A    M0.1
OLD
LD   I0.5
A    I0.3
O    I0.4
ALD
ON   M0.2
NOT
=    Q0.4
LD   I2.5
LDN  M3.5
ED
CTU  C41，30
```

（2）

```
LD   I0.1
AN   I0.0
LPS
AN   I0.2
LPS
A    I0.4
=    Q2.1
LPP
A    I4.6
R    Q3.1，1
LRD
A    I0.5
=M3.6
LPP
AN
TON  T37，25
```

（3）

```
LD   I0.2
AN   I0.0
O    Q0.3
ON   I0.1
LD   Q0.2
O    M3.7
AN   I1.5
LDN  I0.5
A    I0.4
OLD
ON   M0.2
ALD
O    I0.4
LPS
EU
=    M3.7
LPP
AN
NOT
S    Q0.3，1
```

2．用跳变指令设计出如图3-26所示波形图的梯形图。

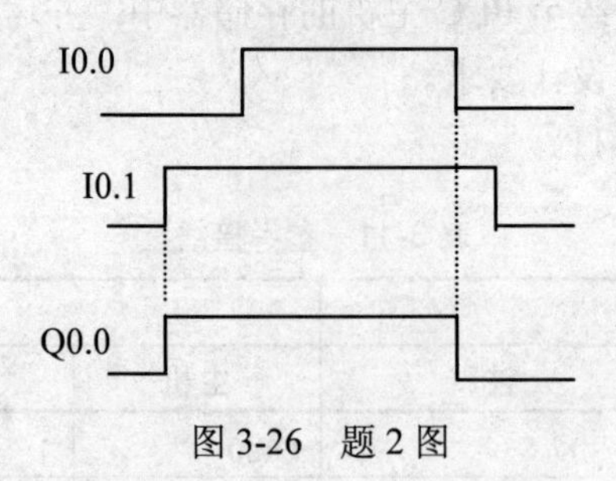

图3-26　题2图

3．按钮I0.0按下后，Q0.0变为1状态并自保持，I0.1输入3个脉冲后（用C1计数），T37开始定时，5s后，Q0.0变为0状态，同时C1被复位，在可编程控制器刚开始执行用户程序时，C1也被复位，设计出梯形图。见图3-27。

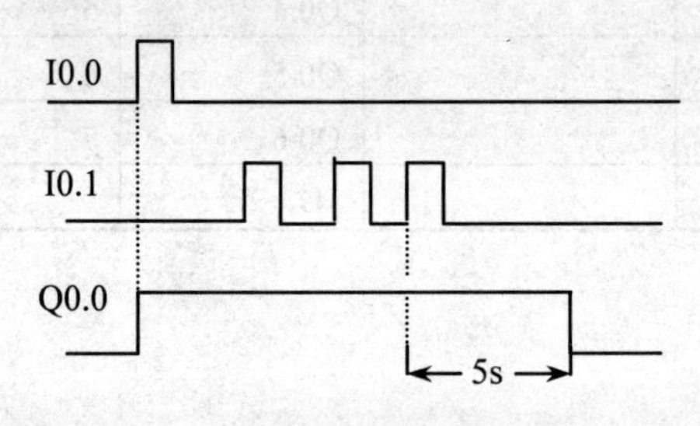

图3-27　题3图

4．设计周期为5s，占空比为20%的方波输出信号程序。

5．已知VB10=18，VB20=30，VB21=33，VB32=98。将VB10、VB30、VB31、VB32中的数据分别送到AC1、VB200、VB201、VB202中。写出梯形图及语句表程序。

6．用传送指令控制输出的变化，要求控制Q0.0～Q0.7对应的8个指示灯，在I0.0接通时，使输出隔位接通，在I0.1接通时，输出取反后隔位接通。上机调试程序，记录结果。如果改变传送的数值，输出的状态如何变化，从而学会设置输出的初始状态。

7．将VW100开始的20个字的数据送到VW200开始的存储区。

8．使用顺序控制结构，分别用起保停和置位/复位法编写出实现红黄绿三种颜色信号灯循环显示程序（要求循环间隔时间为0.5s），并画出该程序设计的功能流程图。

9．试设计图3-28所示的梯形图程序。

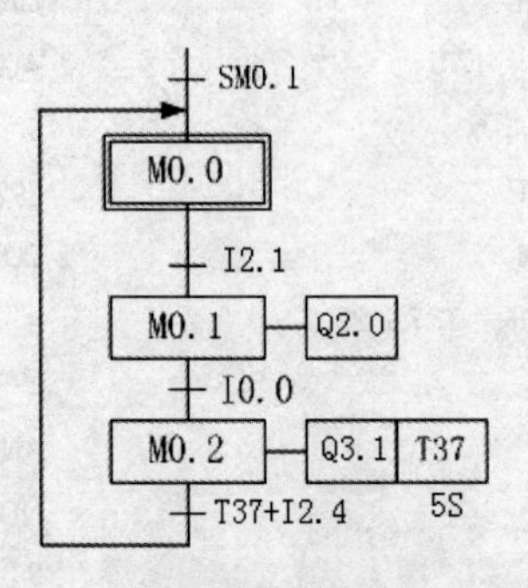

图3-28　题9图

10．试设计图3-29所示的梯形图程序。

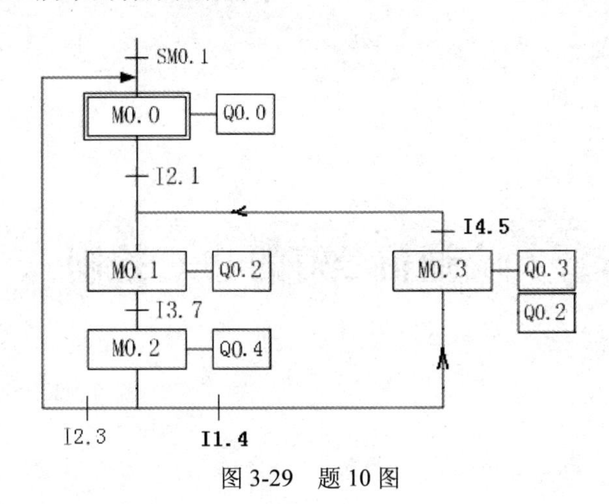

图3-29　题10图

11．使用置位指令复位指令，编写两套程序，控制要求如下：

（1）起动时，电动机M1先起动，才能起动电动机M2，停止时，电动机M1、M2同时停止。

（2）起动时，电动机M1，M2同时起动，停止时，只有在电动机M2停止时，电动机M1才能停止。

项目4 交通信号灯的PLC控制

4.1 相关知识

4.1.1 比较指令

1. 指令功能

比较指令是将两个操作数按指定的条件比较，操作数可以是整数，也可以是实数，在梯形图中用带参数和运算符的触点表示比较指令，比较条件成立时，触点就闭合，否则断开。比较触点可以装入，也可以串、并联。比较指令为上、下限控制提供了极大的方便。

2. 指令格式（如表 4-1 所示）。

表 4-1 比较指令格式

梯形图	语句表	操作数
IN1 XXY IN2 —( ) Q0.0	LDYXX IN1, IN2 = Q0.0	N1，N2 操作数的类型包括：I，Q，M，SM，V，S，L，AC，VD，LD，常数

3. 指令使用说明

“XX”表示比较运算符：==等于、<小于、>大于、<=小于等于、>=大于等于、<>不等于。

“Y”表示操作数 N1，N2 的数据类型及范围：

B（Byte）：字节比较（无符号整数），如：LDB==IB2 MB2。

I（INT）/ W（Word）：整数比较（有符号整数），如：AW >= MW2 VW12。

注意：LAD 中用“I”，STL 中用“W”。

DW（Double Word）：双字的比较（有符号整数），如：OD= VD24 MD1。

R（Real）：实数的比较（有符号的双字浮点数，仅限于 CPU214 以上）。

【例 4-1】 调整模拟电位器 0，改变 SMB28 字节数值，当 SMB28 数值小于或等于 50 时，Q0.0 输出，其状态指示灯打开；当 SMB28 数值大于或等于 150 时，Q0.1 输出，状态指示灯打开。梯形图程序和语句表程序如表 4-2 所示。

表 4-2　比较指令使用示例 1

梯形图	语句表
I0.0　SMB28 <=B 50　Q0.0 SMB28 >=B 150　Q0.1	LD　I0.0 LPS AB<=　SMB28, 50 =　Q0.0 LPP AB>=　SMB28, 150 =　Q0.1

【例 4-2】 如表 4-3 所示。整数字比较若 VW0 > +10000 为真，Q0.2 有输出。 程序常被用于显示不同的数据类型。还可以比较存储在可编程内存中的两个数值（VW0 > VW100）。

表 4-3　比较指令使用示例 2

梯形图	语句表
I0.3　VW0 >I +10000　Q0.2 -150000000 <D VD2　Q0.3 VD6 >R 5.001E-006　Q0.4	LD　I0.3 LPS AW>　VW0 +10000 =　Q0.2 LRD AD<　-150000000 VD2 =　Q0.3 LPP AR>　VD6 5.001E-006 =　Q0.4

4.1.2　步进阶梯指令

在运用 PLC 进行顺序控制中常采用步进阶梯指令也即顺序控制指令，这是一种由功能图设计梯形图的步进型指令。首先用程序流程图来描述程序的设计思想，然后再用指令编写出符合程序设计思想的程序。使用功能流程图可以描述程序的顺序执行、循环、条件分支，程序的合并等功能流程概念。顺序控制指令可以将程序功能流程图转换成梯形图程序，功能流程图是设计梯形图程序的基础。功能流程图已经在项目 3 介绍过了，下面介绍顺序控制指令。

1. 顺序控制指令格式

顺序控制用 3 条指令描述程序的顺序控制步进状态，指令格式如表 4-4 所示。

表 4-4　计数器的指令格式

梯形图	语句表	指令使用说明
??.? SCR	LSCR　n	步开始指令，为步开始的标志，该步的状态元件的位置 1 时，执行该步
??.? (SCRT)	SCRT　n	步转移指令，使能有效时，关断本步，进入下一步。该指令由转换条件的接点起动，n 为下一步的顺序控制状态元件
(SCRE)	SCRE	步结束指令，为步结束的标志

（1）顺序步开始指令（LSCR）

步开始指令，顺序控制继电器位 SX.Y=1 时，该程序步执行。

（2）顺序步结束指令（SCRE）

SCRE 为顺序步结束指令，顺序步的处理程序在 LSCR 和 SCRE 之间。

（3）顺序步转移指令（SCRT）

使能输入有效时，将本顺序步的顺序控制继电器位清零，下一步顺序控制继电器位置 1。

2. 指令使用注意事项

在使用顺序控制指令时应注意：

（1）步进控制指令 SCR 只对状态元件 S 有效。为了保证程序的可靠运行，驱动状态元件 S 的信号应采用短脉冲。

（2）当输出需要保持时，可使用 S/R 指令。

（3）不能把同一编号的状态元件用在不同的程序中，例如，如果在主程序中使用 S0.1，则不能在子程序中再使用。

（4）在 SCR 段中不能使用 JMP 和 LBL 指令。即不允许跳入或跳出 SCR 段，也不允许在 SCR 段内跳转。可以使用跳转和标号指令在 SCR 段周围跳转。

（5）不能在 SCR 段中使用 FOR、NEXT 和 END 指令。

【例 4-3】使用顺序控制结构，编写出实现红、绿灯循环显示的程序（要求循环间隔时间为 1s）。

根据控制要求首先画出红绿灯顺序显示的功能流程图，如图 4-1（a）所示。起动条件为按钮 I0.0，步进条件为时间，状态步的动作为点红灯，熄绿灯，同时起动定时器，步进条件满足时，关断本步，进入下一步。

梯形图程序如图 4-1（b）所示。

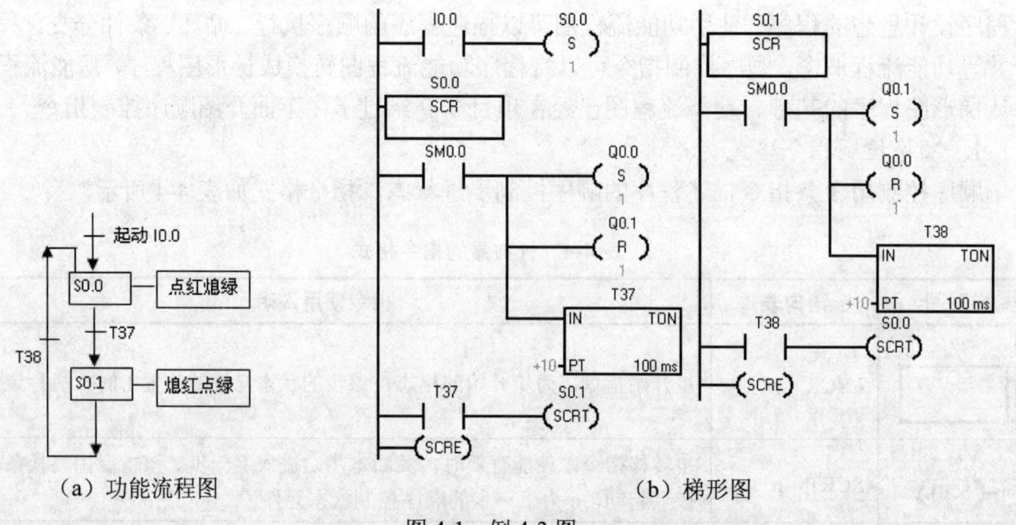

（a）功能流程图　　（b）梯形图

图 4-1　例 4-3 图

分析：当 I0.0 输入有效时，起动 S0.0，执行程序的第一步，输出 Q0.0 置 1（点亮红灯），Q0.1 置 0（熄灭绿灯），同时起动定时器 T37，经过 1s，步进转移指令使得 S0.1 置 1，S0.0 置 0，程序进入第二步，输出点 Q0.1 置 1（点亮绿灯），输出点 Q0.0 置 0（熄灭红灯），同时起动定时器T38，经过1s，步进转移指令使得S0.0置1，S0.1置0，程序进入第一步执行。如此周而复始，循环工作。

4.1.3 移位循环指令

移位指令分为左、右移位和循环左、右移位及寄存器移位指令三大类。前两类移位指令按移位数据的长度又分字节型、字型、双字型3种。

1. 左、右移位指令

左、右移位数据存储单元与SM1.1（溢出）端相连，移出位被放到特殊标志存储器SM1.1位。移位数据存储单元的另一端补0。移位指令格式见表4-5。

表4-5 移位指令格式及功能

梯形图	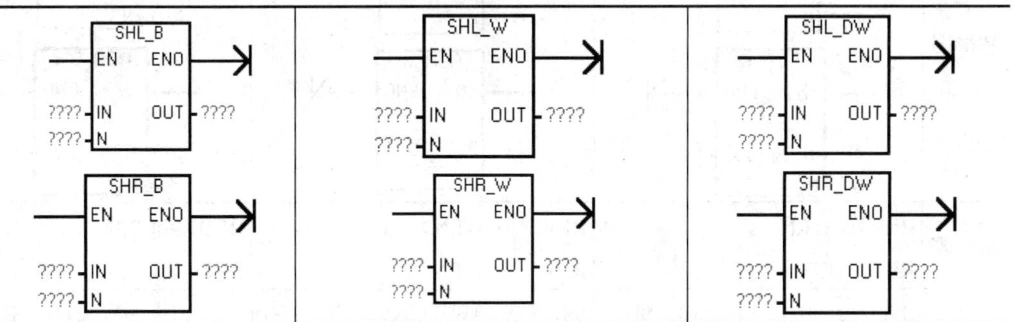 SHL_B EN ENO ????-IN OUT-???? ????-N SHR_B EN ENO ????-IN OUT-???? ????-N	SHL_W EN ENO ????-IN OUT-???? ????-N SHR_W EN ENO ????-IN OUT-???? ????-N	SHL_DW EN ENO ????-IN OUT-???? ????-N SHR_DW EN ENO ????-IN OUT-???? ????-N
语句表	SLB OUT,N SRB OUT,N	SLW OUT,N SRW OUT,N	SLD OUT,N SRD OUT,N
操作数及数据类型	IN：VB，IB，QB，MB，SB，SMB，LB，AC，常量。 OUT：VB，IB，QB，MB，SB，SMB，LB，AC。 数据类型：字节	IN：VW，IW，QW，MW，SW，SMW，LW，T，C，AIW，AC，常量。 OUT：VW，IW，QW，MW，SW，SMW，LW，T，C，AC。 数据类型：字	IN：VD，ID，QD，MD，SD，SMD，LD，AC，HC，常量。 OUT：VD，ID，QD，MD，SD，SMD，LD，AC。 数据类型：双字
	N：VB，IB，QB，MB，SB，SMB，LB，AC，常量；数据类型：字节；数据范围：N≤数据类型（B、W、D）对应的位数		
功能	SHL：字节、字、双字左移N位；SHR：字节、字、双字右移N位		

（1）左移位指令（SHL）

使能输入有效时，将输入IN的无符号数字节、字或双字中的各位向左移N位后（右端补0），将结果输出到OUT所指定的存储单元中，如果移位次数大于0，最后一次移出位保存在“溢出”存储器位SM1.1。如果移位结果为0，零标志位SM1.0置1。

（2）右移位指令（SHR）

使能输入有效时，将输入IN的无符号数字节、字或双字中的各位向右移N位后，将结果输出到OUT所指定的存储单元中，移出位补0，最后一移出位保存在SM1.1。如果移位结果为0，零标志位SM1.0置1。

（3）使ENO = 0的错误条件：0006（间接寻址错误），SM4.3（运行时间）

说明：在STL指令中，若IN和OUT指定的存储器不同，则须首先使用数据传送指令

MOV 将 IN 中的数据送入 OUT 所指定的存储单元。如：

MOVB IN,OUT

SLB OUT,N

2. 循环左、右移位指令

循环移位将移位数据存储单元的首尾相连，同时又与溢出标志 SM1.1 连接，SM1.1 用来存放被移出的位。指令格式见表 4-6。

表 4-6 循环左、右移位指令格式及功能

梯形图	ROL_B EN ENO ????-IN OUT-???? ????-N ROR_B EN ENO ????-IN OUT-???? ????-N	ROL_W EN ENO ????-IN OUT-???? ????-N ROR_W EN ENO ????-IN OUT-???? ????-N	ROL_DW EN ENO ????-IN OUT-???? ????-N ROR_DW EN ENO ????-IN OUT-???? ????-N
语句表	RLB OUT,N RRB OUT,N	RLW OUT,N RRW OUT,N	RLD OUT,N RRD OUT,N
操作数及数据类型	IN：VB，IB，QB，MB，SB，SMB，LB，AC，常量。 OUT：VB，IB，QB，MB，SB，SMB，LB，AC。 数据类型：字节	IN：VW，IW，QW，MW，SW，SMW，LW，T，C，AIW，AC，常量。 OUT：VW，IW，QW，MW，SW，SMW，LW，T，C，AC。 数据类型：字	IN：VD，ID，QD，MD，SD，SMD，LD，AC，HC，常量。 OUT：VD，ID，QD，MD，SD，SMD，LD，AC。 数据类型：双字
	N：VB，IB，QB，MB，SB，SMB，LB，AC，常量；数据类型：字节		
功能	ROL：字节、字、双字循环左移 N 位；ROR：字节、字、双字循环右移 N 位		

（1）循环左移位指令（ROL）

使能输入有效时，将 IN 输入无符号数（字节、字或双字）循环左移 N 位后，将结果输出到 OUT 所指定的存储单元中，移出的最后一位的数值送溢出标志位 SM1.1。当需要移位的数值是零时，零标志位 SM1.0 为 1。

（2）循环右移位指令（ROR）

使能输入有效时，将 IN 输入无符号数（字节、字或双字）循环右移 N 位后，将结果输出到 OUT 所指定的存储单元中，移出的最后一位的数值送溢出标志位 SM1.1。当需要移位的数值是零时，零标志位 SM1.0 为 1。

（3）移位次数 N≥数据类型（B、W、D）时的移位位数的处理

如果操作数是字节，当移位次数 N≥8 时，则在执行循环移位前，先对 N 进行模 8 操作（N 除以 8 后取余数），其结果 0～7 为实际移动位数。

如果操作数是字，当移位次数 N≥16 时，则在执行循环移位前，先对 N 进行模 16 操作（N 除以 16 后取余数），其结果 0～15 为实际移动位数。

如果操作数是双字，当移位次数N≥32时，则在执行循环移位前，先对N进行模32操作（N除以32后取余数），其结果0～31为实际移动位数。

（4）使ENO = 0的错误条件：0006（间接寻址错误），SM4.3（运行时间）。

说明：在STL指令中，若IN和OUT指定的存储器不同，则须首先使用数据传送指令MOV将IN中的数据送入OUT所指定的存储单元。如：

```
MOVB   IN,OUT
SLB    OUT,N
```

【例4-4】程序应用举例，将AC0中的字循环右移2位，将VW200中的字左移3位。程序及运行结果如图4-2所示。

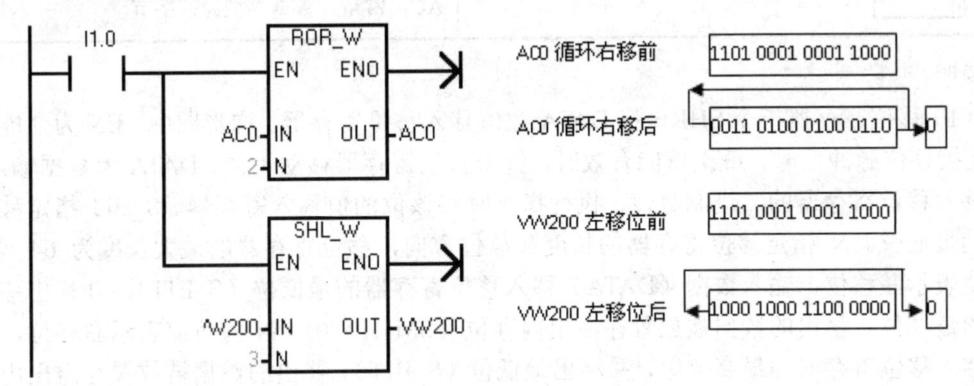

图4-2 例4-4题图

【例4-5】用I0.0控制接在Q0.0～Q0.7上的8个彩灯循环移位，从左到右以0.5s的速度依次点亮，保持任意时刻只有一个指示灯亮，到达最右端后，再从左到右依次点亮。

分析：8个彩灯循环移位控制，可以用字节的循环移位指令。根据控制要求，首先应置彩灯的初始状态为QB0=1，即左边第一盏灯亮；接着灯从左到右以0.5s的速度依次点亮，即要求字节QB0中的“1”用循环左移位指令每0.5s移动一位，因此须在ROL-B指令的EN端接一个0.5s的移位脉冲（可用定时器指令实现）。梯形图程序和语句表程序如图4-3所示。

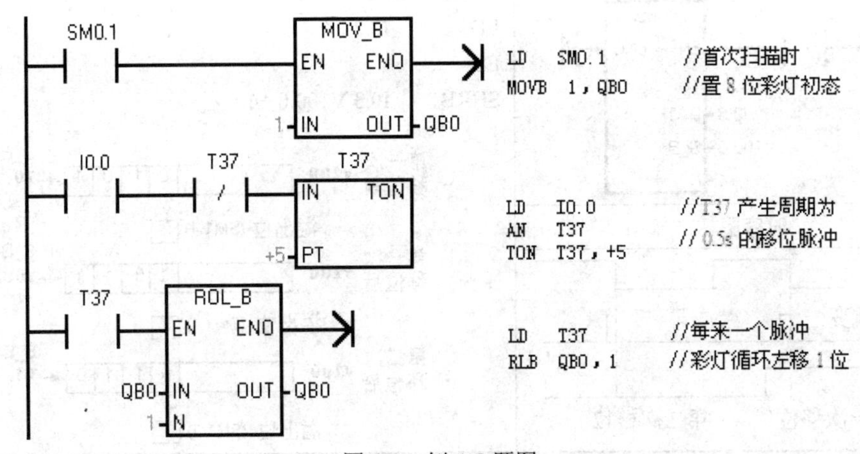

图4-3 例4-5题图

3. 移位寄存器指令（SHRB）

移位寄存器指令是可以指定移位寄存器的长度和移位方向的移位指令。其指令格式如表 4-7 所示。

表 4-7 移位寄存器指令格式

梯形图	语句表	操作数
SHRB EN ENO ??.? DATA ??.? S_BIT ???? N	SHRB DATA,S_BIT,N	DATA 和 S_BIT 的操作数为 I，Q，M，SM，T，C，V，S，L。数据类型为：BOOL 变量。N 的操作数为 VB，IB，QB，MB，SB，SMB，LB，AC，常量。数据类型为：字节

说明：

（1）移位寄存器指令 SHRB 将 DATA 数值移入移位寄存器。梯形图中，EN 为使能输入端，连接移位脉冲信号，每次使能有效时，整个移位寄存器移动 1 位。DATA 为数据输入端，连接移入移位寄存器的二进制数值，执行指令时将该位的值移入寄存器。S_BIT 指定移位寄存器的最低位。N 指定移位寄存器的长度和移位方向，移位寄存器的最大长度为 64 位，N 为正值表示左移位，输入数据（DATA）移入移位寄存器的最低位（S_BIT），并移出移位寄存器的最高位。移出的数据被放置在溢出内存位（SM1.1）中。N 为负值表示右移位，输入数据移入移位寄存器的最高位中，并移出最低位（S_BIT）。移出的数据被放置在溢出内存位（SM1.1）中。

（2）使 ENO = 0 的错误条件：0006（间接地址），0091（操作数超出范围），0092（计数区错误）。

（3）移位指令影响特殊内部标志位：SM1.1（为移出的位值设置溢出位）。

【例 4-6】移位寄存器应用举例。程序及运行结果如表 4-8 所示。

表 4-8 移位寄存器应用

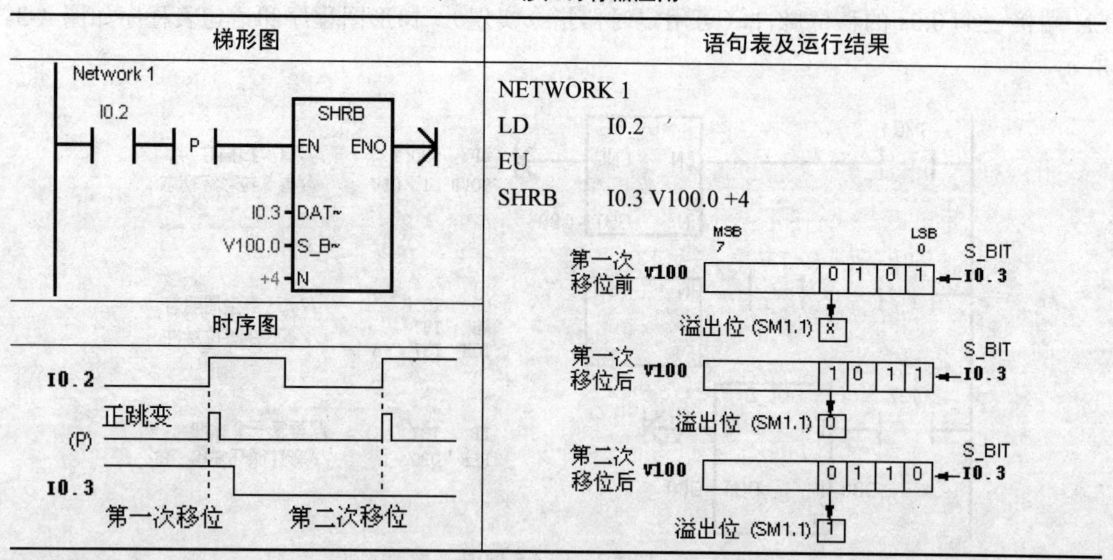

4.2 项目实施

4.2.1 十字路口交通灯的 PLC 控制

1. 控制电路要求

南北向红灯亮 10 秒，东西向绿灯亮 4 秒闪 3 次，东西向黄灯亮 3 秒，然后东西向红灯亮 10 秒，南北向绿灯亮 4 秒闪 3 次，南北向黄灯亮 3 秒，并不断循环反复，如表 4-9 所示。

表 4-9 十字路口交通信号灯运行规律

南北向交通信号灯	信号颜色	绿灯	绿闪	黄灯	红灯		
	保持时间	4s	3 次	3s	10s		
东西向交通信号灯	信号颜色	红灯			绿灯	绿闪	黄灯
	保持时间	10s			4s	3 次	3s

2. I/O 配置

PLC 的 I/O 配置如符号表图 4-4 所示。

符号表

			符号	地址	注释
1			启动	I0.0	开启红绿灯程序
2			停止	I0.1	停止红绿灯程序
3			红灯（上下）	Q0.0	南北红灯亮HL1
4			绿灯（上下）	Q0.1	南北绿灯亮HL2
5			黄灯（上下）	Q0.2	南北黄灯亮HL3
6			红灯（左右）	Q0.3	东西红灯亮HL4
7			绿灯（左右）	Q0.4	东西绿灯亮HL5
8			黄灯（左右）	Q0.5	东西黄灯亮HL6

图 4-4 PLC 控制程序符号表

3. 输入/输出接线

PLC 的 I/O 接线图如图 4-5 所示。

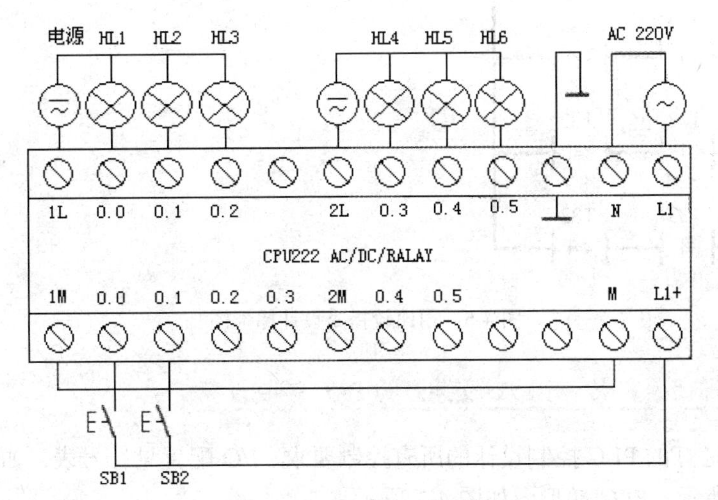

图 4-5 PLC 的 I/O 接线图

4.2.2 用比较指令完成十字路口交通灯的PLC控制设计

十字路口交通灯的PLC控制设计的所有控制要求、I/O配置及外接线图如图4-4和图4-5所示。图4-6为PLC梯形图设计程序。

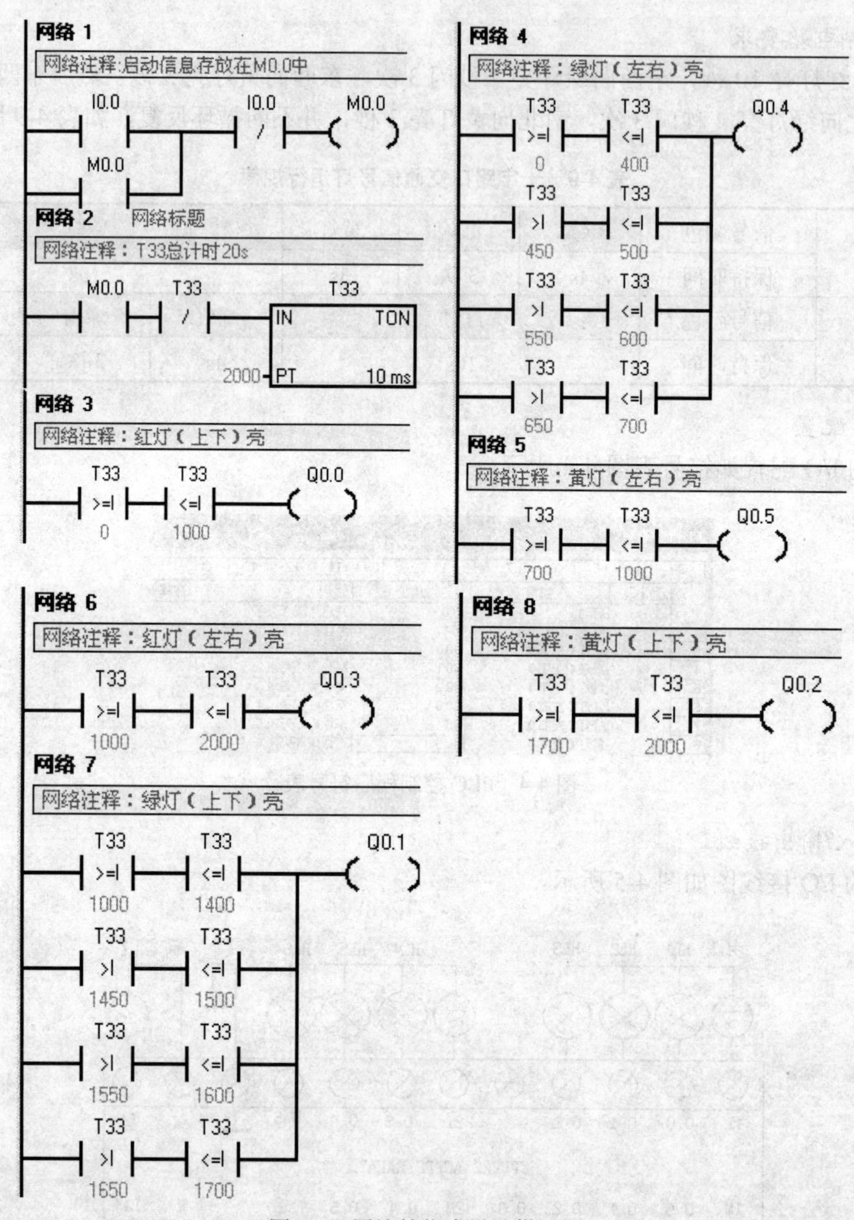

图4-6 用比较指令设计梯形图

4.2.3 用步进阶梯指令完成十字路口交通灯的PLC控制设计

十字路口交通灯的PLC控制设计的所有控制要求、I/O配置见符号表，如图4-8所示。外接线图如图4-5所示。PLC梯形图如图4-7所示。

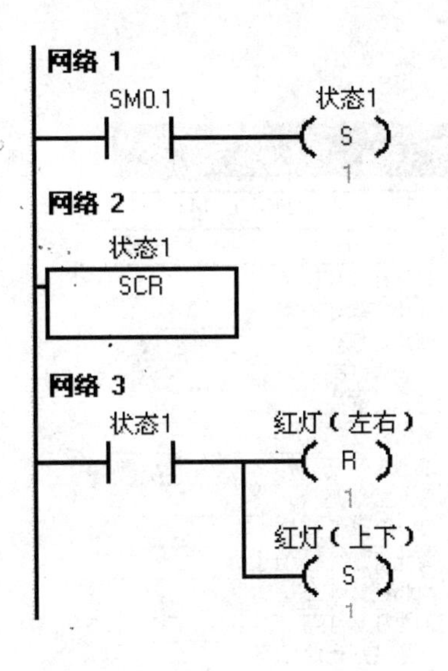

网络 1
SM0.1
状态1
S
1
网络 2
状态1
SCR
网络 3
状态1
红灯（左右）
R
1
红灯（上下）
S
1

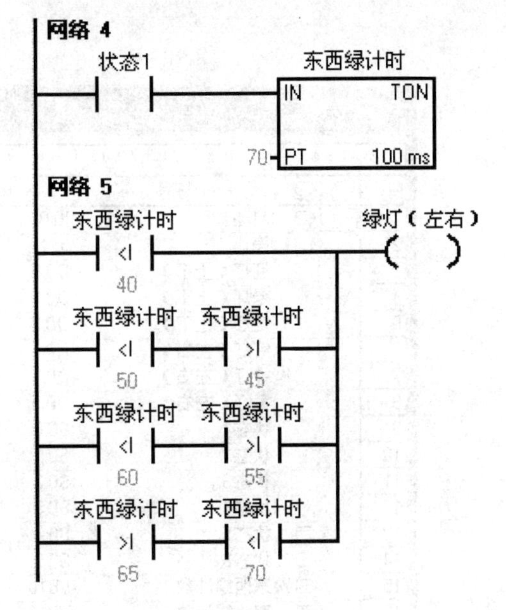

网络 4
状态1
东西绿计时
IN
TON
70
PT
100 ms
网络 5
东西绿计时
<I
40
绿灯（左右）
东西绿计时
<I
50
东西绿计时
>I
45
东西绿计时
<I
60
东西绿计时
>I
55
东西绿计时
>I
65
东西绿计时
<I
70

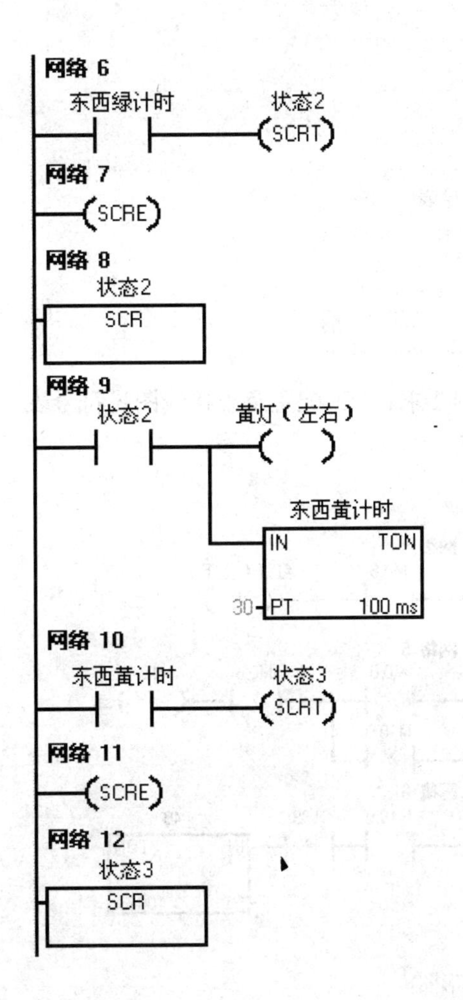

网络 6
东西绿计时
状态2
SCRT
网络 7
SCRE
网络 8
状态2
SCR
网络 9
状态2
黄灯（左右）
东西黄计时
IN
TON
30
PT
100 ms
网络 10
东西黄计时
状态3
SCRT
网络 11
SCRE
网络 12
状态3
SCR

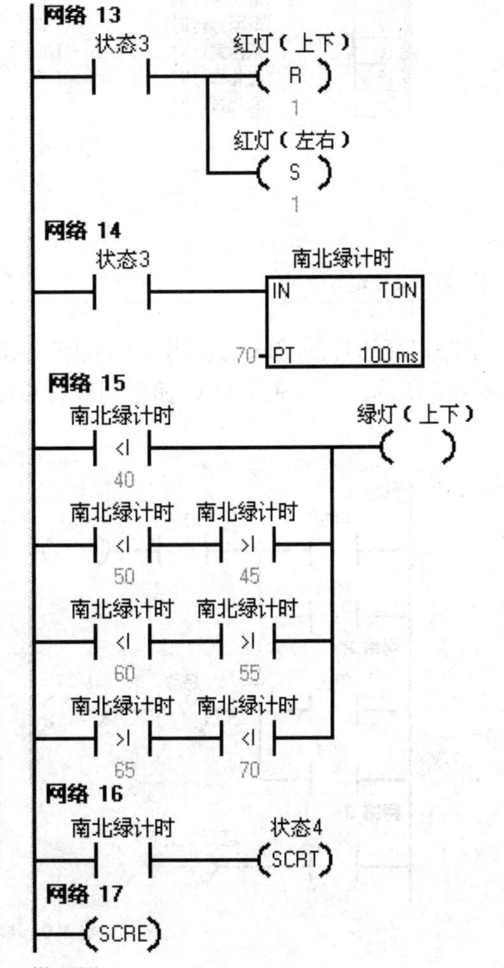

网络 13
状态3
红灯（上下）
R
1
红灯（左右）
S
1
网络 14
状态3
南北绿计时
IN
TON
70
PT
100 ms
网络 15
南北绿计时
<I
40
绿灯（上下）
南北绿计时
<I
50
南北绿计时
>I
45
南北绿计时
<I
60
南北绿计时
>I
55
南北绿计时
>I
65
南北绿计时
<I
70
网络 16
南北绿计时
状态4
SCRT
网络 17
SCRE

图 4-7 梯形图

符号表

			符号	地址	注释
1			启动	I0.0	开启红绿灯程序
2			停止	I0.1	停止红绿灯程序
3			红灯（上下）	Q0.0	南北红灯亮
4			绿灯（上下）	Q0.1	南北绿灯亮
5			黄灯（上下）	Q0.2	南北黄灯亮
6			红灯（左右）	Q0.3	东西红灯亮
7			绿灯（左右）	Q0.4	东西绿灯亮
8			黄灯（左右）	Q0.5	东西黄灯亮
9			状态1	S0.0	南北红绿灯亮
10			状态2	S0.1	南北红灯亮绿灯闪
11			状态3	S0.2	南北红黄灯亮
12			状态4	S0.3	东西红绿灯亮
13			状态5	S0.4	东西红灯亮绿灯闪
14			状态6	S0.5	东西红黄灯亮
15			东西绿计数	VB10	
16			南北绿计数	VB11	
17			东西绿计时	T37	
18			东西黄计时	T38	
19			南北绿计时	T39	
20			南北黄计时	T40	

图 4-8　符号表

4.2.4　用移位循环指令完成十字路口交通灯的 PLC 控制设计

十字路口交通灯的 PLC 控制设计的所有控制要求、I/O 配置及外接线图见符号表，如图 4-4 和图 4-5 所示。图 4-9 为 PLC 梯形图设计程序。

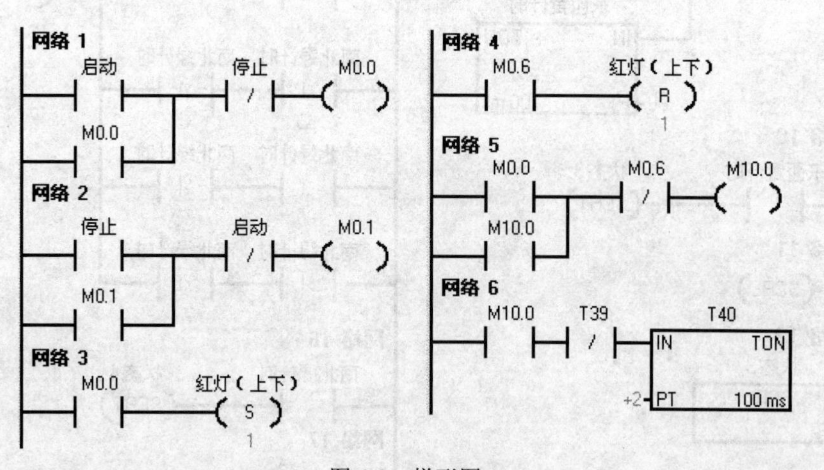

图 4-9　梯形图

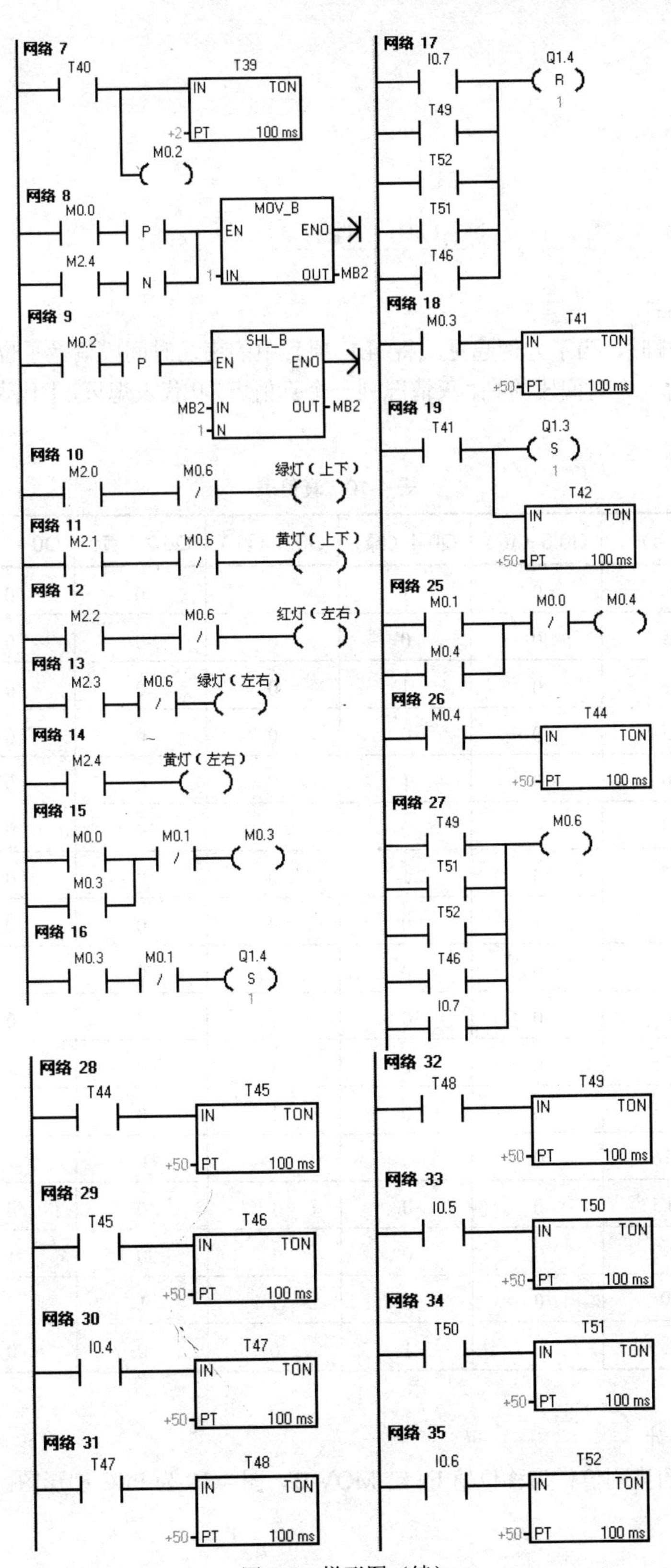
网络 7
T40
T39
IN TON
+2 PT 100 ms
M0.2
网络 8
M0.0
P
MOV_B
EN ENO
M2.4
N
1 IN OUT MB2
网络 9
M0.2
P
SHL_B
EN ENO
MB2 IN OUT MB2
1 N
网络 10
M2.0
M0.6
绿灯（上下）
网络 11
M2.1
M0.6
黄灯（上下）
网络 12
M2.2
M0.6
红灯（左右）
网络 13
M2.3
M0.6
绿灯（左右）
网络 14
M2.4
黄灯（左右）
网络 15
M0.0
M0.1
M0.3
M0.3
网络 16
M0.3
M0.1
Q1.4
S
1
网络 17
I0.7
Q1.4
R
1
T49
T52
T51
T46
网络 18
M0.3
T41
IN TON
+50 PT 100 ms
网络 19
T41
Q1.3
S
1
T42
IN TON
+50 PT 100 ms
网络 25
M0.1
M0.0
M0.4
M0.4
网络 26
M0.4
T44
IN TON
+50 PT 100 ms
网络 27
T49
M0.6
T51
T52
T46
I0.7
网络 28
T44
T45
IN TON
+50 PT 100 ms
网络 29
T45
T46
IN TON
+50 PT 100 ms
网络 30
I0.4
T47
IN TON
+50 PT 100 ms
网络 31
T47
T48
IN TON
+50 PT 100 ms
网络 32
T48
T49
IN TON
+50 PT 100 ms
网络 33
I0.5
T50
IN TON
+50 PT 100 ms
网络 34
T50
T51
IN TON
+50 PT 100 ms
网络 35
I0.6
T52
IN TON
+50 PT 100 ms

图 4-9　梯形图（续）

4.3 知识拓展

4.3.1 将真值表融入十字路口交通灯的PLC控制设计

1. 真值表编排

本真值表编排时，为了方便起见，将 4.1 项目中的南北时间段调换了位置。该设计是将Q0.0 到 Q0.5 按每一个时间段的亮、灭情况列一个真值表，0 代表熄灭，1 代表点亮，如表 4-10 所示。

表 4-10　真值表

序号	时间段（s）	Q0.5（黄）	Q0.4（绿）	Q0.3（红）	Q0.2（黄）	Q0.1（绿）	Q0.0（红）
1	0～4	0	1	0	0	0	1
2	4～4.5	0	0	0	0	0	1
3	4.5～5	0	1	0	0	0	1
4	5～5.5	0	0	0	0	0	1
5	5.5～6	0	1	0	0	0	1
6	6～6.5	0	0	0	0	0	1
7	6.5～7	0	1	0	0	0	1
8	7～10	1	0	0	0	0	1
9	10～14	0	0	1	0	1	0
10	14～14.5	0	0	1	0	0	0
11	14.5～15	0	0	1	0	1	0
12	15～15.5	0	0	1	0	0	0
13	15.5～16	0	0	1	0	1	0
14	16～16.5	0	0	1	0	0	0
15	16.5～17	0	0	1	0	1	0
16	17～20	0	0	1	1	0	0
17	20（返回）	0	1	0	0	0	1

2. 梯形图设计

将真值表中的排列值作为移位值 IN 给 MOV-B。图 4-10 为 PLC 梯形图。

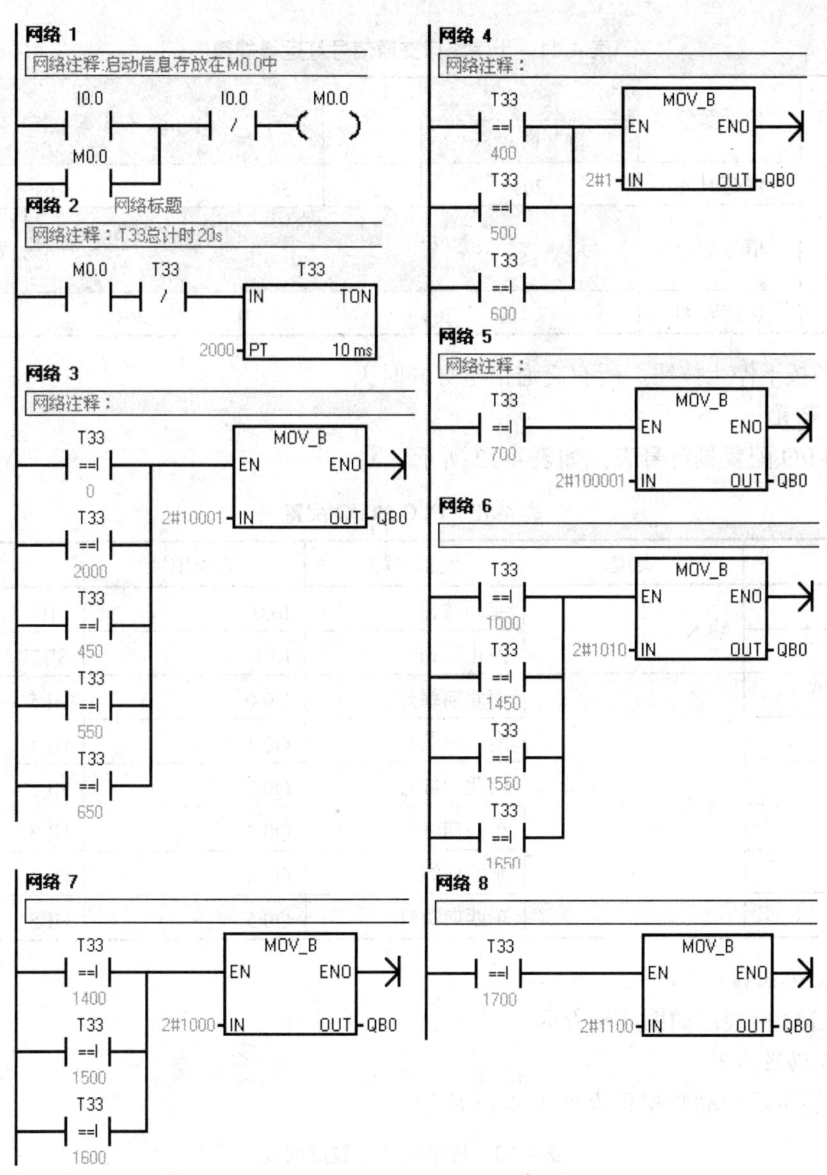

图4-10 用传送指令设计梯形图

4.3.2 将数字显示融入十字路口交通灯的PLC控制设计

十字路口交通灯在绿灯和黄灯切换时，为了提醒司机，特设定了绿灯倒计时显示方式。

1. 控制电路要求

（1）首先按下系统起动按钮，系统起动运行。

（2）十字路口交通信号灯根据交通规则进行控制。

1）南北双向交通信号灯控制保持规律一致，东西双向交通信号灯控制规律保持一致。

2）在绿灯显示同时，倒计时灯开始点亮并开始倒计时，倒计时结束绿灯熄灭。

3）南北方向和东西方向各个交通信号灯的控制规律如表4-11所示。

4）系统要求循环运行，即完成一次循环后自动循环。

表 4-11　十字路口交通信号灯运行规律

<table>
<tr><td rowspan="2">南北向交通信号灯</td><td>信号颜色</td><td>绿灯
倒计时显示</td><td>黄灯</td><td colspan="4">红灯</td></tr>
<tr><td>保持时间</td><td>20s</td><td>3s</td><td>3s</td><td colspan="3">26s</td></tr>
<tr><td rowspan="2">东西向交通信号灯</td><td>信号颜色</td><td colspan="3">红灯</td><td>绿灯
倒计时显示</td><td>黄灯</td><td>红灯</td></tr>
<tr><td>保持时间</td><td colspan="3">26s</td><td>20s</td><td>3s</td><td>3s</td></tr>
</table>

（3）当按下停止按钮，所有交通信号灯同时灭。

2. I/O 配置

PLC 的 I/O 配置见符号表，如表 4-12 所示。

表 4-12　PLC 的 I/O 配置

序号	类型	设备名称	信号地址	编号
1	输入	起动按钮	I0.0	SB1
2		停止按钮	I0.1	SB2
3	输出	南北向绿灯	Q0.0	HL5
4		南北向黄灯	Q0.1	HL1
5		南北向红灯	Q0.2	HL2
6		东西向红灯	Q0.3	HL3
7		东西向绿灯	Q0.4	HL4
8		东西向黄灯	Q0.5	HL5

3. 输入/输出接线

PLC 的 I/O 接线图如图 4-5 所示。

4. 七段码显示器

七段码显示器驱动数据列表如表 4-13 所示。

表 4-13　显示器驱动数据列表

编址		QB2						
		g	f	e	d	c	b	a
		Q2.6	Q2.5	Q2.4	Q2.3	Q2.2	Q2.1	Q2.0
数码管显示	1	0	0	0	0	1	1	0
	2	1	0	1	1	0	1	1
	3	1	0	0	1	1	1	1
	4	1	1	0	0	1	0	0
	5	1	1	0	1	1	0	1
	6	1	1	1	1	1	0	1
	7	0	0	0	0	1	1	1
	8	1	1	1	1	1	1	1

5. PLC 梯形图设计

十字路口交通灯 PLC 设计梯形图如图 4-11 所示。

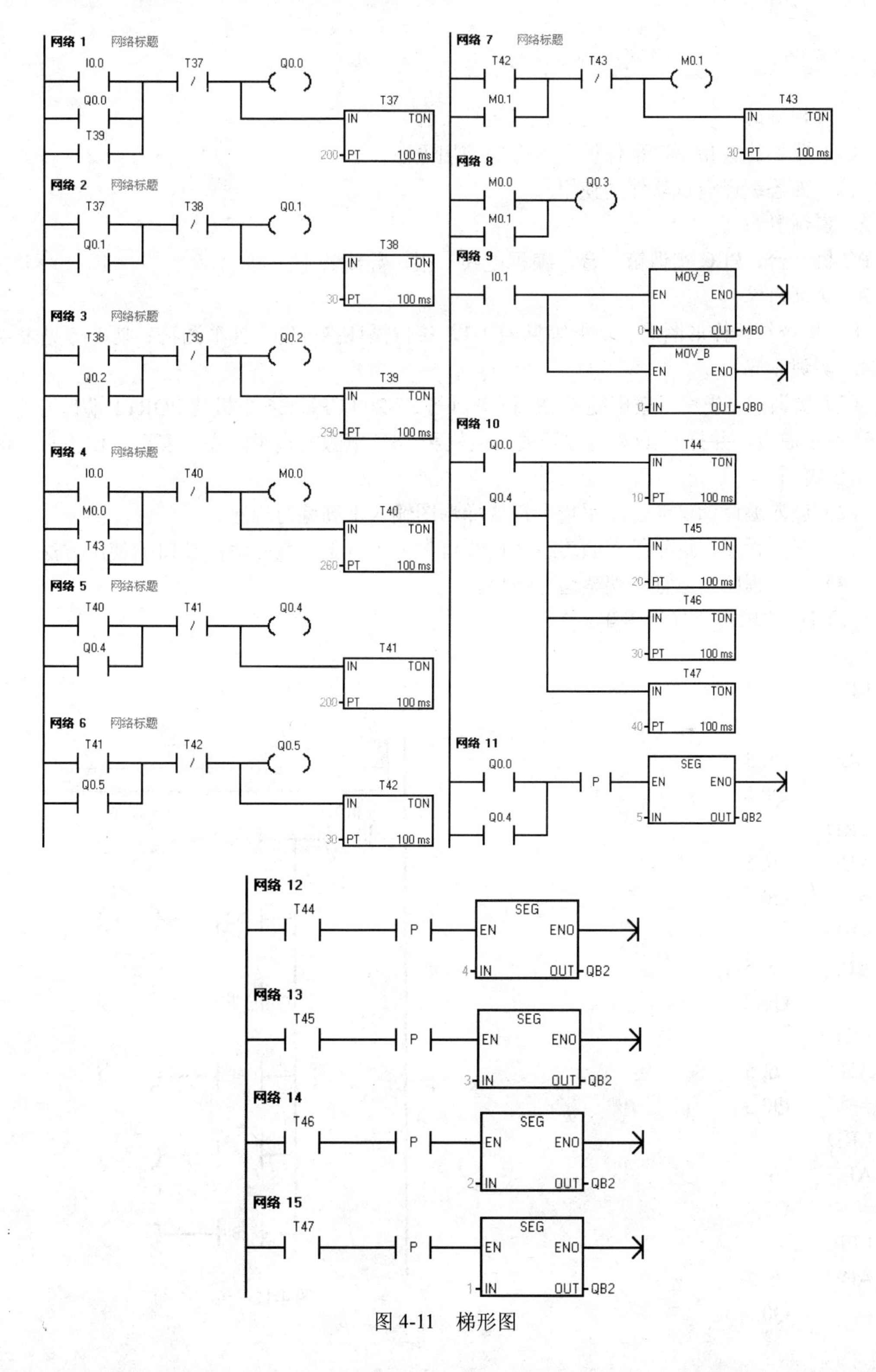

图 4-11　梯形图

4.4 技能实训

4.4.1 比较指令、移位循环指令应用设计与调试

1. 实训目的

（1）掌握比较指令、移位循环指令的使用方法。

（2）熟悉编译调试软件的使用。

2. 实训器材

PC机一台、PLC实训箱一台、编程电缆一根、导线若干。

3. 实训内容

比较指令符、梯形图符、功能等见表4-1，移位循环指令符、梯形图符、功能等见表4-5。

4. 实训步骤

（1）实训前，先用下载电缆将PC机串口与S7-200 CPU226主机的PORT1端口连好，然后对实训箱通电，并打开24V电源开关。主机和24V电源的指示灯亮，表示工作正常，可进入下一步实训。

（2）进入编译调试环境，用指令符或梯形图输入下列练习程序。

（3）根据程序，进行相应的连线（接线可参见项目1“输入/输出端口的使用方法”）。

（4）下载程序并运行，观察运行结果。

练习1：比较指令（见图4-12）

```
Network 1
LD      I0.0
LPS
AB=     6, 5
=       Q0.0
LRD
AB<>    6, 5
=       Q0.1
LRD
AB>=    6, 5
=       Q0.2
LRD
AB<=    6, 5
=       Q0.3
LRD
AB>     6, 5
=       Q0.4
LPP
AB<     6, 5
=       Q0.5
```

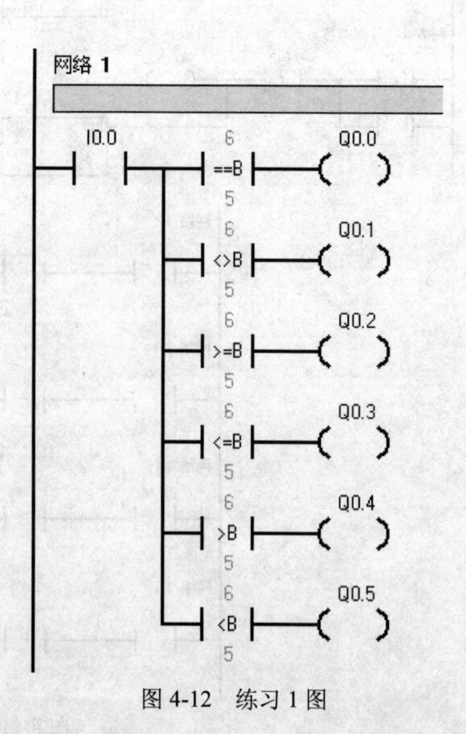

图4-12 练习1图

练习 2：按自己的想法修改练习 1 的程序中的指令，如把字节指令换成字指令或双字指令，或者自己编写另外的程序，观察运行结果。熟悉指令的应用。

练习 3：下面是一个左移字指令的练习，阅读并理解程序，并将程序下载到主机中验证（见图 4-13）。

```
Network 1
LD        SM0.1
LD        Q0.7
ED
OLD
MOVW      16#0001, QW0
Network 2
LD        I0.0
EU
SLW       QW0, 1
```

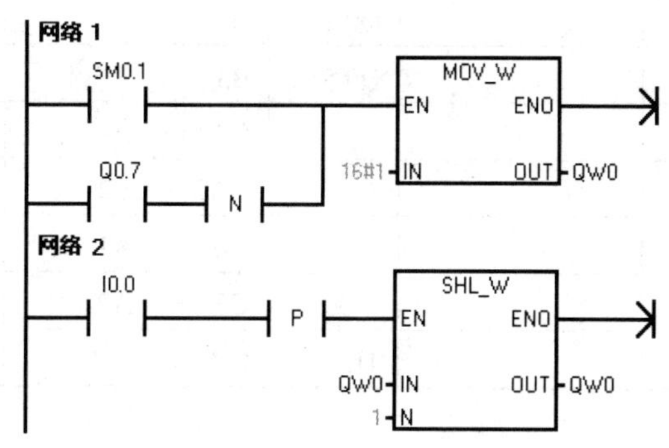

图 4-13 练习 3 图

实训结果：将 I0.0 接到按钮。每按一下按钮，就会循环点亮下一个指示灯。

练习 4：将练习 3 中的 N 改为 2，观察实训结果。

练习 5：将练习 3 中的左移字指令分别改为右移字指令、循环左移字指令、循环右移字指令，观察实训结果。

练习 6：将练习 3 中的字指令改为字节指令、双字指令，观察实训结果。

4.4.2 交通信号灯控制设计与调试

1. 实训目的

（1）掌握 PLC 功能指令应用。

（2）掌握用 PLC 控制交通灯的方法。

2. 实训器材

PC 机一台、PLC 实训箱一台、交通信号灯控制模块、编程电缆一根、导线若干。

3. 实训内容及步骤

（1）设计要求

设计一个十字路口交通信号灯的控制程序。要求为：南北向红灯亮 10 秒，东西向绿灯亮

4秒闪3秒，东西向黄灯亮3秒，然后东西向红灯亮10秒，南北向绿灯亮4秒闪3秒，南北向黄灯亮3秒，并不断循环反复。

（2）确定输入、输出端口、并编写程序。

（3）编译程序，无误后下载至PLC主机的存储器中，并运行程序。

（4）调试程序，直至符合设计要求。

（5）参考程序接线表如表4-14所示。

表4-14　接线表

输入			输出		
主机	实训模块	注释	主机	实训模块	注释
I0.0	K1	起动	Q0.0	A1	红灯（上下）
I0.1	K2	停止	Q0.1	A2	绿灯（上下）
1M	24V		Q0.2	A3	黄灯（上下）
	0V←→COM	开关公共端	Q0.3	B1	红灯（左右）
			Q0.4	B2	绿灯（左右）
			Q0.5	B3	黄灯（左右）
				CA1←→B1	人行道红灯（上下）
				CA2←→B2	人行道绿灯（上下）
				CB1←→A1	人行道红灯（左右）
				CB2←→A2	人行道绿灯（左右）
			1L	24V	

思考与练习

1．料箱剩料过少时低限位开关I0.0为ON，用Q0.0控制报警灯闪烁。10s后自动停止报警，按复位按钮I0.1也停止报警。设计出梯形图程序。

2．设计下降沿触发单稳态电路，在I0.0由1状态变为0状态（波形的下降沿）时，Q0.1输出一个宽度为3s的脉冲，I0.0为0状态的时间可以大于3s，也可以小于3s。

3．在按钮I0.0按下后Q0.0变为1状态并自保持（见图4-14），I0.0变为0状态，同时C1被复位，在PLC刚开始执行用户程序时，C1也被复位，设计出梯形图。

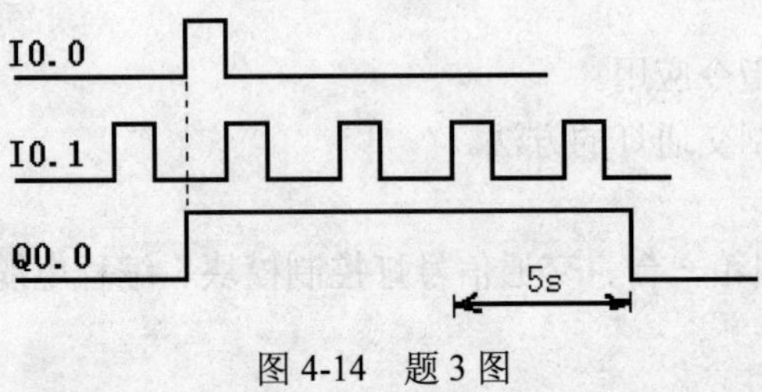

图4-14　题3图

4．10个输入点I0.0～I0.1分别对应于十进制数按键0～9，按下某个按键时，将该按键对应的二进制数用 Q0.0～Q0.3 显示出来，Q0.0 为最低位。设计出程序。

5．按下照明灯的按钮，灯亮 10s，在此期间若又有人按按钮，定时时间从头开始，设计出梯形图程序。

6．编程实现下列控制功能，假设有 8 个指示灯，从右到左以 0.5s 的速度依次点亮，任意时刻只有一个指示灯亮，到达最左端，再从右到左依次点亮。

7．舞台灯光的模拟控制。控制要求：L1、L2、L9→L1、L5、L8→L1、L4、L7→L1、L3、L6→L1→L2、L3、L4、L5→L6、L7、L8、L9→L1、L2、L6→L1、L3、L7→L1、L4、L8→L1、L5、L9→L1→L2、L3、L4、L5→L6、L7、L8、L9→L1、L2、L9→L1、L5、L8……循环下去。

按下面的 I/O 分配编写程序。

输入	输出	
起动按钮：I0.0	L1：Q0.0	L6：Q0.5
停止按钮：I0.1	L2：Q0.1	L7：Q0.6
	L3：Q0.2	L8：Q0.7
	L4：Q0.3	L9：Q1.0
	L5：Q0.4	

8．液体混合装置如图 4-15 所示。

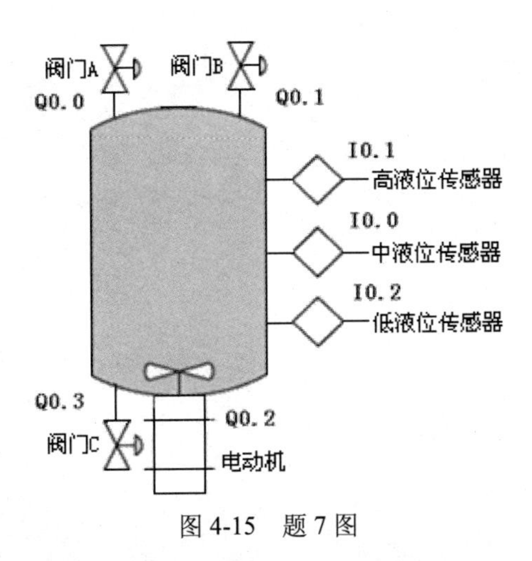

图 4-15　题 7 图

1）A、B、C 为电磁阀，初始状态时容器是空的，各阀门均关闭，各传感器均为 0 状态。

2）按下起动按钮后：

①A 阀打开，液体 A 流入容器；

②当液体上升到中液位，关闭 A 阀，打开 B 阀；

③液位上升到高液位，关闭 B 阀，搅匀电动机开始搅拌；

④搅匀电动机工作 1min 后停止，C 阀打开，开始放出混合液体；

⑤当液位降到低液位时，计时 5s 后，容器放空，C 阀关闭，开始下一周期。

3）按下停止按钮，当前工作周期的操作结束后，才停止操作，返回并停留在初始状态。试画出系统顺序功能图并分别用起保停法、置位复位法及 SCR 指令法设计梯形图。

9．某组合机床的动力头在初始状态时停在左边，限位开关 I0.3 为 1 状态，按下起动按钮 I0.0，动力头的进给运动开始，工作一个循环后，返回并停在初始位置，控制电磁阀的 Q0.0～Q0.2 在各工作步的状态如图 4-16 所示。试画出系统顺序功能图，并分别用起保停法、置位复位法及 SCR 指令法设计梯形图。

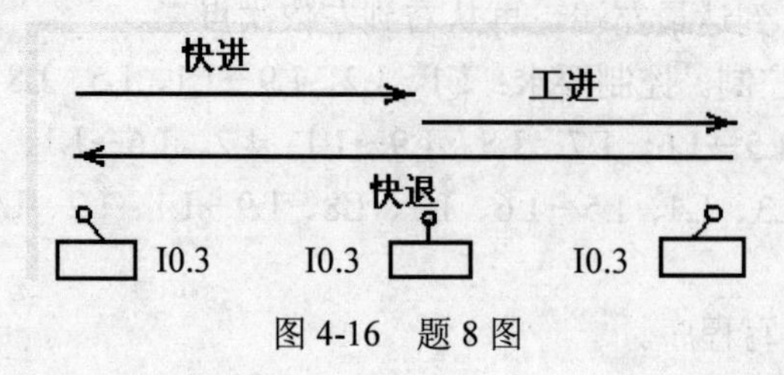

图 4-16　题 8 图

项目 5 除尘室的 PLC 控制

5.1 相关知识

5.1.1 数据处理指令

1. 字节交换指令

字节交换指令用来交换输入字 IN 的最高位字节和最低位字节。指令格式如表 5-1 所示。

表 5-1 字节交换指令使用格式及功能

梯形图	语句表	功能及说明
SWAP EN ENO ????-IN	SWAP IN	功能：使能输入 EN 有效时，将输入字 IN 的高字节与低字节交换，结果仍放在 IN 中 IN：VW，IW，QW，MW，SW，SMW，T，C，LW，AC。 数据类型：字

ENO = 0 的错误条件：0006（间接寻址错误），SM4.3（运行时间）。

【例 5-1】字节交换指令应用举例。如表 5-2 所示。

表 5-2 字节交换指令应用举例

梯形图	语句表	程序执行结果
I0.1 SWAP EN ENO VW50-IN	LD I0.1 SWAP VW50	指令执行之前 VW50 中的字为：D6 C3 指令执行之后 VW50 中的字为：C3 D6

2. 字节立即读写指令

字节立即读指令（MOV-BIR）读取实际输入端 IN 给出的 1 个字节的数值，并将结果写入 OUT 所指定的存储单元，但输入映像寄存器未更新。

字节立即写指令从输入 IN 所指定的存储单元中读取 1 个字节的数值并写入（以字节为单位），实际输出 OUT 端的物理输出点，同时刷新对应的输出映像寄存器。指令格式及功能如表 5-3 所示。

表 5-3　字节立即读写指令格式

梯形图	语句表	功能及说明
MOV_BIR EN ENO ???? IN OUT ????	BIR IN,OUT	功能：字节立即读 IN：IB OUT：VB，IB，QB，MB，SB，SMB，LB，AC 数据类型：字节
MOV_BIW EN ENO ???? IN OUT ????	BIW IN,OUT	功能：字节立即写 IN：VB，IB，QB，MB，SB，SMB，LB，AC，常量 OUT：QB 数据类型：字节

使 ENO = 0 的错误条件：0006（间接寻址错误），SM4.3（运行时间）。

注意：字节立即读写指令无法存取扩展模块。

5.1.2　数据转换指令

转换指令是对操作数的类型进行转换，并输出到指定目标地址中去。转换指令包括数据的类型转换、数据的编码和译码指令以及字符串类型转换指令。

不同功能的指令对操作数要求不同。类型转换指令可将固定的一个数据用到不同类型要求的指令中，包括字节与字整数之间的转换，整数与双整数之间的转换，双字整数与实数之间的转换，BCD 码与整数之间的转换等。

1. 字节与字整数之间的转换

字节型数据与字整数之间转换的指令格式如表 5-4 所示。

表 5-4　字节型数据与字整数之间的转换指令

梯形图	B_I EN ENO ???? IN OUT ????	I_B EN ENO ???? IN OUT ????
语句表	BTI　IN,OUT	ITB　IN,OUT
操作数及数据类型	IN：VB，IB，QB，MB，SB，SMB，LB，AC，常量，数据类型：字节 OUT：VW，IW，QW，MW，SW，SMW，LW，T，C，AC，数据类型：整数	IN：VW，IW，QW，MW，SW，SMW，LW，T，C，AIW，AC，常量，数据类型：整数 OUT：VB，IB，QB，MB，SB，SMB，LB，AC，数据类型：字节
功能及说明	BTI 指令将字节数值（IN）转换成整数值，并将结果置入 OUT 指定的存储单元。因为字节不带符号，所以无符号扩展	ITB 指令将字整数（IN）转换成字节，并将结果置入 OUT 指定的存储单元。输入的字整数 0～255 被转换。超出部分导致溢出，SM1.1=1。输出不受影响
ENO=0 的错误条件	0006　间接地址 SM4.3　运行时间	0006　间接地址 SM1.1　溢出或非法数值 SM4.3　运行时间

2. 字整数与双字整数之间的转换

字整数与双字整数之间的转换格式、功能及说明，如表 5-5 所示。

表 5-5　字整数与双字整数之间的转换指令

梯形图	I_DI EN　ENO ????-IN　OUT-????	DI_I EN　ENO ????-IN　OUT-????
语句表	ITD　IN,OUT	DTI　IN,OUT
操作数及数据类型	IN：VW，IW，QW，MW，SW，SMW，LW，T，C，AIW，AC，常量，数据类型：整数 OUT：VD，ID，QD，MD，SD，SMD，LD，AC，数据类型：双整数	IN：VD，ID，QD，MD，SD，SMD，LD，HC，AC，常量，数据类型：双整数 OUT：VW，IW，QW，MW，SW，SMW，LW，T，C，AC，数据类型：整数
功能及说明	ITD 指令将整数值（IN）转换成双整数值，并将结果置入 OUT 指定的存储单元。符号被扩展	DTI 指令将双整数值（IN）转换成整数值，并将结果置入 OUT 指定的存储单元。如果转换的数值过大，则无法在输出中表示，产生溢出 SM1.1=1，输出不受影响
ENO=0 的错误条件	0006　间接地址 SM4.3　运行时间	0006　间接地址 SM1.1　溢出或非法数值 SM4.3　运行时间

3. 双字整数与实数之间的转换

双字整数与实数之间的转换格式、功能及说明，如表 5-6 所示。

表 5-6　双字整数与实数之间的转换指令

梯形图	DI_R EN　ENO ????-IN　OUT-????	ROUND EN　ENO ????-IN　OUT-????	TRUNC EN　ENO ????-IN　OUT-????
语句表	DTR　IN,OUT	ROUND　IN,OUT	TRUNC　IN,OUT
操作数及数据类型	IN：VD，ID，QD，MD，SD，SMD，LD，HC，AC，常量 数据类型：双整数 OUT：VD，ID，QD，MD，SD，SMD，LD，AC 数据类型：实数	IN：VD，ID，QD，MD，SD，SMD，LD，AC，常量 数据类型：实数 OUT：VD，ID，QD，MD，SD，SMD，LD，AC 数据类型：双整数	IN：VD，ID，QD，MD，SD，SMD，LD，AC，常量 数据类型：实数 OUT：VD，ID，QD，MD，SD，SMD，LD，AC 数据类型：双整数
功能及说明	DTR 指令将 32 位带符号整数 IN 转换成 32 位实数，并将结果置入 OUT 指定的存储单元	ROUND 指令按小数部分四舍五入的原则，将实数（IN）转换成双整数值，并将结果置入 OUT 指定的存储单元	TRUNC（截位取整）指令按将小数部分直接舍去的原则，将 32 位实数（IN）转换成 32 位双字整数，并将结果置入 OUT 指定存储单元
ENO=0 的错误条件	0006　间接地址 SM4.3　运行时间	0006　间接地址 SM1.1　溢出或非法数值 SM4.3　运行时间	0006　间接地址 SM1.1　溢出或非法数值 SM4.3　运行时间

值得注意的是：不论是四舍五入取整，还是截位取整，如果转换的实数数值过大，无法在输出中表示，则产生溢出，即影响溢出标志位，使 SM1.1=1，输出不受影响。

4. BCD 码与整数的转换

BCD 码与整数之间的转换格式、功能及说明，如表 5-7 所示。

表 5-7　BCD 码与整数之间的转换指令

梯形图	BCD_I EN ENO ????-IN OUT-????	I_BCD EN ENO ????-IN OUT-????
语句表	BCDI　OUT	IBCD　OUT
操作数及数据类型	IN：VW，IW，QW，MW，SW，SMW，LW，T，C，AIW，AC，常量 OUT：VW，IW，QW，MW，SW，SMW，LW，T，C，AC IN/OUT 数据类型：字	
功能及说明	BCD-I 指令将二进制编码的十进制数 IN 转换成整数，并将结果送入 OUT 指定的存储单元。IN 的有效范围是 BCD 码 0～9999	I-BCD 指令将输入整数 IN 转换成二进制编码的十进制数，并将结果送入 OUT 指定的存储单元。IN 的有效范围是 0～9999
ENO=0 的错误条件	0006　间接地址，SM1.6　无效 BCD 数值，SM4.3　运行时间	

注意：（1）数据长度为字的 BCD 格式的有效范围为：0～9999（十进制），0000～9999（十六进制）0000 0000 0000 0000～1001 1001 1001 1001（BCD 码）。

（2）指令影响特殊标志位 SM1.6（无效 BCD）。

（3）在表 5-7 的 LAD 和 STL 指令中，IN 和 OUT 的操作数地址相同。若 IN 和 OUT 操作数地址不是同一个存储器，对应的语句表指令为：

```
MOV   IN   OUT
BCDI   OUT
```

5. 译码和编码指令

译码和编码指令的格式和功能如表 5-8 所示。

表 5-8　译码和编码指令的格式和功能

梯形图	DECO EN ENO ????-IN OUT-????	ENCO EN ENO ????-IN OUT-????
语句表	DECO　IN,OUT	ENCO　IN,OUT
操作数及数据类型	IN：VB，IB，QB，MB，SMB，LB，SB，AC，常量。数据类型：字节 OUT：VW，IW，QW，MW，SMW，LW，SW，AQW，T，C，AC。数据类型：字	IN：VW，IW，QW，MW，SMW，LW，SW，AIW，T，C，AC，常量。数据类型：字 OUT：VB，IB，QB，MB，SMB，LB，SB，AC。数据类型：字节
功能及说明	译码指令根据输入字节（IN）的低 4 位表示的输出字的位号，将输出字的相对应的位，置位为 1，输出字的其他位均置位为 0	编码指令将输入字（IN）最低有效位（其值为 1）的位号写入输出字节（OUT）的低 4 位中
ENO=0 的错误条件	0006　间接地址，　SM4.3　运行时间	

【例 5-2】译码编码指令应用举例。指令如表 5-9 所示。

表 5-9　译码编码指令应用举例

梯形图	语句表	程序执行结果

I1.0；DECO：EN ENO；AC2-IN OUT-VW40；ENCO：EN ENO；AC3-IN OUT-VB50	LD　I1.0
	DECO　AC2, VW40
	//译码
	ENCO　AC3, VB50
	//编码
		若（AC2）=2，执行译码指令，则将输出字 VW40 的第 2 位置 1，VW40 中的二进制数为 2#0000 0000 0000 0100；若（AC3）=2#0000 0000 0000 0100，执行编码指令，则输出字节 VB50 中的错误码为 2

6. 七段显示译码指令

七段显示器的 abcdefg 段分别对应于字节的第 0 位～第 6 位，字节的某位为 1 时，其对应的段亮；输出字节的某位为 0 时，其对应的段暗。将字节的第 7 位补 0，则构成与七段显示器相对应的 8 位编码，称为七段显示码。数字 0～9、字母 A～F 与七段显示码的对应如图 5-1 所示。

a　f　g　b　e　c　d

IN	段显示	(OUT) -gfe dcba	IN	段显示	(OUT) -gfe dcba
0	0	0011 1111	8	8	0111 1111
1	1	0000 0110	9	9	0110 0111
2	2	0101 1011	A	A	0111 0111
3	3	0100 1111	B	b	0111 1100
4	4	0110 0110	C	C	0011 1001
5	5	0110 1101	D	d	0101 1110
6	6	0111 1101	E	E	0111 1001
7	7	0000 0111	F	F	0111 0001

图 5-1　与七段显示码对应的代码

七段译码指令 SEG 将输入字节 16#0～F 转换成七段显示码。指令如表 5-10 所示。

表 5-10　七段显示译码指令

梯形图	语句表	功能及操作数
SEG：EN ENO；????-IN OUT-????	SEG　IN, OUT	功能：将输入字节（IN）的低四位确定的十六进制数（16#0～F），产生相应的七段显示码，送入输出字节 OUT IN：VB，IB，QB，MB，SB，SMB，LB，AC，常量。 OUT：VB，IB，QB，MB，SMB，LB，AC。 IN/OUT 的数据类型：字节

使 ENO = 0 的错误条件：0006（间接地址），SM4.3（运行时间）。

【例 5-3】编写显示数字 0 的七段显示码的程序。程序实现如表 5-11 所示。

表 5-11　七段显示码的程序

梯形图	语句表	程序执行结果
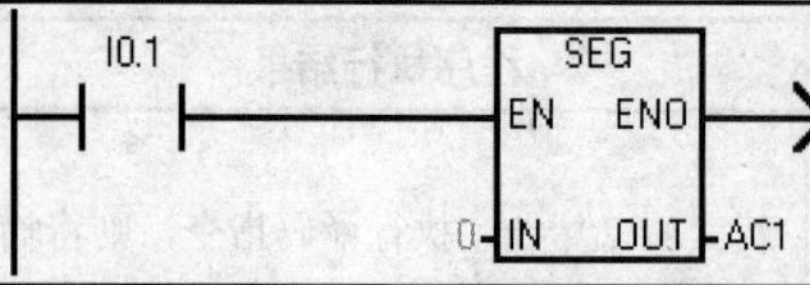 I0.1 SEG EN ENO 0-IN OUT-AC1	LD　I0.1 SEG　0, AC1	程序运行结果为 AC1 中的值为 16#3F(2#0011 1111)

7. ASCII 码与十六进制数之间的转换指令

ASCII 码与十六进制数之间的转换指令的格式和功能如表 5-12 所示。

表 5-12　ASCII 码与十六进制数之间转换指令的格式和功能

梯形图	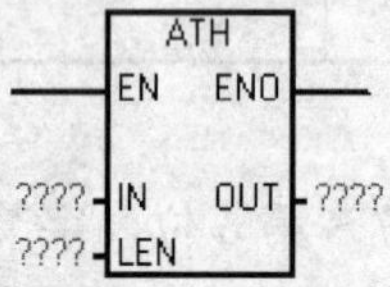 ATH EN ENO ????-IN OUT-???? ????-LEN	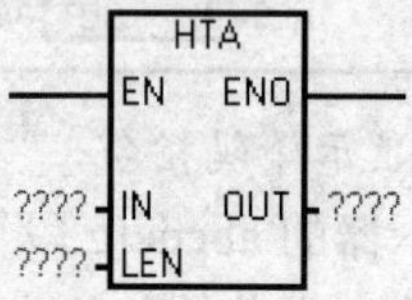 HTA EN ENO ????-IN OUT-???? ????-LEN
语句表	ATH IN,OUT,LEN	HTA IN,OUT,LEN
操作数及数据类型	IN/ OUT：VB，IB，QB，MB，SB，SMB，LB。数据类型：字节 LEN：VB，IB，QB，MB，SB，SMB，LB，AC，常量。数据类型：字节。最大值为 255	
功能及说明	ASCII 至 HEX（ATH）指令将从 IN 开始的长度为 LEN 的 ASCII 字符转换成十六进制数，放入从 OUT 开始的存储单元	HEX 至 ASCII （HTA）指令将从输入字节（IN）开始的长度为 LEN 的十六进制数转换成 ASCII 字符，放入从 OUT 开始的存储单元
ENO=0 的错误条件	0006（间接地址），SM4.3（运行时间），0091（操作数范围超界） SM1.7（非法 ASCII 数值（仅限 ATH））	

注意：合法的 ASCII 码对应的十六进制数包括 30H 到 39H，41H 到 46H。如果在 ATH 指令的输入中包含非法的 ASCII 码，则终止转换操作，特殊内部标志位 SM1.7 置位为 1。

【例 5-4】将 VB10～VB12 中存放的 3 个 ASCII 码 33、45、41，转换成十六进制数。

梯形图和语句表程序如表 5-13 所示。

表 5-13　ASCII 码转十六进制数

梯形图	语句表
I1.0 ATH EN ENO VB10-IN OUT-VB20 3-LEN	LD　I1.0 ATH　VB10, VB20, 3
	程序执行结果
	'3' 'E' 'A' 33 45 41 → ATH → 3E Ax VB10 VB11 VB12　VB20 VB21

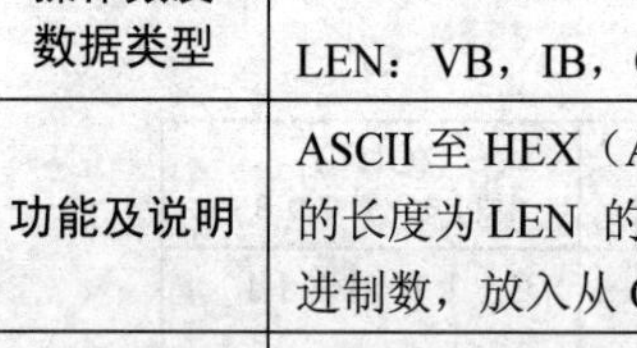

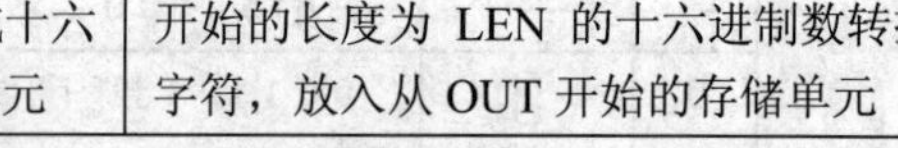

可见将 VB10～VB12 中存放的 3 个 ASCII 码 33、45、41，转换成十六进制数 3E 和 Ax，放在 VB20 和 VB21 中，“x”表示 VB21 的“半字节”即低四位的值未改变。

5.1.3　算术运算指令

算术运算指令包括加、减、乘、除运算和数学函数变换，逻辑运算包括逻辑与或非指令等。

1．整数与双整数加减法指令

整数加法（ADD-I）和减法（SUB-I）指令是：使能输入有效时，将两个16位符号整数相加或相减，并产生一个16位的结果输出到OUT。

双整数加法（ADD-D）和减法（SUB-D）指令是：使能输入有效时，将两个32位符号整数相加或相减，并产生一个32位的结果输出到OUT。

整数与双整数加减法指令格式如表5-14所示。

表5-14　整数与双整数加减法指令格式

梯形图	ADD_I EN ENO IN1 OUT IN2	SUB_I EN ENO IN1 OUT IN2	ADD_DI EN ENO IN1 OUT IN2	SUB_DI EN ENO IN1 OUT IN2
语句表	MOVW　IN1,OUT +I　IN2,0UT	MOVW　IN1,OUT -I　IN2,0UT	MOVD　IN1,OUT +D　IN2,0UT	MOVD　IN1,OUT +D　IN2,0UT
功能	IN1+IN2=OUT	IN1-IN2=OUT	IN1+IN2=OUT	IN1-IN2=OUT
操作数及数据类型	IN1/IN2：VW，IW，QW，MW，SW，SMW，T，C，AC，LW，AIW，常量，*VD，*LD，*AC OUT：VW，IW，QW，MW，SW，SMW，T，C，LW，AC，*VD，*LD，*AC IN/OUT数据类型：整数		IN1/IN2：VD，ID，QD，MD，SMD，SD，LD，AC，HC，常量，*VD，*LD，*AC OUT：VD，ID，QD，MD，SMD，SD，LD，AC，*VD，*LD，*AC IN/OUT数据类型：双整数	
ENO=0的错误条件	0006（间接地址），SM4.3（运行时间），SM1.1（溢出）			

说明：

（1）当IN1、IN2和OUT操作数的地址不同时，在STL指令中，首先用数据传送指令将IN1中的数值送入OUT，然后再执行加、减运算即：OUT+IN2=OUT、OUT-IN2=OUT。为了节省内存，在整数加法的梯形图指令中，可以指定IN1或IN2=OUT，这样，可以不用数据传送指令。如指定IN1=OUT，则语句表指令为：+I　IN2,OUT；如指定IN2=OUT，则语句表指令为：+I　IN1,OUT。在整数减法的梯形图指令中，可以指定IN1=OUT，则语句表指令为：-I　IN2,OUT。这个原则适用于所有的算术运算指令，且乘法和加法对应，减法和除法对应。

（2）整数与双整数加减法指令影响算术标志位SM1.0（零标志位），SM1.1（溢出标志位）和SM1.2（负数标志位）。

【例5-5】求5000加400的和，5000在数据存储器VW200中，结果放入AC0。程序如表5-15所示。

表 5-15　求和示例

梯形图	语句表		
I0.0 ADD_I EN ENO VW200 IN1 OUT AC0 +400 IN2	LD	I0.0	
	MOVW	VW200, AC0	//VW200→AC0
	+I	+400, AC0	//VW200+400=AC0

2. 整数乘除法指令

整数乘法指令（MUL-I）是：使能输入有效时，将两个 16 位符号整数相乘，并产生一个 16 位积，从 OUT 指定的存储单元输出。

整数除法指令（DIV-I）是：使能输入有效时，将两个 16 位符号整数相除，并产生一个 16 位商，从 OUT 指定的存储单元输出，不保留余数。如果输出结果大于一个字，则溢出位 SM1.1 置位为 1。

双整数乘法指令（MUL-D）：使能输入有效时，将两个 32 位符号整数相乘，并产生一个 32 位乘积，从 OUT 指定的存储单元输出。

双整数除法指令（DIV-D）：使能输入有效时，将两个 32 位符号整数相除，并产生一个 32 位商，从 OUT 指定的存储单元输出，不保留余数。

整数乘法产生双整数指令（MUL）：使能输入有效时，将两个 16 位整数相乘，得出一个 32 位乘积，从 OUT 指定的存储单元输出。

整数除法产生双整数指令（DIV）：使能输入有效时，将两个 16 位整数相除，得出一个 32 位结果，从 OUT 指定的存储单元输出。其中高 16 位放余数，低 16 位放商。

整数乘除法指令格式如表 5-16 所示。

表 5-16　整数乘除法指令格式

梯形图	MUL_I: EN ENO, IN1 OUT, IN2	DIV_I: EN ENO, IN1 OUT, IN2	MUL_DI: EN ENO, IN1 OUT, IN2
语句表	MOVW　IN1,OUT *I　IN2,OUT	MOVW　IN1,OUT /I　IN2,OUT	MOVD　IN1,OUT *D　IN2,OUT
功能	IN1*IN2=OUT	IN1/IN2=OUT	IN1*IN2=OUT
梯形图	DIV_DI: EN ENO, IN1 OUT, IN2	MUL: EN ENO, IN1 OUT, IN2	DIV: EN ENO, IN1 OUT, IN2
语句表	MOVD　IN1,OUT /D　IN2,OUT	MOVW　IN1,OUT MUL　IN2,OUT	MOVW　IN1,OUT DIV　IN2,OUT
功能	IN1/IN2=OUT	IN1*IN2=OUT	IN1/IN2=OUT

整数双整数乘除法指令操作数及数据类型和加减运算的相同。

整数乘法除法产生双整数指令的操作数：IN1/IN2：VW，IW，QW，MW，SW，SMW，T，C，LW，AC，AIW，常量，*VD，*LD，*AC。数据类型：整数。

OUT：VD，ID，QD，MD，SMD，SD，LD，AC，*VD，*LD，*AC。数据类型：双整数。

使 ENO = 0 的错误条件：0006（间接地址），SM1.1（溢出），SM1.3（除数为 0）。

对标志位的影响：SM1.0（零标志位），SM1.1（溢出），SM1.2（负数），SM1.3（被 0 除）。

【例 5-6】乘除法指令应用举例，程序如表 5-17 所示。

表 5-17 乘除法应用示例

梯形图	语句表	说明
I0.0 MUL EN ENO AC1 IN1 OUT VD100 VW102 IN2 DIV EN ENO VW202 IN1 OUT VD200 VW10 IN2	LD I0.0 MUL AC1 VD100 DIV VW10 VD200	因为 VD100 包含：VW100 和 VW102 两个字，VD200 包含：VW200 和 VW202 两个字，所以在语句表指令中不需要使用数据传送指令

3. 实数加减乘除指令

实数加法（ADD-R）、减法（SUB-R）指令：将两个 32 位实数相加或相减，并产生一个 32 位实数结果，从 OUT 指定的存储单元输出。

实数乘法（MUL-R）、除法（DIV-R）指令：使能输入有效时，将两个 32 位实数相乘（除），并产生一个 32 位积（商），从 OUT 指定的存储单元输出。

操作数：IN1/IN2：VD，ID，QD，MD，SMD，SD，LD，AC，常量，*VD，*LD，*AC。

OUT：VD，ID，QD，MD，SMD，SD，LD，AC，*VD，*LD，*AC。

数据类型：实数。

指令格式如表 5-18 所示。

表 5-18 实数加减乘除指令

梯形图	ADD_R EN ENO IN1 OUT IN2	SUB_R EN ENO IN1 OUT IN2	MUL_R EN ENO IN1 OUT IN2	DIV_R EN ENO IN1 OUT IN2
语句表	MOVD IN1,OUT +R IN2,OUT	MOVD IN1,OUT -R IN2,OUT	MOVD IN1,OUT *R IN2,OUT	MOVD IN1,OUT /R IN2,OUT
功能	IN1+IN2=OUT	IN1-IN2=OUT	IN1*IN2=OUT	IN1/IN2=OUT
ENO=0 的错误条件	0006（间接地址），SM4.3（运行时间），SM1.1（溢出）		0006（间接地址），SM1.1（溢出），SM4.3（运行时间），SM1.3（除数为 0）	
对标志位的影响	SM1.0（零），SM1.1（溢出），SM1.2（负数），SM1.3（被 0 除）			

【例 5-7】实数运算指令的应用，程序如图 5-2 所示。

```
LD      I0.0
+R      AC1, VD100
/R      VD100, AC0
```

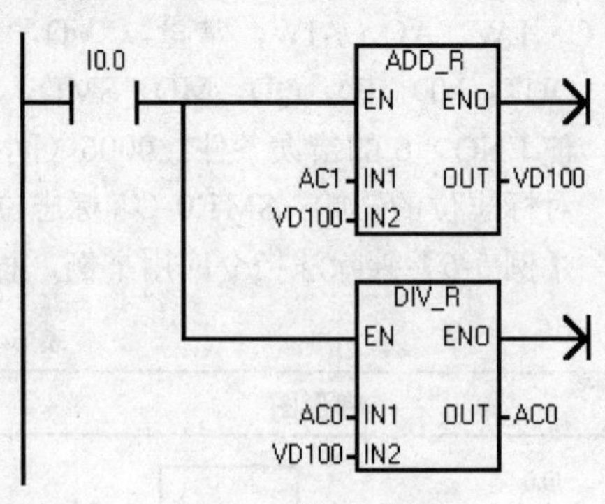

图 5-2 例 5-7 题图

4. 数学函数变换指令

数学函数变换指令包括平方根、自然对数、自然指数、三角函数等。

（1）平方根（SQRT）指令：对 32 位实数（IN）取平方根，并产生一个 32 位实数结果，从 OUT 指定的存储单元输出。

（2）自然对数（LN）指令：对 IN 中的数值进行自然对数计算，并将结果置于 OUT 指定的存储单元中。

求以 10 为底数的对数时，用自然对数除以 2.302585（约等于 10 的自然对数）。

（3）自然指数（EXP）指令：将 IN 取以 e 为底的指数，并将结果置于 OUT 指定的存储单元中。

将“自然指数”指令与“自然对数”指令相结合，可以实现以任意数为底，任意数为指数的计算。求 y^x，输入以下指令：EXP (x * LN (y))。

例如：求 2^3=EXP(3*LN(2))=8；27 的 3 次方根=$27^{1/3}$=EXP(1/3*LN(27))=3。

（4）三角函数指令：将一个实数的弧度值 IN 分别求 SIN、COS、TAN，得到实数运算结果，从 OUT 指定的存储单元输出。

函数变换指令格式及功能如表 5-19 所示。

表 5-19 函数变换指令格式及功能

梯形图	SQRT EN ENO IN OUT	LN EN ENO IN OUT	EXP EN ENO IN OUT
语句表	SQRT IN,OUT	LN IN,OUT	EXP IN,OUT
功能	SQRT(IN)=OUT	LN(IN)=OUT	EXP(IN)=OUT
梯形图	SIN EN ENO IN OUT	COS EN ENO IN OUT	TAN EN ENO IN OUT
语句表	SIN IN,OUT	COS IN,OUT	TAN IN,OUT
功能	SIN(IN)=OUT	COS(IN)=OUT	TAN(IN)=OUT
操作数及数据类型	IN：VD，ID，QD，MD，SMD，SD，LD，AC，常量，*VD，*LD，*AC OUT：VD，ID，QD，MD，SMD，SD，LD，AC，*VD，*LD，*AC 数据类型：实数		

使 ENO = 0 的错误条件：0006（间接地址），SM1.1（溢出），SM4.3（运行时间）。

对标志位的影响：SM1.0（零），SM1.1（溢出），SM1.2（负数）。

【例 5-8】求 45° 正弦值。

分析：先将 45° 转换为弧度：（3.14159/180）*45，再求正弦值。程序如图 5-3 所示。

```
LD      I0.1
MOVR    3.14159, AC1
/R      180.0, AC1
*R      45.0, AC1
SIN     AC1, AC0
```

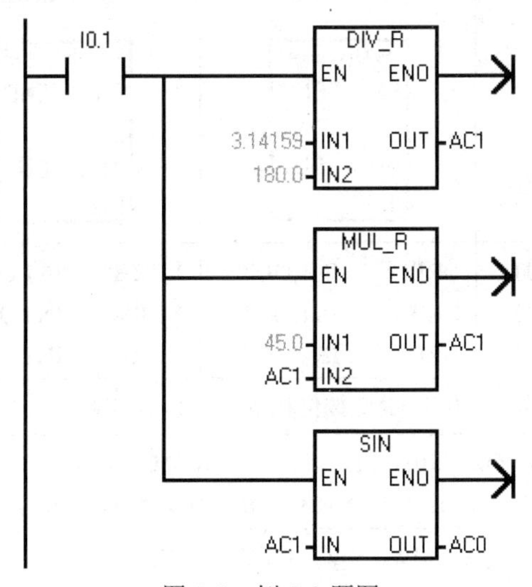

图 5-3 例 5-8 题图

5.1.4 逻辑运算指令

逻辑运算是对无符号数按位进行与、或、异或和取反等操作。操作数的长度有 B、W、DW。指令格式如表 5-20 所示。

1. 逻辑与（WAND）指令

将输入 IN1，IN2 按位相与，得到的逻辑运算结果，放入 OUT 指定的存储单元。

2. 逻辑或（WOR）指令

将输入 IN1，IN2 按位相或，得到的逻辑运算结果，放入 OUT 指定的存储单元。

3. 逻辑异或（WXOR）指令

将输入 IN1，IN2 按位相异或，得到的逻辑运算结果，放入 OUT 指定的存储单元。

4. 取反（INV）指令

将输入 IN 按位取反，将结果放入 OUT 指定的存储单元。

表 5-20 逻辑运算指令格式

<table>
<tr><td colspan="2">梯形图</td><td>WAND_B
EN ENO
IN1 OUT
IN2

WAND_W
EN ENO
IN1 OUT
IN2

WAND_DW
EN ENO
IN1 OUT
IN2</td><td>WOR_B
EN ENO
IN1 OUT
IN2

WOR_W
EN ENO
IN1 OUT
IN2

WOR_DW
EN ENO
IN1 OUT
IN2</td><td>WXOR_B
EN ENO
IN1 OUT
IN2

WXOR_W
EN ENO
IN1 OUT
IN2

WXOR_DW
EN ENO
IN1 OUT
IN2</td><td>INV_B
EN ENO
IN OUT

INV_W
EN ENO
IN OUT

INV_DW
EN ENO
IN OUT</td></tr>
<tr><td colspan="2">语句表</td><td>ANDB IN1,OUT
ANDW IN1,OUT
ANDD IN1,OUT</td><td>ORB IN1,OUT
ORW IN1,OUT
ORD IN1,OUT</td><td>XORB IN1,OUT
XORW IN1,OUT
XORD IN1,OUT</td><td>INVB OUT
INVW OUT
INVD OUT</td></tr>
<tr><td colspan="2">功能</td><td>IN1，IN2 按位相与</td><td>IN1，IN2 按位相或</td><td>IN1，IN2 按位异或</td><td>对 IN 取反</td></tr>
<tr><td rowspan="3">操作数</td><td>B</td><td colspan="4">IN1/IN2：VB，IB，QB，MB，SB，SMB，LB，AC，常量，*VD，*AC，*LD
OUT：VB，IB，QB，MB，SB，SMB，LB，AC，*VD，*AC，*LD</td></tr>
<tr><td>W</td><td colspan="4">IN1/IN2：VW，IW，QW，MW，SW，SMW，T，C，AC，LW，AIW，常量，*VD，*AC，*LD
OUT：VW，IW，QW，MW，SW，SMW，T，C，LW，AC，*VD，*AC，*LD</td></tr>
<tr><td>DW</td><td colspan="4">IN1/IN2：VD，ID，QD，MD，SMD，AC，LD，HC，常量，*VD，*AC，SD，*LD
OUT：VD，ID，QD，MD，SMD，LD，AC，*VD，*AC，SD，*LD</td></tr>
</table>

说明：

（1）在表 5-20 中，在梯形图指令中设置 IN2 和 OUT 所指定的存储单元相同，这样对应的语句表指令如表中所示。若在梯形图指令中，IN2（或 IN1）和 OUT 所指定的存储单元不同，则在语句表指令中需使用数据传送指令，将其中一个输入端的数据先送入 OUT，再进行逻辑运算。如 MOVB IN1,OUT

```
ANDB    IN2,OUT
```

（2）ENO=0 的错误条件：0006（间接地址），SM4.3（运行时间）。

（3）对标志位的影响：SM1.0（零）。

【例 5-9】逻辑运算编程举例，程序如图 5-4 所示。

```
//字节与操作
LD      I0.0
ANDB    VB1, VB2
```

```
//字或操作
MOVW   VW100, VW300
ORW    VW200, VW300
//双字异或操作
XORD   AC0, AC1
//字节取反操作
MOVB   VB5, VB6
INVB   VB6
```

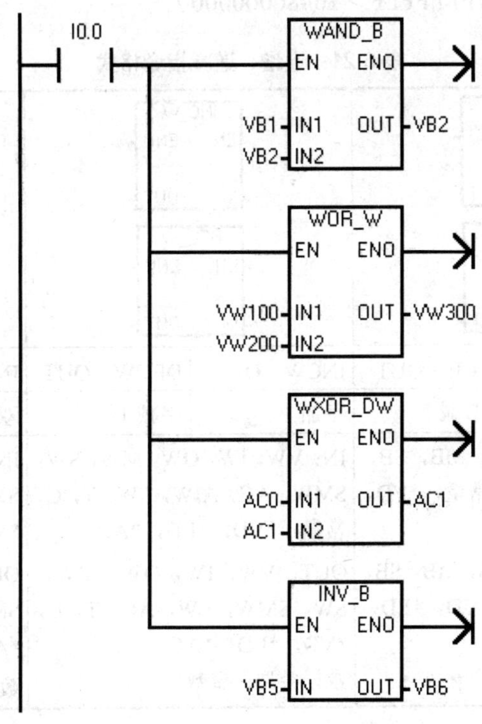

图 5-4 例 5-9 题图

运算过程如下：

VB1		VB2		VB2
0001 1100	WAND	1100 1101	→	0000 1100
VW100		VW200		VW300
0001 1101 1111 1010	WOR	1110 0000 1101 1100	→	1111 1101 1111 1110
VB5		VB6		
0000 1111	INV	1111 0000		

5.1.5 递增、递减指令

递增、递减指令用于对输入无符号数字节、符号数字、符号数双字进行加 1 或减 1 的操作。指令格式如表 5-21 所示。

1. 递增字节（INC-B）/递减字节（DEC-B）指令

递增字节和递减字节指令在输入字节（IN）上加 1 或减 1，并将结果置入 OUT 指定的变量中。递增和递减字节运算不带符号。

2. 递增字（INC-W）/递减字（DEC-W）指令

递增字和递减字指令在输入字（IN）上加 1 或减 1，并将结果置入 OUT。递增和递减字运算带符号（16#7FFF > 16#8000）。

3. 递增双字（INC-DW）/递减双字（DEC-DW）指令

递增双字和递减双字指令在输入双字（IN）上加 1 或减 1，并将结果置入 OUT。递增和递减双字运算带符号（16#7FFFFFFF > 16#80000000）。

表 5-21 递增、递减指令格式

梯形图	INC_B EN ENO IN OUT DEC_B EN ENO IN OUT		INC_W EN ENO IN OUT DEC_W EN ENO IN OUT		INC_DW EN ENO IN OUT DEC_DW EN ENO IN OUT	
语句表	INCB OUT	DECB OUT	INCW OUT	DECW OUT	INCD OUT	DECD OUT
功能	字节加 1	字节减 1	字加 1	字减 1	双字加 1	双字减 1
操作数及数据类型	IN：VB，IB，QB，MB，SB，SMB，LB，AC，常量，*VD，*LD，*AC OUT：VB，IB，QB，MB，SB，SMB，LB，AC，*VD，*LD，*AC IN/OUT 数据类型：字节		IN：VW，IW，QW，MW，SW，SMW，AC，AIW，LW，T，C，常量，*VD，*LD，*AC OUT：VW，IW，QW，MW，SW，SMW，LW，AC，T，C，*VD，*LD，*AC 数据类型：整数		IN：VD，ID，QD，MD，SD，SMD，LD，AC，HC，常量，*VD，*LD,*AC OUT：VD，ID，QD，MD，SD，SMD，LD，AC，*VD，*LD，*AC 数据类型：双整数	

说明：

（1）使 ENO = 0 的错误条件：SM4.3（运行时间），0006（间接地址），SM1.1（溢出）。

（2）影响标志位：SM1.0（零），SM1.1（溢出），SM1.2（负数）。

（3）在梯形图指令中，IN 和 OUT 可以指定为同一存储单元，这样可以节省内存，在语句表指令中不需使用数据传送指令。

5.2 项目实施

除尘室的 PLC 控制设计

在制药、水厂等一些对除尘要求比较严格的车间，人、物进入这些场合首先需要进行除尘处理，为了保证除尘操作的严格进行，避免人为因素对除尘要求的影响，可以用 PLC 对除尘室的门进行有效控制。

1. 控制电路要求

人或物进入无污染、无尘车间前，首先在除尘室严格进行指定时间的除尘才能进入车间，否则门打不开，进不了车间。除尘室的结构如图5-5所示。图中第一道门处设有两个传感器：开门传感器和关门传感器；除尘室内有两台风机，用来除尘；第二道门上装有电磁锁和开门传感器，电磁锁在系统控制下自动锁上或打开。进入室内需要除尘，出来时不需除尘。

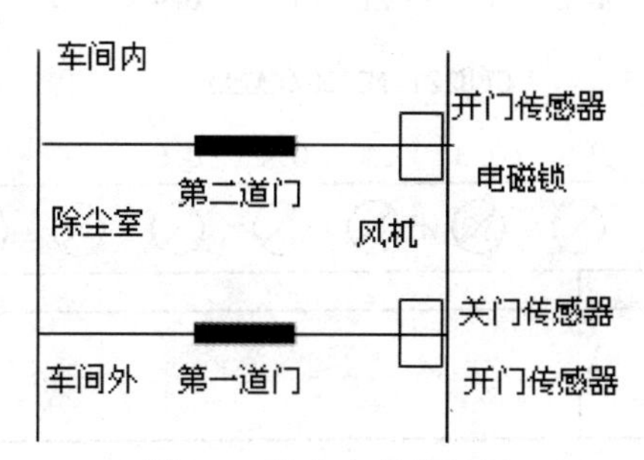

图5-5 除尘室的结构图

具体控制要求如下：

进入车间时必须先打开第一道门进入除尘室，进行除尘。当第一道门打开时，开门传感器动作，第一道门关上时关门传感器动作，第一道门关上后，风机开始吹风，电磁锁把第二道门锁上并延时20s后，风机自动停止，电磁锁自动打开，此时可打开第二道门进入室内。第二道门打开时相应的开门传感器动作。人从室内出来时，第二道门的开门传感器先动作，第一道门的开门传感器才动作，关门传感器与进入时动作相同，出来时不需除尘，所以风机、电磁锁均不动作。

2. I/O分配

PLC的I/O配置符号如表5-22所示。

表5-22 PLC的I/O配置

序号	类型	设备名称	信号地址	编号
1	输入	第一道门的开门传感器	I0.0	SQ1
2		第一道门的关门传感器	I0.1	SQ2
3		第二道门的开门传感器	I0.2	SQ3
4	输出	风机1	Q0.0	KM1
5		风机2	Q0.1	KM2
6		电磁锁	Q0.2	YV1

3. 输入/输出接线

PLC的I/O接线图如图5-6所示。

4. PLC控制电路梯形图

梯形图如图5-7所示。

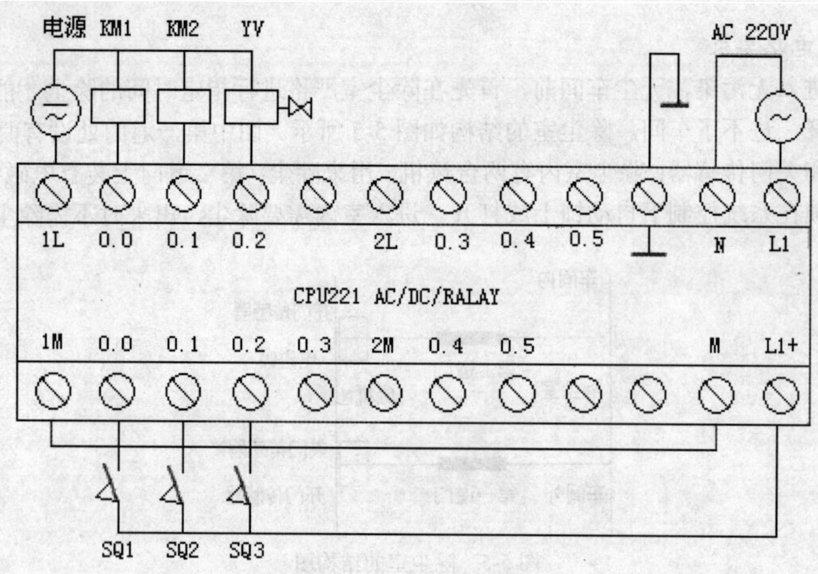

图 5-6 PLC 的 I/O 接线图

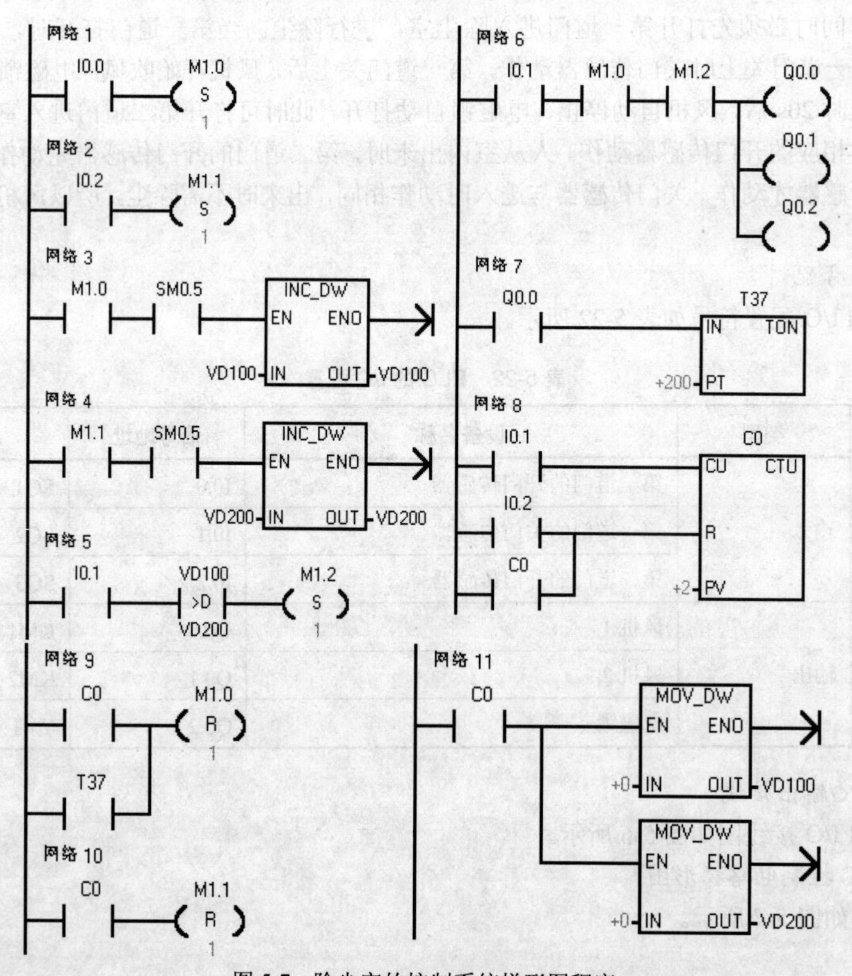

图 5-7 除尘室的控制系统梯形图程序

5.3　知识拓展

用逻辑运算指令与移位指令完成四台电动机起动的PLC控制设计

1．控制电路要求

起动的顺序为 M1→M2→M3→M4，顺序起动的时间间隔为 2min，起动完毕，进入正常运行，直至停车。

2．I/O 配置

PLC 的 I/O 配置符号如表 5-23 所示。

表 5-23　PLC 的 I/O 配置

序号	类型	设备名称	信号地址	编号
1	输入	起动按钮	I0.0	SB1
2		停止按钮	I0.1	SB2
3	输出	M1 电动机控制接触器	Q0.0	KM1
4		M2 电动机控制接触器	Q0.1	KM2
5		M3 电动机控制接触器	Q0.2	KM3
6		M4 电动机控制接触器	Q0.3	KM4

3．输入/输出接线

PLC 的 I/O 接线图如图 5-8 所示。

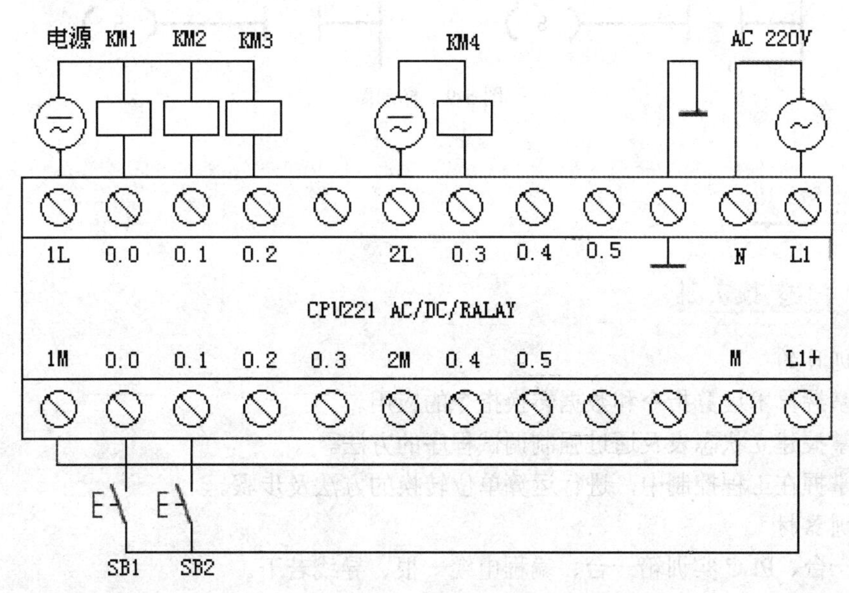

图 5-8　PLC 的 I/O 接线图

4．PLC 控制电路设计

四台电动机 PLC 控制梯形图如图 5-9 所示。

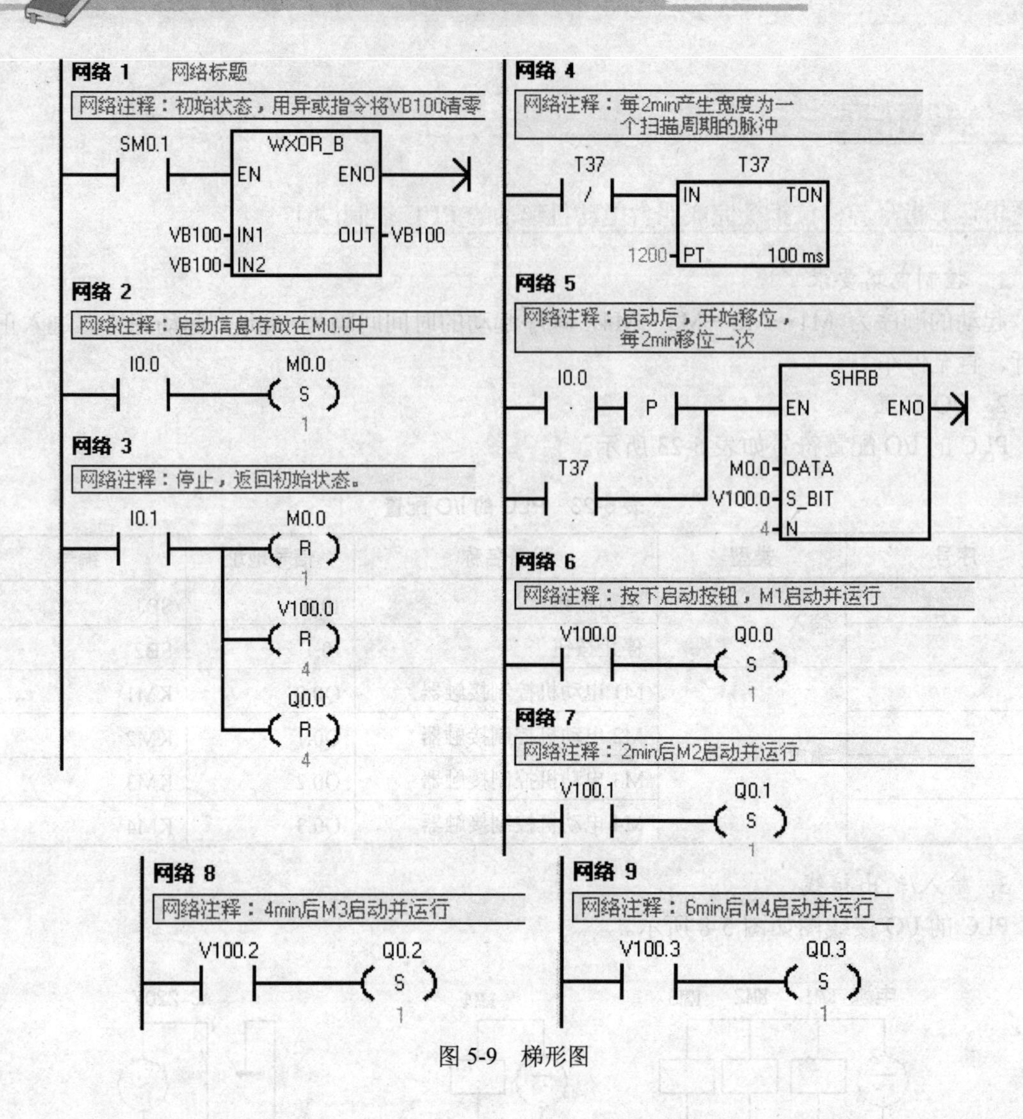

图 5-9 梯形图

5.4 技能实训

5.4.1 运算单位转换实训

1. 实训目的

（1）掌握算术运算指令和数据转换指令的应用。

（2）掌握建立状态表及通过强制调试程序的方法。

（3）掌握在工程控制中，进行运算单位转换的方法及步骤。

2. 实训器材

PC 机一台、PLC 实训箱一台、编程电缆一根、导线若干。

3. 实训内容

将英寸转换成厘米，已知 C10 的当前值为英寸的计数值，1 英寸=2.54 厘米。

4. 实训步骤

（1）实训前，先用下载电缆将PC机串口与S7-200 CPU226主机的PORT1端口连好，然后对实训箱通电，并打开24V电源开关。主机和24V电源的指示灯亮，表示工作正常，可进入下一步实训。

（2）进入编译调试环境，用指令符或梯形图输入下列练习程序。

（3）根据程序，进行相应的连线（接线可参见项目1“输入/输出端口的使用方法”）。

（4）下载程序并运行，观察运行结果。

练习1：建立状态表，通过强制，调试运行程序。

（1）创建状态表

用鼠标右键单击目录树中的状态表图标或单击已经打开的状态表，将弹出一个窗口，在窗口中选择“插入状态表”选项，可创建状态表。在状态表的地址列输入地址I0.0、C10、AC1、VD0、VD4、VD8、VD12。

（2）起动状态表

与可编程控制器的通信连接成功后，用菜单“调试→状态表”或单击工具条上的“状态表”图标，可起动状态表，再操作一次关闭状态表。状态表被起动后，编程软件从PLC读取状态信息。

（3）用状态表强制改变数值

通过强制C，模拟逻辑条件，方法是在显示状态表后，在状态表的地址列中选中“C”操作数，在“新数值”列写入模拟数值，然后单击工具条的“强制”图标，被强制的数值旁边将显示“锁定”图标。

（4）在完成对C的“新数值”列的改动后，可以使用“全部写入”，将所有需要的改动发送至PLC。

（5）运行程序并通过状态表监视操作数的当前值，记录状态表的数据。

练习2：写入程序、编译并下载到PLC

分析：将英寸转换为厘米的步骤为：将C10中的整数值英寸→双整数英寸→实数英寸→实数厘米→整数厘米。参考程序如图5-10所示。

```
//（VD4）=2.54
LD      SM0.1
MOVR    2.54, VD4
// 将计数器数值（英寸）载入AC1
LD I0.0
ITD C10 AC1
// 将数值转换为实数
DTR AC1 VD0
MOVR VD0 VD8
// 乘以2.54（转换为厘米）
*R VD4 VD8
// 将数值转换回整数
ROUND VD8 VD12
```

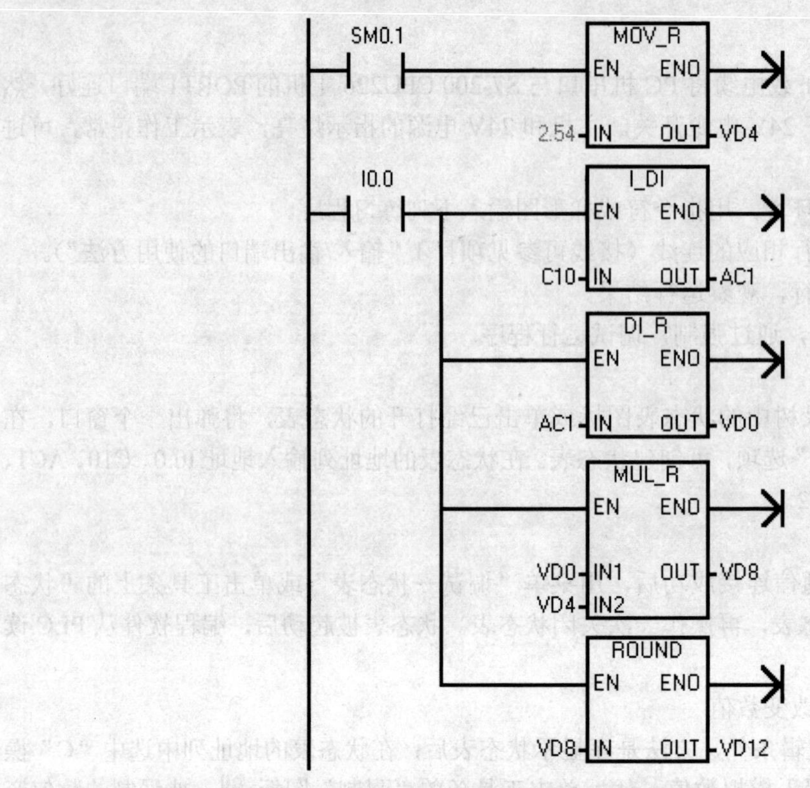

图 5-10 将英寸转换为厘米参考程序

注意：在程序中 VD0、VD4、VD8、VD12，都是以双字（4 个字节）编址的。

5.4.2 LED 数码管显示控制设计与调试

1. 实训目的

（1）掌握移位寄存器指令的应用。

（2）掌握用 PLC 控制数码管显示。

2. 实训器材

PC 机一台、PLC 实训箱一台、LED 数码管控制模块、编程电缆一根、导线若干。

3. 实训内容及步骤

（1）设计要求

设计一个数码管循环显示程序。显示数字值 0～9。数码管为共阴极型。A、B、C、D、E、F、G、DP 为数码管段码，COM 为数码管公共端（位码），当段码输入高电平，位码输入低电平时，相应的段点亮。

（2）确定输入、输出端口，并编写程序。

（3）编译程序，无误后下载至 PLC 主机的存储器中，并运行程序。

（4）调试程序，直至符合设计要求。

（5）参考程序接线表（见表 5-24）。

表5-24　接线表

输入			输出		
主机	实训模块	注释	主机	实训模块	注释
I0.0	起动	起动	Q0.0	A	段码A
I0.1	停止	停止	Q0.1	B	段码B
I0.2	K1	0-9循环	Q0.2	C	段码C
I0.3	K2	段码循环	Q0.3	D	段码D
			Q0.4	E	段码E
			Q0.5	F	段码F
			Q0.6	G	段码G
			Q0.7	DP	小数点
	COM←→0V	开关公共端		COM←→0V	LED公共端
1M	24V		1L	24V	
			2L	24V	

思考与练习

1. 在I0.0的上升沿，用循环指令求存放在VW10开始的10个字的平均值，并存放在VW8中，设计出语句表程序。

2. 在I0.0的上升沿，将VW10～VW49中的数据逐个异或，求出它们的异或校验码，设计出语句表程序。

3. 在I0.0的上升沿，用CPU模块上的模拟电位器1来设置10ms定时器T33的设定值，设置的范围为4.5～13.5s，I0.0为1状态时T33开始定时，设计出语句表程序。

4. 在I0.0的上升沿，以0.1°为单位的整数格式的角度值存放在VW10中，求出该角度的正弦值，运算结果四舍五入转换为以10^{-4}为单位的整数，存放在VW20中，设计出语句表程序。

5. 设计求角度的正弦值的子程序，输入量为以0.1°为单位的整数格式的角度值，输出量为以10^{-4}为单位的整数。在I0.0的上升沿调用该子程序，角度值为63.5°，计算结果存放在VW10中。

6. 某频率变送器的量程为45～55Hz，输出信号为DC 0～10V，模拟量输入模块输入的0～10V电压被转换为0～32000的整数。在I0.0的上升沿，根据AIW0中A/D转换后的数据N，用整数运算指令计算出以0.01Hz为单位的频率值。当频率值大于52Hz或小于48Hz时，用Q1.0发出报警信号。编写出语句表程序。

7. 控制接在Q0.0～Q0.7上的8个彩灯循环移位，用T37定时，每秒移1位，首次扫描时用接在I0.0～I0.7的小开关设置彩灯的初值，用I1.0控制彩灯移位的方向，设计出语句表程序。

8. 画出如图5-11所示信号灯控制系统的顺序功能图，并编写梯形图。

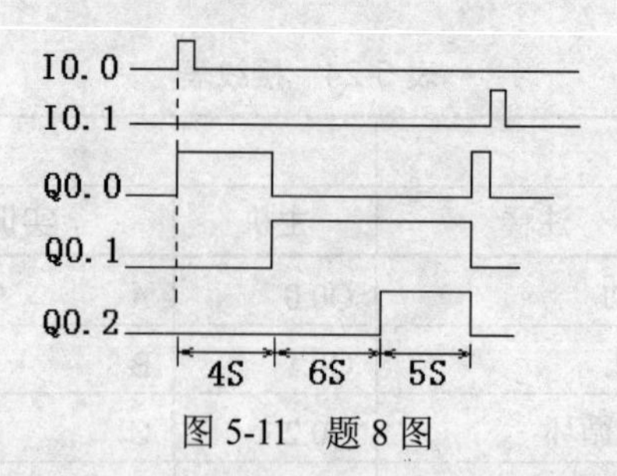

图 5-11　题 8 图

9．如图 5-12 所示，两条运输带顺序相连，按下起动按钮 I0.0，Q0.0 变为 ON，2 号运输带开始运行，10s 后 Q0.1 变为 ON，1 号运输带自动起动。按下停止按钮 I0.1，停机的顺序与起动的顺序刚好相反，间隔时间为 8s。画出控制系统的顺序功能图，并编写梯形图。

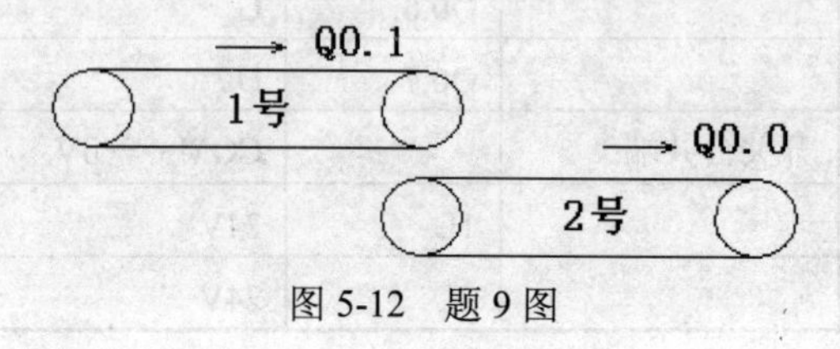

图 5-12　题 9 图

10．设计如图 5-13 所示的顺序功能图的梯形图程序。

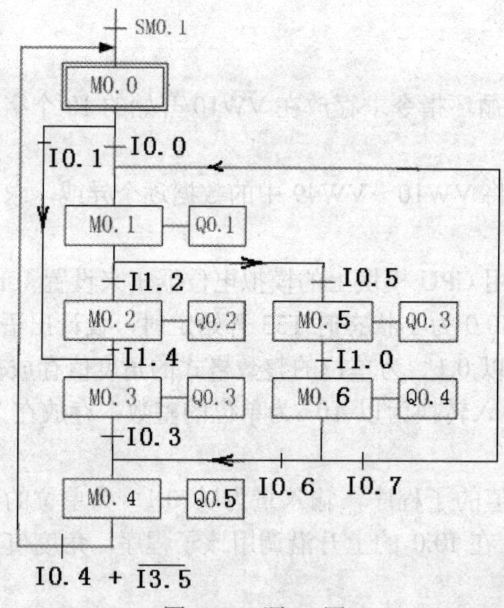

图 5-13　题 10 图

项目 6 物料传送设备的PLC控制

6.1 相关知识

6.1.1 END、STOP、WDR指令

程序控制类指令用于程序运行状态的控制，主要包括系统控制、跳转、循环、子程序调用、顺序控制等指令。

1. 结束指令

（1）END：条件结束指令，执行条件成立（左侧逻辑值为 1）时结束主程序，返回主程序的第一条指令执行。在梯形图中该指令不连在左侧母线。END 指令只能用于主程序，不能在子程序和中断程序中使用。END 指令无操作数。指令格式如表 6-1 所示。

表 6-1 结束指令格式

梯形图	语句表	指令使用说明
M0.0 ─┤ ├─(END)	LD M0.0 END	注意：STEP 7-Micro/WIN 编程软件，在主程序的结尾自动生成无条件结束指令（MEND）。用户不得输入，否则编译出错。
├─(END)	MEND	

（2）MEND：无条件结束指令，结束主程序，返回主程序的第一条指令执行。在梯形图中无条件结束指令直接连接左侧母线。用户必须以无条件结束指令，结束主程序。条件结束指令用在无条件结束指令前结束主程序。在编程结束时一定要写上该指令，否则出错；在调试程序时，在程序的适当位置插入 MEND 指令可以实现程序的分段调试。指令格式如表 6-1 所示。

2. 停止指令

STOP：停止指令，执行条件成立，停止执行用户程序，令 CPU 工作方式由 RUN 转到 STOP。在中断程序中执行 STOP 指令，该中断立即终止，并且忽略所有挂起的中断，继续扫描程序的剩余部分，在本次扫描的最后，将 CPU 由 RUN 切换到 STOP。指令格式如表 6-2 所示。

表 6-2 停止指令格式

梯形图	语句表
SM5.0 ─┤ ├─(STOP)	LD SM5.0 //SM5.0 为检测到 I/O 错误时置 1 STOP //强制转换至 STOP（停止）模式

注意：END 和 STOP 的区别，如图 6-1 所示。

图中，当 I0.0 接通时，Q0.0 有输出，若 I0.1 接通，执行 END 指令，终止用户程序，并返回主程序的起点，这样，Q0.0 仍保持接通，但下面的程序不会执行。若 I0.1 断开，接通 I0.2，则 Q0.1 有输出，若将 I0.3 接通，则执行 STOP 指令，立即终止程序执行，Q0.0 与 Q0.1 均复位，CPU 转为 STOP 方式。

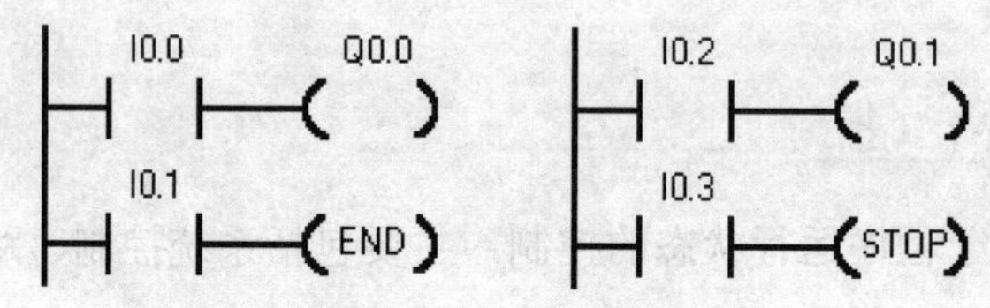

图 6-1 END/STOP 指令的区别

3. 警戒时钟刷新指令 WDR（又称看门狗定时器复位指令）

警戒时钟的定时时间为 300ms，每次扫描它都被自动复位一次，正常工作时，如果扫描周期小于 300ms，警戒时钟不起作用。如果强烈的外部干扰使可编程控制器偏离正常的程序执行路线，警戒时钟不再被周期性的复位，定时时间到，可编程控制器将停止运行。若程序扫描的时间超过 300ms，为了防止在正常的情况下警戒时钟动作，可将警戒时钟刷新指令（WDR）插入到程序中适当的地方，使警戒时钟复位。这样，可以增加一次扫描时间。指令格式如表 6-3 所示。

表 6-3 WDR 指令格式

梯形图	语句表
M2.5 ─┤ ├─(WDR)	LD M2.5 // M2.5 接通时 WDR //重新触发 WDR，允许扩展扫描时间

工作原理：当使能输入有效时，警戒时钟复位。可以增加一次扫描时间。若使能输入无效，警戒时钟定时时间到，程序将终止当前指令的执行，重新起动，返回到第一条指令重新执行。注意：如果使用循环指令阻止扫描完成或严重延迟扫描完成，下列程序只有在扫描循环完成后才能执行：通信（自由口方式除外），I/O 更新（立即 I/O 除外），强制更新，SM 更新，运行时间诊断，中断程序中的 STOP 指令。10ms 和 100ms 定时器对于超过 25s 的扫描不能正确地累计时间。

注意：如果预计扫描时间将超过 500ms，或者预计会发生大量中断活动，可能阻止返回主程序扫描超过 500ms，应使用 WDR 指令，重新触发看门狗计时器。

6.1.2 循环、跳转指令

1. 循环指令

（1）循环指令格式

程序循环结构用于描述一段程序的重复循环执行。由 FOR 和 NEXT 指令构成程序的循环体。FOR 指令标记循环的开始，NEXT 指令为循环体的结束指令。指令格式如表 6-4 所示：

表 6-4 循环（FOR/NEXT）指令格式

梯形图	语句表	指令使用说明
FOR EN ENO ????-INDX ????-INIT ????-FINAL ⋮ (NEXT)	FOR INDX,INIT,FINAL ⋮ NEXT	在 LAD 中，FOR 指令为指令盒格式，EN 为使能输入端。 INDX 为当前值计数器，操作数为：VW，IW，QW，MW，SW，SMW，LW，T，C，AC。 INIT 为循环次数初始值，FINAL 为循环计数终止值。操作数为：VW，IW，QW，MW，SW，SMW，LW，T，C，AC，AIW，常数

（2）循环指令工作原理

工作原理：使能输入 EN 有效，循环体开始执行，执行到 NEXT 指令时返回，每执行一次循环体，当前值计数器 INDX 增 1，达到终止值 FINAL 时，循环结束。

使能输入无效时，循环体程序不执行。每次使能输入有效，指令自动将各参数复位。

FOR/NEXT 指令必须成对使用，循环可以嵌套，最多为 8 层。

2. 跳转指令

跳转指令格式如表 6-5 所示。

表 6-5 跳转（FOR/NEXT）指令格式

梯形图	语句表	指令使用说明
I0.0 1 (JMP) 1 LBL	LD I0.0 JMP 1 … LBL 1	JMP：跳转指令，使能输入有效时，把程序的执行跳转到同一程序指定的标号（n）处执行。LBL：指定跳转的目标标号。操作数 n：0～255。

必须强调的是：跳转指令及标号必须同在主程序内、同一子程序内、同一中断服务程序内，不可由主程序跳转到中断服务程序或子程序，也不可由中断服务程序或子程序跳转到主程序。

3. 应用举例

（1）循环指令示例

如图 6-2 所示程序中，当 I0.0 接通一次，外循环执行 5 次，内循环执行 8 次，即执行 INC_B VB20 的指令 5 次，由 VW10 累计循环次数，因此 VB20 的数值等于 5；执行 INC_B VB21 的指令 40 次，由 VW12 累计循环次数，因此 VB21 的数值等于 40。

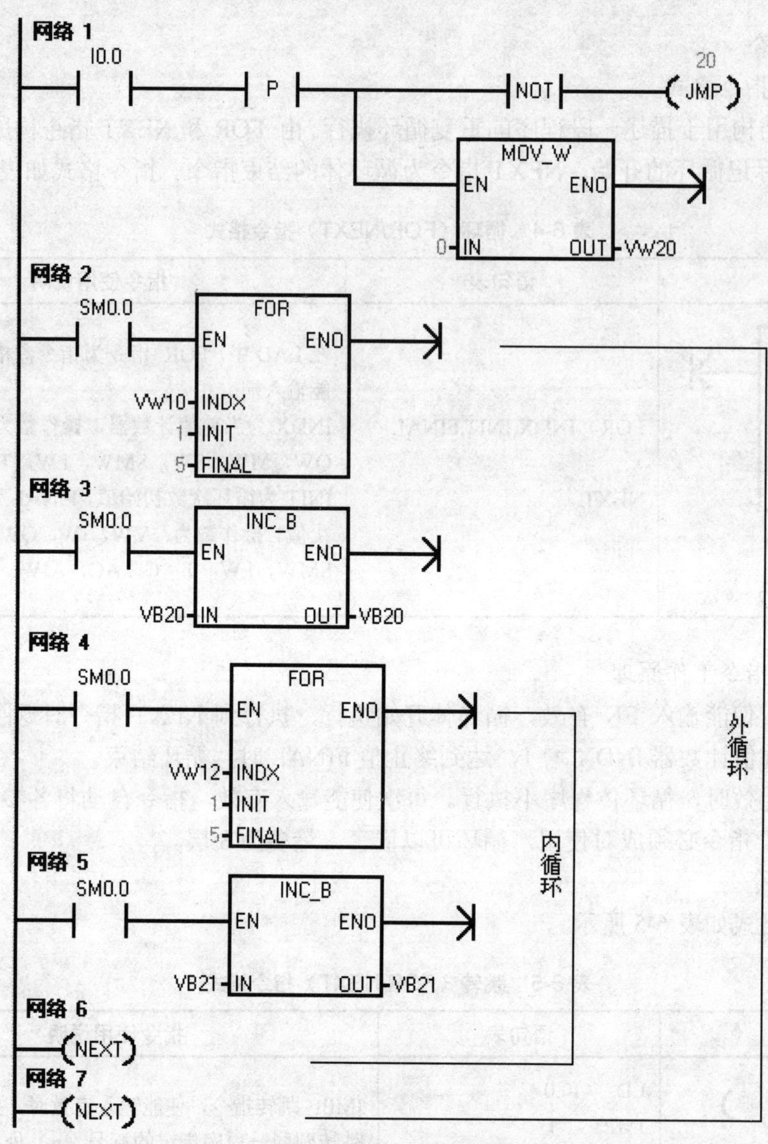

图 6-2　循环指令示例

（2）跳转指令示例

JMP、LBL 指令在工业现场控制中，常用于工作方式的选择。如有 3 台电动机 M1～M3，具有两种起停工作方式：

1）手动操作方式：分别用每个电动机各自的起停按钮控制 M1～M3 的起停状态。

2）自动操作方式：按下起动按钮，M1～M3 每隔 5s 依次起动；按下停止按钮，M1～M3 同时停止。

PLC 控制的外部接线图，程序结构图，梯形图分别如图 6-3（a）、（b）、（c）所示。

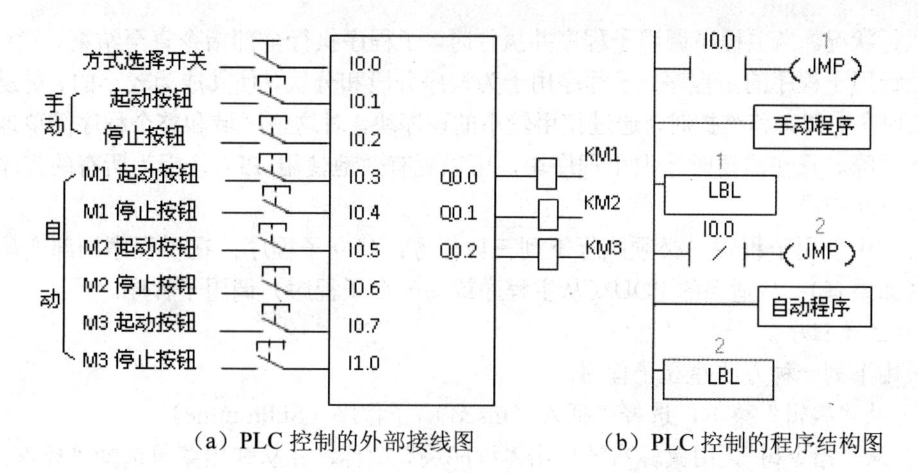

（a）PLC 控制的外部接线图　　（b）PLC 控制的程序结构图

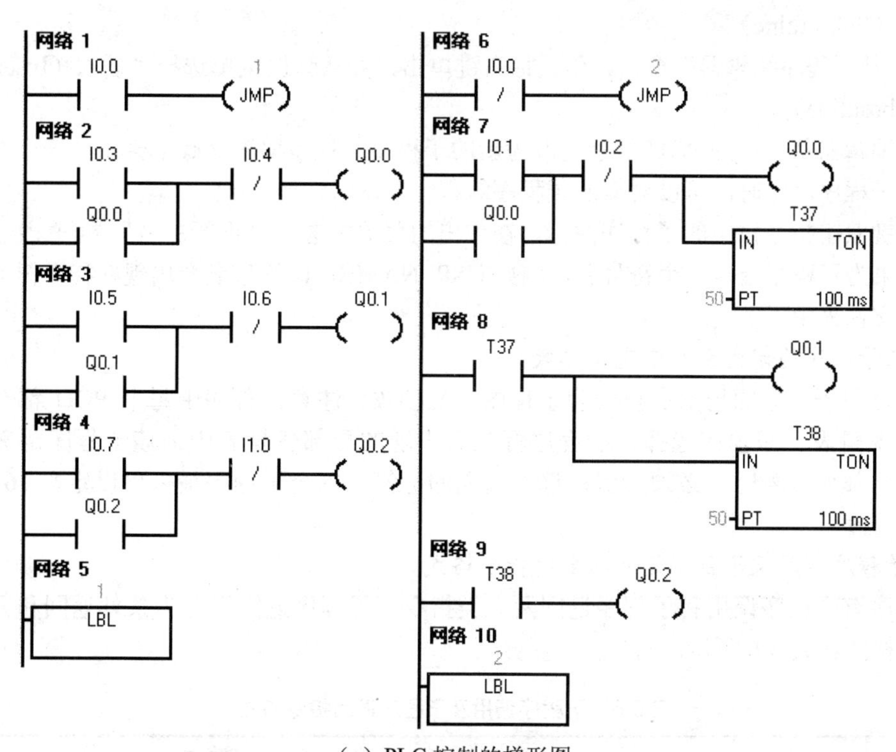

（c）PLC 控制的梯形图

图 6-3　PLC 控制图

从控制要求中，可以看出，需要在程序中体现两种可以任意选择的控制方式。所以运用跳转指令的程序结构可以满足控制要求。如图 6-3（b）所示，当操作方式选择开关闭合时，I0.0 的常开触点闭合，跳过手动程序段不执行；I0.0 的常闭触点断开，选择自动方式程序段执行。而操作方式选择开关断开时的情况与此相反，跳过自动方式程序段不执行，选择手动方式程序段执行。

6.1.3　子程序调用及子程序返回指令

通常将具有特定功能、并且多次使用的程序段作为子程序。主程序中用指令决定具体子程序的执行状况。当主程序调用子程序并执行时，子程序执行全部指令直至结束。然后，系统将返回至调用子程序的主程序。子程序用于为程序分段和分块，使其成为较小的、更易于管理的块。在程序中调试和维护时，通过使用较小的程序块，对这些区域和整个程序简单地进行调试和排除故障。只在需要时才调用程序块，可以更有效地使用 PLC，因为所有的程序块可能无须执行每次扫描。

在程序中使用子程序，必须执行下列三项任务：建立子程序；在子程序局部变量表中定义参数（如果有）；从适当的 POU（从主程序或另一个子程序）调用子程序。

1. 建立子程序

可采用下列一种方法建立子程序：

（1）从“编辑”菜单，选择“插入（Insert）/子程序（Subroutine）”。

（2）从“指令树”，用鼠标右键单击“程序块”图标，并从弹出菜单选择“插入（Insert）→子程序（Subroutine）”。

（3）从“程序编辑器”窗口，用鼠标右键单击，并从弹出菜单选择“插入（Insert）→子程序（Subroutine）”。

程序编辑器从先前的 POU 显示更改为新的子程序。程序编辑器底部会出现一个新标签，代表新的子程序。此时，可以对新的子程序编程。

用右键双击指令树中的子程序图标，在弹出的菜单中选择“重新命名”，可修改子程序的名称。如果为子程序指定一个符号名，例如 USR_NAME，该符号名会出现在指令树的“子例行程序”文件夹中。

2. 在子程序局部变量表中定义参数

可以使用子程序的局部变量表为子程序定义参数。注意：程序中每个 POU 都有一个独立的局部变量表，必须在选择该子程序标签后出现的局部变量表中为该子程序定义局部变量。编辑局部变量表时，必须确保已选择适当的标签。每个子程序最多可以定义 16 个输入/输出参数。

3. 子程序调用及子程序返回指令的指令格式

子程序有子程序调用和子程序返回两大类指令，子程序返回又分为条件返回和无条件返回。指令格式如表 6-6 所示。

表 6-6　子程序调用及子程序返回指令格式

梯形图	语句表
SBR_0 EN	CALL　SBR_0 CRET
—(RET)	RET

CALL SBRn：子程序调用指令。在梯形图中为指令盒的形式。子程序的编号 n 从 0 开始，随着子程序个数的增加自动生成。操作数：n：0～63。

CRET：子程序条件返回指令，条件成立时结束该子程序，返回原调用处的指令 CALL 的下一条指令。

RET：子程序无条件返回指令，子程序必须以本指令作结束。由编程软件自动生成。

需要说明的是：

（1）子程序可以多次被调用，也可以嵌套（最多8层），还可以自己调用自己。

（2）子程序调用指令用在主程序和其他调用子程序的程序中，子程序的无条件返回指令在子程序的最后网络段，梯形图指令系统能够自动生成子程序的无条件返回指令，用户无须输入。

4. 带参数的子程序调用指令

（1）带参数的子程序的概念及用途

子程序可能有要传递的参数（变量和数据），这时可以在子程序调用指令中包含相应参数，它可以在子程序与调用程序之间传送。如果子程序仅用要传递的参数和局部变量，则为带参数的子程序（可移动子程序）。为了移动子程序，应避免使用任何全局变量/符号（I、Q、M、SM、AI、AQ、V、T、C、S、AC 内存中的绝对地址），这样可以导出子程序并将其导入另一个项目。子程序中的参数必须有一个符号名（最多为23个字符）、一个变量类型和一个数据类型。子程序最多可传递16 个参数。传递的参数在子程序局部变量表中定义，如图6-4所示。

	Name	Var Type	Data Type	Comment
	EN	IN	BOOL	
L0.0	IN1	IN	BOOL	
LB1	IN2	IN	BYTE	
L2.0	IN3	IN	BOOL	
LD3	IN4	IN	DWORD	
		IN		
LD7	INOUT	IN_OUT	REAL	
		IN_OUT		
LD11	OUT	OUT	REAL	
		OUT		

图6-4　局部变量表

（2）变量的类型

局部变量表中的变量有IN、OUT、IN/OUT和TEMP等4种类型。

IN（输入）型：将指定位置的参数传入子程序。如果参数是直接寻址（例如VB10），在指定位置的数值被传入子程序。如果参数是间接寻址，（例如*AC1），地址指针指定地址的数值被传入子程序。如果参数是数据常量（16#1234）或地址（&VB100），常量或地址数值被传入子程序。

IN_OUT（输入一输出）型：将指定参数位置的数值传入子程序，并将子程序的执行结果的数值返回至相同的位置。输入/输出型的参数不允许使用常量（例如16#1234）和地址（例如&VB100）。

OUT（输出）型：将子程序的结果数值返回至指定的参数位置。常量（例如16#1234）和地址（例如&VB100）不允许用作输出参数。

在子程序中可以使用IN、IN_OUT、OUT类型的变量和调用子程序POU之间传递参数。

TEMP型：是局部存储变量，只能用于子程序内部暂时存储中间运算结果，不能用来传递参数。

（3）数据类型

局部变量表中的数据类型包括：能流、布尔（位）、字节、字、双字、整数、双整数和实数型。

能流：能流仅用于位（布尔）输入。能流输入必须用在局部变量表中其他类型输入之前。只有输入参数允许使用。在梯形图中表达形式为用触点（位输入）将左侧母线和子程序的指令盒连接起来。如表 6-7 中的使能输入（EN）和 IN1 输入使用布尔逻辑。

布尔：该数据类型用于位输入和输出。如表 6-7 中的 IN3 是布尔输入。

字节、字、双字：这些数据类型分别用于 1、2 或 4 个字节不带符号的输入或输出参数。

整数、双整数：这些数据类型分别用于 2 或 4 个字节带符号的输入或输出参数。

实数：该数据类型用于单精度（4 个字节）IEEE 浮点数值。

表 6-7 带参数子程序调用

梯形图	语句表
Network 1 I0.0 —EN SBR_0 I0.1 —IN1 VB10 -IN2 OUT- VD200 I1.0 -IN3 &VB100 -IN4 *AC1 -INOUT	STL 主程序 LD I0.0 = L60.0 LD I0.1 = L63.7 LD L60.0 CALL SBR_0 L63.7 VB10 I1.0 &VB100 *AC1 VD200

（4）建立带参数子程序的局部变量表

局部变量表隐藏在程序显示区，将梯形图显示区向下拖动，可以露出局部变量表，在局部变量表输入变量名称、变量类型、数据类型等参数以后，双击指令树中子程序（或选择点击方框快捷按钮 F9，在弹出的菜单中选择子程序项），在梯形图显示区显示出带参数的子程序调用指令盒。

局部变量表变量类型的修改方法：用光标选中变量类型区，点击鼠标右键得到一个下拉菜单，点击选中的类型，在变量类型区光标所在处可以得到选中的类型。

子程序传递的参数放在子程序的局部存储器（L）中，局部变量表最左列是系统指定的每个被传递参数的局部存储器地址。

（5）带参数子程序调用指令格式

对于梯形图程序，在子程序局部变量表中为该子程序定义参数后（见图 6-4），将生成客户化的调用指令块（见表 6-7），指令块中自动包含子程序的输入参数和输出参数。在 LAD 程序的 POU 中插入调用指令：第一步，打开程序编辑器窗口中所需的 POU，光标滚动至调用子程序的网络处。第二步，在指令树中，打开“子程序”文件夹然后双击。第三步，为调用指令参数指定有效的操作数。有效操作数为：存储器的地址、常量、全局变量以及调用指令所在的 POU 中的局部变量（并非被调用子程序中的局部变量）。

注意：①如果在使用子程序调用指令后，修改该子程序的局部变量表，调用指令则无效。必须删除无效调用，并用反映正确参数的最新调用指令代替该调用。②子程序和调用程序共用累加器，不会因使用子程序而对累加器执行保存或恢复操作。

带参数子程序调用的 LAD 指令格式如表 6-7 所示。表 6-7 中的 STL 主程序是由编程软件

STEP-7Micro/WIN32 从 LAD 程序建立的 STL 代码。注意：系统保留局部变量存储器 L 内存的 4 个字节（LB60～LB63），用于调用参数。表 6-8 中，L 内存（如 L60、L63.7）被用于保存布尔输入参数，此类参数在 LAD 中被显示为能流输入。表 6-8 中由 Micro/WIN 从 LAD 图形建立的 STL 代码，可在 STL 视图中显示。

若用 STL 编辑器输入与表 6-8 相同的子程序，语句表编程的调用程序为：

```
LD   I0.0
CALL SBR_0   I0.1, VB10, I1.0 ,&VB100, *AC1 ,VD200
```

需要说明的是：该程序只能在 STL 编辑器中显示，因为用作能流输入的布尔参数，未在 L 内存中保存。

子程序调用时，输入参数被拷贝到局部存储器。子程序完成时，从局部存储器拷贝输出参数到指令的输出参数地址。

在带参数的“调用子程序”指令中，参数必须与子程序局部变量表中定义的变量完全匹配。参数顺序必须以输入参数开始，其次是输入/输出参数，然后是输出参数。位于指令树中的子程序名称的工具将显示每个参数的名称。

调用带参数子程序使 ENO=0 的错误条件是：0008（子程序嵌套超界），SM4.3（运行时间）。

6.2 项目实施

6.2.1 用基本指令完成物料传送设备的 PLC 控制设计

1. 控制电路要求

（1）按下起动按钮 SB1，台车电动机正转（由 KM1 控制）。台车第一次前进，碰到限位开关 SQ3 后，台车第一次卸料，T38 计时 15s，时间到后电动机反转（由 KM2 控制），台车后退。

（2）台车后退碰到限位开关 SQ2 后，电动机 M 停转，台车装料，T37 计时 20s 后，第二次前进，碰到限位开关 SQ1，台车第二次卸料，T38 计时 15s，时间到后电动机反转（由 KM2 控制），再次后退。

（3）当后退再次碰到限位开关 SQ2 时，电动机停止，台车装料。

台车运行示意图如图 6-5 所示。

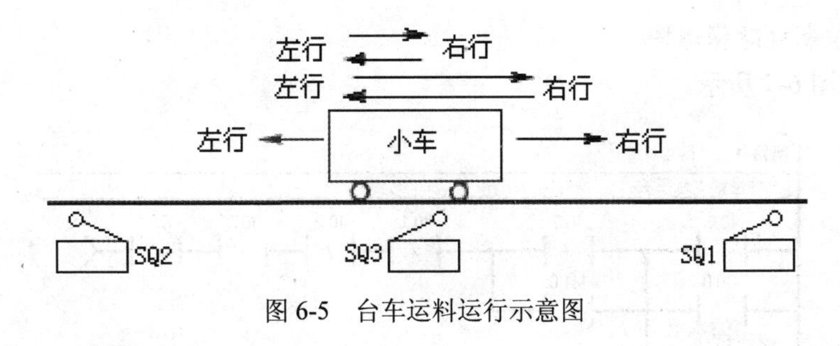

图 6-5　台车运料运行示意图

2. I/O 配置

PLC 的 I/O 配置如符号表 6-8 所示。

表 6-8 PLC 的 I/O 配置

序号	类型	设备名称	信号地址	编号
1	输入	左行起动按钮	I0.0	SB1
2		右行起动按钮	I0.1	SB2
3		停止按钮	I0.2	SB3
4		右行限位开关	I0.3	SQ1
5		左行限位开关	I0.4	SQ2
6		中间限位开关	I0.5	SQ3
7	输出	右行控制接触器	Q0.0	KM1
8		左行控制接触器	Q0.1	KM2
9		装料电磁阀	Q0.2	YV1
10		卸料电磁阀	Q0.3	YV2

3. 输入/输出接线

PLC 的 I/O 接线图如图 6-6 所示。

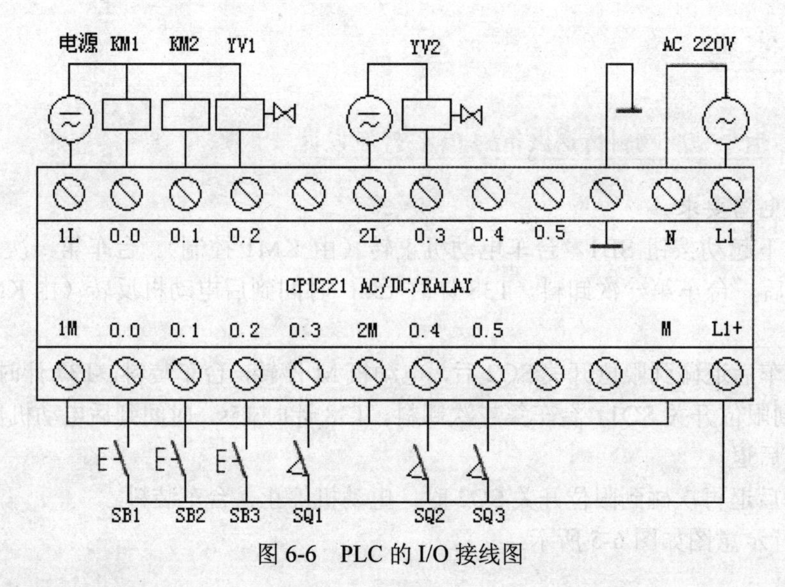

图 6-6 PLC 的 I/O 接线图

4. PLC 控制电路梯形图

梯形图如图 6-7 所示。

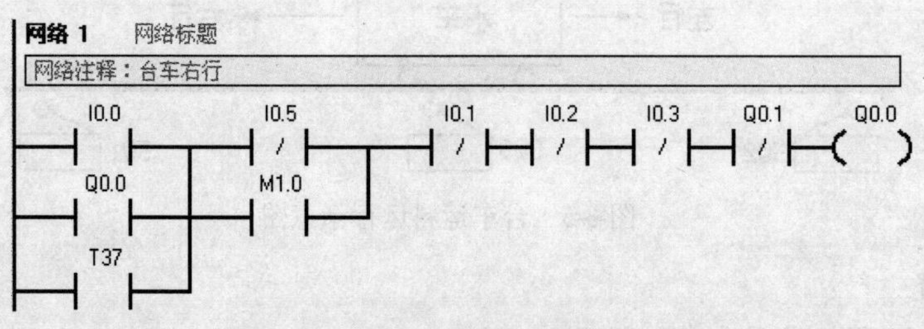

图 6-7 用基本指令设计梯形图

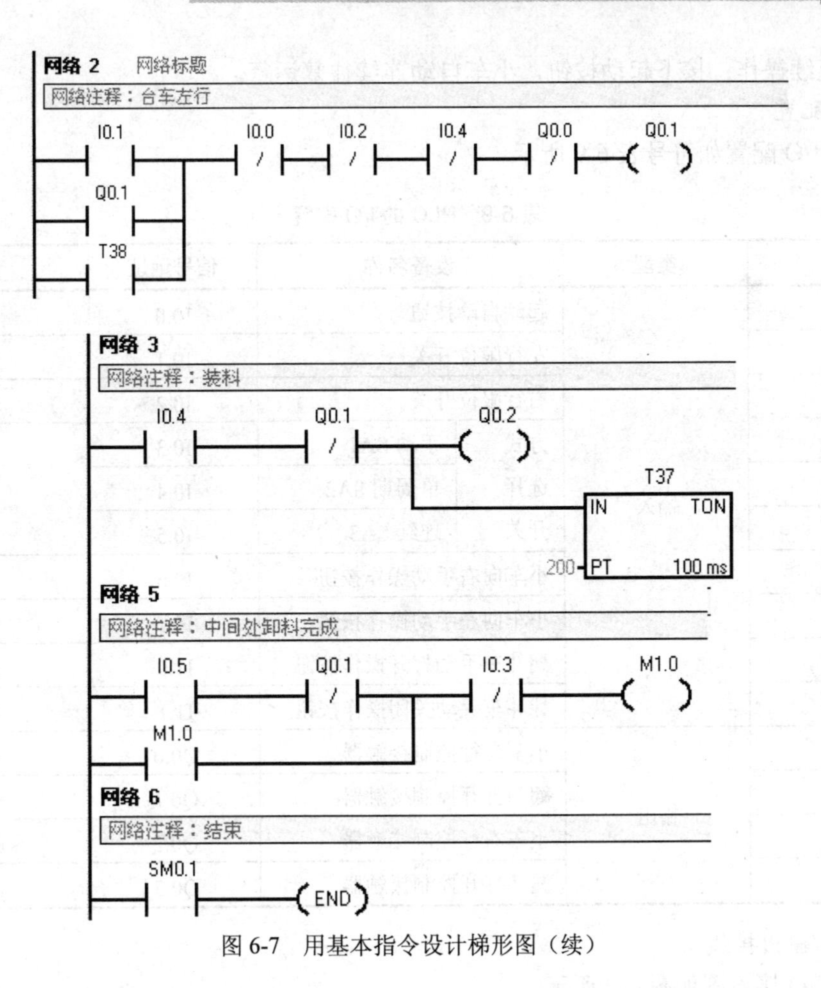

图 6-7　用基本指令设计梯形图（续）

6.2.2　用顺序控制指令完成物料传送设备的 PLC 控制设计

1．控制电路要求

图 6-8 为运料小车运行控制示意图。当小车处于左端时，按下起动按钮，小车向左运行，行进至左端压下前限位开关，翻斗车门打开装货，7s 后关闭翻斗车门，小车向右行，行进至右端压下后限位开关，打开小车底门卸货，5s 后底门关闭，完成一次动作。

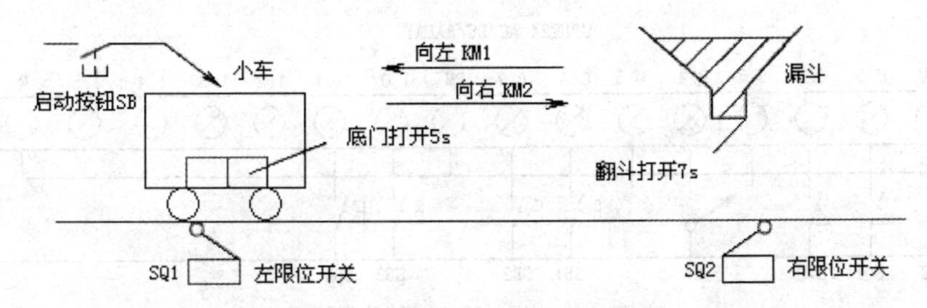

图 6-8　运料小车运行控制示意图

要求控制运料小车的运行有以下几种工作方式：

（1）手动操作：用各自的控制按钮来一一对应地接通或断开各负载的工作方式。

（2）单周期操作：按下起动按钮，小车往复运行一次后，停在后端等待下次起动。

（3）连续操作：按下起动按钮，小车自动连续往复运行。

2. I/O 配置

PLC 的 I/O 配置如符号表 6-9 所示。

表 6-9 PLC 的 I/O 配置

序号	类型	设备名称		信号地址	编号
1	输入	起动自动按钮		I0.0	SB
2		左行限位开关		I0.1	SQ1
3		右行限位开关		I0.2	SQ2
4		方式选择开关	手动 SA1	I0.3	SA
5			单周期 SA2	I0.4	
6			连续 SA3	I0.5	
7		小车向右手动操作按钮		I0.6	SB1
8		小车向左手动操作按钮		I0.7	SB2
9		翻斗车手动打开操作按钮		I1.0	SB3
10		翻斗车手动关闭操作按钮		I1.1	SB4
11	输出	小车左行控制接触器		Q0.0	KM1
12		翻门打开控制接触器		Q0.1	KM2
13		小车右行控制接触器		Q0.2	KM3
14		漏斗打开控制接触器		Q0.3	KM4

3. 输入/输出接线

PLC 的 I/O 接线图如图 6-9 所示。

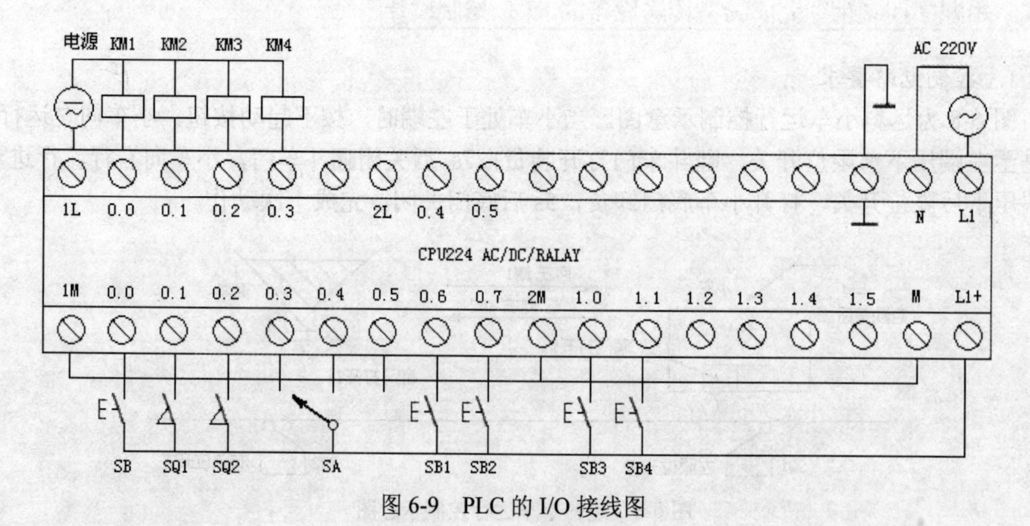

图 6-9 PLC 的 I/O 接线图

4. PLC 控制电路设计

（1）总程序结构

图 6-10 是总程序结构图，其中包括手动程序和自动程序两个程序块，由跳转指令选择执行。

当方式选择开关 SA 接通手动操作方式时，触点 SA1（I0.3）闭合，触点 SA2（I0.4）、SA3（I0.5）断开，跳过自动程序不执行。当方式选择开关 SA 接通单周期或连续工作方式时，触点 SA1（I0.3）断开，触点 SA2（I0.4）或 SA3（I0.5）闭合，使程序跳过手动程序而执行自动程序。

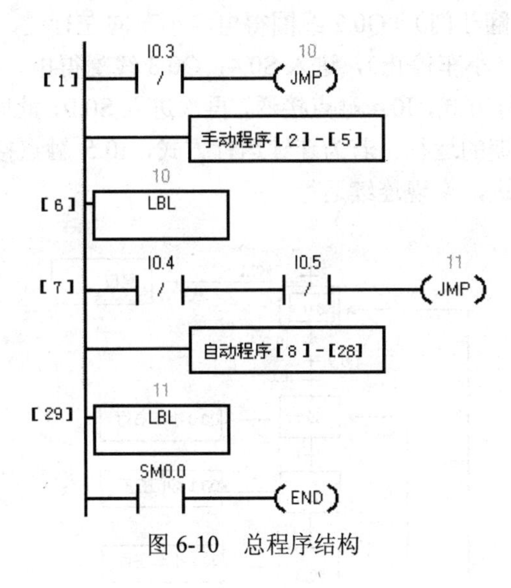

图 6-10　总程序结构

（2）手动控制程序

手动操作方式的梯形图程序如图 6-11 所示。

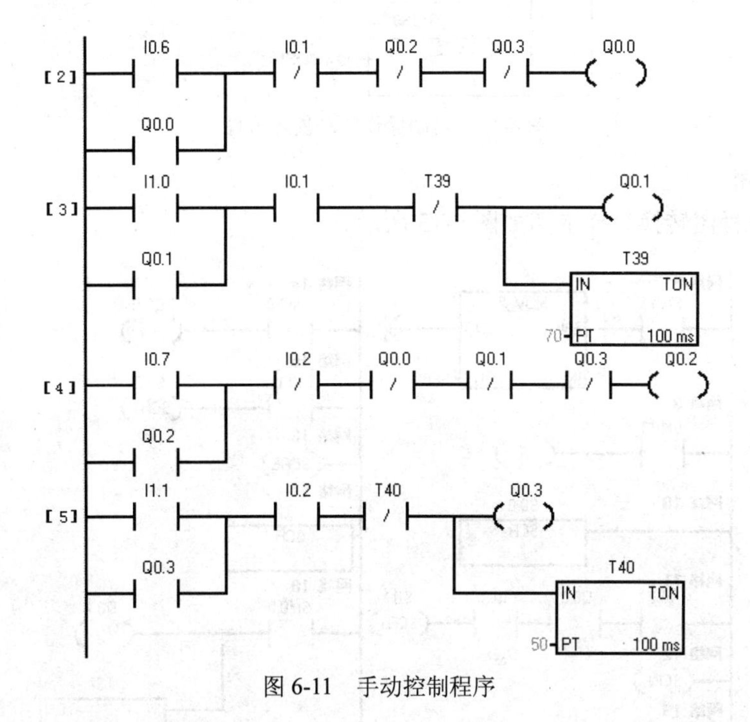

图 6-11　手动控制程序

（3）自动操作的功能流程图

自动运行方式的功能流程图如图 6-12 所示。当在 PLC 进入 RUN 状态前就选择了单周期或连续操作方式时，程序一开始运行初始化脉冲 SM0.1，使 S0.0 置位为 1，此时若小车在左限位开关处，且底门关闭，I0.2 常开触点闭合，Q0.3 常闭触点闭合，按下起动按钮，I0.0 触点闭合，则进入 S0.1，关断 S0.0，Q0.0 线圈得电，小车向右运行；小车行至右限位开关处，I0.1 触点闭合，进入 S0.2，关断 S0.1，Q0.1 线圈得电，翻斗门打开装料，7s 后，T37 触点闭合进入 S0.3，关断 S0.2（关闭翻斗门），Q0.2 线圈得电，小车向左行进，小车行至左限位开关处，I0.2 触点闭合，关断 S0.3（小车停止），进入 S0.4，Q0.3 线圈得电，底门打开卸料，5s 后 T38 触点闭合。若为单周期运行方式，I0.4 触点接通，再次进入 S0.0，此时如果按下起动按钮，I0.0 触点闭合，则开始下一周期的运行；若为连续运行方式，I0.5 触点接通，进入 S0.1，Q0.0 线圈得电，小车再次向右行进，实现连续运行。

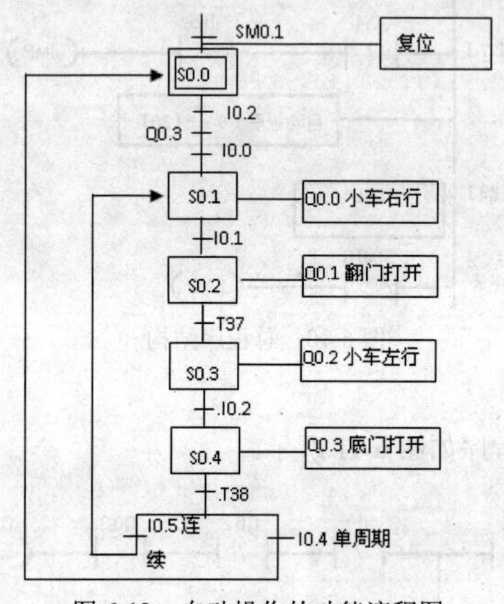

图 6-12　自动操作的功能流程图

（4）梯形图

将该功能流程图转换为梯形图如图 6-13 所示。

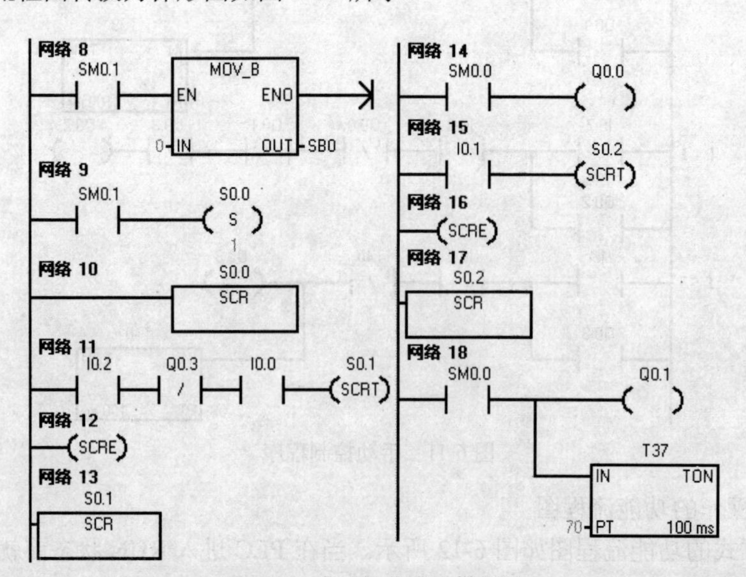

图 6-13　自动操作步进梯形图

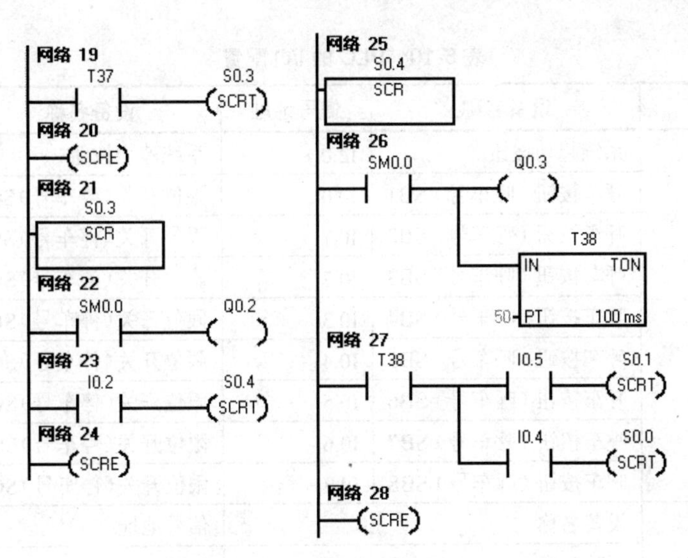

图 6-13　自动操作步进梯形图（续）

6.3　知识拓展

台车的呼车控制设计

有一部电动运输小车供 8 个加工点使用。各工位的限位开关和呼车按钮布置如图 6-14 所示，图中 SQ 和 SB 的编号也是各工位的编号。SQ 为滚轮式的，可自动复位。

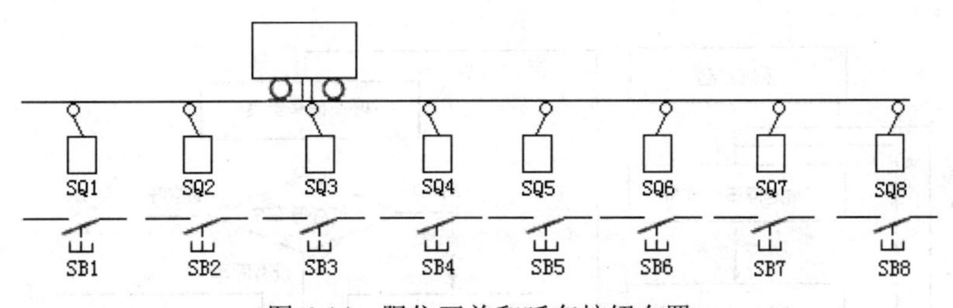

图 6-14　限位开关和呼车按钮布置

1. 控制要求

（1）送料车开始应能停留在 8 个工作台中的任意一个到位开关的位置上。PLC 上电后，车停在某个加工点（以下称工位）。若没有用车呼叫（以下称呼车）时，则各工位的指示灯亮，表示各工位可以呼车。

（2）若某工位呼车（按本位的呼车按钮）时，各位的指示灯均灭，表示此后再呼车无效。

（3）停车位呼车则小车不动。当呼车位号大于停车位号时，小车自动向高位行驶；当呼车位号小于停车位号时，小车自动向低位行驶。当小车到达呼车位时自动停车。

（4）小车到达呼车位时应停留 30s，供该工位使用，不应立即被其他工位呼走。

（5）临时停电后再复电，小车不会自动起动。

2. I/O 配置

PLC 的 I/O 配置如符号表 6-10 所示。

表6-10 PLC的I/O配置

序号	类型	设备名称	信号地址	设备名称	信号地址
1	输入	系统起动按钮	I2.0	系统停止按钮	I2.1
2		呼车按钮（呼车号）SB1	I0.0	限位开关（停车号）SQ1	I1.0
3		呼车按钮（呼车号）SB2	I0.1	限位开关（停车号）SQ2	I1.1
4		呼车按钮（呼车号）SB3	I0.2	限位开关（停车号）SQ3	I1.2
5		呼车按钮（呼车号）SB4	I0.3	限位开关（停车号）SQ4	I1.3
6		呼车按钮（呼车号）SB5	I0.4	限位开关（停车号）SQ5	I1.4
7		呼车按钮（呼车号）SB6	I0.5	限位开关（停车号）SQ6	I1.5
8		呼车按钮（呼车号）SB7	I0.6	限位开关（停车号）SQ7	I1.6
9		呼车按钮（呼车号）SB8	I0.7	限位开关（停车号）SQ8	I1.7
10	输出	设备名称		信号地址	
11		可呼车指示		Q0.0	
12		电动机正转接触器		Q0.1	
13		电动机反转接触器		Q0.2	

为了区别，工位依1～8编号，并各设一个限位开关；为了呼车，每个工位设一呼车按钮，系统设起动及停车按钮各一个；小车设正反转接触器各一个。每工位设呼车指示灯各一个，且并联接在某一输出口上。

3. 顺序流程图

PLC的顺序流程图如图6-15所示。

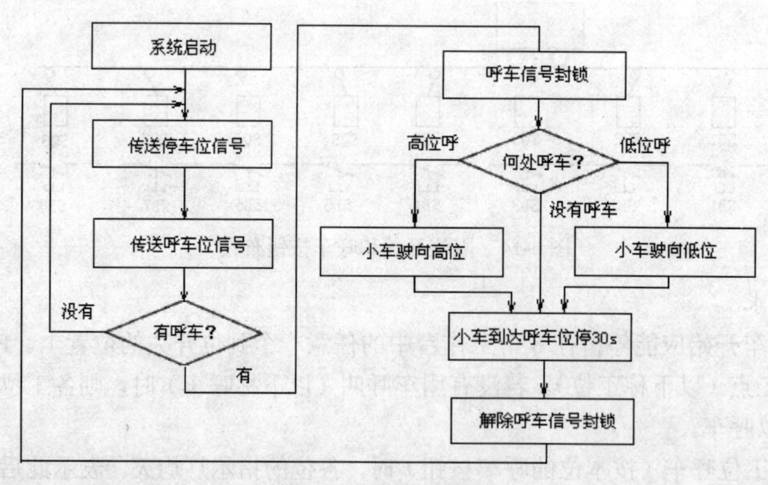

图6-15 顺序流程图

4. 梯形图

为了实现上述功能，选择S7-200 PLC的CPU226型。根据控制要求，采用传送指令和比较指令，即先把小车所在工位号传送到一个内存单元VB100中，再把呼车的工位号传送到另一个内存单元VB110中，然后将这两个内存单元的内容进行比较。M0.0为系统起动中间继电器，M0.1为呼车封锁中间继电器。

程序的编制如下：

（1）主程序如图 6-16 所示。

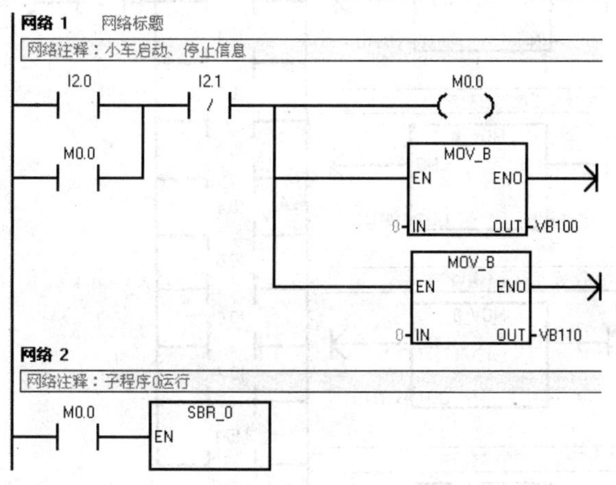

图 6-16　主程序

（2）子程序如图 6-17 所示。

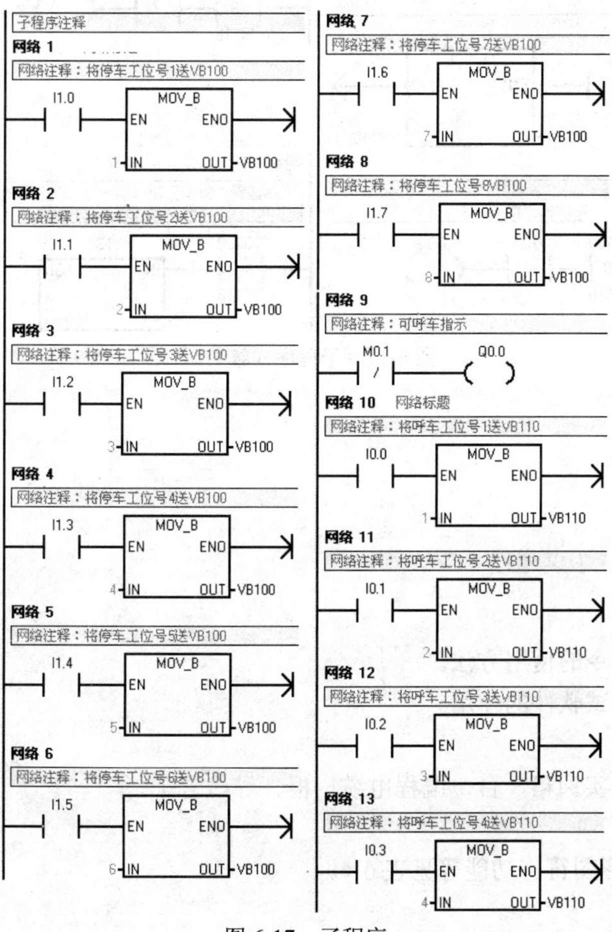

图 6-17　子程序

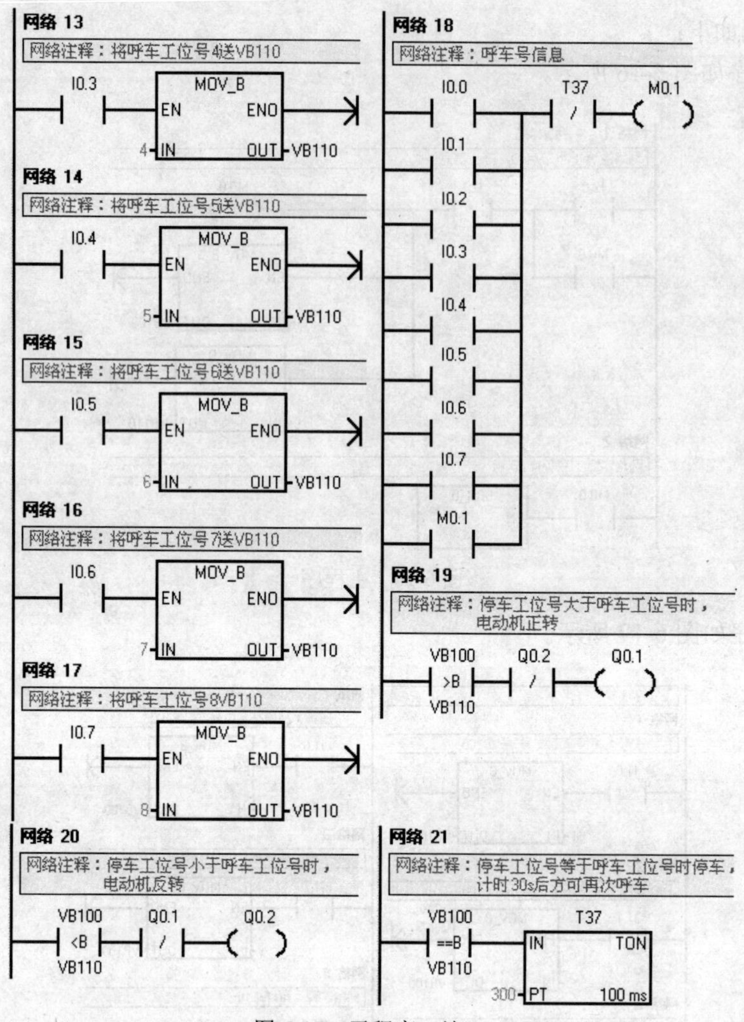

图 6-17　子程序（续）

6.4　技能实训

6.4.1　跳转指令应用设计与调试

1．实训目的

（1）掌握跳转指令的使用方法。

（2）熟悉编译调试软件的使用。

2．实训器材

PC 机一台、PLC 实训箱一台、编程电缆一根、导线若干。

3．实训内容

跳转指令符、梯形图符、功能等见表 6-4。

4. 实训步骤

（1）实训前，先用下载电缆将PC机串口与S7-200 CPU226主机的PORT1端口连好，然后对实训箱通电，并打开24V电源开关。主机和24V电源的指示灯亮，表示工作正常，可进入下一步实训。

（2）进入编译调试环境，用指令符或梯形图输入下列练习程序。

（3）根据程序，进行相应的连线（接线可参见项目1“输入/输出端口的使用方法”）。

（4）下载程序并运行，观察运行结果。

练习1（见图6-18）：

```
Network 1
LD      SM0.0
AN      T38
TON     T37, +5
Network 2
LD      T37
TON     T38, +5
=       M0.0
Network 3
LD      I0.0
JMP     1
Network 4
LD      M0.0
=       Q0.0
Network 5
LBL     1
Network 6
LD      M0.0
=       Q0.1
```

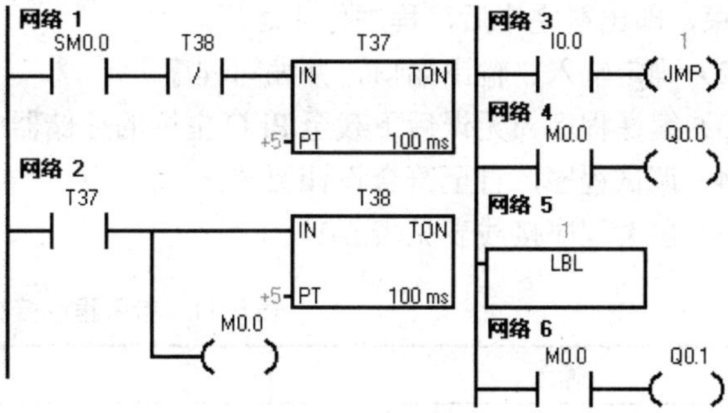

图6-18　练习1图

练习2：自行设计一个使用跳转指令的程序，并上机验证。

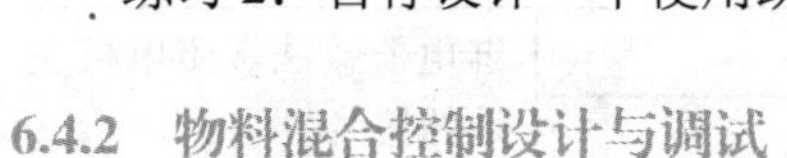

6.4.2　物料混合控制设计与调试

1. 实训目的

（1）掌握功能指令的用法。

（2）掌握物料混合控制程序的设计。

2. 实训器材

PC机一台、PLC实训箱一台、物料混合控制模块、编程电缆一根、导线若干。

3. 实训内容及步骤

（1）设计要求：设计一个物料混合控制程序，模块示意图如图6-19所示。

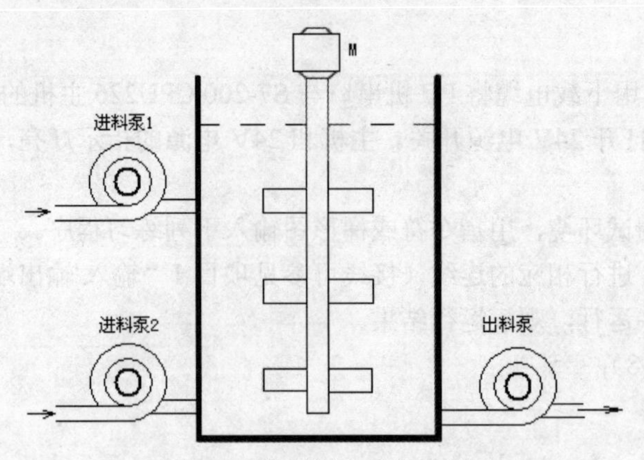

图 6-19　物料混合系统示意图

要求先起动进料泵 1，进料完毕后，进料泵 1 关闭，再起动进料泵 2，进料完毕后，进料泵 2 关闭，搅拌机开始工作，先正转 5 分钟，然后反转 5 分钟，搅拌机停止工作，打开出料阀出料。待料出完后，重复上述过程。当按下停止按钮后，如果正在一个循环中，那么等待当前循环结束，即出料完毕后，程序停止运行。

（2）确定输入、输出端口，并编写程序。

（3）编译程序，无误后下载至 PLC 主机的存储器中，并运行程序。

（4）调试程序，直至符合设计要求。

（5）参考程序接线表见表 6-11。

表 6-11　参考程序接线

输入			输出		
主机	实训模块	注释	主机	实训模块	注释
I0.0	起动	起动	Q0.0	进料 1	Q0.0
I0.1	停止	停止	Q0.1	进料 2	Q0.1
			Q0.2	出料	Q0.2
1M	24V		1L	24V	
	0V←→COM				
			Q0.4	正转	继电器接法参照电机左边的接线图
			Q0.5	反转	
			2L	0V	

思考与练习

1．用传送指令控制输出的变化，要求控制 Q0.0～Q0.7 对应的 8 个指示灯，在 I0.0 接通时，使输出隔位接通，在 I0.1 接通时，输出取反后隔位接通。上机调试程序，记录结果。如果改变传送的数值，输出的状态如何变化，从而学会设置输出的初始状态。

2．编制检测上升沿变化的程序。每当 I0.0 接通一次，使存储单元 VW0 的值加 1，如果计数达到 5，输出 Q0.0 接通显示，用 I0.1 使 Q0.0 复位。

3．设计故障信息显示电路，若故障信号 I0.0 为 1，使 Q0.0 控制的指示灯以 1Hz 的频率闪烁（可以使用 SM0.5 的触点）。操作人员按复位按钮 I0.1 后，如果故障已经消失，指示灯熄灭。如果没有消失，指示灯转为常亮，直至故障消失。

4．用 PLC 构成四节传送带控制系统，如图 6-20 所示。控制要求如下：起动后，先起动最末的皮带机，1s 后再依次起动其他的皮带机；停止时，先停止最初的皮带机，1s 后再依次停止其他的皮带机；当某条皮带机发生故障时，该机及前面的应立即停止，以后的每隔 1s 顺序停止；当某条皮带机有重物时，该皮带机前面的应立即停止，该皮带机运行 1s 后停止，再 1s 后接下去的一台停止，依此类推。要求列出 I/O 分配表，编写四节传送带故障设置控制梯形图程序和载重设置控制梯形图程序并上机调试程序。

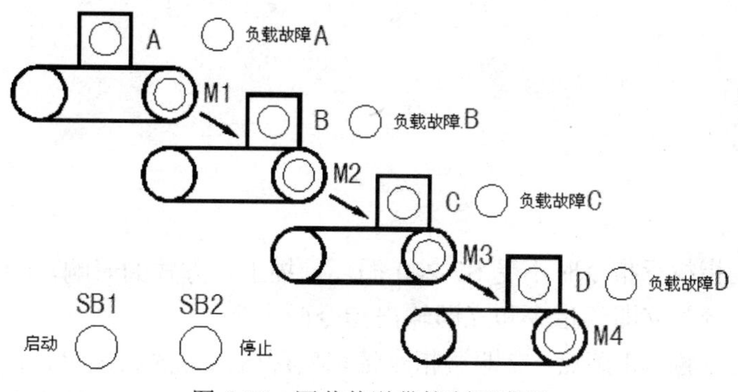

图 6-20　四节传送带控制示意图

5．设计图 6-21 所示的顺序功能图的梯形图程序。

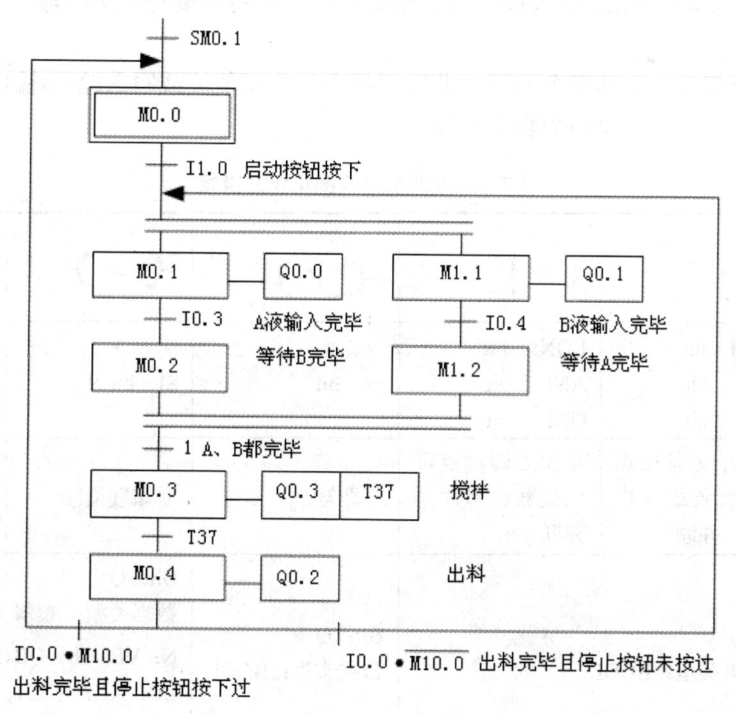

图 6-21　5 题图

项目 7 机械手的 PLC 控制

7.1 相关知识

7.1.1 立即类指令

立即类指令是指执行指令时不受 S7-200 循环扫描工作方式的影响，而对实际的 I/O 点立即进行读写操作。分为立即读指令和立即输出指令两大类。

立即读指令用于输入 I 接点，立即读指令读取实际输入点的状态时，并不更新该输入点对应的输入映像寄存器的值。如：当实际输入点（位）是 1 时，其对应的立即触点立即接通；当实际输入点（位）是 0 时，其对应的立即触点立即断开。

立即输出指令用于输出 Q 线圈，执行指令时，立即将新值写入实际输出点和对应的输出映像寄存器。

立即类指令与非立即类指令不同，非立即指令仅将新值读或写入输入/输出映像寄存器。

立即类指令的格式及说明如表 7-1 所示。

表 7-1 立即类指令的格式及说明

梯形图	??.? ┤ I ├	??.? ┤ /I ├	??.? ─(I)	??.? ─(SI) ????	??.? (RI) ????
语句表	LDI bit AI bit OI bit	LDNI bit ANI bit ONI bit	=I bit	SI bit,N	RI bit,N
说明	常开立即触点可以装载，串联，并联	常闭立即触点可以装载，串联，并联	立即输出	立即置位	立即复位
操作数及数据类型	Bit：I 数据类型：BOOL		Bit：Q 数据类型：BOOL	Bit：Q 数据类型：布尔 N：VB，IB，QB，MB，SMB，SB，LB，AC，常量，*VD，*AC，*LD 数据类型：字节	

7.1.2　中断指令

S7-200 设置了中断功能，用于实时控制、高速处理、通信和网络等复杂和特殊的控制任务。中断就是终止当前正在运行的程序，去执行为立即响应的信号而编制的中断服务程序，执行完毕再返回原先被终止的程序并继续运行。

1. 中断源

（1）中断源的类型

中断源即发出中断请求的事件，又叫中断事件。为了便于识别，系统给每个中断源都分配一个编号，称为中断事件号。S7-200 系列可编程控制器最多有 34 个中断源，分为三大类：通信中断、输入/输出中断和时基中断。

1）通信中断。在自由口通信模式下，用户可通过编程来设置波特率、奇偶校验和通信协议等参数。用户通过编程控制通讯端口的事件为通信中断。

2）I/O 中断。I/O 中断包括外部输入上升/下降沿中断、高速计数器中断和高速脉冲输出中断。S7-200 用输入（I0.0、I0.1、I0.2 或 I0.3）上升/下降沿产生中断。这些输入点用于捕获在发生时必须立即处理的事件。高速计数器中断指对高速计数器运行时产生的事件实时响应，包括当前值等于预设值时产生的中断，计数方向改变时产生的中断或计数器外部复位产生的中断。脉冲输出中断是指预定数目脉冲输出完成而产生的中断。

3）时基中断。时基中断包括定时中断和定时器 T32/T96 中断。定时中断用于支持一个周期性的活动。周期时间从 1～255ms，时基是 1ms。使用定时中断 0，必须在 SMB34 中写入周期时间；使用定时中断 1，必须在 SMB35 中写入周期时间。将中断程序连接在定时中断事件上，若定时中断被允许，则计时开始，每当达到定时时间值，执行中断程序。定时中断可以用来对模拟量输入进行采样或定期执行 PID 回路。定时器 T32/T96 中断指允许对指定时间间隔产生中断。这类中断只能用时基为 1ms 的定时器 T32/T96 构成。当中断被启用后，当前值等于预置值时，在 S7-200 执行的正常 1ms 定时器更新的过程中，执行连接的中断程序。

（2）中断优先级和排对等候

优先级是指多个中断事件同时发出中断请求时，CPU 对中断事件响应的优先次序。S7-200 规定的中断优先由高到低依次是：通信中断、I/O 中断和定时中断。每类中断中不同的中断事件又有不同的优先权，如表 7-2 所示。

表 7-2　中断事件及优先级

优先级分组	组内优先级	中断事件号	中断事件说明	中断事件类别
通信中断	0	8	通信口 0：接收字符	通信口 0
	0	9	通信口 0：发送完成	
	0	23	通信口 0：接收信息完成	
	1	24	通信口 1：发送信息完成	通信口 1
	1	25	通信口 1：接收字符	
	1	26	通信口 1：发送完成	

续表

优先级分组	组内优先级	中断事件号	中断事件说明	中断事件类别
I/O 中断	0	19	PTO 0 脉冲串输出完成中断	脉冲输出
	1	20	PTO 1 脉冲串输出完成中断	
	2	0	I0.0 上升沿中断	外部输入
	3	2	I0.1 上升沿中断	
	4	4	I0.2 上升沿中断	
	5	6	I0.3 上升沿中断	
	6	1	I0.0 下降沿中断	
	7	3	I0.1 下降沿中断	
	8	5	I0.2 下降沿中断	
	9	7	I0.3 下降沿中断	
	10	12	HSC0 当前值=预置值中断	高速计数器
	11	27	HSC0 计数方向改变中断	
	12	28	HSC0 外部复位中断	
	13	13	HSC1 当前值=预置值中断	
	14	14	HSC1 计数方向改变中断	
	15	15	HSC1 外部复位中断	
	16	16	HSC2 当前值=预置值中断	
	17	17	HSC2 计数方向改变中断	
	18	18	HSC2 外部复位中断	
	19	32	HSC3 当前值=预置值中断	
	20	29	HSC4 当前值=预置值中断	
	21	30	HSC4 计数方向改变	
	22	31	HSC4 外部复位	
	23	33	HSC5 当前值=预置值中断	
定时中断	0	10	定时中断 0	定时
	1	11	定时中断 1	
	2	21	定时器 T32 CT=PT 中断	定时器
	3	22	定时器 T96 CT=PT 中断	

一个程序中总共可有 128 个中断。S7-200 在各自的优先级组内按照先来先服务的原则为中断提供服务。在任何时刻，只能执行一个中断程序。一旦一个中断程序开始执行，则一直执行至完成。不能被另一个中断程序打断，即使是更高优先级的中断程序。中断程序执行中，新的中断请求按优先级排队等候。中断队列能保存的中断个数有限，若超出，则会产生溢出。中断队列的最多中断个数和溢出标志位如表 7-3 所示。

2. 中断指令

中断指令有 4 条，包括开、关中断指令，中断连接、分离指令。指令格式如表 7-4 所示。

表7-3 中断队列的最多中断个数和溢出标志位

队列	CPU221	CPU222	CPU224	CPU226和CPU226XM	溢出标志位
通讯中断队列	4	4	4	8	SM4.0
I/O中断队列	16	16	16	16	SM4.1
定时中断队列	8	8	8	8	SM4.2

表7-4 中断指令格式

梯形图	-(ENI)	-(DISI)	ATCH: EN ENO; ????-INT; ????-EVNT	DTCH: EN ENO; ????-EVNT
语句表	ENI	DISI	ATCH INT,EVNT	DTCH EVNT
操作数及数据类型	无	无	INT：常量 0～127 EVNT：常量，CPU224：0～23；27～33 INT/EVNT数据类型：字节	EVNT：常量， CPU224：0～23；27～33 数据类型：字节

（1）开、关中断指令

开中断（ENI）指令全局性允许所有中断事件。关中断（DISI）指令全局性禁止所有中断事件，中断事件的每次出现均被排队等候，直至使用全局开中断指令重新启用中断。

PLC转换到RUN（运行）模式时，中断开始时被禁用，可以通过执行开中断指令，允许所有中断事件。执行关中断指令会禁止处理中断，但是现有中断事件将继续排队等候。

（2）中断连接、分离指令

中断连接（ATCH）指令将中断事件（EVNT）与中断程序号码（INT）相连接，并启用中断事件。

分离中断（DTCH）指令取消某中断事件（EVNT）与所有中断程序之间的连接，并禁用该中断事件。

注意：一个中断事件只能连接一个中断程序，但多个中断事件可以调用一个中断程序。

3. 中断程序

（1）中断程序的概念

中断程序是为处理中断事件而事先编好的程序。中断程序不是由程序调用，而是在中断事件发生时由操作系统调用。在中断程序中不能改写其他程序使用的存储器，最好使用局部变量。中断程序应实现特定的任务，应"越短越好"，中断程序由中断程序号开始，以无条件返回指令（CRETI）结束。在中断程序中禁止使用DISI、ENI、HDEF、LSCR和END指令。

（2）建立中断程序的方法

方法一：从"编辑"菜单→选择"插入（Insert）→中断（Interrupt）"。

方法二：从指令树，用鼠标右键单击"程序块"图标并从弹出菜单→选择"插入（Insert）→中断（Interrupt）"。

方法三：从"程序编辑器"窗口，用鼠标右键从弹出菜单单击"插入（Insert）→中断（Interrupt）"。

程序编辑器从先前的POU显示更改为新中断程序，在程序编辑器的底部会出现一个新标记，代表新的中断程序。

（4）程序举例

【例7-1】编写由I0.1的上升沿产生的中断事件的初始化程序。

分析：查表7-2可知，I0.1上升沿产生的中断事件号为2。所以在主程序中用ATCH指令将事件号2和中断程序0连接起来，并全局开中断。程序如表7-5所示。

表7-5　I0.1的上升沿产生的中断事件的初始化程序

梯形图	语句表
主程序： SM0.1 —— ATCH（EN ENO；INT_0-INT；2-EVNT） —(ENI) SM5.0 —— DTCH（EN ENO；2-EVNT） M5.0 —(DISI)	LD　SM0.1　//首次扫描时 ATCH　INT_0 2　//将INT_0 和EVNT2连接 ENI　//并全局启用中断 LD　SM5.0　//如果检测到I/O错误 DTCH 2　//禁用用于I0.1的上升沿中断 （本网络为选项） LD　M5.0　//当M5.0=1时 DISI　//禁用所有的中断

【例7-2】编程完成采样工作，要求每10ms采样一次。

分析：完成每10ms采样一次，需用定时中断，查表7-2可知，定时中断0的中断事件号为10。因此在主程序中将采样周期（10ms）即定时中断的时间间隔写入定时中断0的特殊存储器SMB34，并将中断事件10和INT-0连接，全局开中断。在中断程序0中，将模拟量输入信号读入，程序如表7-6所示。

表7-6　10ms采样一次程序

梯形图	语句表
主程序： I0.0 —— MOV_B（EN ENO；10-IN OUT-SMB34） ATCH（EN ENO；INT_0-INT；10-EVNT） —(ENI)	LD　I0.0 MOVB　10, SMB34　//将采样周期设为10ms ATCH　INT_0, 10　//将事件10连接INT_0 ENI　//全局开中断
中断程序0 SM0.0 —— MOV_W（EN ENO；AIW0-IN OUT-VW100）	LD　SM0.0 MOVW　AIW0, VW100　//读入模拟量AIW0

【例 7-3】利用定时中断功能编制一个程序，实现如下功能：当 I0.0 由 OFF→ON，Q0.0 亮 1s，灭 1s，如此循环反复直至 I0.0 由 ON→OFF，Q0.0 变为 OFF。程序如表 7-7 所示。

表 7-7　定时中断应用示例

梯形图	语句表
主程序： 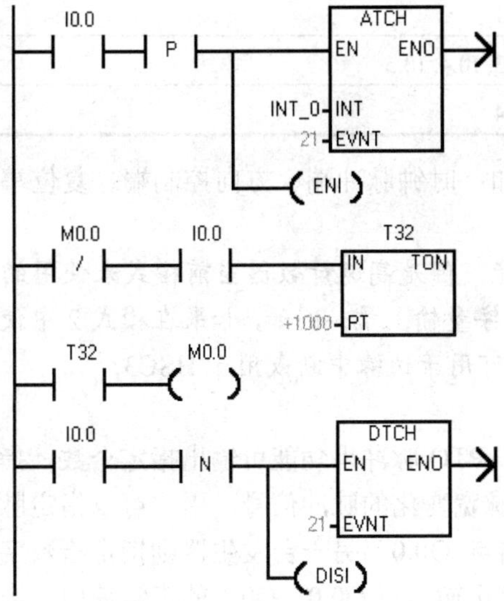	LD　I0.0 EU ATCH　INT_0, 21 ENI LDN　M0.0 A　I0.0 TON　T32, +1000 LD　T32 =　M0.0 LD　I0.0 ED DTCH　21 DISI
中断程序 0 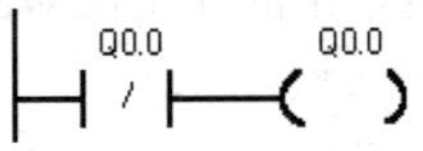	LDN　Q0.0 =　Q0.0

7.1.3　高速处理

前面讲的计数器指令的计数速度受扫描周期的影响，对比 CPU 扫描频率高的脉冲输入，就不能满足控制要求了。为此，SIMATIC S7-200 系列 PLC 设计了高速计数功能（HSC），其计数自动进行，不受扫描周期的影响，最高计数频率取决于 CPU 的类型，CPU22x 系列最高计数频率为 30kHz，用于捕捉比 CPU 扫描速度更快的事件，并产生中断，执行中断程序，完成预定的操作。高速计数器最多可设置 12 种不同的操作模式。用高速计数器可实现高速运动的精确控制。

SIMATIC S7-200 CPU22x 系列 PLC 还设有高速脉冲输出，输出频率可达 20kHz，用于 PTO（输出一个频率可调、占空比为 50%的脉冲）和 PWM（输出占空比可调的脉冲），高速脉冲输出的功能可用于对电动机进行速度控制及位置控制和控制变频器使电机调速。

1. 占用输入/输出端子

（1）高速计数器占用输入端子

CPU224 有六个高速计数器，其占用的输入端子如表 7-8 所示。

表 7-8 高速计数器占用的输入端子

高速计数器	使用的输入端子
HSC0	I0.0, I0.1, I0.2
HSC1	I0.6, I0.7, I1.0, I1.1
HSC2	I1.2, I1.3, I1.4, I1.5
HSC3	I0.1
HSC4	I0.3, I0.4, I0.5
HSC5	I0.4

各高速计数器不同的输入端有专用的功能，如：时钟脉冲端、方向控制端、复位端、起动端。

注意：同一个输入端不能用于两种不同的功能。但是高速计数器当前模式未使用的输入端均可用于其他用途，如作为中断输入端或作为数字量输入端。例如，如果在模式 2 中使用高速计数器 HSC0，模式 2 使用 I0.0 和 I0.2，则 I0.1 可用于边缘中断或用于 HSC3。

（2） 高速脉冲输出占用的输出端子

S7-200 有 PTO、PWM 两台高速脉冲发生器。 PTO 脉冲串功能可输出指定个数、指定周期的方波脉冲（占空比 50%）；PWM 功能可输出脉宽变化的脉冲信号，用户可以指定脉冲的周期和脉冲的宽度。若一台发生器指定给数字输出点 Q0.0，另一台发生器则指定给数字输出点 Q0.1。当 PTO、PWM 发生器控制输出时，将禁止输出点 Q0.0、Q0.1 的正常使用；当不使用 PTO、PWM 高速脉冲发生器时，输出点 Q0.0、Q0.1 恢复正常的使用，即由输出映像寄存器决定其输出状态。

2. 高速计数器的工作模式

（1）高速计数器的计数方式

1）单路脉冲输入的内部方向控制加/减计数。即只有一个脉冲输入端，通过高速计数器的控制字节的第 3 位来控制做加计数或者减计数。该位=1，加计数；该位=0，减计数。如图 7-1 所示为内部方向控制的单路加/减计数。

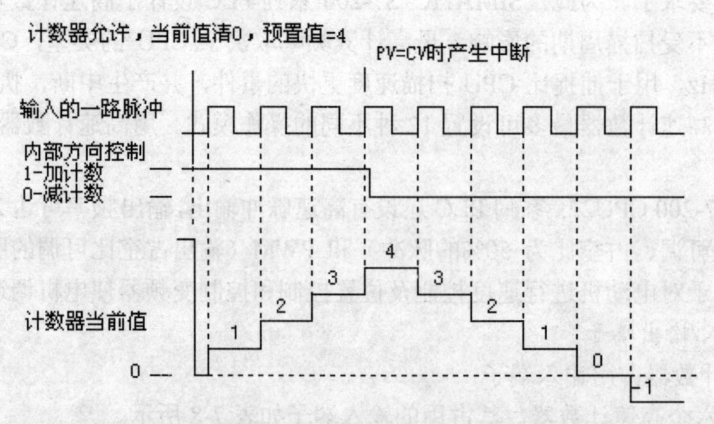

图 7-1 单路脉冲输入的内部方向控制加/减计数

2）单路脉冲输入的外部方向控制加/减计数。即有一个脉冲输入端，有一个方向控制端，方向输入信号等于 1 时，加计数；方向输入信号等于 0 时，减计数。如图 7-2 所示为外部方向控制的单路加/减计数。

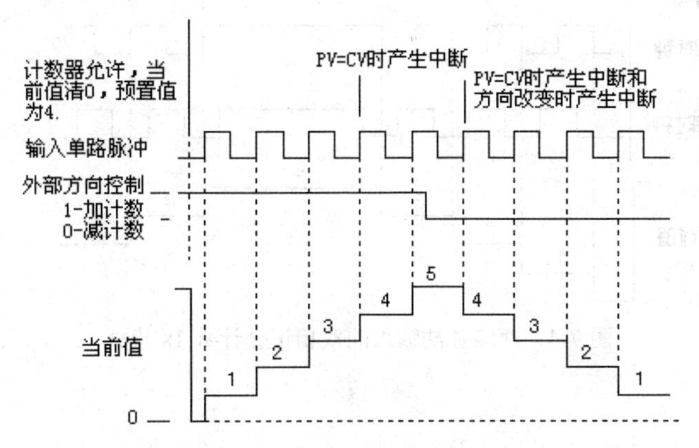

图 7-2　单路脉冲输入的外部方向控制加/减计数

3）两路脉冲输入的单相加/减计数。即有两个脉冲输入端，一个是加计数脉冲，一个是减计数脉冲，计数值为两个输入端脉冲的代数和，如图 7-3 所示。

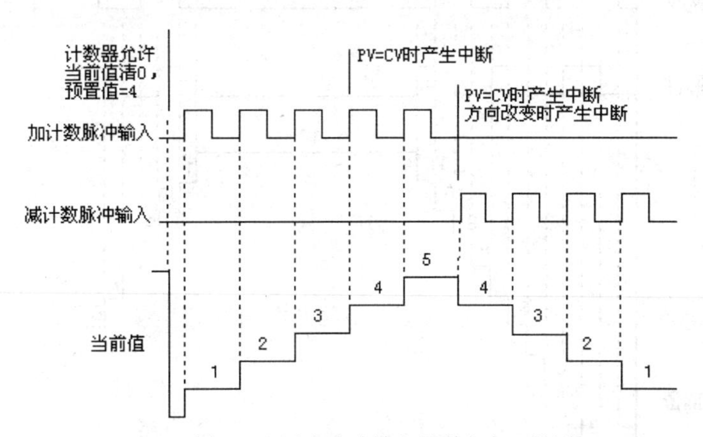

图 7-3　两路脉冲输入的单相加/减计数

4）两路脉冲输入的双相正交计数。即有两个脉冲输入端，输入的两路脉冲 A 相、B 相，相位互差 90°（正交），A 相超前 B 相 90° 时，加计数；A 相滞后 B 相 90° 时，减计数。在这种计数方式下，可选择 1x 模式（单倍频，一个时钟脉冲计一个数）和 4x 模式（四倍频，一个时钟脉冲计四个数），如图 7-4 和图 7-5 所示。

（2）高速计数器的工作模式

高速计数器有 12 种工作模式，模式 0～模式 2 采用单路脉冲输入的内部方向控制加/减计数；模式 3～模式 5 采用单路脉冲输入的外部方向控制加/减计数；模式 6～模式 8 采用两路脉冲输入的加/减计数；模式 9～模式 11 采用两路脉冲输入的双相正交计数。

S7-200 CPU224 有 HSC0-HSC5 六个高速计数器，每个高速计数器有多种不同的工作模式。HSC0 和 HSC4 有模式 0、1、3、4、6、7、8、9、10；HSC1 和 HSC2 有模式 0～模式 11；HSC3 和 HSC5 只有模式 0。每种高速计数器所拥有的工作模式和其占有的输入端子的数目有关，如表 7-9 所示。

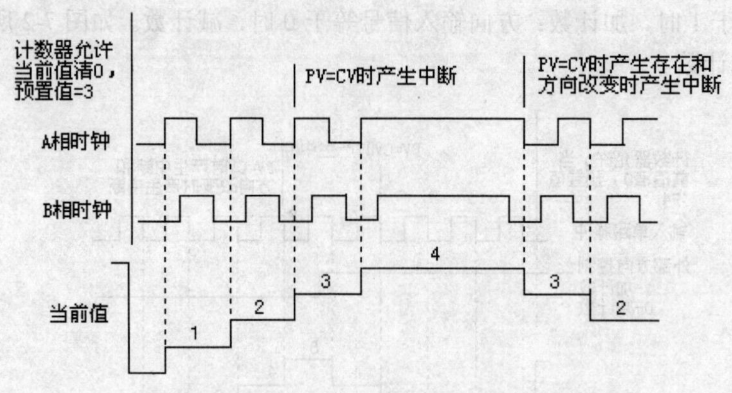

图 7-4　两路脉冲输入的双相正交计数 1x 模式

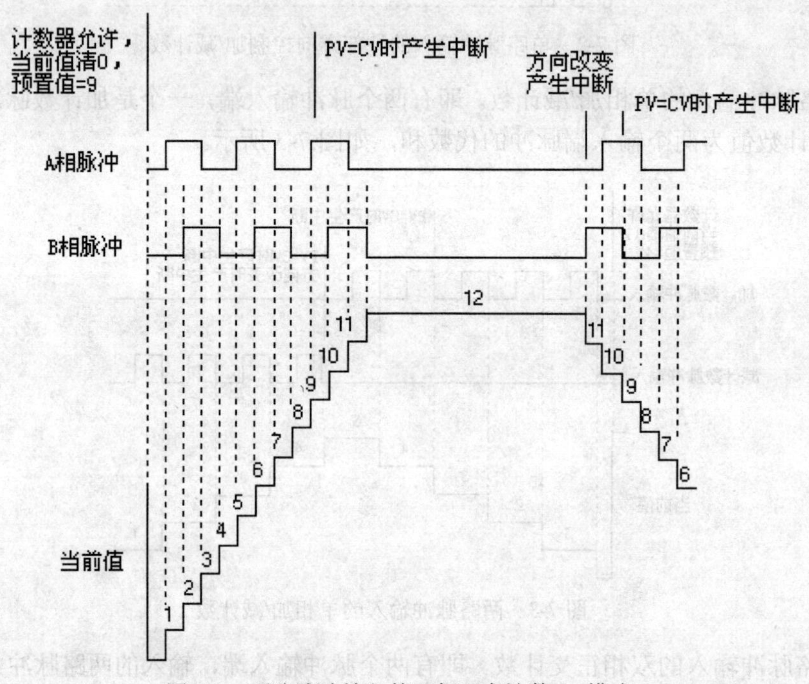

图 7-5　两路脉冲输入的双相正交计数 4x 模式

选用某个高速计数器在某种工作方式下工作后，高速计数器所使用的输入不是任意选择的，必须按系统指定的输入点输入信号。如 HSC1 在模式 11 下工作，就必须用 I0.6 为 A 相脉冲输入端，I0.7 为 B 相脉冲输入端，I1.0 为复位端，I1.1 为起动端。

3. 高速计数器的控制字和状态字

（1）控制字节

定义了计数器和工作模式之后，还要设置高速计数器的有关控制字节。每个高速计数器均有一个控制字节，它决定了计数器的计数允许或禁用、方向控制（仅限模式 0、1 和 2）或对所有其他模式的初始化计数方向、装入当前值和预置值。控制字节每个控制位的说明如表 7-10 所示。

表 7-9　高速计数器的工作模式和输入端子的关系及说明

HSC 编号及其对应的输入端子 HSC 模式	功能及说明	占用的输入端子及其功能			
	HSC0	I0.0	I0.1	I0.2	×
	HSC4	I0.3	I0.4	I0.5	×
	HSC1	I0.6	I0.7	I1.0	I1.1
	HSC2	I1.2	I1.3	I1.4	I1.5
	HSC3	I0.1	×	×	×
	HSC5	I0.4	×	×	×
0	单路脉冲输入的内部方向控制加/减计数。控制字 SM37.3=0，减计数；SM37.3=1，加计数	脉冲输入端	×	×	×
1			×	复位端	×
2			×	复位端	起动
3	单路脉冲输入的外部方向控制加/减计数。方向控制端=0，减计数；方向控制端=1，加计数	脉冲输入端	方向控制端	×	×
4				复位端	×
5				复位端	起动
6	两路脉冲输入的单相加/减计数。加计数端有脉冲输入，加计数；减计数端有脉冲输入，减计数	加计数脉冲输入端	减计数脉冲输入端	×	×
7				复位端	×
8				复位端	起动
9	两路脉冲输入的双相正交计数。A 相脉冲超前 B 相脉冲，加计数；A 相脉冲滞后 B 相脉冲，减计数	A 相脉冲输入端	B 相脉冲输入端	×	×
10				复位端	×
11				复位端	起动

说明：表中×表示没有

表 7-10　HSC 的控制字节

HSC0	HSC1	HSC2	HSC3	HSC4	HSC5	说明
SM37.0	SM47.0	SM57.0		SM147.0		复位有效电平控制： 0=复位信号高电平有效；1=低电平有效
	SM47.1	SM57.1				起动有效电平控制： 0=起动信号高电平有效；1=低电平有效
SM37.2	SM47.2	SM57.2		SM147.2		正交计数器计数速率选择： 0=4×计数速率；1=1×计数速率
SM37.3	SM47.3	SM57.3	SM137.3	SM147.3	SM157.3	计数方向控制位： 0=减计数；1=加计数
SM37.4	SM47.4	SM57.4	SM137.4	SM147.4	SM157.4	向 HSC 写入计数方向： 0=无更新；1=更新计数方向
SM37.5	SM47.5	SM57.5	SM137.5	SM147.5	SM157.5	向 HSC 写入新预置值： 0=无更新；1=更新预置值
SM37.6	SM47.6	SM57.6	SM137.6	SM147.6	SM157.6	向 HSC 写入新当前值： 0=无更新；1=更新当前值
SM37.7	SM47.7	SM57.7	SM137.7	SM147.7	SM157.7	HSC 允许： 0=禁用 HSC；1=启用 HSC

（2）状态字节

每个高速计数器都有一个状态字节，状态位表示当前计数方向以及当前值是否大于或等于预置值。每个高速计数器状态字节的状态位如表 7-11 所示。状态字节的 0～4 位不用。监控高速计数器状态的目的是使外部事件产生中断，以完成重要的操作。

表 7-11　高速计数器状态字节的状态位

HSC0	HSC1	HSC2	HSC3	HSC4	HSC5	说明
SM37.5	SM47.5	SM57.5	SM137.5	SM147.5	SM157.5	当前计数方向状态位： 0＝ 减计数；1＝ 加计数
SM37.6	SM47.6	SM57.6	SM137.6	SM147.6	SM157.6	当前值等于预设值状态位： 0＝ 不相等；1＝ 等于
SM37.7	SM47.7	SM57.7	SM137.7	SM147.7	SM157.7	当前值大于预设值状态位： 0＝ 小于或等于；1＝ 大于

4. 高速计数器指令及举例

（1）高速计数器指令

高速计数器指令有两条：高速计数器定义指令 HDEF、高速计数器指令 HSC。指令格式如表 7-12 所示。

1）高速计数器定义指令 HDEF。指令指定高速计数器（HSCx）的工作模式。工作模式的选择即选择了高速计数器的输入脉冲、计数方向、复位和起动功能。每个高速计数器只能用一条“高速计数器定义”指令。

2）高速计数器指令 HSC。根据高速计数器控制位的状态和按照 HDEF 指令指定的工作模式，控制高速计数器。参数 N 指定高速计数器的号码。

表 7-12　高速计数器指令格式

梯形图	HDEF EN　ENO ????-HSC ????-MODE	HSC EN　ENO ????-N
语句表	HDEF　HSC,MODE	HSC　N
功能说明	高速计数器定义指令 HDEF	高速计数器指令 HSC
操作数	HSC：高速计数器的编号，为常量（0～5） 数据类型：字节 MODE：工作模式，为常量（0～11） 数据类型：字节	N：高速计数器的编号，为常量（0～5） 数据类型：字
ENO=0 的出错条件	SM4.3（运行时间），0003（输入点冲突），0004（中断中的非法指令），000A（HSC 重复定义）	SM4.3（运行时间），0001（HSC 在 HDEF 之前），0005（HSC/PLS 同时操作）

（2）高速计数器指令的使用

1）每个高速计数器都有一个 32 位当前值和一个 32 位预置值，当前值和预置值均为带符号的整数值。要设置高速计数器的新当前值和新预置值，必须设置控制字节（见表 7-7），令其第五位和第六位为 1，允许更新预置值和当前值，新当前值和新预置值写入特殊内部标志位存储区。然后执行 HSC 指令，将新数值传输到高速计数器。当前值和预置值占用的特殊内部标志位存储区如表 7-13 所示。

表 7-13　HSC0～HSC5 当前值和预置值占用的特殊内部标志位存储区

要装入的数值	HSC0	HSC1	HSC2	HSC3	HSC4	HSC5
新的当前值	SMD38	SMD48	SMD58	SMD138	SMD148	SMD158
新的预置值	SMD42	SMD52	SMD62	SMD142	SMD152	SMD162

除控制字节以及新预置值和当前值保持字节外，还可以使用数据类型 HC（高速计数器当前值）加计数器号码（0、1、2、3、4 或 5）读取每台高速计数器的当前值。因此，读取操作可直接读取当前值，但只有用上述 HSC 指令才能执行写入操作。

2）执行 HDEF 指令之前，必须将高速计数器控制字节的位设置成需要的状态，否则将采用默认设置。默认设置为：复位和起动输入高电平有效，正交计数速率选择 4×模式。执行 HDEF 指令后，就不能再改变计数器的设置，除非 CPU 进入停止模式。

3）执行 HSC 指令时，CPU 检查控制字节和有关的当前值和预置值。

（3）高速计数器指令的初始化

高速计数器指令的初始化的步骤如下：

1）用首次扫描时接通一个扫描周期的特殊内部存储器 SM0.1 去调用一个子程序，完成初始化操作。因为采用了子程序，在随后的扫描中，不必再调用这个子程序，以减少扫描时间，使程序结构更好。

2）在初始化的子程序中，根据希望的控制设置控制字（SMB37、SMB47、SMB137、SMB147、SMB157），如设置 SMB47=16#F8，则为：允许计数，写入新当前值，写入新预置值，更新计数方向为加计数，若为正交计数设为 4×，复位和起动设置为高电平有效。

3）执行 HDEF 指令，设置 HSC 的编号（0～5），设置工作模式（0～11）。如 HSC 的编号设置为 1，工作模式输入设置为 11，则为既有复位又有起动的正交计数工作模式。

4）用新的当前值写入 32 位当前值寄存器（SMD38，SMD48，SMD58，SMD138，SMD148，SMD158）。如写入 0，则清除当前值，用指令 MOVD 0,SMD48 实现。

5）用新的预置值写入 32 位预置值寄存器（SMD42，SMD52，SMD62，SMD142，SMD152，SMD162）。如执行指令 MOVD 1000,SMD52，则设置预置值为 1000。若写入预置值为 16#00，则高速计数器处于不工作状态。

6）为了捕捉当前值等于预置值的事件，将条件 CV=PV 中断事件（事件 13）与一个中断程序相联系。

7）为了捕捉计数方向的改变，将方向改变的中断事件（事件 14）与一个中断程序相联系。

8）为了捕捉外部复位，将外部复位中断事件（事件 15）与一个中断程序相联系。

9）执行全局中断允许指令（ENI）允许 HSC 中断。

10）执行 HSC 指令使 S7-200 对高速计数器进行编程。

11）结束子程序。

【例 7-4】高速计数器的应用举例。

主程序如表7-14所示，用首次扫描时接通一个扫描周期的特殊内部存储器SM0.1去调用一个子程序，完成初始化操作。

表7-14 高速计数器的应用主程序

梯形图	语句表
主程序：SM0.1 —— SBR_0 EN 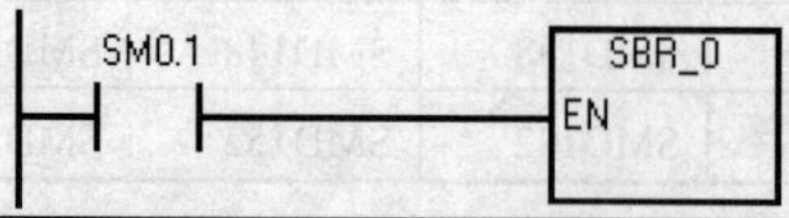	LD SM0.1 // 首次扫描时，调用SBR_0 CALL SBR_0

初始化的子程序如表7-15所示，定义HSC1的工作模式为模式11（两路脉冲输入的双相正交计数，具有复位和起动输入功能），设置SMB47=16#F8（允许计数，更新新当前值，更新新预置值，更新计数方向为加计数，若为正交计数设为4×，复位和起动设置为高电平有效）。HSC1的当前值SMD48清零，预置值SMD52=50，当前值=预设值，产生中断（中断事件13），中断事件13连接中断程序INT-0。

表7-15 高速计数器的应用子程序

梯形图	语句表
子程序0（配置HSC1） 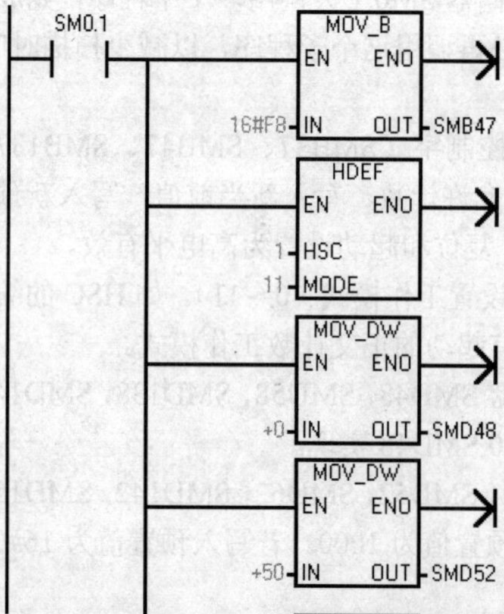 SM0.1 MOV_B EN ENO；16#F8-IN OUT-SMB47 HDEF EN ENO；1-HSC；11-MODE MOV_DW EN ENO；+0-IN OUT-SMD48 MOV_DW EN ENO；+50-IN OUT-SMD52 ATCH EN ENO；INT_0-INT；13-EVNT (ENI) HSC EN ENO；1-N	子程序0（配置HSC1） LD SM0.1 //首次扫描时 MOVB 16#F8 SMB47 //设置HSC1控制字 HDEF 1 11 //将HSC1设置为模式11 MOVD +0 SMD48 //HSC1的当前值清0 MOVD +50 SMD52 //将HSC1预设值设为50 ATCH INT_0 13 //CV=PV（中断事件13），调用中断程序INT_0 ENI //允许全局中断 HSC 1 //执行HSC1指令

（3）中断程序INT-0，如表7-16所示。

表7-16 高速计数器的应用中断程序

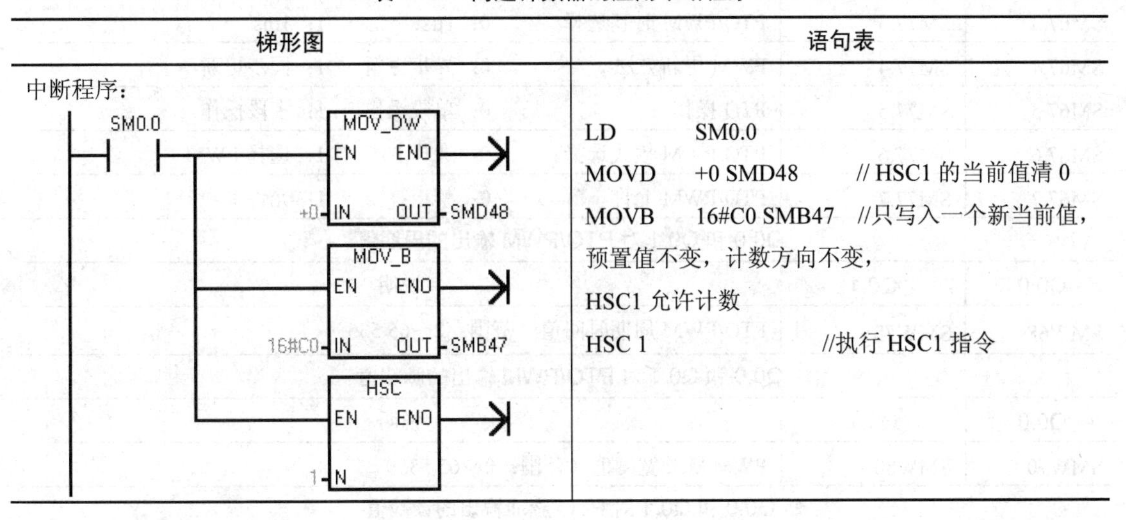

梯形图	语句表
中断程序：	LD SM0.0 MOVD +0 SMD48 //HSC1的当前值清0 MOVB 16#C0 SMB47 //只写入一个新当前值，预置值不变，计数方向不变，HSC1允许计数 HSC 1 //执行HSC1指令

5. 高速脉冲输出

（1）脉冲输出（PLS）指令

脉冲输出（PLS）指令功能为：使能有效时，检查用于脉冲输出（Q0.0或Q0.1）的特殊存储器位（SM），然后执行特殊存储器位定义的脉冲操作。指令格式如表7-17所示。

表7-17 脉冲输出（PLS）指令格式

梯形图	语句表	操作数及数据类型
PLS EN ENO ???? Q0.X	PLS Q	Q：常量（0或1） 数据类型字

（2）用于脉冲输出（Q0.0或Q0.1）的特殊存储器

1）控制字节和参数的特殊存储器

每个PTO/PWM发生器都有：一个控制字节（8位）、一个脉冲计数值（无符号的32位数值）和一个周期时间和脉宽值（无符号的16位数值）。这些值都放在特定的特殊存储区（SM），如表7-18所示。执行PLS指令时，S7-200读这些特殊存储器位（SM），然后执行特殊存储器位定义的脉冲操作，即对相应的PTO/PWM发生器进行编程。

表7-18 脉冲输出（Q0.0或Q0.1）的特殊存储器

Q0.0和Q0.1对PTO/PWM输出的控制字节		
Q0.0	Q0.1	说明
SM67.0	SM77.0	PTO/PWM刷新周期值 0：不刷新； 1：刷新
SM67.1	SM77.1	PWM刷新脉冲宽度值 0：不刷新； 1：刷新
SM67.2	SM77.2	PTO刷新脉冲计数值 0：不刷新； 1：刷新

续表

Q0.0	Q0.1	说明
SM67.3	SM77.3	PTO/PWM 时基选择　　0：1μs；　　1：1ms
SM67.4	SM77.4	PWM 更新方法　　0：异步更新；　1：同步更新
SM67.5	SM77.5	PTO 操作　　0：单段操作；　1：多段操作
SM67.6	SM77.6	PTO/PWM 模式选择　　0：选择 PTO　1：选择 PWM
SM67.7	SM77.7	PTO/PWM 允许　　0：禁止；　　1：允许
Q0.0 和 Q0.1 对 PTO/PWM 输出的周期值		
Q0.0	Q0.1	说明
SMW68	SMW78	PTO/PWM 周期时间值（范围：2～65 535）
Q0.0 和 Q0.1 对 PTO/PWM 输出的脉宽值		
Q0.0	Q0.1	说明
SMW70	SMW80	PWM 脉冲宽度值（范围：0～65 535）
Q0.0 和 Q0.1 对 PTO 脉冲输出的计数值		
Q0.0	Q0.1	说明
SMD72	SMD82	PTO 脉冲计数值（范围：1～4 294 967 295）
Q0.0 和 Q0.1 对 PTO 脉冲输出的多段操作		
Q0.0	Q0.1	说明
SMB166	SMB176	段号（仅用于多段 PTO 操作），多段流水线 PTO 运行中的段的编号
SMW168	SMW178	包络表起始位置，用距离 V0 的字节偏移量表示（仅用于多段 PTO 操作）
Q0.0 和 Q0.1 的状态位		
Q0.0	Q0.1	说明
SM67.4	SM77.4	PTO 包络由于增量计算错误异常终止　　0：无错；　　1：异常终止
SM67.5	SM77.5	PTO 包络由于用户命令异常终止　　0：无错；　　1：异常终止
SM67.6	SM77.6	PTO 流水线溢出　　0：无溢出；　1：溢出
SM67.7	SM77.7	PTO 空闲　　0：运行中；　1：PTO 空闲

【例 7-5】设置控制字节。用 Q0.0 作为高速脉冲输出，对应的控制字节为 SMB67，如果希望定义的输出脉冲操作为 PTO 操作，允许脉冲输出，多段 PTO 脉冲串输出，时基为 ms，设定周期值和脉冲数，则应向 SMB67 写入 2#10101101，即 16#AD。

通过修改脉冲输出（Q0.0 或 Q0.1）的特殊存储器 SM 区（包括控制字节），即更改 PTO 或 PWM 的输出波形，然后再执行 PLS 指令。

注意：所有控制位、周期、脉冲宽度和脉冲计数值的默认值均为零。向控制字节（SM67.7 或 SM77.7）的 PTO/PWM 允许位写入零，然后执行 PLS 指令，将禁止 PTO 或 PWM 波形的生成。

2）状态字节的特殊存储器

除了控制信息外，还有用于 PTO 功能的状态位，如表 7-19 所示。程序运行时，根据运行状态使某些位自动置位。可以通过程序来读取相关位的状态，用此状态作为判断条件，实现相应的操作。

（3）对输出的影响

PTO/PWM生成器和输出映像寄存器共用Q0.0和Q0.1。在Q0.0或Q0.1使用PTO或PWM功能时，PTO/PWM发生器控制输出，并禁止输出点的正常使用，输出波形不受输出映像寄存器状态、输出强制、执行立即输出指令的影响；在Q0.0或Q0.1位置没有使用PTO或PWM功能时，输出映像寄存器控制输出，所以输出映像寄存器决定输出波形的初始和结束状态，即决定脉冲输出波形从高电平或低电平开始和结束，使输出波形有短暂的不连续，为了减小这种不连续有害影响，应注意：

1）可在起用PTO或PWM操作之前，将用于Q0.0和Q0.1的输出映像寄存器设为0。

2）PTO/PWM输出必须至少有10%的额定负载，才能完成从关闭至打开以及从打开至关闭的顺利转换，即提供陡直的上升沿和下降沿。

（4）PTO的使用

PTO是可以指定脉冲数和周期的占空比为50%的高速脉冲串的输出。状态字节中的最高位（空闲位）用来指示脉冲串输出是否完成。可在脉冲串完成时起动中断程序，若使用多段操作，则在包络表完成时起动中断程序。

1）周期和脉冲数。周期范围从50～65 535μs或从2～65 535ms，为16位无符号数，时基有μs和ms两种，通过控制字节的第三位选择。注意：如果周期小于2个时间单位，则周期的默认值为2个时间单位；周期设定奇数微秒或毫秒（例如75毫秒），会引起波形失真。

脉冲计数范围从1～4 294 967 295，为32位无符号数，如设定脉冲计数为0，则系统默认脉冲计数值为1。

2）PTO的种类及特点。PTO功能可输出多个脉冲串，现用脉冲串输出完成时，新的脉冲串输出立即开始。这样就保证了输出脉冲串的连续性。PTO功能允许多个脉冲串排队，从而形成流水线。流水线分为两种：单段流水线和多段流水线。

单段流水线是指：流水线中每次只能存储一个脉冲串的控制参数，初始PTO段一旦起动，必须按照对第二个波形的要求立即刷新SM，并再次执行PLS指令，第一个脉冲串完成，第二个波形输出立即开始，重复这一步骤可以实现多个脉冲串的输出。

单段流水线中的各段脉冲串可以采用不同的时间基准，但有可能造成脉冲串之间的不平稳过渡。输出多个高速脉冲时，编程复杂。

多段流水线是指在变量存储区V建立一个包络表。包络表存放每个脉冲串的参数，执行PLS指令时，S7-200 PLC自动按包络表中的顺序及参数进行脉冲串输出。包络表中每段脉冲串的参数占用8个字节，由一个16位周期值（2字节）、一个16位周期增量值Δ（2字节）和一个32位脉冲计数值（4字节）组成。包络表的格式如表7-19所示。

表7-19　包络表的格式

从包络表起始地址开始的字节偏移	段	说明
VB_n		段数（1～255）；数值0产生非致命错误，无PTO输出
VB_{n+1}	段1	初始周期（2～65 535个时基单位）
VB_{n+3}		每个脉冲的周期增量值Δ（符号整数：-32 768～32 767个时基单位）
VB_{n+5}		脉冲数（1～4 294 967 295）

续表

从包络表起始地址开始的字节偏移	段	说明
VB_{n+9}	段 2	初始周期（2～65535 个时基单位）
VB_{n+11}		每个脉冲的周期增量值Δ（符号整数：-32 768～32 767 个时基单位）
VB_{n+13}		脉冲数（1～4 294 967 295）
VB_{n+17}	段 3	初始周期（2～65 535 个时基单位）
VB_{n+19}		每个脉冲的周期增量值Δ（符号整数：-32 768～32 767 个时基单位）
VB_{n+21}		脉冲数（1～4 294 967 295）

注意：周期增量值Δ为整数微秒或毫秒。

多段流水线的特点是编程简单，能够通过指定脉冲的数量自动增加或减少周期，周期增量值Δ为正值会增加周期，周期增量值Δ为负值会减少周期，若Δ为零，则周期不变。在包络表中的所有的脉冲串必须采用同一时基，在多段流水线执行时，包络表的各段参数不能改变。多段流水线常用于步进电机的控制。

【例 7-6】根据控制要求列出 PTO 包络表。

步进电机的控制要求如图 7-6 所示。从 A 到 B 为加速过程，从 B 到 C 为恒速运行，从 C 到 D 为减速过程。

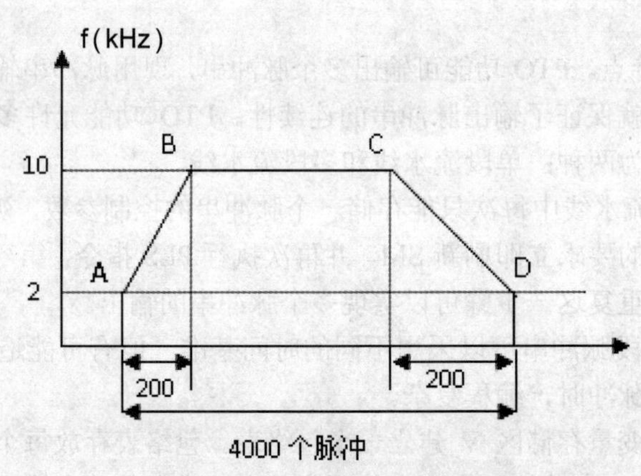

图 7-6　图步进电机的控制要求

在本例中：流水线可以分为 3 段，需建立 3 段脉冲的包络表。起始和终止脉冲频率为 2kHz，最大脉冲频率为 10kHz，所以起始和终止周期为 500μs，最大频率的周期为 100μs。1 段：加速运行，应在约 200 个脉冲时达到最大脉冲频率；2 段：恒速运行，约（4000-200-200）=3600 个脉冲；3 段：减速运行，应在约 200 个脉冲时完成。

某一段每个脉冲周期增量值Δ用下式确定：

周期增量值Δ=（该段结束时的周期时间-该段初始的周期时间）/该段的脉冲数

用该式，计算出 1 段的周期增量值Δ为-2μs，2 段的周期增量值Δ为 0，3 段的周期增量值Δ为 2μs。假设包络表位于从 VB200 开始的 V 存储区中，包络表如表 7-20 所示。

表7-20 例7-6包络表

V变量存储器地址	段号	参数值	说明
VB200		3	段数
VB201	段1	500μs	初始周期
VB203		-2μs	每个脉冲的周期增量Δ
VB205		200	脉冲数
VB209	段2	100μs	初始周期
VB211		0	每个脉冲的周期增量Δ
VB213		3600	脉冲数
VB217	段3	100μs	初始周期
VB219		2μs	每个脉冲的周期增量Δ
VB221		200	脉冲数

在程序中用指令可将表中的数据送入V变量存储区中。

3）多段流水线PTO初始化和操作步骤

用一个子程序实现PTO初始化，首次扫描（SM0.1）时从主程序调用初始化子程序，执行初始化操作。以后的扫描不再调用该子程序，这样减少扫描时间，程序结构更好。

初始化操作步骤如下：

第一步：首次扫描（SM0.1）时将输出Q0.0或Q0.1复位（置0），并调用完成初始化操作的子程序。

第二步：在初始化子程序中，根据控制要求设置控制字并写入SMB67或SMB77特殊存储器。如写入16#A0（选择微秒递增）或16#A8（选择毫秒递增）两个数值表示允许PTO功能、选择PTO操作、选择多段操作，以及选择时基（微秒或毫秒）。

第三步：将包络表的首地址（16位）写入SMW168（或SMW178）。

第四步：在变量存储器V中，写入包络表的各参数值。一定要在包络表的起始字节中写入段数。在变量存储器V中建立包络表的过程也可以在一个子程序中完成，在此只须调用设置包络表的子程序。

第五步：设置中断事件并全局开中断。如果想在PTO完成后，立即执行相关功能，则须设置中断，将脉冲串完成事件（中断事件号19）连接一中断程序。

第六步：执行PLS指令，使S7-200为PTO/PWM发生器编程，高速脉冲串由Q0.0或Q0.1输出。

第七步：退出子程序。

【例7-7】PTO指令应用实例。编程实现例7-6中的步进电机的控制。

分析：编程前首先选择高速脉冲发生器为Q0.0，并确定PTO为3段流水线。设置控制字节SMB67为16#A0表示允许PTO功能、选择PTO操作、选择多段操作，以及选择时基为微秒，不允许更新周期和脉冲数。建立3段的包络表（例7-6），并将包络表的首地址装入SMW168。PTO完成调用中断程序，使Q1.0接通。PTO完成的中断事件号为19。用中断调用指令ATCH将中断事件19与中断程序INT-0连接，并全局开中断。执行PLS指令，退出子程序。本例题的主程序，初始化子程序和中断程序如表7-21、表7-22、表7-23所示。

表 7-21 PTO 指令应用示例主程序

梯形图	语句表
主程序： SM0.1 —||— (R) Q0.0, 1 SBR_0 EN	主程序： LD SM0.1 //首次扫描时，将 Q0.0 复位 R Q0.0 1 CALL SBR_0 //调用子程序 0

表 7-22 PTO 指令应用示例初始化子程序

梯形图	语句表
子程序： SM0.0 —||—	子程序 0： //写入 PTO 包络表 LD SM0.0
MOV_B EN ENO, 3-IN OUT-VB200	MOVB 3 VB200 //将包络表段数设为 3
MOV_W EN ENO, +500-IN OUT-VW201	//段 1： MOVW +500 VW201 //段 1 的初始循环时间设为 500ms
MOV_W EN ENO, -2-IN OUT-VW203	MOVW -2 VW203 //段 1 的 Δ 设为-2ms
MOV_DW EN ENO, +200-IN OUT-VD205	MOVD +200 VD205 //段 1 的脉冲数设为 200
MOV_W EN ENO, +100-IN OUT-VW209	//段 2： MOVW +100 VW209 //段 2 的初始周期设为 100 ms
MOV_W EN ENO, +0-IN OUT-VW211	MOVW +0 VW211 //段 2 的 Δ 设为 0 ms
MOV_DW EN ENO, +3600-IN OUT-VD213	MOVD +3600 VD213 //段 2 中的脉冲数设为 3600
MOV_W EN ENO, +100-IN OUT-VW217	// 段 3： MOVW +100 VW217 //段 3 的初始周期设为 100ms
MOV_W EN ENO, +2-IN OUT-VW219	MOVW +1 VW219 //段 3 的 Δ 设为 1ms
MOV_DW EN ENO, +200-IN OUT-VD221	MOVD +200 VD221 //段 3 中的脉冲数设为 200

续表

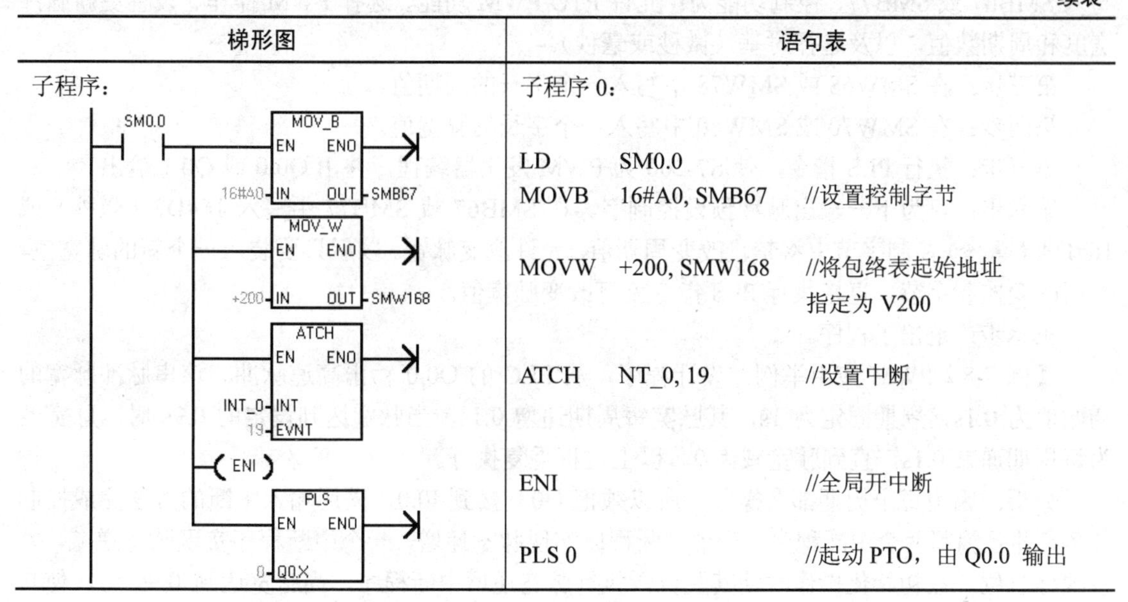

梯形图	语句表
子程序:	子程序 0: LD SM0.0 MOVB 16#A0, SMB67 //设置控制字节 MOVW +200, SMW168 //将包络表起始地址指定为 V200 ATCH NT_0, 19 //设置中断 ENI //全局开中断 PLS 0 //起动 PTO，由 Q0.0 输出

表 7-23 PTO 指令应用示例中断程序

梯形图	语句表
中断程序: SM0.0 Q1.0	中断程序 0: LD SM0.0 // PTO 完成时，输出 Q1.0 = Q1.0

（5）PWM 的使用

PWM 是脉宽可调的高速脉冲输出，通过控制脉宽和脉冲的周期，实现控制任务。

1）周期和脉宽。周期和脉宽时基为：微秒或毫秒，均为 16 位无符号数。

周期的范围从 50～65 535μs，或从 2～65 535ms。若周期小于 2 个时基，则系统默认为两个时基。

脉宽范围从 0～65 535μs 或从 0～65 535ms。若脉宽小于等于周期，占空比=100%，输出连续接通。若脉宽= 0，占空比为 0%，则输出断开。

2）更新方式。有两种改变 PWM 波形的方法：同步更新和异步更新。

同步更新：不需改变时基时，可以用同步更新。执行同步更新时，波形的变化发生在周期的边缘，形成平滑转换。

异步更新：需要改变 PWM 的时基时，则应使用异步更新。异步更新使高速脉冲输出功能被瞬时禁用，与 PWM 波形不同步。这样可能造成控制设备震动。

常见的 PWM 操作是脉冲宽度不同，但周期保持不变，即不要求时基改变。因此先选择适合于所有周期的时基，尽量使用同步更新。

3）PWM 初始化和操作步骤

第一步：用首次扫描位（SM0.1）使输出位复位为 0，并调用初始化子程序。这样可减少扫描时间，使程序结构更合理。

第二步：在初始化子程序中设置控制字节。如将16#D3（时基微秒）或 16#DB（时基毫秒）

写入 SMB67 或 SMB77，控制功能为：允许 PTO/PWM 功能、选择 PWM 操作、设置更新脉冲宽度和周期数值，以及选择时基（微秒或毫秒）。

第三步：在 SMW68 或 SMW78 中写入一个字长的周期值。

第四步：在 SMW70 或 SMW80 中写入一个字长的脉宽值。

第五步：执行 PLS 指令，使 S7-200 为 PWM 发生器编程，并由 Q0.0 或 Q0.1 输出。

第六步：可为下一输出脉冲预设控制字。在 SMB67 或 SMB77 中写入 16#D2（微秒）或 16#DA（毫秒）控制字节中将禁止改变周期值，允许改变脉宽。以后只要装入一个新的脉宽值，不用改变控制字节，直接执行 PLS 指令就可改变脉宽值。

第七步：退出子程序。

【例 7-8】PWM 应用举例。设计程序，从 PLC 的 Q0.0 输出高速脉冲。该串脉冲脉宽的初始值为 0.1s，周期固定为 1s，其脉宽每周期递增 0.1s，当脉宽达到设定的 0.9s 时，脉宽改为每周期递减 0.1s，直到脉宽减为 0。以上过程重复执行。

分析：因为每个周期都有操作，所以须把 Q0.0 接到 I0.0，采用输入中断的方法完成控制任务，并且编写两个中断程序，一个中断程序实现脉宽递增，一个中断程序实现脉宽递减，并设置标志位，在初始化操作时使其置位，执行脉宽递增中断程序，当脉宽达到 0.9s 时，使其复位，执行脉宽递减中断程序。在子程序中完成 PWM 的初始化操作，选用输出端为 Q0.0，控制字节为 SMB67，控制字节设定为 16#DA（允许 PWM 输出，Q0.0 为 PWM 方式，同步更新，时基为 ms，允许更新脉宽，不允许更新周期）。程序如图 7-7 所示。

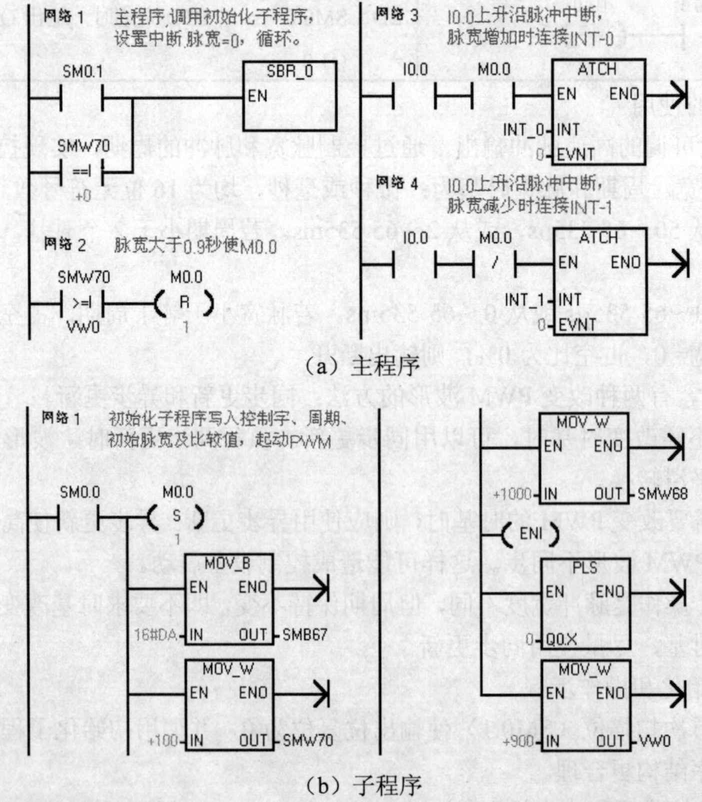

图 7-7　例 7-8 题图

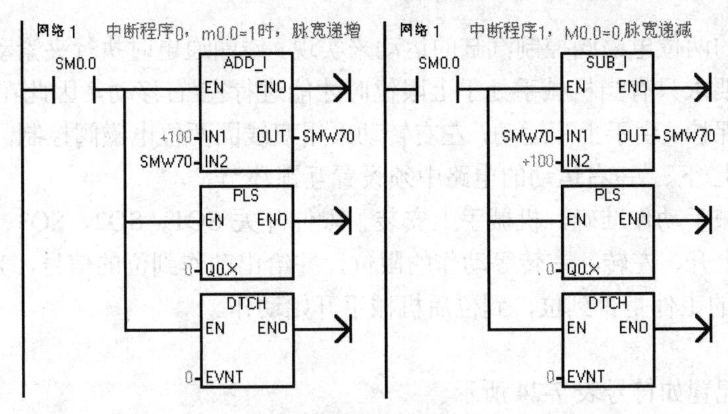

（c）中断程序0和中断程序1

图7-7　例7-8题图（续）

7.2　项目实施

由移位寄存器编程法完成机械手的PLC控制设计

图7-8为传送工件的某机械手的工作示意图，其任务是将工件从传送带A搬运到传送带B。

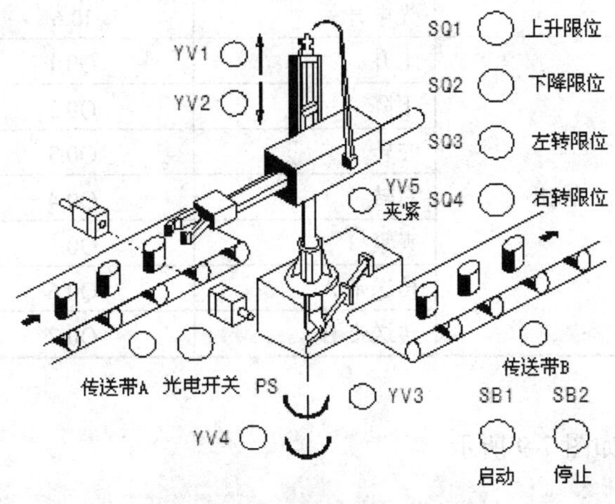

图7-8　机械手工作示意图

1. 控制电路要求

按起动按钮后，传送带A运行直到光电开关PS检测到物体，才停止，同时机械手下降。下降到位后机械手夹紧物体，2s后开始上升，而机械手保持夹紧。上升到位左转，左转到位下降，下降到位机械手松开，2s后机械手上升。上升到位后，传送带B开始运行，同时机械手右转，右转到位，传送带B停止，此时传送带A运行直到光电开关PS再次检测到物体，才停止……循环。

机械手的上升、下降和左转、右转的执行，分别由双线圈两位电磁阀控制汽缸的运动控制。当下降电磁阀通电，机械手下降，若下降电磁阀断电，机械手停止下降，保持现有的动作状态。当上升电磁阀通电时，机械手上升。同样左转/右转也是由对应的电磁阀控制。夹紧/放松则是由单线圈的两位电磁阀控制汽缸的运动来实现，线圈通电时执行夹紧动作，断电时执行放松动作。并且要求只有当机械手处于上限位时才能进行左/右移动，因此在左右转动时用上限条件作为联锁保护。由于上下运动，左右转动采用双线圈两位电磁阀控制，两个线圈不能同时通电，因此在上/下、左/右运动的电路中须设置互锁环节。

为了保证机械手动作准确，机械手上安装了限位开关 SQ1、SQ2、SQ3、SQ4，分别对机械手进行下降、上升、左转、右转等动作的限位，并给出动作到位的信号。光电开关 PS 负责检测传送带 A 上的工件是否到位，到位后机械手开始动作。

2. I/O 配置

PLC 的 I/O 配置如符号表 7-24 所示。

表 7-24　PLC 的 I/O 配置

序号	类型	设备名称	信号地址	编号
1	输入	起动按钮	I0.0	SB1
2		停止按钮	I0.1	SB2
3		上升限位开关	I0.2	SQ1
4		下降限位开关	I0.3	SQ2
5		左限位开关	I0.4	SQ3
6		右限位开关	I0.5	SQ4
7		光电开关	I0.6	PS
8	输出	上升	Q0.1	YV1
9		下降	Q0.2	YV2
10		左转	Q0.3	YV3
11		右转	Q0.4	YV4
12		夹紧	Q0.5	YV5
13		传送带 A	Q0.6	KM1
14		传送带 B	Q0.7	KM2

3. 输入/输出接线

PLC 的 I/O 接线图如图 7-9 所示。

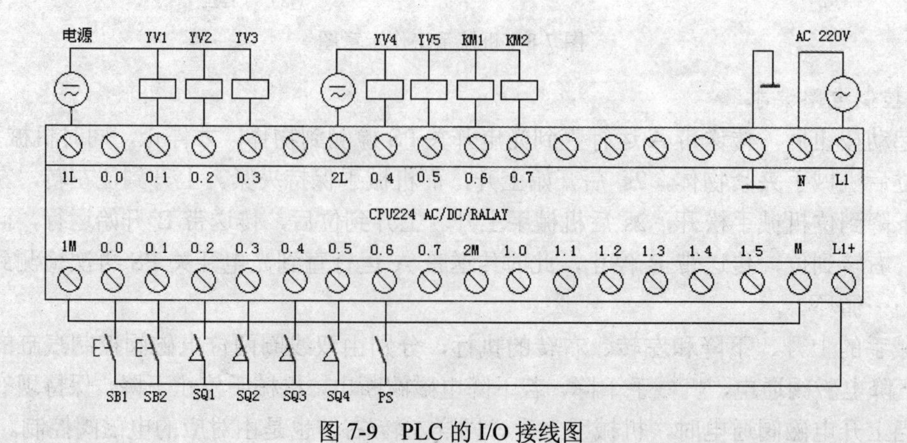

图 7-9　PLC 的 I/O 接线图

4. PLC 控制电路功能流程图

根据控制要求先设计出功能流程图，如图 7-10 所示。流程图是一个按顺序动作的步进控制系统，在本例中采用移位寄存器编程方法。用移位寄存器 M10.1～M11.2 位，代表流程图的各步，两步之间的转换条件满足时，进入下一步。移位寄存器的数据输入端 DATA（M10.0）由 M10.1～M11.1 各位的常闭接点、上升限位的标志位 M1.1、右转限位的标志位 M1.4 及传送带 A 检测到工件的标志位 M1.6 串联组成，即当机械手处于原位，各工步未起动时，若光电开关 PS 检测到工件，则 M10.0 置 1，这作为输入的数据，同时也作为第一个移位脉冲信号。以后的移位脉冲信号由代表步位状态中间继电器的常开接点和代表处于该步位的转换条件接点串联支路依次并联组成。在 M10.0 线圈回路中，串联 M10.1～M11.1 各位的常闭接点，是为了防止机械手在还没有回到原位的运行过程中移位寄存器的数据输入端再次置 1，因为移位寄存器中的“1”信号在 M10.1～M11.1 之间依次移动时，各步状态位对应的常闭接点总有一个处于断开状态。当“1”信号移到 M11.2 时，机械手回到原位，此时移位寄存器的数据输入端重新置 1，若起动电路保持接通（M0.0=1），机械手将重复工作。当按下停止按钮时，使移位寄存器复位，机械手立即停止工作。若按下停止按钮后机械手的动作仍然继续进行，直到完成一周期的动作后，回到原位时才停止工作，将如何修改程序。

功能流程图如图 7-10 所示。

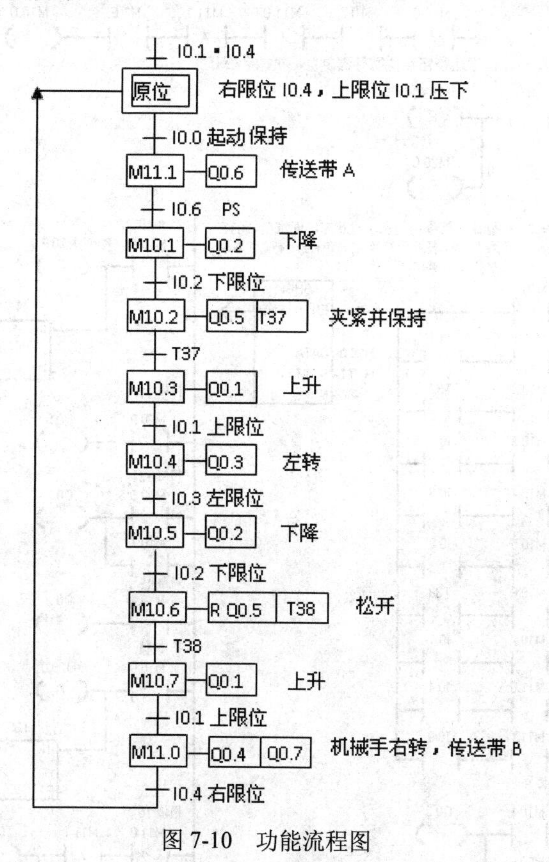

图 7-10 功能流程图

5. PLC 控制电路梯形图

根据功能流程图再设计出梯形图程序，如图 7-11 所示。

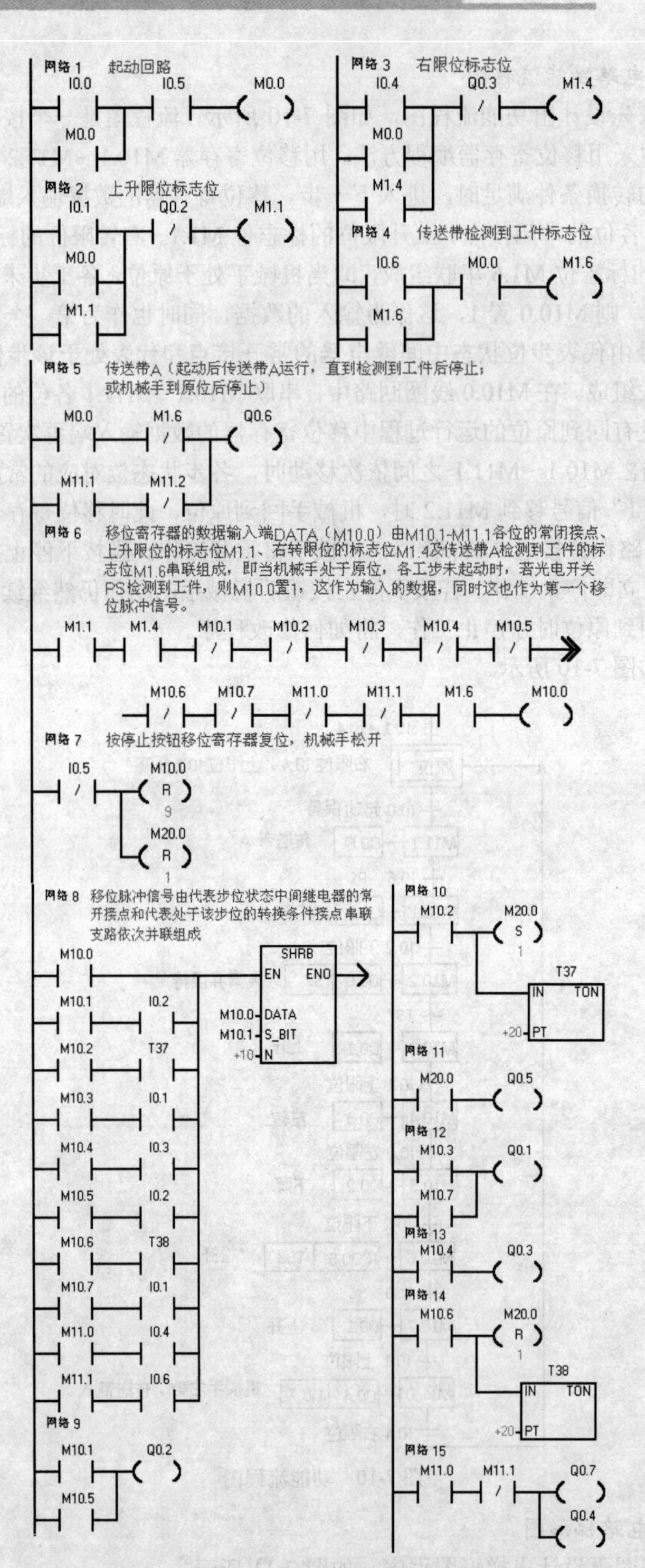
网络 1 起动回路
I0.0
I0.5
M0.0
M0.0
网络 2 上升限位标志位
I0.1
Q0.2
M1.1
M0.0
M1.1
网络 3 右限位标志位
I0.4
Q0.3
M1.4
M0.0
M1.4
网络 4 传送带检测到工件标志位
I0.6
M0.0
M1.6
M1.6
网络 5 传送带A（起动后传送带A运行，直到检测到工件后停止；或机械手到原位后停止）
M0.0
M1.6
Q0.6
M11.1
M11.2
网络 6 移位寄存器的数据输入端DATA（M10.0）由M10.1-M11.1各位的常闭接点、上升限位的标志位M1.1、右转限位的标志位M1.4及传送带A检测到工件的标志位M1.6串联组成，即当机械手处于原位，各工步未起动时，若光电开关PS检测到工件，则M10.0置1，这作为输入的数据，同时这也作为第一个移位脉冲信号。
M1.1
M1.4
M10.1
M10.2
M10.3
M10.4
M10.5
M10.6
M10.7
M11.0
M11.1
M1.6
M10.0
网络 7 按停止按钮移位寄存器复位，机械手松开
I0.5
M10.0
R
9
M20.0
R
1
网络 8 移位脉冲信号由代表步位状态中间继电器的常开接点和代表处于该步位的转换条件接点串联支路依次并联组成
M10.0
SHRB
EN
ENO
M10.0-DATA
M10.1-S_BIT
+10-N
M10.1
I0.2
M10.2
T37
M10.3
I0.1
M10.4
I0.3
M10.5
I0.2
M10.6
T38
M10.7
I0.1
M11.0
I0.4
M11.1
I0.6
网络 9
M10.1
Q0.2
M10.5
网络 10
M10.2
M20.0
S
1
T37
IN
TON
+20-PT
网络 11
M20.0
Q0.5
网络 12
M10.3
Q0.1
M10.7
网络 13
M10.4
Q0.3
网络 14
M10.6
M20.0
R
1
T38
IN
TON
+20-PT
网络 15
M11.0
M11.1
Q0.7
Q0.4

图 7-11 梯形图

7.3 知识拓展

多关节机械手控制系统设计

1. 控制要求

该机械手在生产线上的主要任务是将轴承从传送带 1 转移至传送带 2 上，然后将盖放置于轴承之上，最后经过压盖机加工，完成轴承装配的一部分加工。整个工作流程：起动→手臂上升→手臂左旋→手臂下降→传送带 1→手爪抓紧→手臂上升→手臂右旋→手臂下降→传送带 2→手爪松开→手臂上升依次循环。

2. I/O 配置

PLC 的 I/O 配置如符号表 7-25 所示。

表 7-25 PLC 的 I/O 配置

类型	设备名称	信号地址	设备名称	信号地址
数字量输入	高速脉冲输入	I0.0	自动起动	I1.1
	急停按钮	I0.1	上升限位开关	I1.2
	手动/自动	I0.2	下降限位开关	I1.3
	手臂上升	I0.3	左旋限位开关	I1.4
	手臂下降	I0.4	右旋限位开关	I1.5
	手臂左旋	I0.5	传送带 1 光电开关	I2.0
	手臂右旋	I0.6	传送带 2 光电开关	I2.1
	手爪抓紧	I0.7	传送带 2 起动	I2.2
	手爪松开	I1.0	压盖机起动	I2.3
模拟量输入	传感器 1	AIW0	传感器 4	AIW3
	传感器 2	AIW1	传感器 5	AIW4
	传感器 3	AIW2		
数字量输出	设备名称	信号地址	设备名称	信号地址
	高速脉冲输出	Q0.0	抓紧电磁阀	Q0.5
	上升电磁阀	Q0.1	松开电磁阀	Q0.6
	下降电磁阀	Q0.2	传送带 2 继电器	Q0.7
	左旋继电器	Q0.3	压盖机继电器	Q1.0
	右旋继电器	Q0.4		

说明：急停按钮采用带锁的常闭触点，按下后旋转复位；手动/自动按钮采用旋钮，一边常闭，一边常开；其余按钮均采用触点触发方式，按下即接通，松开即复位。

3. 总体流程图设计

根据系统的控制要求，此机械手工作时的动作有以下几个步骤：

（1）旋钮置于自动方式，按下起动按钮，工作台开始工作。

（2）机械手在气缸的驱动下上升至设定位置，同时传送带 1 开始运动。

（3）机械手在到达设定的高度后，手臂开始左旋至设定位置，同时传送带 1 上的光电开关检测工件是否到位。

（4）若传送带 1 上的工件到位，则机械手在气缸的驱动下下降至设定位置；如果工件未到位，则机械手在上限位等待工件到位。

（5）工件到位后，机械手下降至设定位置后，机械手手爪开始抓紧工件。

（6）手爪抓紧工件后，机械手上升至设定位置。

（7）上升到位后，机械手开始右旋设定位置。

（8）手臂右旋到位后，开始下降至设定位置。

（9）下降到位后，手爪松开，放下工件，同时开始计时，时间为 5s。

（10）放下工件后，机械手再次上升至设定位置。

（11）上升到位后，手爪抓紧端盖。

（12）下降至设定位置，手爪松开，将端盖置于工件之上。

（13）定时时间到，传送带 2 起动，将工件送到压盖机处。

（14）工件到位，传送带 2 停止，压盖机工作。

若没有收到停止信号，则机械手上升，继续重复步骤（2）至（14）；若收到停止信号，则停止所以 PLC 设备，使多关节机械手的所有动作停止。

根据以上的机械手动作和要求实现的功能，设计出多关节机械手 PLC 控制系统的顺序流程图，如图 7-12 所示。该程序设有手动和自动两种工作方式。在手动控制方式下，机械手的上升和下降、机械手的左旋和右旋，以及手爪的抓紧和松开都可自由控制，主要用来调试程序；在自动方式下，PLC 是按照设定好的参数和顺序来执行的，主要用于各部分正常工作的情况。

4. PLC 控制程序设计

当软件总体流程图设计完成后，就需要对各个控制过程进行分解细化，这样在程序编写时就会简洁明了，最后联合起来调试时也便于发现问题。当控制过程特别复杂的时候，采用模块化设计，就显得尤为重要。采用模块化的设计，调试时先调试某个模块的功能，可以及早发现问题，到最后联调时，若出现问题就可以很快找出原因及时解决。

由于机械手的控制过程是按顺序执行的，所以在编写程序的时候采用顺序控制指令。多关节机械手控制系统程序中用到的元件及设置如表 7-26 所示。考虑到篇幅问题，现用指令语句表的形式进行程序设计。

（1）主程序

主程序中，首先是对高速计数器和高速脉冲输出指令进行初始化。对于高速计数器，选用高速计数器 HSC0，工作方式为模式 0，输入口为 I0.0。设置 HSC0 的功能为：复位与起动输入信号都是高电位有效、4 倍计数频率、计数方向为增计数、预设脉冲数为 10000 个、允许更新双字和执行 HSC 指令。

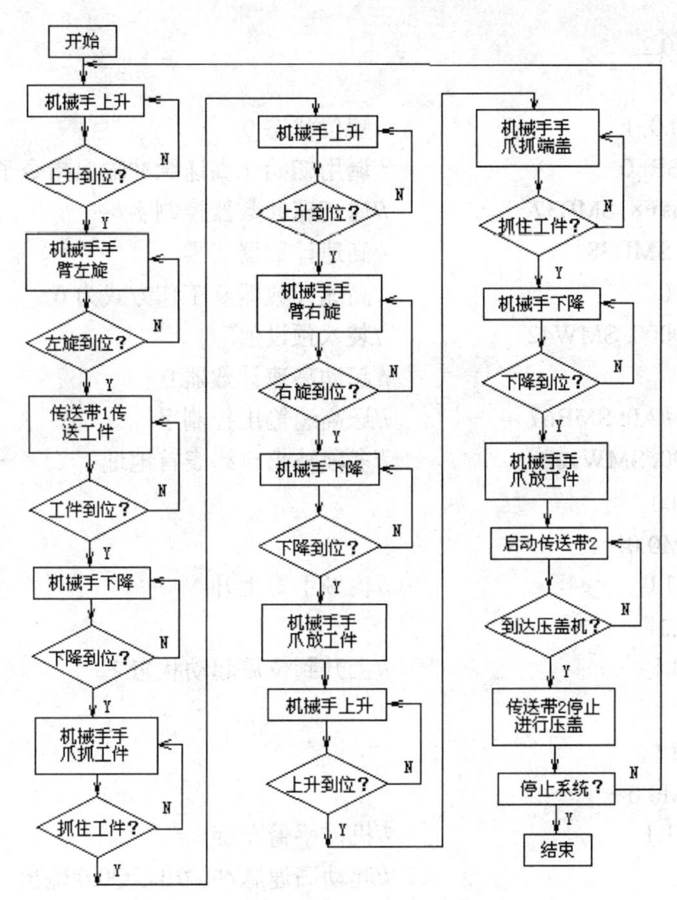

图 7-12　多关节机械手控制系统顺序流程图

表 7-26　元件设置

编号	意义	编号	意义
M0.0	急停标志	M2.2	机械手下降标志
M0.1	手动标志	M2.3	手爪松开端盖标志
M0.2	自动标志	M2.4	传送带 2 起动标志
M1.0	机械手上升标志	M2.5	压盖机起动标志
M1.1	手臂左旋标志	Y37	一个循环结束后等待时间
M1.2	机械手下降标志	VW0	1#传感器值存储单元
M1.3	手爪抓紧工件标志	VW2	2#传感器值存储单元
M1.4	机械手上升标志	VW4	3#传感器值存储单元
M1.5	手臂右旋标志	VW6	4#传感器值存储单元
M1.6	机械手下降标志	VW8	5#传感器值存储单元
M1.7	手爪松开工件标志	VW10	抓取工件的标准压力值存储单元
M2.0	机械手上升标志	VW20	抓取端盖的标准压力值存储单元
M2.1	手爪抓紧端盖标志		

```
LD      M0.2
A       I1.1
S       S0.0, 1             //置位状态 0
CALL    SBR_0               //调用初始化高速脉冲输出指令子程序
MOVB    16#F8, SMB37        //送高速计数器控制字
MOVD    0, SMD38            //高速计数器清零
HDEF    0, 0                //高速计数器 0 工作方式为 0
MOVW    10000, SMW42        //装入预设值
HSC     0                   //起动高速计数器 0
MOVB    16#A0, SMB67        //送高速输出控制字
MOVW    200, SMW168         //多段输出包络表首地址
LSCR    S0.0
LD      SM0.0
=       M1.0                //机械手臂上升
LD      I1.2
SCRT    S0.1                //上升到位后起动状态 1
SCRE
LSCR    S0.1
LD      SM0.0
=       M1.1                //机械手臂左旋
PLS     0                   //起动高速脉冲输出，Q0.0 输出
LD      I1.4
A       I2.0
SCRT    S0.2                //左旋到位，起动状态 2
SCRE
LSCR    S0.2
LD      SM0.0
=       M1.2                //机械手臂下降
LD      I1.3
SCRT    S0.3                //下降到位后，起动状态 3
SCRE
LSCR    S0.3
LD      SM0.0
=       M1.3                //抓紧工件
CALL    SBR_1               //调用传感器 1 处理子程序
LD      I1.7
SCRT    S0.4                //机械手抓紧工件后，起动状态 4
SCRE
LSCR    S0.4
```

```
LD      SM0.0
=       M1.4                //机械手臂上升
LD      I1.2
SCRT    S0.5                //上升到位后，起动状态 5
SCRE
LSCR    S0.5
LD      SM0.0
=       M1.5                //机械手臂右旋
PLS     0                   //起动高速脉冲输出，Q0.0 输出
LD      I1.4
SCRT    S0.6                //右旋到位后，起动状态 6
SCRE
LSCR    S0.6
LD      SM0.0
=       M1.6                //机械手臂下降
LD      I1.3
SCRT    S0.7                //下降到位后，起动状态 7
SCRE
LSCR    S0.7
LD      SM0.0
=       M1.7                //手臂松开工件
CALL    SBR_1               //调用子程序，判断手爪是否松开
LD      I1.0
SCRT    S1.0                //手爪松开后，起动状态 8
SCRE
LSCR    S1.0
LD      SM0.0
=       M2.0                //机械手臂上升
LD      I1.2
SCRT    S1.1                //上升到位后，起动状态 9
LSCR    S1.1
LD      SM0.0
=       M2.1                //手爪抓紧端盖
CALL    SBR_2               //调用传感器 2 子程序，判断手爪是否抓紧
LD      I0.7
SCRT    S1.2                //手爪抓紧后，起动状态 10
SCRE
LSCR    S1.2
LD      SM0.0
```

```
=       M2.2        //机械手臂下降
LD      I1.3
SCRT    S1.3        //下降到位后，起动状态 11
SCRE
LSCR    S1.3
LD      SM0.0
=       M2.3        //手爪放开端盖
CALL    SBR_2
LD      I1.0
SCRT    S1.4        //手爪松开后，起动状态 12
SCRE
LSCR    S1.4
LD      SM0.0
=       M2.4        //传送带 2 起动
LD      I2.1
SCRT    S1.5        //轴承到达压盖机处，起动状态 13
SCRE
LSCR    S1.5
LD      SM0.0
=       M2.5        //压盖机起动
TON     T37, 10     //一个循环完成后，等待时间
LD      T37
SCRT    S0.0        //一个循环结束后，回到初始状态
SCRE
LD      M0.1
A       I0.3
O       M1.0
O       M1.4
O       M2.0
=       Q0.1        //上升电磁阀输出
LD      M0.1
A       I0.4
O       M1.2
O       M1.6
O       M2.2
=       Q0.2        //下降电磁阀输出
LD      M0.1
A       I0.5
O       M1.1
```

```
=       Q0.3            //左旋电磁阀输出
LD      M0.1
A       I0.6
O       M1.5
=       Q0.4            //右旋电磁阀输出
LD      M0.1
A       I0.7
O       M1.3
O       M2.1
=       Q0.5            //抓紧电磁阀输出
LD      M0.1
A       I1.0
O       M1.7
O       M2.3
=       Q0.6            //松开电磁阀输出
LD      M0.1
A       I2.2
O       M2.4
=       Q0.7            //传送带2继电器输出
LD      M0.1
A       I2.3
O       M2.5
=       Q1.0            //压盖机继电器输出
LD      I0.1
=       M0.0
LDN     I0.2
=       M0.1
LD      I0.2
=       M0.2
```

（2）初始化高速脉冲输出指令子程序

对于高速脉冲输出控制，设置为脉冲输出方式，输出口为 Q0.0。脉冲的输出设置为多段管线输出，本设计中选用 3 段输出，写控制字到特定存储器中，完成设置的功能为：时间基准为μs 级、不允许更新周期和脉冲数。由于是多段输出，所以还需要建立包络表，对 3 段的脉冲周期、数量进行设置。下面是多关节机械手控制系统多段脉冲输出语句表指令语句。

```
LD      SM0.0
MOVB    3, VB200        //包络线为3段
MOVW    500, VW201      //第一阶段周期为500ms
MOVW    -1, VW203       //增量为-1
MOVD    500, VD205      //第一阶段脉冲数为500
```

```
MOVW    50, VW209             //第二阶段周期为50ms
MOVW    0, VW211              //增量为0
MOVD    1000, VD213           //第二阶段脉冲数为1000
MOVW    100, VW217            //第三阶段周期为100ms
MOVW    2, VW219              //增量为2
MOVD    200, VD211            //第三阶段脉冲数为200
```

由于步进电动机本身的特性，起动频率不宜太高，所以在起动阶段输出的脉冲周期为500ms，且周期逐步减少，缓慢提高其输出脉冲频率；在第二阶段，输出脉冲周期为 50ms，在这个阶段手臂的移动是最快的，当快到达设定位置的时候，同样不可以突然使频率降低到0，需要逐渐降低脉冲频率值，所以第三阶段的脉冲周期为100ms，电动机逐渐减速，到达设定位置后能可靠停止。

（3）传感器1处理子程序

```
LD      SM0.0
MOVW    AIW0, VW0
MOVW    AIW2, VW2
MOVW    AIW4, VW4
MOVW    AIW6, VW6
MOVW    AIW8, VW8             //将五个传感器的值存储到PLC数据单元中
LD      SM0.0
LPS
AW>=    VW0, VW10
=       M5.0    //比较输入值1与标准值，当输入值1大于等于标准值时，M5.0接通
LRD
AW>=    VW2, VW10
=       M5.1
LRD
AW>=    VW4, VW10
=       M5.2
LRD
AW>=    VW6, VW10
=       M5.3
LPP
AW>=    VW8, VW10
=       M5.4
LD      SM0.0
LPS
AW=     VW0, 0
=       M6.0    //比较输入值1与标准值，当输入值1等于.时，M6.0接通
LRD
```

```
AW=      VW2, 0
=        M6.1
LRD
AW=      VW4, 0
=        M6.2
LRD
AW=      VW6, 0
=        M6.3
LPP
AW=      VW8, 0
=        M6.4
LD       M5.0
A        M5.1
A        M5.2
A        M5.3
A        M5.4
=        I0.7   //当五个手指的传感器值都达到标准值，则认为手爪抓紧物体了，I0.7 接通
LD       M6.0
A        M6.1
A        M6.2
A        M6.3
A        M6.4
=        I1.0   //当五个手指的传感器值都达到 0，则认为手爪松开物体了，I1.0 接通
```

（4）传感器 2 处理子程序

```
LD       SM0.0
MOVW     AIW0, VW0
MOVW     AIW2, VW2
MOVW     AIW4, VW4
MOVW     AIW6, VW6
MOVW     AIW8, VW8    //将五个传感器的值存储到 PLC 数据单元中
LD       SM0.0
LPS
AW>=     VW0, VW20
=        M5.0   //比较输入值 1 与标准值，当输入值 1 大于等于标准值时，M5.0 接通
LRD
AW>=     VW2, VW20
=        M5.1
LRD
AW>=     VW4, VW20
```

```
=       M5.2
LRD
AW>=    VW6, VW20
=       M5.3
LPP
AW>=    VW8, VW20
=       M5.4
LD      SM0.0
LPS
AW=     VW0, 0
=       M6.0    //比较输入值 1 与标准值，当输入值 1 等于.时，M6.0 接通
LRD
AW=     VW2, 0
=       M6.1
LRD
AW=     VW4, 0
=       M6.2
LRD
AW=     VW6, 0
=       M6.3
LPP
AW=     VW8, 0
=       M6.4
LD      M5.0
A       M5.1
A       M5.2
A       M5.3
A       M5.4
=       I0.7  //当五个手指的传感器值都达到标准值，则认为手爪抓紧物体了，I0.7 接通
LD      M6.0
A       M6.1
A       M6.2
A       M6.3
A       M6.4
=       I1.0  //当五个手指的传感器值都达到 0，则认为手爪松开物体了，I1. 0 接通
```

多关节机械手控制系统传感器值 1 处理语句表程序和传感器值 2 处理语句表程序，都是针对传感器采集到的值传到 PLC 处理的子程序，由于机械手在每次加工过程中，都需要移动两个工件，对于不同的工件，手爪的力度是不同的，为了防止抓紧力过大，对工件造成损坏，设置两个不同的压力对比值。

7.4　技能实训

7.4.1　中断指令编程设计与调试

1. 实训目的

（1）熟悉中断指令的使用方法。

（2）掌握定时中断设计程序的方法。

2. 实训器材

PC机一台、PLC实训箱一台、编程电缆一根、导线若干。

3. 实训内容

（1）利用T32定时中断编写程序，要求产生占空比为50%，周期为4s的方波信号。

（2）用定时中断实现喷泉的模拟控制，控制要求如下：

用灯L1～L12分别代表喷泉的12个喷水柱。按下起动按钮后，隔灯闪烁，L1亮0.5s后灭，接着L2亮0.5s后灭，接着L3亮0.5s后灭，接着L4亮0.5s后灭，接着L5、L9亮0.5s后灭，接着L6、L10亮0.5s后灭，接着L7、L11亮0.5s后灭，接着L8、L12亮0.5s后灭，L1亮0.5s后灭，如此循环下去，直至按下停止按钮，如图7-13所示。

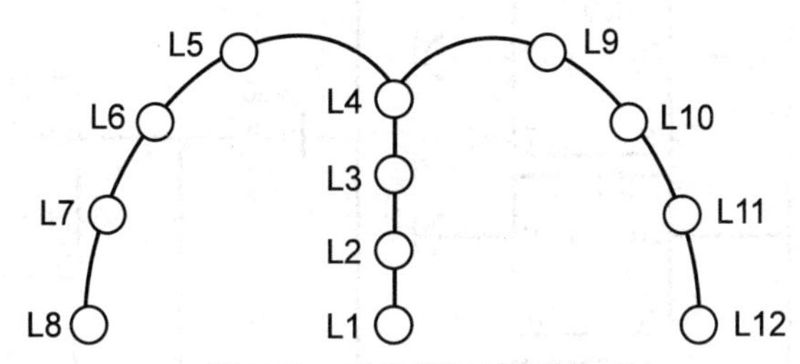

图7-13　喷泉控制示意图

4. 实训步骤

（1）实训前，先用下载电缆将PC机串口与S7-200 CPU226主机的PORT1端口连好，然后对实训箱通电，并打开24V电源开关。主机和24V电源的指示灯亮，表示工作正常，可进入下一步实训。

（2）进入编译调试环境，用指令符或梯形图输入下列练习程序。

（3）根据程序，进行相应的连线（接线可参见项目1“输入/输出端口的使用方法”）。

（4）下载程序并运行，观察运行结果。

5. 参考程序

（1）产生占空比为50%，周期为4s的方波信号，主程序和中断程序如图7-14所示。

（2）喷泉的模拟控制参考程序如图7-15所示。

分析：程序中采用定时中断0，其中断号为10，定时中断0的周期控制字SMB34中的定时时间设定值的范围为1～255ms。喷泉模拟控制的移位时间为0.5s，大于定时中断0的最大定时时间设定值255ms，所以将中断的时间间隔设为100ms，这样中断执行5次，其时间间隔为0.5s，在程序中用VB0来累计中断的次数，每执行一次中断，VB0在中断程序中加1，当VB0=5时，即时间间隔为0.5s，QB0移一位。

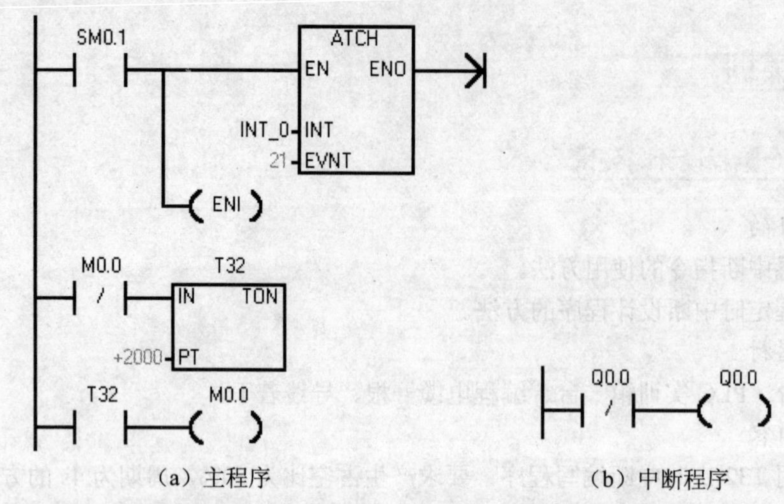

（a）主程序　　　　　　　　　　　　（b）中断程序

图 7-14　占空比为50%，周期为4s的方波信号程序

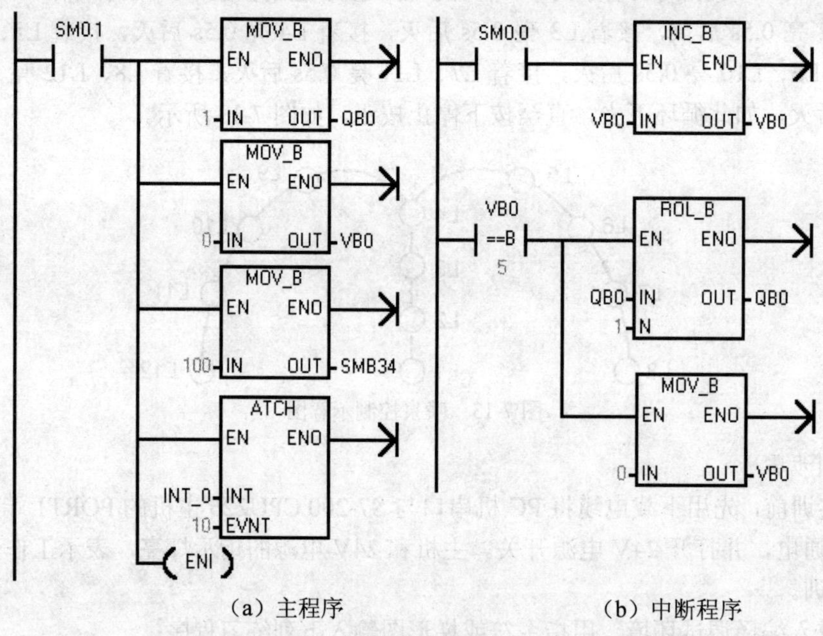

（a）主程序　　　　　　　　　　　　（b）中断程序

图 7-15　喷泉的模拟控制参考程序

7.4.2　高速输入、高速输出指令编程设计与调试

1. 实训目的

（1）掌握高速处理类指令的组成、相关特殊存储器的设置、指令的输入及指令执行后的结果，进一步熟悉指令的作用和使用方法。

（2）通过实训的编程、调试练习观察程序执行的过程，分析指令的工作原理，熟悉指令的具体应用，掌握编程技巧和能力。

2. 实训器材

PC机一台、PLC实训箱一台、编程电缆一根、导线若干。

3. 实训内容

用脉冲输出指令 PLS 和高速输出端子 Q0.0 给高速计数器 HSC 提供高速计数脉冲信号，因为要使用高速脉冲输出功能，必须选用直流电源型的 CPU 模块。输入侧的公共端与输出侧的公共端相连，高速输出端 Q0.0 接到高速输入端 I0.0，24V 电源正端与输出侧的 1L+端子相连。有脉冲输出时 Q0.0 与 I0.0 对应的 LED 亮。在子程序 0 中，把中断程序 0 与中断事件 12（CV=PV 时产生中断）连接起来。

4. 实训步骤

（1）实训前，先用下载电缆将 PC 机串口与 S7-200 CPU226 主机的 PORT1 端口连好，然后对实训箱通电，并打开 24V 电源开关。主机和 24V 电源的指示灯亮，表示工作正常，可进入下一步实训。

（2）确定输入、输出端口，并编写程序。

（3）编译程序，无误后下载至 PLC 主机的存储器中，并运行程序。

（4）调试程序，直至符合设计要求。

5. 参考程序

主程序：

```
LD      SM0.1              //首次扫描时 SM0.1=1
CALL    SBR_0              //调用子程序 0，初始化高速输出和 HSC0
```

子程序 0：

```
LD      SM0.0              //设置 PLS 0 的控制字节：允许单段 PTO 功能
MOVB    16#8D, SMB67       //时基 ms，可更新脉冲数和周期
R       Q0.0, 1            //复位脉冲输出 Q0.0 的输出映像寄存器
MOVW    +2, SMW68          //输出脉冲的周期为 2ms
MOVD    +12000, SMD72      //产生 12000 个脉冲（共 24 秒）
PLS     0                  //起动 PLS 0，从输出端 Q0.0 输出脉冲
S       Q0.1, 1            //在第一段时间内（4s）Q0.1 为 1
MOVB    16#F8, SMB37       //HSC0 初始化，可更新 CV、PV 和计数方向，加计数
MOVD    +0, SMD38          //HSC0 的当前值清 0
MOVD    +2000, SMD42       //HSC0 的第一次设定值为 2000（延时 4s）
HDEF    0, 0               //定义 HSC0 为模式 0
ATCH    INT_0, 12          //定义 HSC0 的 CV=PV 时，执行中断程序 0
ENI                        //允许全局中断
HSC     0                  //起动 HSC0
```

中断程序 0：

当 HSC0 的计数值加到第一设定值 2000 时（经过 4s），调用中断程序 0。在中断程序 0 中将 HSC0 改为减计数，中断程序 1 分配给中断事件 12

```
LD      SM0.0              //SM0.0 总是为 ON
R       Q0.1, 1            //复位 Q0.1
S       Q0.2, 1            //复位 Q0.2
MOVB    16#B0, SMB37       //重新设置 HSC0 的控制位，改为减计数
```

```
MOVD    +1000, SMD42        //HSC0 的第 2 设定值为 1000
ATCH    INT_1, 12           //中断程序 1，分配给中断事件 12
HSC     0                   //起动 HSC0，装入新的设定值和计数方向
```

中断程序 1：

当 HSC0 的计数值减到第二设定值 1000 时（经过了 2s），调用中断程序 1。在中断程序 1 中 HSC0 改为加计数，重新把中断程序 0 分配给中断事件 12，当总脉冲数达到 SMD72 中规定的个数时（经过了 24s），脉冲输出终止。

```
LD      SM0.0               //SM0.0 总是为 0
R       Q0.2, 1             //复位 Q0.2
S       Q0.1, 1             //置位 Q0.1
MOVB    16#F8, SMB37        //重新设置 HSC0 的控制位，改为加计数
MOVD    +0, SMD38           //HSC0 的当前值复位
MOVD    +2000, SMD42        //HSC0 的设置为 2000
ATCH    INT_0, 12           //把中断程序 0 分配给中断事件
HSC     0                   //重新起动 HSC0
```

6. 读懂程序并输入程序

给程序加注释，给网络加注释，在注释中说明程序的功能和指令的功能。

7. 编译运行和调试程序

观察 Q0.1 和 Q0.2 对应的 LED 的状态，并记录。用状态表监视 HSC0 的当前值变化情况。根据观察结果画出 HSC0、Q0.0、Q0.1 之间对应的波形图。

思考与练习

1. 编写程序完成数据采集任务，要求每 100ms 采集一个数。

2. 编写一个输入/输出中断程序，要求实现：

（1）从 0～255 的计数。

（2）当输入端 I0.0 为上升沿时，执行中断程序 0，程序采用加计数。

（3）当输入端 I0.0 为下降沿时，执行中断程序 1，程序采用减计数。

（4）计数脉冲为 SM0.5。

项目 8 步进电动机的 PLC 控制

8.1 相关知识

用指令向导生成高速计数器的应用程序

1. 操作步骤

在项目 7 中我们已经分析了用高速输入、高速输出指令进行编程，用户使用高速计数器时，需要根据有关的特殊存储器的意义来编写初始化程序和中断程序。这些程序的编写既繁琐又容易出错。

STEP 7-Micro/WIN 软件中提供了指令向导，使用向导来完成某些功能的编程既简单又不容易出错。下面以 HSC1 为例介绍使用指令向导初始化 HSC1 工作模式 0 的方法。

当 HSC1 工作于模式 0 时，主要理解初始化的一些通用概念、方法和当前值等于设定值的中断事件。

下列步骤说明如何为带内部方向的单相向上/向下计数器（模式 0、1、2）初始化 HSC1：

（1）使用首次扫描 SM0.1 调用执行初始化操作的子程序。

（2）在初始化子程序中，根据所需的控制操作载入 SMB47。

例如 SMB47=16#F8（2#11111000）产生下列结果：

起动计数器（SM47.7=1）

写入新当前值（SM47.6=1）

写入新设定值（SM47.5=1）

将方向设置为加计数（SM47.3=1）

将启用和复位输入设为高电平有效（SM47.0=1，SM47.1=1）

（3）执行 HDEF 指令，当无外部复位和起动功能时，MODE（模式）输入设为 0，当有外部复位但无起动功能时设为 1，当有外部复位和起动功能时设为 2；HSC 的 N 输入为 1。

（4）把所希望的当前值载入 SMD48。

（5）把所希望的设定值载入 SMD52。

（6）如果需要捕获当前值等于设定值，将 CV=PV 中断事件（事件 13）附加于中断程序中，为中断编程。

（7）当需要捕获外部复位事件，将外部复位中断事件（事件 15）附加于中断程序中，为中断编程。

（8）执行全局中断启用指令（ENI），声明允许开中断。

（9）执行 HSC 指令，使 S7-200 为 HSC1 激活计数功能。

（10）退出子程序。

具体操作如下：

（1）激活“指令向导”

打开 STEP7 软件，在主菜单“工具”中选中“指令向导”子菜单，并单击之，弹出装置选择界面，如图 8-1 所示。

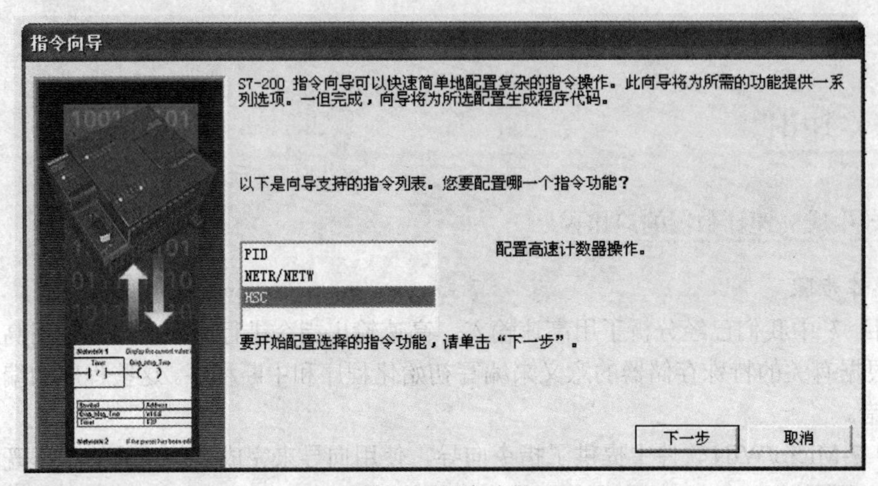

图 8-1　指令选择

（2）指令选择

S7-22X 系列支持三条指令公式配置，很显然，在图 8-1 中选择“HSC”，再单击“下一步”按钮，打开如图 8-2 所示的界面。

（3）选择需要使用的 HSC1 和模式 0

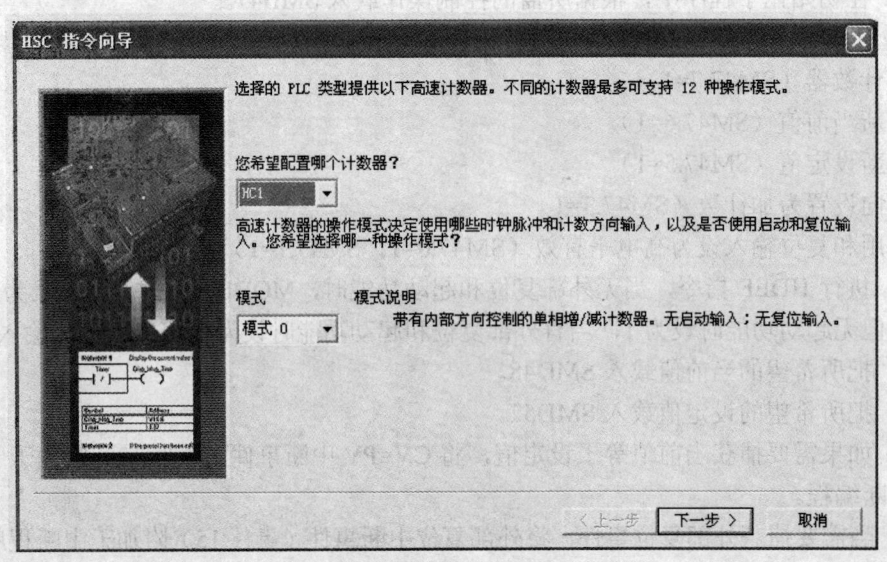

图 8-2　选择需要使用的 HSC1 和模式 0

选择“HSC1”和“模式0”，由表7-10可知：单相带内部方向控制的单脉冲高速计数器，计数器脉冲信号输入端系数分配为I0.6。由于是选择HSC1和模式0，所以I0.7和I1.1在这里系统没有分配给HSC1使用，可以作为其他用途使用。选择完毕后单击“下一步”按钮。

（4）指令向导

在图8-3中写上为HSC1初始化用的子程序名称“HSC1_SBR0”或默认程序名称，并写上初始状态HSC1的设定值（本例是30）、当前值（本例是0）和计数方向（本例是向上，即增计数），选择完毕后单击“下一步”按钮，如图8-3所示。

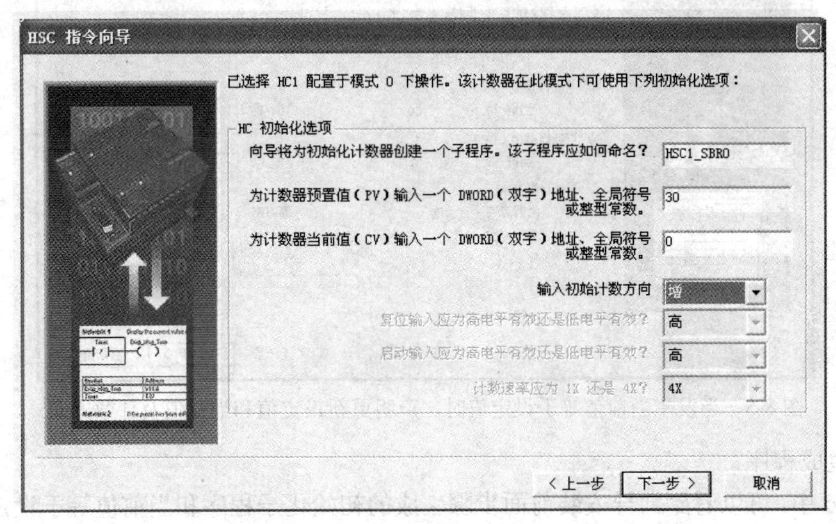

图8-3　指令向导

（5）声明使用当前值等于设定值中断

在图8-4中选择“当前值等于预置值（CV=PV）时中断”，并写上该中断实际联系的中断程序名称，同时选择HSC1的参数步骤个数“1”。如图8-4所示，选择完毕后单击“下一步”按钮。

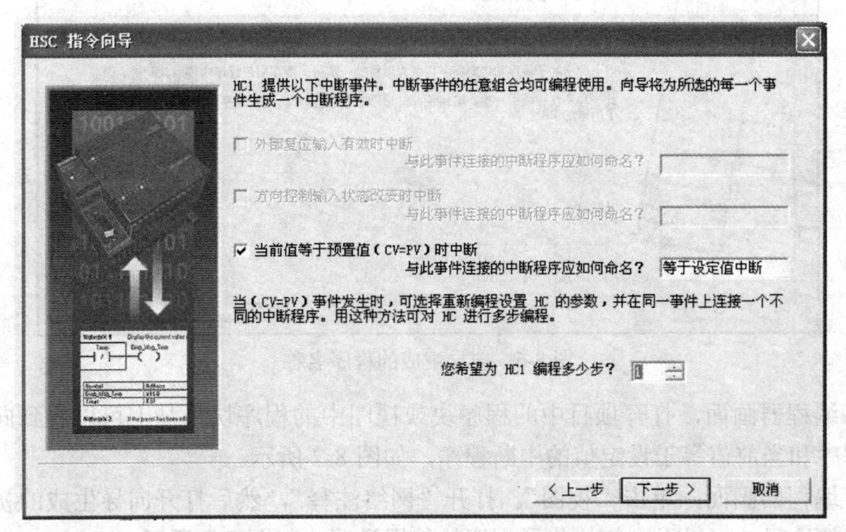

图8-4　声明使用当前值等于设定值中断

（6）声明更新设定值和当前值及计数方向

在图 8-5 中选择“等于设定值中断”中断程序里更新，并设定值，本例更新为 5，当前值更新为 35，计数方向更新为向下，即减。如图 8-5 所示，选择完毕后单击“下一步”按钮，弹出如图 8-6 所示画面。

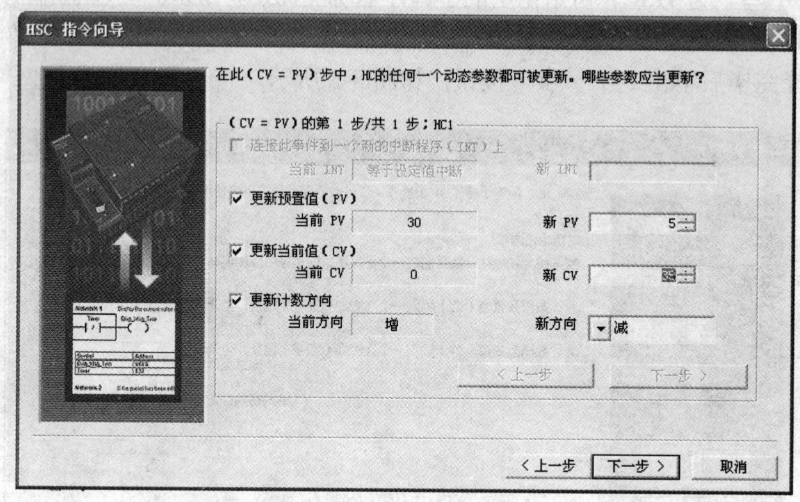

图 8-5　当发生当前值等于设定值时，声明更新设定值和当前值及计数方向

（7）生成程序

在图 8-6 中，可以看到向导安装前面步骤生成的初始化子程序和当前值等于设定值的中断程序名称。然后单击“完成”按钮，在弹出的画面中选择“是”。

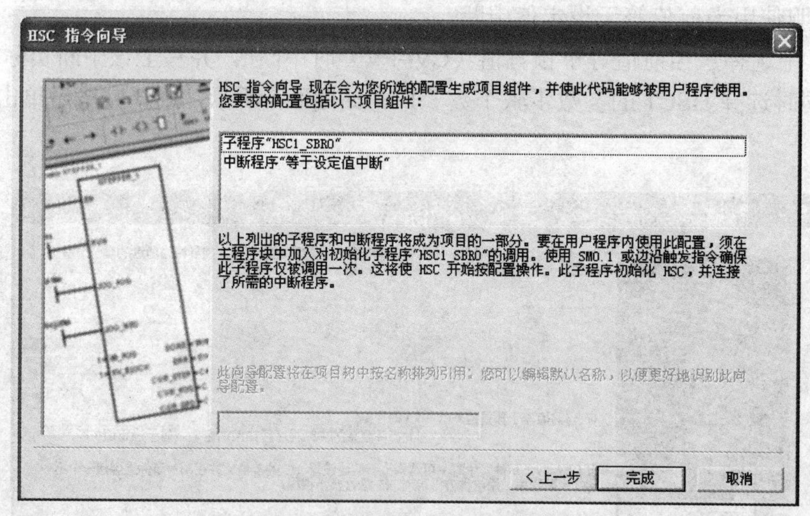

图 8-6　向导生成的程序名称

在程序编程器画面，打开项目中的程序块或视图中的程序块，马上可以看到向导生成的初始化子程序和当前值等于设定值的中断程序，如图 8-7 所示。

在程序编程器画面，单击“视图”，打开“网络注释”，然后打开向导生成的初始化子程序中网络 1 的注释，可以看到初始化子程序的使用说明，如图 8-8 所示。

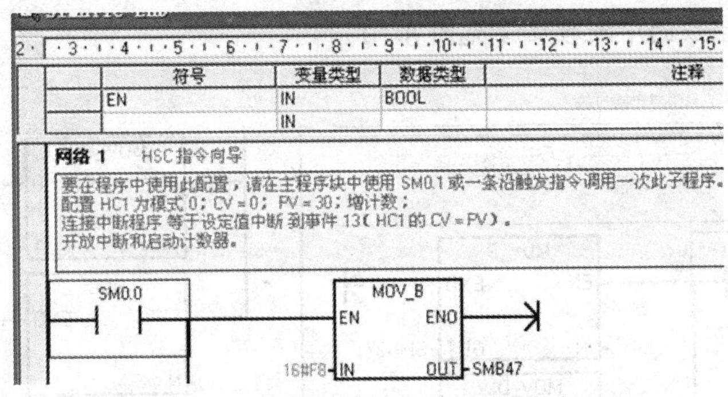

图 8-7　在编程界面查看生成的程序

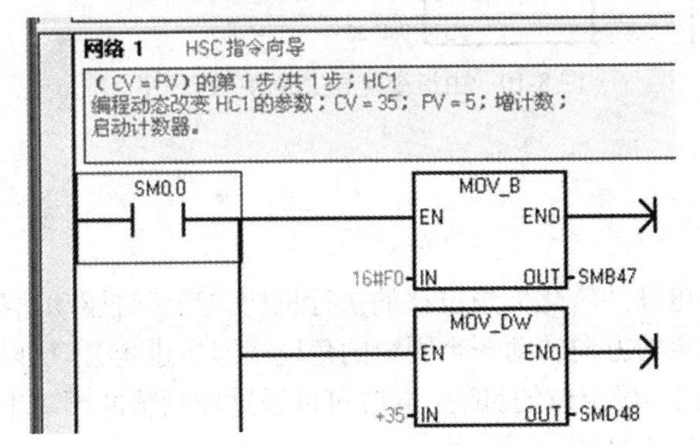

图 8-8　设定轮廓数据的起始 V 内存地址

2. 由指令向导生成的初始化子程序（见图 8-9）

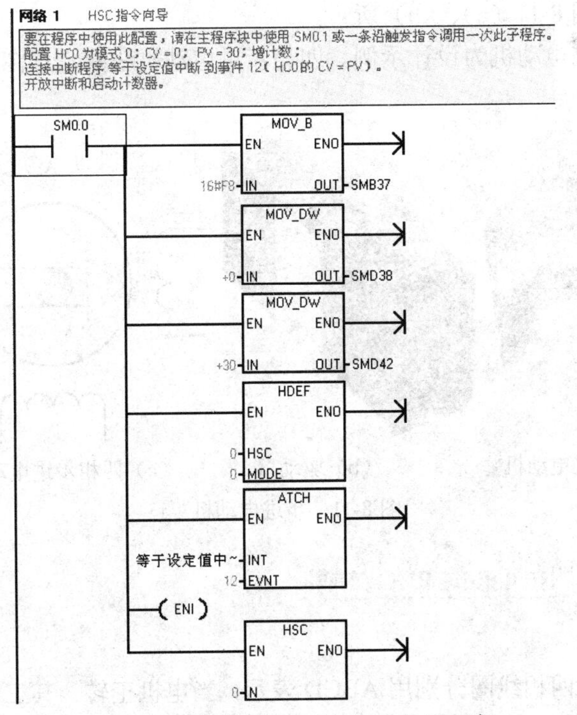

图 8-9　由指令向导生成的初始化子程序

3. 由指令向导生成的中断程序（见图 8-10）

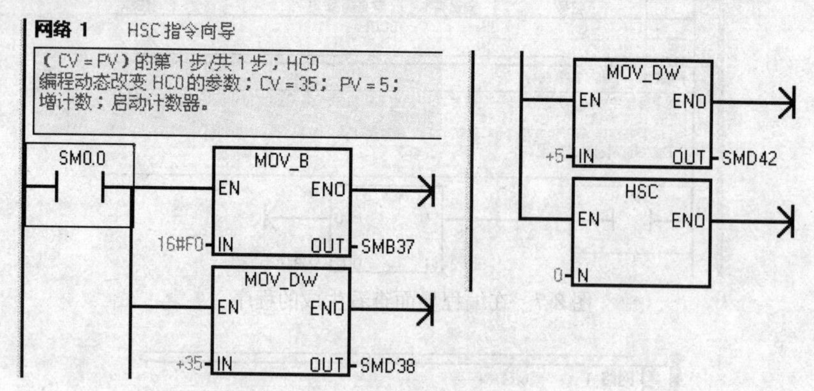

图 8-10 由指令向导生成的中断程序

8.2 项目实施

步进电机是一种将电脉冲转化为角位移的执行机构。当步进驱动器接收到一个脉冲信号，它就驱动步进电机按设定的方向转动一个固定的角度（即步进角）。可以通过控制脉冲个数来控制角位移量，从而达到准确定位的目的；同时可以通过控制脉冲频率来控制电机转动的速度和加速度，从而达到调速的目的。

PLC 一般不直接驱动步进电机，而是通过步进电机驱动器间接控制与驱动步进电机。步进电机驱动器给步进电机提供符合驱动要求的脉冲电流，并进行相应的功能设置。步进电动机及其驱动器的外形如图 8-11（a）、（b）所示。

本项目以四相步进电动机为设计示例。四相步进电动机线圈示意图如图 8-11（c）所示。

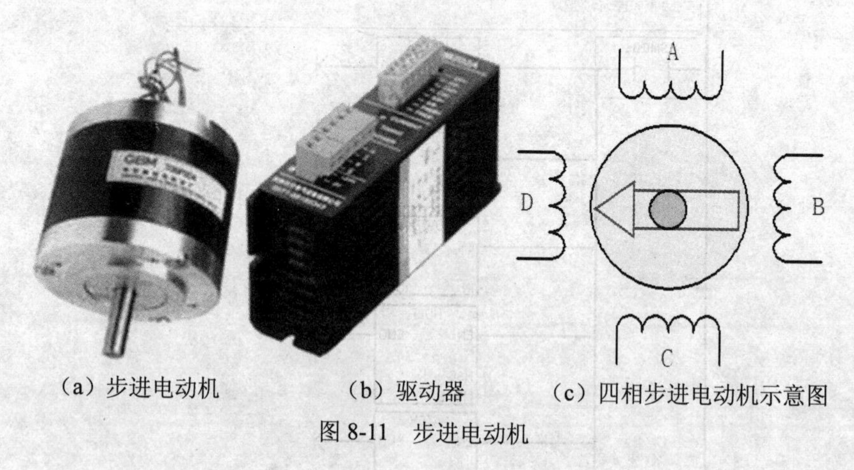

（a）步进电动机 （b）驱动器 （c）四相步进电动机示意图

图 8-11 步进电动机

8.2.1 步进电动机四相四拍正转的 PLC 控制

1. 控制电路要求

电动机四相四拍的四相线圈分别用 ABCD 表示，当电机正转，其工作方式如下：A→B→C→D→A，设计程序，要求除了能控制步进电机正转外，还能控制它的转速。

2. I/O配置

PLC的I/O配置如符号表8-1所示。

表8-1　PLC的I/O配置

序号	类型	设备名称	信号地址	编号
1	输出	步进电动机线圈A	Q0.0	A
2		步进电动机线圈B	Q0.1	B
3		步进电动机线圈C	Q0.2	C
4		步进电动机线圈D	Q0.3	D

3. 输入/输出接线

PLC的I/O接线图如图8-12所示。

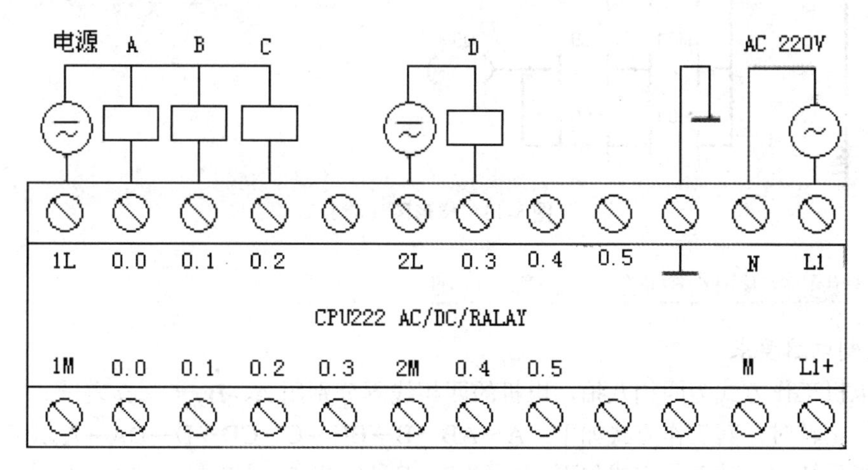

图8-12　PLC的I/O接线图

4. PLC控制电路梯形图

梯形图程序如图8-13所示。程序中用到了SM0.7。SM0.7是工作方式开关位置指示，开关放置在RUN位置时为1。改变T37、T38的设定值就可改变电动机的运行速度。

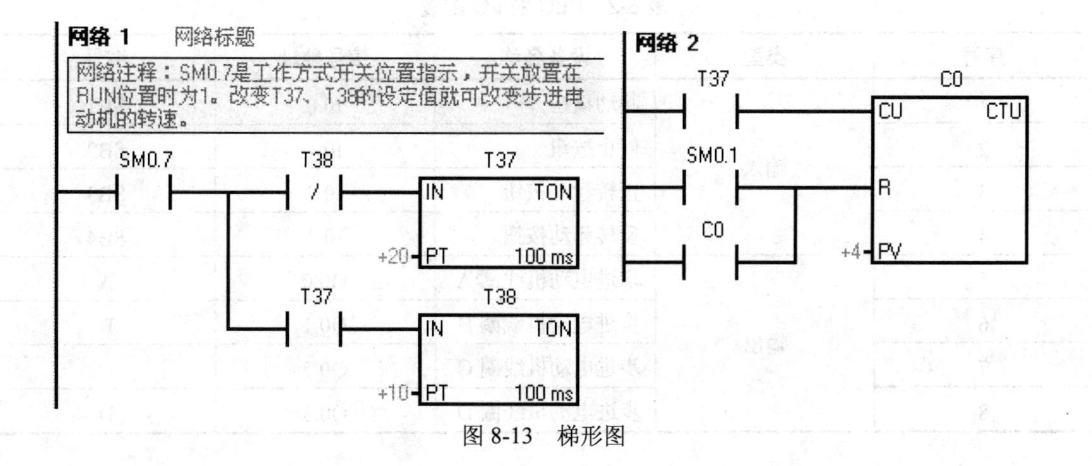

图8-13　梯形图

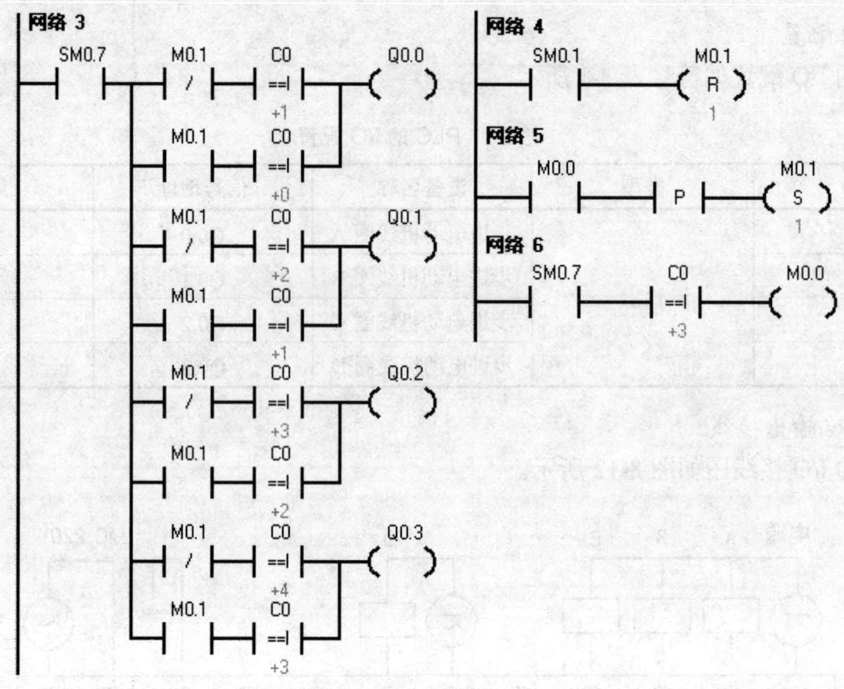

图 8-13 梯形图（续）

8.2.2 步进电动机四相八拍正反转的 PLC 控制

1. 控制电路要求

步进电机工作方式为四相八拍，电机的四相线圈分别用 A、B、C、D 表示。

当电机正转时，其工作方式如下：A→AB→B→BC→C→CD→D→DA→A。

当电机反转时，其工作方式如下：A→AD→D→DC→C→CB→B→BA→A。

设计程序，要求能控制步进电机正反转，并能控制它的转速。

2. I/O 配置

PLC 的 I/O 配置如符号表 8-2 所示。

表 8-2 PLC 的 I/O 配置

序号	类型	设备名称	信号地址	编号
1	输入	起动按钮	I0.0	SB1
2		停止按钮	I0.1	SB2
3		正转起动按钮	I0.2	SB3
4		反转起动按钮	I0.3	SB4
5	输出	步进电动机线圈 A	Q0.0	A
6		步进电动机线圈 B	Q0.1	B
7		步进电动机线圈 C	Q0.2	C
8		步进电动机线圈 D	Q0.3	D

3. 输入/输出接线

PLC 的 I/O 接线图如图 8-14 所示。

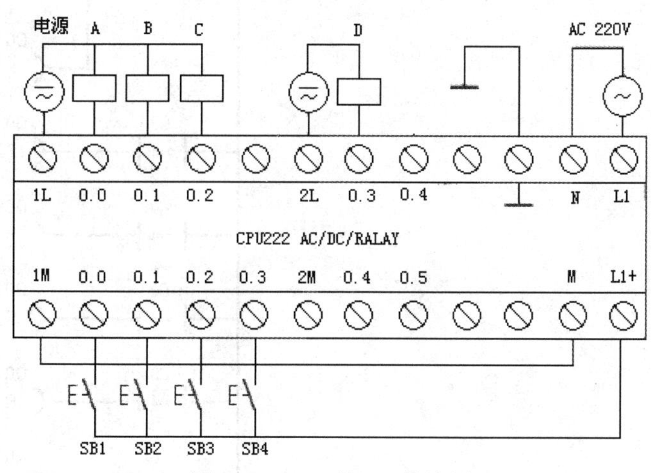

图 8-14　PLC 的 I/O 接线图

4. PLC 控制电路梯形图

梯形图程序如图 8-15 所示。改变 T37 的设定值就可改变电动机的运行速度。

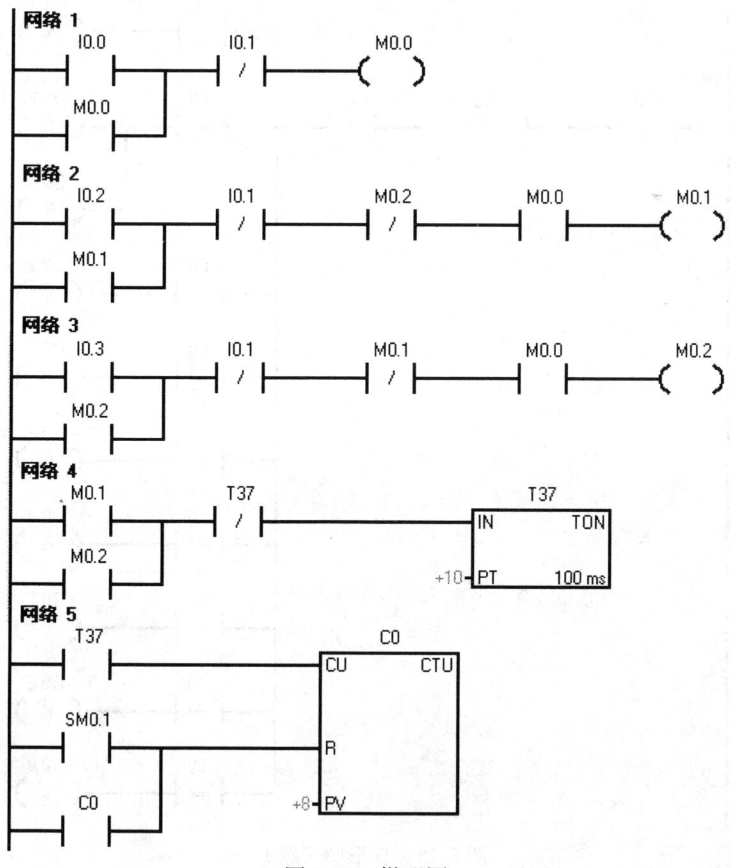

图 8-15　梯形图

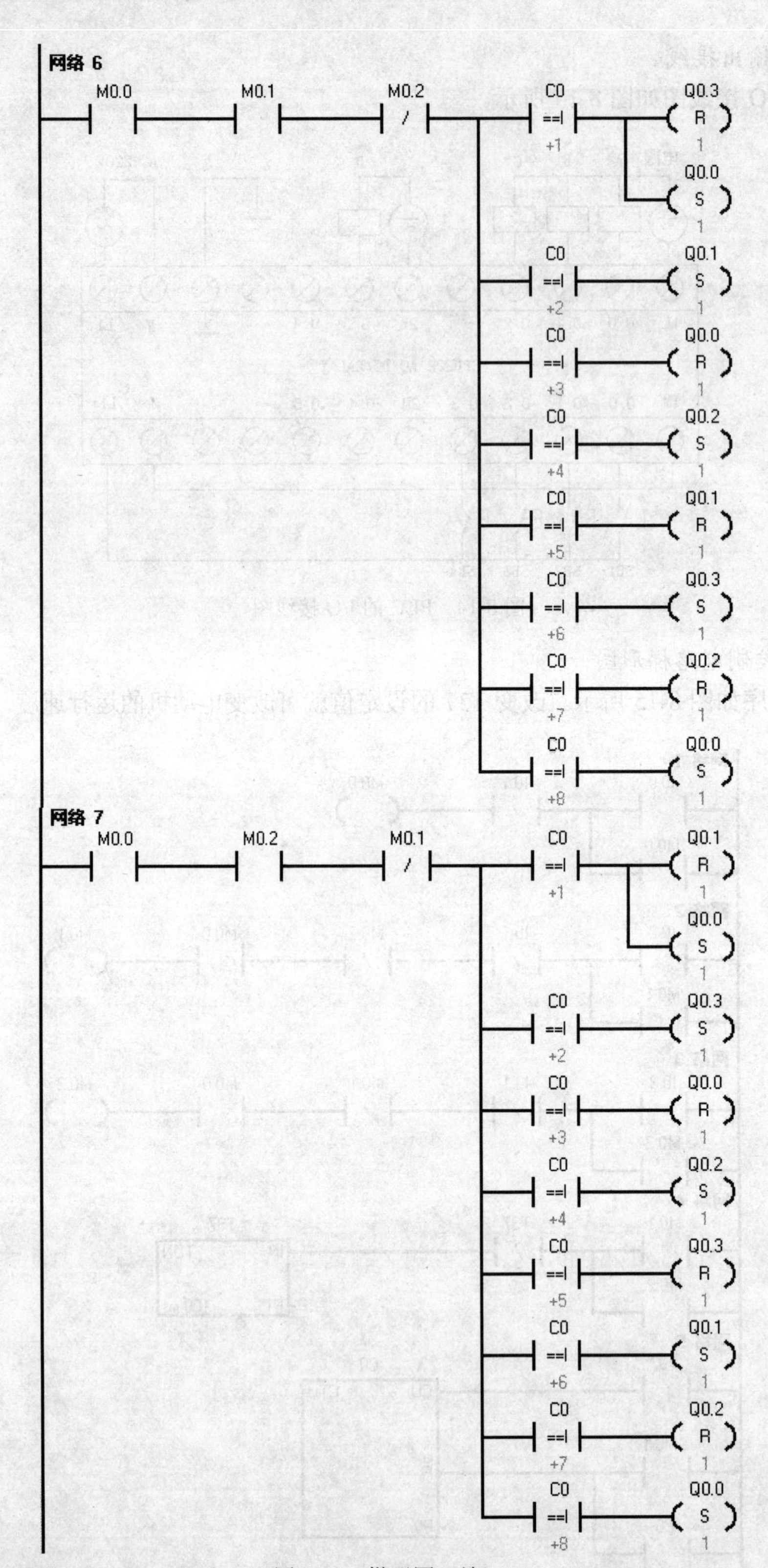

网络 6
M0.0
M0.1
M0.2
C0 ==I +1 Q0.3 R 1
Q0.0 S 1
C0 ==I +2 Q0.1 S 1
C0 ==I +3 Q0.0 R 1
C0 ==I +4 Q0.2 S 1
C0 ==I +5 Q0.1 R 1
C0 ==I +6 Q0.3 S 1
C0 ==I +7 Q0.2 R 1
C0 ==I +8 Q0.0 S 1
网络 7
M0.0
M0.2
M0.1
C0 ==I +1 Q0.1 R 1
Q0.0 S 1
C0 ==I +2 Q0.3 S 1
C0 ==I +3 Q0.0 R 1
C0 ==I +4 Q0.2 S 1
C0 ==I +5 Q0.3 R 1
C0 ==I +6 Q0.1 S 1
C0 ==I +7 Q0.2 R 1
C0 ==I +8 Q0.0 S 1

图 8-15 梯形图（续）

8.3 知识拓展

PLC 的高速输出点控制步进电动机

1. S7-200 内置 PTO 和 PWM 操作

对于初学者，大多感觉利用 PLC 的高速输出点对步进电动机进行运动控制比较麻烦，特别是控制字不容易理解。幸好西门子的软件设计师早已经考虑到了这些，STEP 7-Micro/WIN 软件中提供了位置控制向导，利用位置控制向导，就很容易编写程序了。

（1）激活“位置控制向导”

打开 STEP7 软件，在主菜单“工具”中选中“位置控制向导”子菜单，并单击之，弹出装置选择界面，如图 8-16 所示。

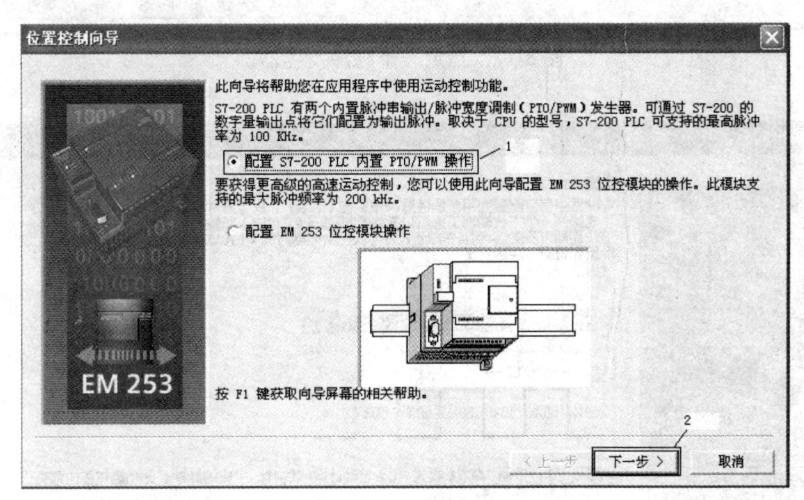

图 8-16　装置选择

（2）装置选择

S7-22X 系列 PLC 内部有两个装置可以配置，一个是机载 PTO/PWM 发生器，一个是 EM253 位置模块，位置控制向导允许配置以上两个装置中的任意一个装置。很显然，这里选择“PTO/PWM 发生器”，如图 8-16 的“1”处，再单击“下一步”按钮。

（3）指定一个脉冲发生器

S7-22X 系列 PLC 内部有两个脉冲发生器（Q0.0 和 Q0.1）可以供选用，比如选用 Q0.0，再单击“下一步”按钮，如图 8-17 所示。

（4）选择 PTO 或 PWM，并选择时间基准

可选择 Q0.0 为脉冲串输出（PTO）或脉冲宽度可调制（PWM）配置脉冲发生器，比如选择“线性脉冲串输出（PTO）”，再单击“下一步”按钮，如图 8-18 所示。

（5）指定电机速度

1）MAX_SPEED：在电动机扭矩能力范围内输入应用的最佳工作速度。驱动负载所需的转矩由摩擦力、惯性和加速/减速时间决定。位置控制向导会计算和显示由位控制模块为指定的 MAX_SPEED 所能够控制的最低速度。

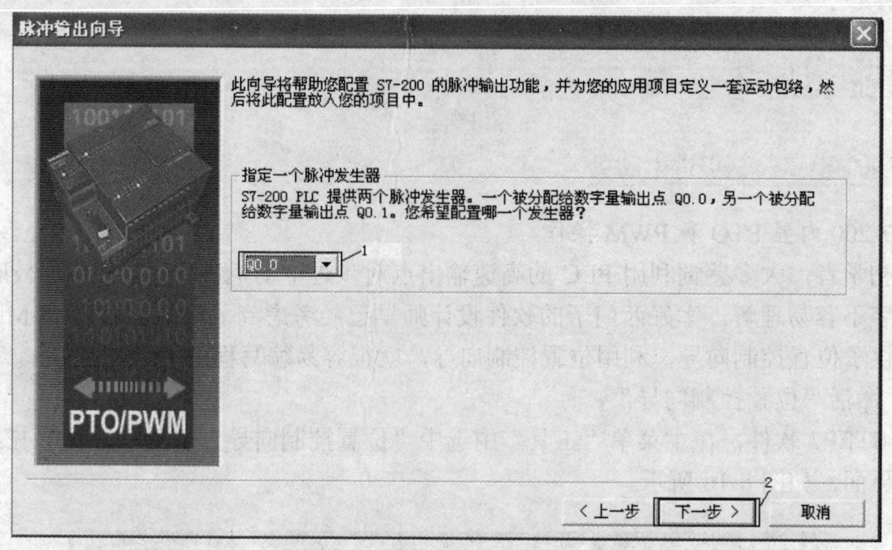

图 8-17 指定一个脉冲发生器

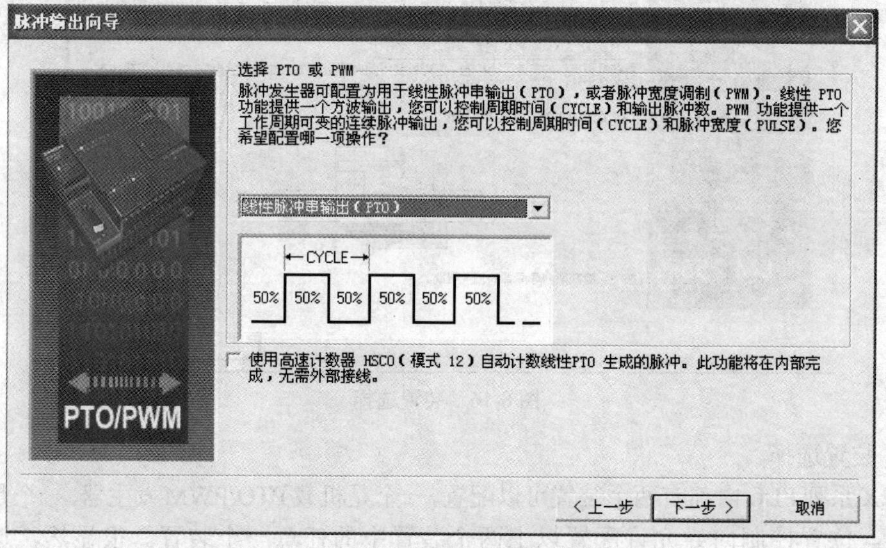

图 8-18 选择 PTO 或 PWM 模式

2）SS_SPEED：在电动机能力范围内输入一个数值，以低速驱动负载。如果 SS_SPEED 数值过低，电动机和负载可能会在运动开始和结束时颤动或跳动。如果 SS_SPEED 数值过高，电动机可能在起动时失步，负载可能使电动机不能立即停止而多行走一段。

如图 8-19 所示，在“1”和“3”处输入最大速度、起动/停止速度，再单击“下一步”按钮。

（6）设置加速和减少时间

1）ACCEL_TIME（加速时间）：电动机从 SS_SPEED 加速到 MAX_SPEED 所需要的时间，默认值=1000ms（1s），这里选默认值，如图 8-20 所示的“1”处。

2）DECEL_TIME（减速时间）：电动机从 MAX_SPEED 减速到 SS_SPEED 所需要的时间，默认值=1000ms（1s），这里选默认值，如图 8-20 所示的“2”处。再单击“下一步”按钮。

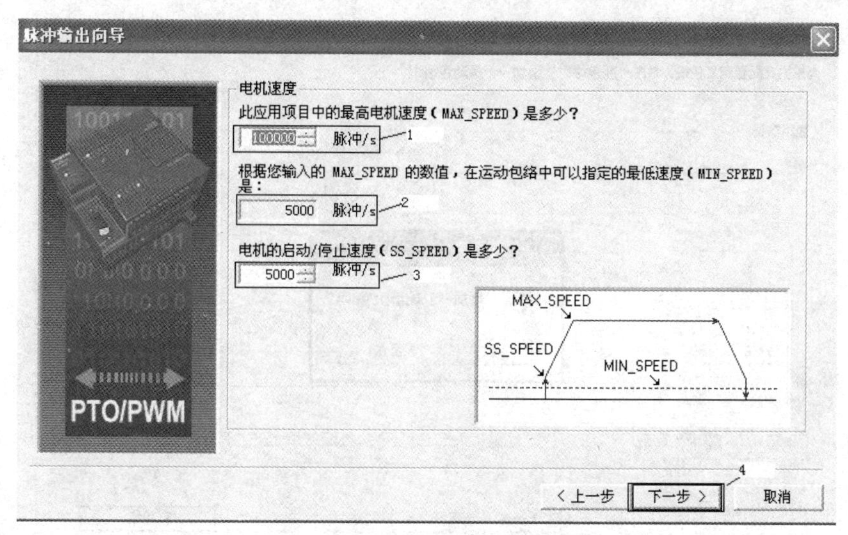

图 8-19　指定电机速度

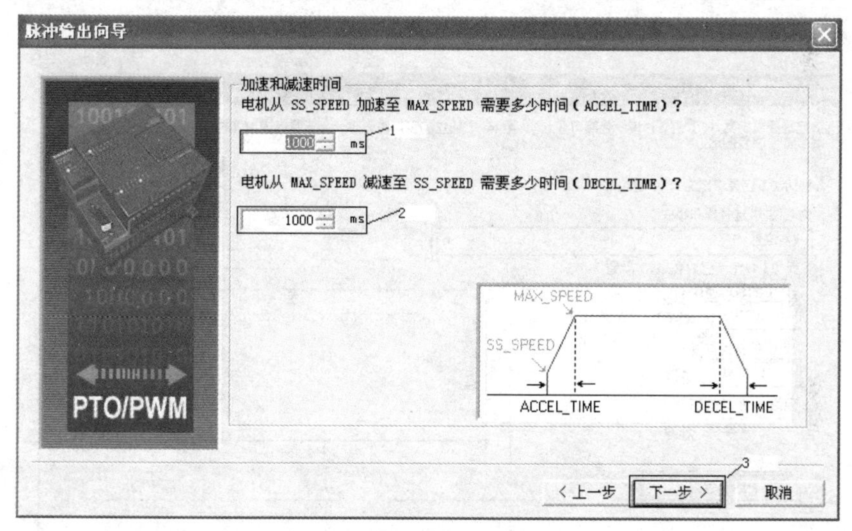

图 8-20　设置加速和减速时间

（7）定义每个已配置的轮廓

先单击图 8-21 中的“新包络”按钮，弹出“运动包络定义”对话框，单击“确定”按钮，弹出如图 8-22 所示界面。

先选择“操作模式”，如图 8-22 所示的“1”处，根据操作模式（相对位置或单速连续旋转）配置此轮廓。再在“2”处和“3”处输入目标速度和结束位置脉冲，接着单击“绘制包络”按钮，包络线生成，最后单击“确定”按钮。

（8）设定轮廓数据的起始 V 内存地址

PTO 向导在 V 内存中以受保护的数据块页形式生产 PTO 轮廓模块，在编写程序时不能使用 PTO 向导已经使用的地址。此地址段可以系统推荐，也可以人为分配，人为分配的好处是 PTO 向导占用的地址段可以避开读者习惯使用的地址段。设定轮廓数据的起始 V 内存地址如图 8-23 所示。这里设置为“VB1000”，再单击“下一步”按钮。

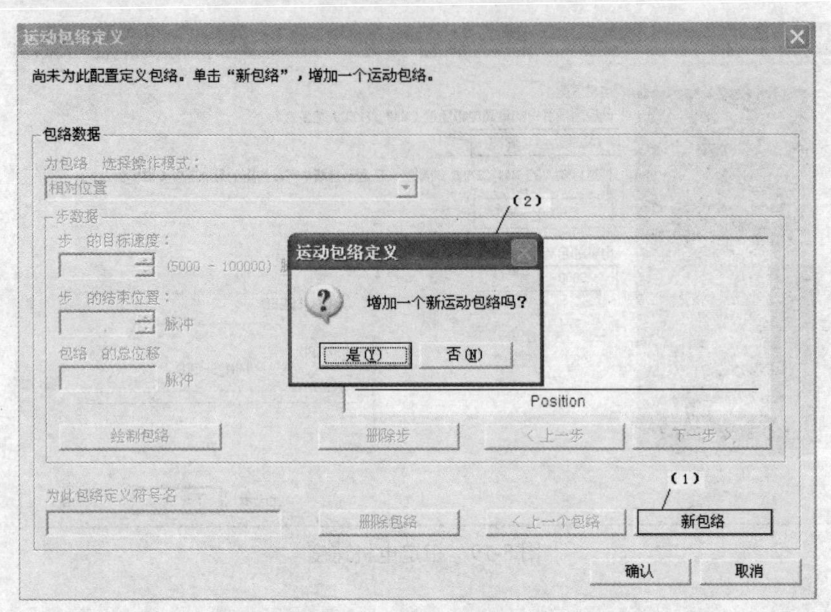

图 8-21 定义每个已配置的轮廓（1）、（2）

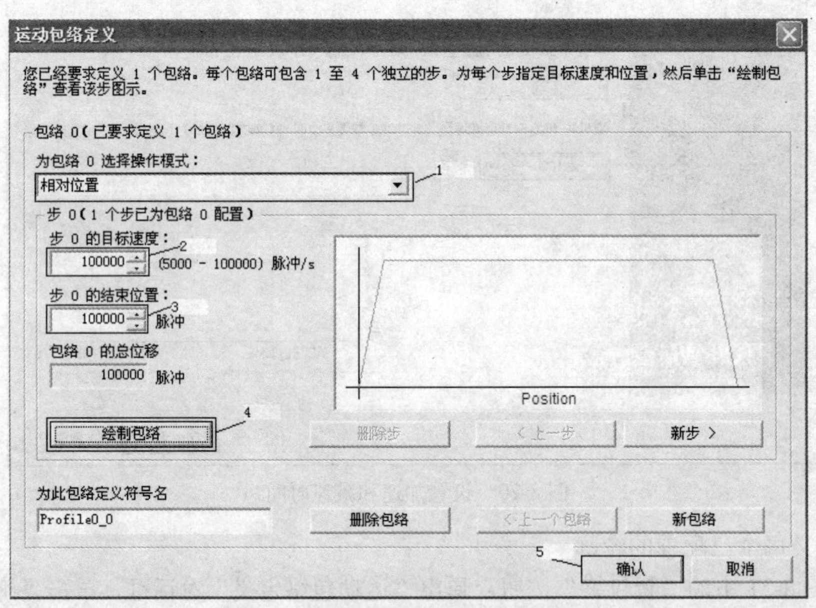

图 8-22 定义每个已配置的轮廓（3）

（9）生成程序代码

最后单击“确定”按钮，可生成子程序，如图 8-24 所示。至此，PTO 向导的设置工作已经完成，后续工作就是在编程时使用这些生成的子程序。

2. 位置向导生成子程序简介

（1）PTOx_CTRL 子程序

PTOx_CTRL 子程序（控制）使能和初始化步进电机或伺服电机的 PTO 输出。在程序中仅能使用该子程序一次，并保证每个扫描周期该子程序都被执行。一直使用 SM0.0 作为 EN 输入的输入。

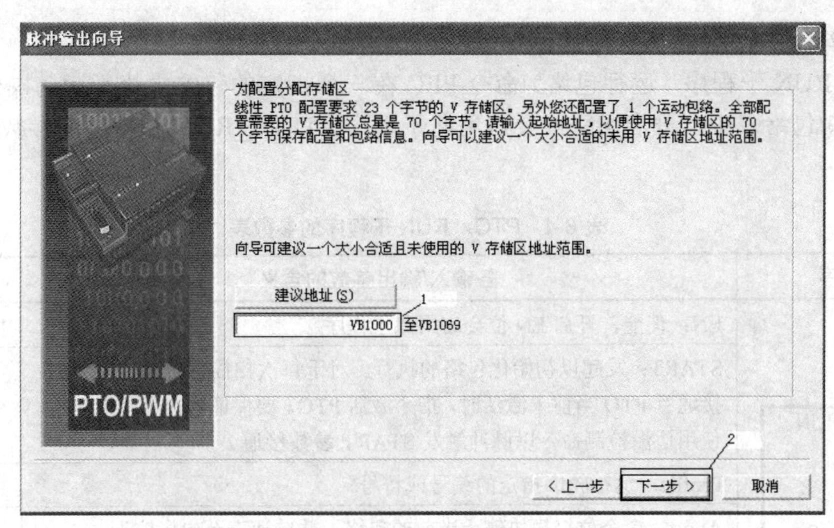

图 8-23　设定轮廓数据的起始 V 内存地址

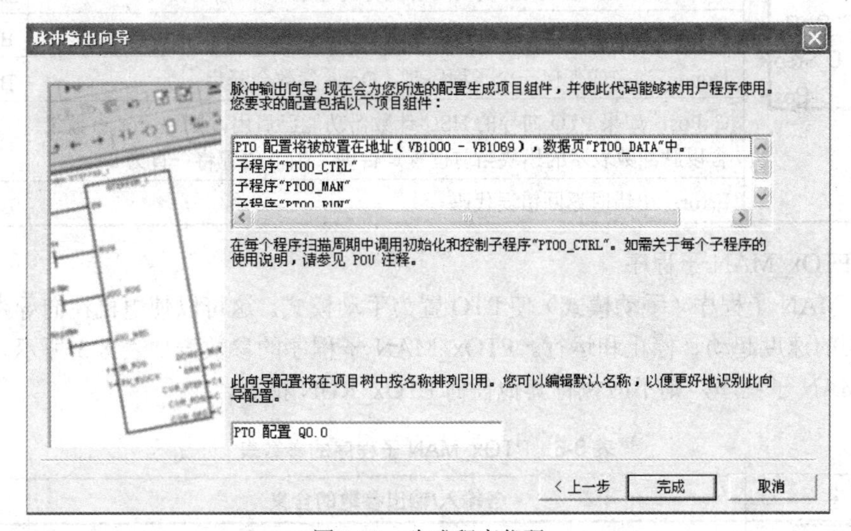

图 8-24　生成程序代码

PTOx_CTRL 子程序的参数表如表 8-3 所示。

表 8-3　PTOx_CTRL 子程序的参数表

子程序	各输入/输出参数的含义	数据类型
PTO0_CTRL EN I_STOP D_STOP Done Error C_Pos	I_STOP：立即 STOP。当输入为低电平时，PTO 功能正常操作；当输入变为高电平时，PTO 立即终止脉冲输出	BOOL
	D_STOP：减速 STOP。当输入为低电平时，PTO 功能正常操作。当输入变为高电平时，PTO 产生一个脉冲串将电机减速到停止	BOOL
	Done：当完成任何一个子程序时，Done 参数会开启	BOOL
	C_Pos：如果 PTO 向导的 HSC 计数器功能已启用，则 C_Pos 参数包含以脉冲数表示的模块当前位置。否则，当前位置将一直为 0	DINT
	Error：出错时返回错误代码	BYTE

（2）PTOx_RUN 子程序

PTOx_RUN 子程序（运行包络）命令 PLC 在一个指定的包络中执行运动操作，此包络存储在组态/包络表中，开启 EN 位会启用此子程序。PTOx_RUN 子程序的参数表如表 8-4 所示。

表 8-4　PTOx_RUN 子程序的参数表

子程序	各输入/输出参数的含义	数据类型
PTO0_RUN EN START Profile　Done Abort　Error C_Profile C_Step C_Pos	EN：使能，开启 EN 位会启用此子程序	BOOL
	START：发起以初始化包络的执行。对于每次扫描，当 START 参数接通且 PTO 当前未激活时，指令激活 PTO。要保证该命令只发一次，使用边沿检测命令以脉冲触发 START 参数接通	BOOL
	Profile：运行轮廓指定的编号或符号	BYTE
	Abort：命令位控模块停止当前的包络，并减速直至电机停下	
	C_Profile：包含位控制模块当前执行的轮廓	BYTE
	C_Step：包含目前正在执行的轮廓步骤	BYTE
	Done：当完成任何一个子程序时，Done 参数会开启	BOOL
	C_Pos：如果 PTO 向导的 HSC 计数器功能已启用，则 C_Pos 参数包含以脉冲数表示的模块当前位置。否则，当前位置将一直为 0	DINT
	Error：出错时返回错误代码	BYTE

（3）PTOx_MAN 子程序

PTOx_MAN 子程序（手动模式）使 PTO 置为手动模式。这可以使电机在向导中指定的范围内以不同的速度起动、停止和运行。PTOx_MAN 子程序的参数表如表 8-5 所示。如果启用了 PTOx_MAN 子程序，则不应执行其他任何 PTOx_RUN 指令。

表 8-5　PTOx_MAN 子程序的参数表

子程序	各输入/输出参数的含义	数据类型
PTO0_MAN EN RUN Speed　Error C_Pos	允许 RUN 参数，命令 PTO 加速到指定速度。即使电机在运行时，也可改变速度参数的值。禁止参数 RUN 选择命令 PTO 减速，直至电机停止	

3. 编写程序

使用了位控制向导，编写程序就比较简单，但必须搞清楚三个子程序的使用方法，这是编写程序的关键，梯形图如图 8-25 所示。

利用指令向导编写程序，其程序简洁、容易编写，特别是控制步进电动机加速起动和减速停止，显得非常方便，且能很好避开步进电动机失步。

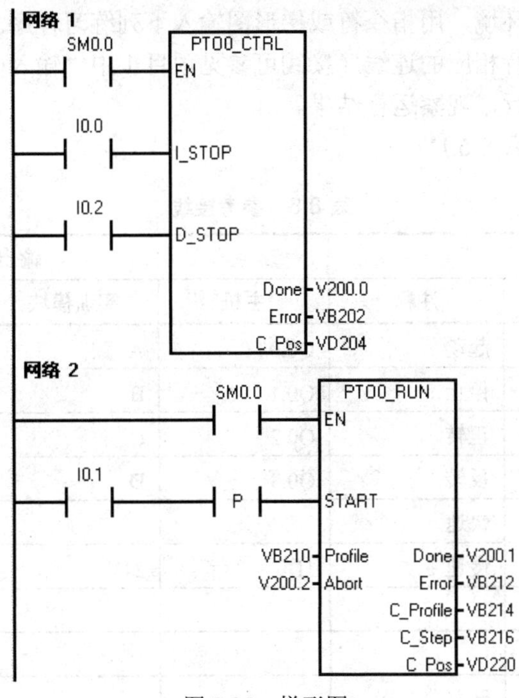

图 8-25　梯形图

8.4　技能实训

8.4.1　驱动步进电机的 PLC 控制设计与调试

1. 实训目的

（1）掌握 PLC 功能指令的用法。

（2）掌握用 PLC 控制步进电机的方法。

2. 实训器材

PC 机一台、PLC 实训箱一台、编程电缆一根、步进电机控制模块、导线若干。

3. 实训内容

设计要求：

控制模块中的步进电机工作方式为四相八拍，电机的四相线圈分别用 A、B、C、D 表示，公共端已接地。

当电机正转时，其工作方式如下：A→AB→B→BC→C→CD→D→DA→A。

当电机反转时，其工作方式如下：A→AD→D→DC→C→CB→B→BA→A。

设计程序，要求用移位寄存器指令设计能控制步进电机正反转，并能控制它的转速。

4. 实训步骤

（1）实训前，先用下载电缆将 PC 机串口与 S8-200 CPU226 主机的 PORT1 端口连好，然后对实训箱通电，并打开 24V 电源开关。主机和 24V 电源的指示灯亮，表示工作正常，可进入下一步实训。

（2）进入编译调试环境，用指令符或梯形图输入下列练习程序。

（3）根据程序，进行相应的连线（接线可参见项目 1 中“输入/输出端口的使用方法”）。

（4）下载程序并运行，观察运行结果。

5. 参考接线表（见表 8-6）

表 8-6 参考接线

输入			输出		
主机	实训模块	注释	主机	实训模块	注释
I0.0	起动	起动	Q0.0	A	步进电机 A 相
I0.1	停止	停止	Q0.1	B	步进电机 B 相
I0.2	正转	正转	Q0.2	C	步进电机 C 相
I0.3	反转	反转	Q0.3	D	步进电机 D 相
I0.4	快速	快速			
I0.5	慢速	慢速	1L	24V	
1M	24V				
	0V←→COM	开关公共端			

8.4.2 高速计数器与高速输出的编程实训

1. 实训目的

（1）熟悉高速计数器与高速输出的编程方法。

（2）掌握指令向导、位置控制向导生成高速计数器应用程序的方法。

（3）通过实训的编程、调试练习观察程序执行的过程，分析指令的工作原理，熟悉指令的具体应用，掌握编程技巧和能力。

2. 实训器材

PC 机一台、PLC 实训箱一台、编程电缆一根、导线若干。

3. 实训内容

用高速输出端子 Q0.0 输出 PWM 波形，作为高速计数器（HSC）的高速计数脉冲信号，因为要使用高速脉冲输出功能，必须选用直流电源型的 CPU 模块。输入侧的公共端 1M 与输出侧的公共端 1M 相连，高速输出端 Q0.0 接到高速输入端 I0.0，24V 电源正端与输出侧的 1L+ 端子相连。有脉冲输出时 Q0.0 与 I0.0 对应的 LED 亮。

4. 实训步骤

执行菜单命令“工具”→“位置控制向导”，按下面的步骤设置高速输出的参数：

（1）配置 S7-200 内置的 PTO/PWM 操作。

（2）选择 Q0.0 作为脉冲发生器。

（3）选择组态脉冲宽度调制 PWM，时间基准为μs（微秒）。

设置完成后自动生成子程序 PWN0_RUN，在主程序中调用子程序，Q0.0 输出的脉冲的周期为 2ms，脉冲宽度为 1ms，占空比为 0.5。

要求的计数过程如图8-26所示。执行命令“工具”→“指令向导”，按下面的步骤设置高速计数器的参数：

（1）使用首次扫描SM0.1调用执行初始化操作的子程序。

（2）在初始化子程序中，根据所需的控制操作载入SMB47。

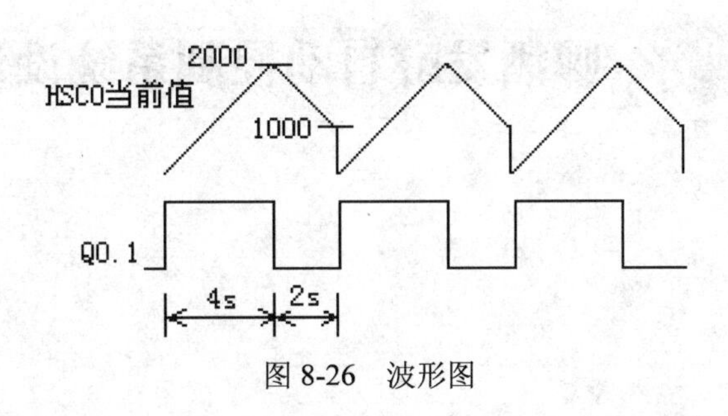

图8-26 波形图

例如SMB47=16#F8（2#11111000）产生下列结果：

起动计数器（SM47.7=1）

写入新当前值（SM47.6=1）

写入新设定值（SM47.5=1）

将方向设置为加计数（SM47.3=1）

将启用和复位输入设为高电平有效（SM47.0=1，SM47.1=1）

（3）执行HDEF指令，当无外部复位和起动功能时，MODE（模式）输入设为1。

（4）把所希望的当前值载入SMD48。

（5）把所希望的设定值载入SMD52。

（6）如果需要捕获当前值等于设定值，将CV=PV中断事件（事件13）附加于中断程序中，为中断编程。

（7）当需要捕获外部复位事件，将外部复位中断事件（事件15）附加于中断程序中，为中断编程。

（8）执行全局中断启用指令（ENI），声明允许开中断。

（9）执行HSC指令，使S7-200为HSC1激活计数功能。

（10）退出子程序。

按照本项目的8.1节完成上述操作。

思考与练习

1．编写实现脉宽调制PWM的程序。要求从PLC的Q0.1输出高速脉冲，脉宽的初始值为0.5s，周期固定为5s，其脉宽每周期递增0.5s，当脉宽达到设定的4.5s时，脉宽改为每周期递减0.5s，直到脉宽减为0，以上过程重复执行。

2．编写一高速计数器程序，要求：

（1）首次扫描时调用一个子程序，完成初始化操作。

（2）用高速计数器HSC1实现加计数，当计数值=200时，将当前值清0。

项目 9 啤酒发酵自动控制系统设计与调试

9.1 相关知识

PID 指令

1. PID 算法

在工业生产过程控制中，模拟信号 PID（由比例、积分、微分构成的闭合回路）调节是常见的一种控制方法。运行 PID 控制指令，S7-200 将根据参数表中的输入测量值、控制设定值及 PID 参数，进行 PID 运算，求得输出控制值。参数表中有 9 个参数，全部为 32 位的实数，共占用 36 个字节。PID 控制回路的参数表如表 9-1 所示。

表 9-1 PID 控制回路的参数表

地址偏移量	参数	数据格式	参数类型	说明
0	过程变量当前值 PV_n	双字，实数	输入	必须在 0.0～1.0 范围内
4	给定值 SP_n	双字，实数	输入	必须在 0.0～1.0 范围内
8	输出值 M_n	双字，实数	输入/输出	在 0.0～1.0 范围内
12	增益 K_c	双字，实数	输入	比例常量，可为正数或负数
16	采样时间 T_s	双字，实数	输入	以秒为单位，必须为正数
20	积分时间 T_i	双字，实数	输入	以分钟为单位，必须为正数
24	微分时间 T_d	双字，实数	输入	以分钟为单位，必须为正数
28	上一次的积分值 M_x	双字，实数	输入/输出	0.0～1.0 之间（根据 PID 运算结果更新）
32	上一次过程变量 PV_{n-1}	双字，实数	输入/输出	最近一次 PID 运算值
36～79	保留自整定变量			

典型的 PID 算法包括三项：比例项、积分项和微分项。即：输出=比例项+积分项+微分项。计算机在周期性地采样并离散化后进行 PID 运算，算法如下：

$$M_n=K_c*(SP_n-PV_n)+K_c*(T_s/T_i)*(SP_n-PV_n)+M_x+K_c*(T_d/T_s)*(PV_{n-1}-PV_n)$$

其中各参数的含义已在表 9-1 中描述。

比例项 $K_c*(SP_n-PV_n)$：能及时地产生与偏差（SP_n-PV_n）成正比的调节作用，比例系数 K_c

越大，比例调节作用越强，系统的稳态精度越高，但 K_c 过大会使系统的输出量振荡加剧，稳定性降低。

积分项 $K_c*(T_s/T_i)*(SP_n-PV_n)+M_x$：与偏差有关，只要偏差不为 0，PID 控制的输出就会因积分作用而不断变化，直到偏差消失，系统处于稳定状态，所以积分的作用是消除稳态误差，提高控制精度，但积分的动作缓慢，给系统的动态稳定带来不良影响，很少单独使用。从式中可以看出：积分时间常数增大，积分作用减弱，消除稳态误差的速度减慢。

微分项 $K_c*(T_d/T_s)*(PV_{n-1}-PV_n)$：根据误差变化的速度（即误差的微分）进行调节具有超前和预测的特点。微分时间常数 T_d 增大时，超调量减少，动态性能得到改善，如 T_d 过大，系统输出量在接近稳态时可能上升缓慢。

2. PID 控制回路选项

在很多控制系统中，有时只采用一种或两种控制回路。例如，可能只要求比例控制回路或比例和积分控制回路。通过设置常量参数值选择所需的控制回路。

（1）如果不需要积分回路（即在 PID 计算中无“I”），则应将积分时间 T_i 设为无限大。由于积分项 M_x 的初始值，虽然没有积分运算，积分项的数值也可能不为零。

（2）如果不需要微分运算（即在 PID 计算中无“D”），则应将微分时间 T_d 设定为 0.0。

（3）如果不需要比例运算（即在 PID 计算中无“P”），但需要 I 或 ID 控制，则应将增益值 K_c 指定为 0.0。因为 K_c 是计算积分和微分项公式中的系数，将循环增益设为 0.0 会导致在积分和微分项计算中使用的循环增益值为 1.0。

3. 回路输入量的转换和标准化

每个回路的给定值和过程变量都是实际数值，其大小、范围和工程单位可能不同。在 PLC 进行 PID 控制之前，必须将其转换成标准化浮点表示法。步骤如下：

（1）将实际从 16 位整数转换成 32 位浮点数或实数。下列指令说明如何将整数数值转换成实数。

```
XORD    AC0,AC0       //将 AC0 清 0
ITD     AIW0, AC0     //将输入数值转换成双字
DTR     AC0, AC0      //将 32 位整数转换成实数
```

（2）将实数转换成 0.0～1.0 之间的标准化数值。用下式：

实际数值的标准化数值=实际数值的非标准化数值或原始实数/取值范围+偏移量

其中：取值范围=最大可能数值-最小可能数值=32000（单极数值）或 64000（双极数值）

偏移量：对单极数值取 0.0，对双极数值取 0.5

单极（0～32000），双极（-32000～32000）

如将上述 AC0 中的双极数值（间距为 64000）标准化：

```
/R       64000.0, AC0     //使累加器中的数值标准化
+R       0.5, AC0         //加偏移量 0.5
MOVR     AC0, VD100       //将标准化数值写入 PID 回路参数表中
```

4. PID 回路输出转换为成比例的整数

程序执行后，PID 回路输出 0.0 和 1.0 之间的标准化实数数值，必须被转换成 16 位成比例整数数值，才能驱动模拟输出。

PID 回路输出成比例实数数值=（PID 回路输出标准化实数值-偏移量）*取值范围

程序如下：

```
MOVR    VD108, AC0        //将 PID 回路输出送入 AC0
-R      0.5, AC0          //双极数值减偏移量 0.5
*R      64000.0, AC0      //AC0 的值*取值范围，变为成比例实数数值
ROUND   AC0, AC0          //将实数四舍五入取整，变为 32 位整数
DTI     AC0, AC0          //32 位整数转换成 16 位整数
MOVW    AC0, AQW0         //16 位整数写入 AQW0
```

5. PID 指令

PID 指令：使能有效时，根据回路参数表（TBL）中的输入测量值、控制设定值及 PID 参数进行 PID 计算。格式如表 9-2 所示。

说明：

（1）程序中可使用 8 条 PID 指令，分别编号 0～7，不能重复使用。

（2）使 ENO＝0 的错误条件：0006（间接地址），SM1.1（溢出，参数表起始地址或指令中指定的 PID 回路指令号码操作数超出范围）。

（3）PID 指令不对参数表输入值进行范围检查。必须保证过程变量和给定值积分项前值和过程变量前值在 0.0～1.0 之间。

表 9-2 PID 指令格式

梯形图	语句表	说明
PID 方框：EN ENO；????-TBL；????-LOOP	PID TBL,LOOP	TBL：参数表起始地址 VB，数据类型：字节 LOOP：回路号，常量（0～7），数据类型：字节

9.2 项目实施

9.2.1 用指令语句编写实现恒压供水水箱的 PID 控制设计

1. 控制任务

一恒压供水水箱，通过变频器驱动的水泵供水，维持水位在满水位的 70%。过程变量 PV_n 为水箱的水位（由水位检测计提供），设定值为 70%，PID 输出控制变频器，即控制水箱注水调速电机的转速。要求开机后，先手动控制电机，水位上升到 70%时，转换到 PID 自动调节。

2. PID 回路参数表

PID 回路参数表如表 9-3 所示。

表 9-3 恒压供水 PID 控制参数表

地址	参数	数值
VB100	过程变量当前值 PV_n	水位检测计提供的模拟量经 A/D 转换后的标准化数值
VB104	给定值 SP_n	0.7

续表

地址	参数	数值
VB108	输出值 M_n	PID 回路的输出值（标准化数值）
VB112	增益 K_c	0.3
VB116	采样时间 T_s	0.1
VB120	积分时间 T_i	30
VB124	微分时间 T_d	0（关闭微分作用）
VB128	上一次积分值 M_x	根据 PID 运算结果更新
VB132	上一次过程变量 PV_{n-1}	最近一次 PID 的变量值

3. 程序分析

（1）I/O 分配

手动/自动切换开关 I0.0　　模拟量输入 AIW0　　模拟量输出 AQW0

（2）程序结构

由主程序、子程序、中断程序构成。主程序用来调用初始化子程序，子程序用来建立 PID 回路初始参数表和设置中断，由于定时采样，所以采用定时中断（中断事件号为 10），设置周期时间和采样时间相同（0.1s），并写入 SMB34。中断程序用于执行 PID 运算，I0.0=1 时，执行 PID 运算，本例标准化时采用单极性（取值范围 32000）。

4. 程序设计

（1）主程序

```
LD      SM0.1
CALL    SBR_0
```

（2）子程序（建立 PID 回路参数表，设置中断以执行 PID 指令）

```
LD      SM0.0
MOVR    0.7, VD104        //写入给定值（注满 70%）
MOVR    0.3, VD112        //写入回路增益（0.25）
MOVR    0.1, VD116        //写入采样时间（0.1 秒）
MOVR    30.0, VD120       //写入积分时间（30 分钟）
MOVR    0.0, VD124        //设置无微分运算
MOVB    100, SMB34        //写入定时中断的周期 100ms
ATCH    INT_0, 10         //将 INT_0（执行 PID）和定时中断连接
ENI                       //全局开中断
```

（3）中断程序（执行 PID 指令）

```
LD      SM0.0
ITD     AIW0, AC0         //将整数转换为双整数
DTR     AC0, AC0          //将双整数转换为实数
/R      32000.0, AC0      //标准化数值
MOVR    AC0, VD100        //将标准化 PV 写入回路参数表
LD      I0.0
```

```
PID      VB100, 0          //PID 指令设置参数表起始地址为 VB100
LD       SM0.0
MOVR     VD108, AC0        //将 PID 回路输出移至累加器
*R       32000.0, AC0      //实际化数值
ROUND    AC0, AC0          //将实际化后的数值取整
DTI      AC0, AC0          //将双整数转换为整数
MOVW     AC0, AQW0         //将数值写入模拟输出
```

9.2.2 用指令向导编写实现电炉温度的 PID 控制设计

若读者对控制过程了解得比较清楚，用 9.2.1 节介绍的方法编写 PID 控制程序是可行的。但显然比较麻烦，初学者不容易理解，所以下面介绍另一种方法，用 S7-200 提供的指令向导编写 PID 控制程序。

1. 控制任务

有一个电炉要求温度控制在一定的范围。电炉的工作原理如下：当设定电炉温度后，S7-200 经过 PID 运算后由模拟量模块 232 输出一个电压信号送到控制板，控制板根据电压信号（弱电信号）的大小控制电热丝的加热电压（强电）的大小（甚至断开），温度传感器测量电炉的温度，温度信号经过控制板的处理输入到模拟量输入模块 EM231，再送到 S7-200 经过 PID 运算，如此循环。

2. PID 回路参数表

PID 回路参数表如表 9-4 所示。

表 9-4 电炉温控 PID 控制参数表

地址	参数	数值
VB100	过程变量当前值 PV_n	温度经 A/D 转换后的标准化数值
VB104	给定值 SP_n	0.335（最高温度为 1，调节到 0.335）
VB108	输出值 M_n	PID 回路的输出值（标准化数值）
VB112	增益 K_c	0.15
VB116	采样时间 T_s	35
VB120	积分时间 T_i	30
VB124	微分时间 T_d	0（关闭微分作用）
VB128	上一次积分值 M_x	根据 PID 运算结果更新
VB132	上一次过程变量 PV_{n-1}	最近一次 PID 的变量值

3. 用指令向导编写控制程序

（1）硬件配置

选择菜单栏的“工具”，单击其子菜单项“指令向导”，弹出如图 9-1 所示界面，选定“PID”选项，单击“下一步”按钮。

（2）指定回路号码

指定回路号码如图 9-2 所示，本项目选定回路号码为 0，单击“下一步”按钮。

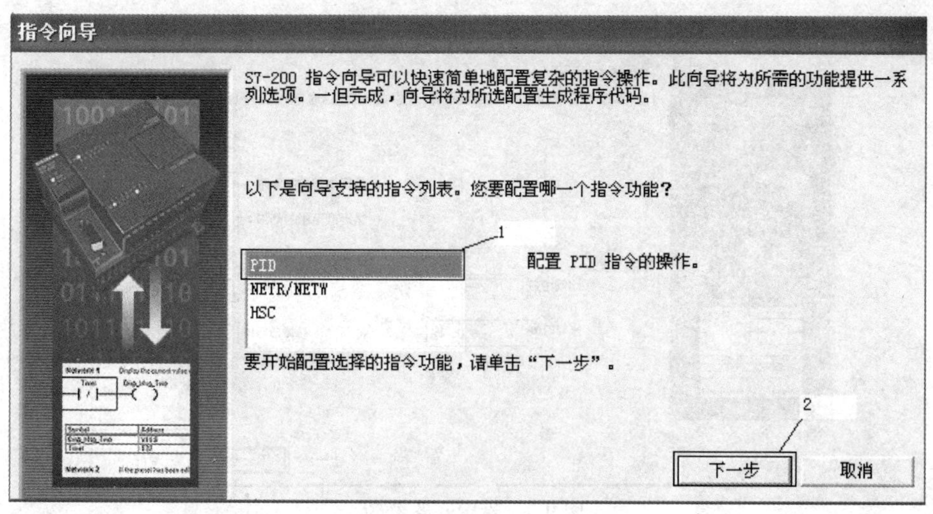

图 9-1　硬件配置图

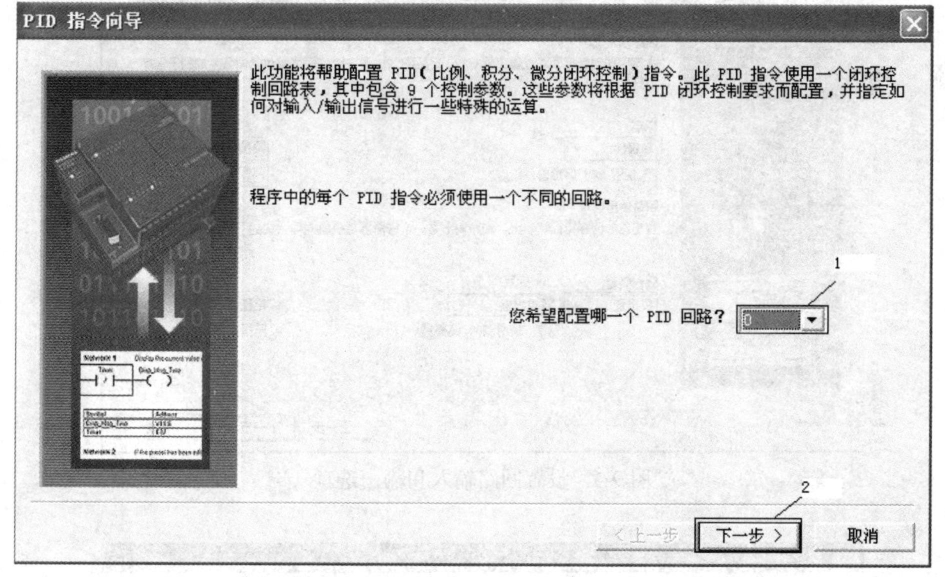

图 9-2　指定回路号码

（3）设置回路参数

本项目设置回路参数如图 9-3 所示，比例参数设定为 0.05，采样时间为 35 秒，积分时间设定为 30 分钟，微分时间设定为 0，实际上就是不使用微分项“D”，使用 PI 调节器，最后单击“下一步”按钮。

（4）设置回路输入和输出选项

设置回路输入和输出选项如图 9-4 所示，标定项中选择“单极性”，过程变量中的参数不变，输出类型中选择“模拟量”（因为本项目为 EM232 输出），单击“下一步”按钮。

（5）设置回路报警选项

设置回路报警选项如图 9-5 所示，本项目没有设置报警，单击“下一步”按钮。

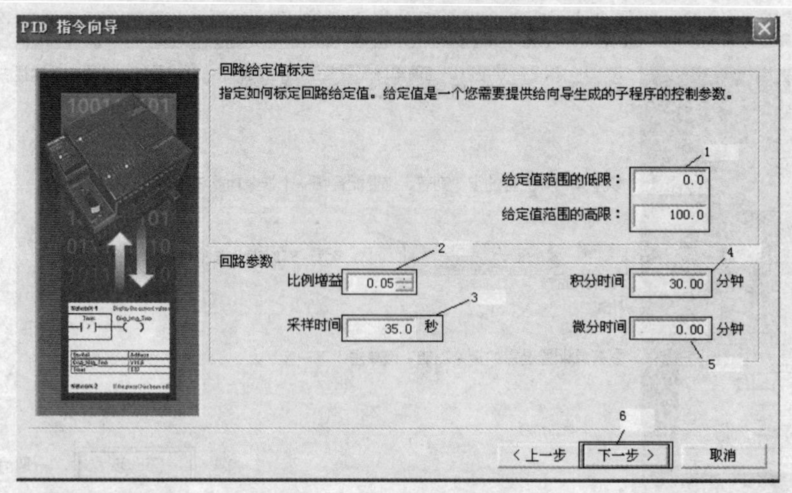

图 9-3 设置回路参数

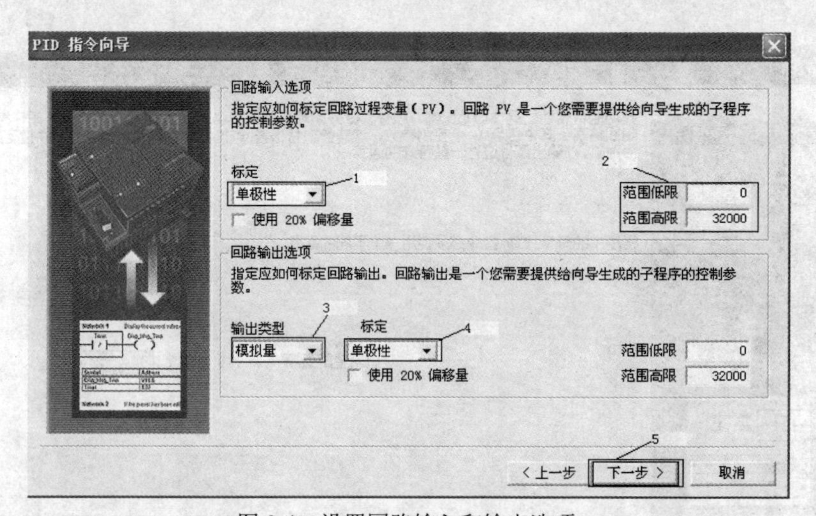

图 9-4 设置回路输入和输出选项

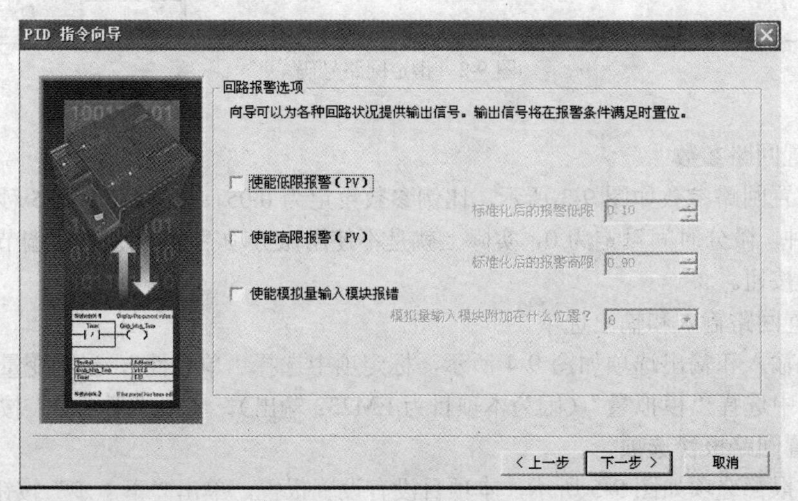

图 9-5 设置回路报警选项

（6）为计算指定存储区

为计算指定存储区如图9-6所示，PID指令使用V存储区中的一个36字节的参数表，存储用于控制回路操作的参数。PID计算还要求一个“暂存区”，用于存储临时结果。先单击“建议地址”按钮，再单击“下一步”控钮。

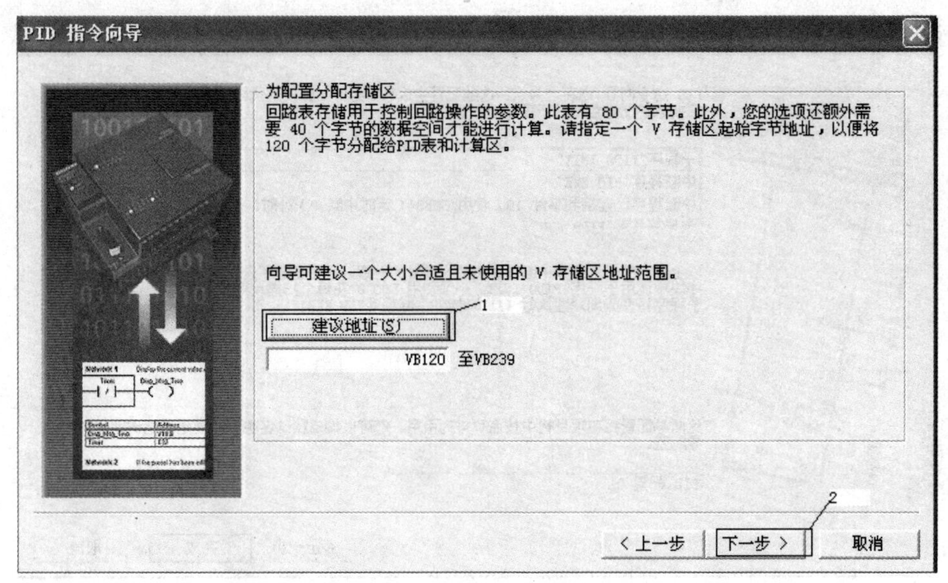

图9-6 为计算指定存储区

（7）指定子程序和中断程序

指定子程序和中断程序如图9-7所示，本项目使用默认子程序名，只要单击“下一步”按钮即可。如果项目包含一个激活PID配置，已经建立的中断程序名被设为只读。因为项目中的所有配置共享一个公用中断程序，项目中增加的任何新配置不得改变公用中断程序的名称。

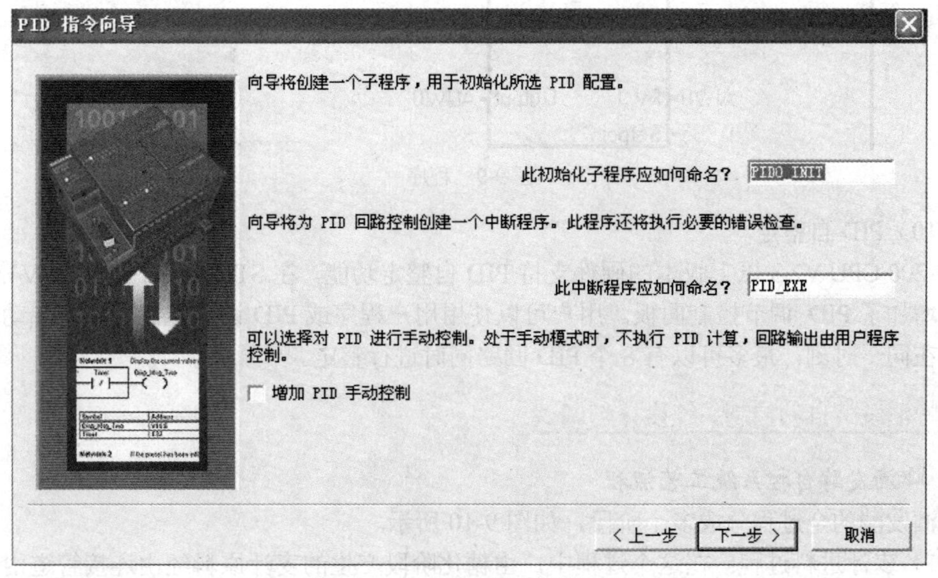

图9-7 指定子程序和中断程序

（8）生成PID代码

生成PID代码如图9-8所示。单击“完成”按钮，S7-200指令向导将为指定的配置生成程序代码和数据块代码。由向导建立的子程序和中断程序成为项目的一部分。要在程序中使能该配置，每次扫描周期时，使用SM0.0从主程序块调用该子程序。

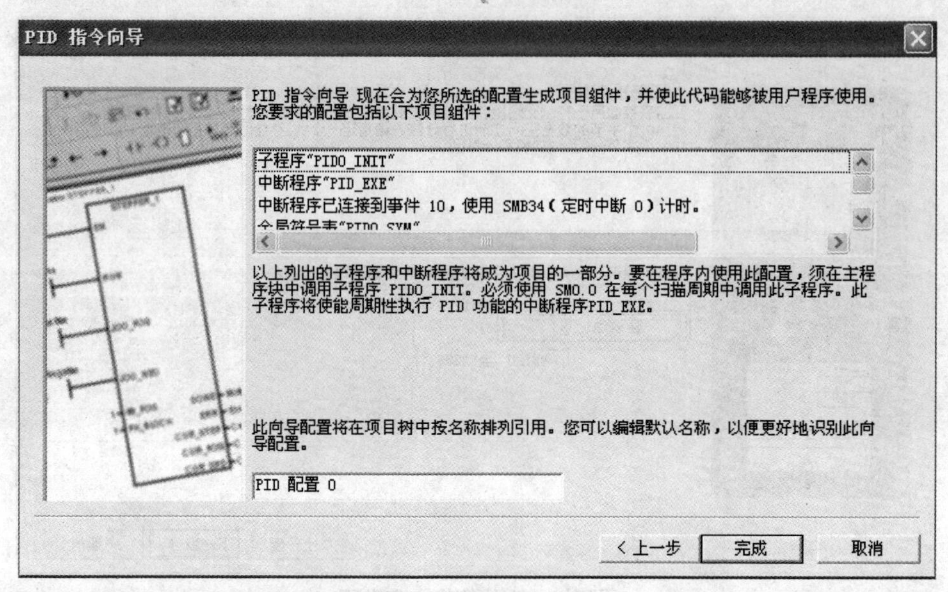

图9-8　生成PID代码

（9）编写程序（如图9-9所示）。

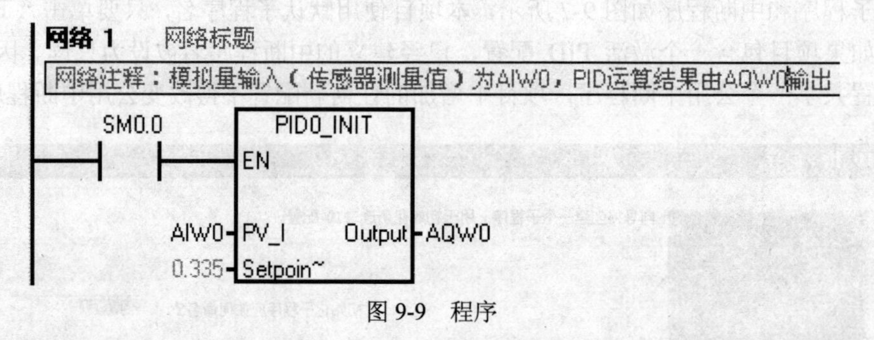

图9-9　程序

（10）PID自整定

S7-200 CPU V2.3以上版本的硬件支持PID自整定功能，在STEP-Micro、WIN V4.0以上版本中增加了PID调节控制面板。用户可以使用用户程序或PID调节控制面板来起动自整定功能。在同一时刻，最多可以有8个PID回路同时进行整定。

9.2.3　啤酒发酵自动控制系统设计与调试

1. 啤酒发酵自控系统工艺流程

啤酒发酵的全过程分成多个阶段，如图9-10所示。

（1）麦汁进料过程：在这个过程中，由糖化阶段产生的麦汁原料经由连接管道由糖化罐进入发酵罐中。

（2）自然升温过程：麦汁进料过程中，随着酵母的加入，酵母菌逐渐开始生长和繁殖。在这个过程中，麦汁在酵母菌的作用下发生化学反应，产生大量的二氧化碳和热量，这就使原料的温度逐渐上升。

（3）还原双乙酰过程：在自然升温发酵过程中，化学反应能产生一种学名叫双乙酰的化学物质。这种物质对人体健康不利，而且会降低啤酒的可口程度，所以在这个过程中需要将其除去，增强啤酒的品质。

（4）降温过程：在（2）、（3）过程中，啤酒发酵已经完成，降温过程其实属于啤酒发酵的后续过程，其作用是将发酵过程中加入的酵母菌进行沉淀、排除。

（5）低温储存酒过程：降温过程完成以后，已经发酵完成的原料继续储存在发酵罐等待过滤、稀释、杀菌等过程的进行。

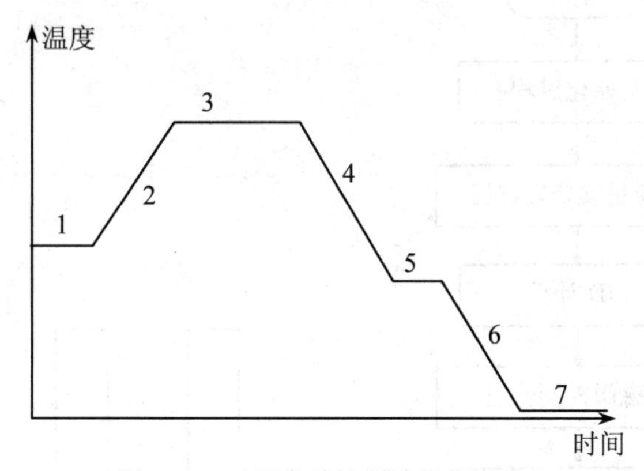

图 9-10　啤酒发酵控制过程曲线图

2. PLC 选型

根据啤酒发酵的工艺流程和实际需要，PLC 的选型需要满足以下条件：

（1）具有模拟量的采集、处理过程及开关量的输入/输出功能。

（2）具有简单回路控制算法。

一般的 PLC 厂商都提供具有模拟量采集、处理过程及开关量的输入/输出功能的不同型号和规格的产品，所以选择范围很广泛。

在实际工程应用中，为了降低工程实施的难度，使用简单的 PID 控制算法对啤酒发酵罐的上、中、下温度进行控制。在实际的应用中，配合一些特殊的控制策略，PID 控制算法能够保证控制精度在±0.5℃范围内。因此，要求 PLC 控制算法中必须提供 PID 回路，否则就需要自行编写 PID 模块。

3. PLC 的 I/O 资源配置

根据啤酒发酵控制原理可以得出：每只发酵罐有上温、中温、下温、压力四个模拟量需要测量，有些情况需要对发酵罐的液位进行测量；上温、中温、下温三个温度各需要一个二位式电磁阀进行控制，罐内压力需要一个二位式电磁阀进行控制。所以每只发酵罐的 I/O 点数为 5 个模拟量、4 个开关量。

4. 自控系统 PLC 程序设计

（1）程序流程图设计

根据工艺流程介绍，可以总结出基本的流程图如图 9-11 所示。

（2）PLC 功能模块程序设计

1）计算出啤酒发酵时间。在程序中必须能够得到每个发酵罐的起始发酵时间，然后由当前时间计算出罐内啤酒的已经发酵时间。这个过程中需要考虑到的问题是，每月的天数、该年是否可能是闰年等。

2）计算当前时刻的设定温度。处在发酵过程中的每一个发酵罐根据各自的生产需要，都有一个工艺设定曲线。在计算出发酵的时间之后，可以通过计算得到当前时刻的设定温度。

3）计算当前时刻的电磁阀开度。计算出当前时刻的设定温度之后，可以计算出温度的偏差值，使用简单的 PID 控制回路就可以计算出电磁阀的开度。由于电磁阀是二位式的，所以其阀的开关动作为占空比连续变化的 PWM 输出。电磁阀 PWM 输出波形如图 9-12 所示。

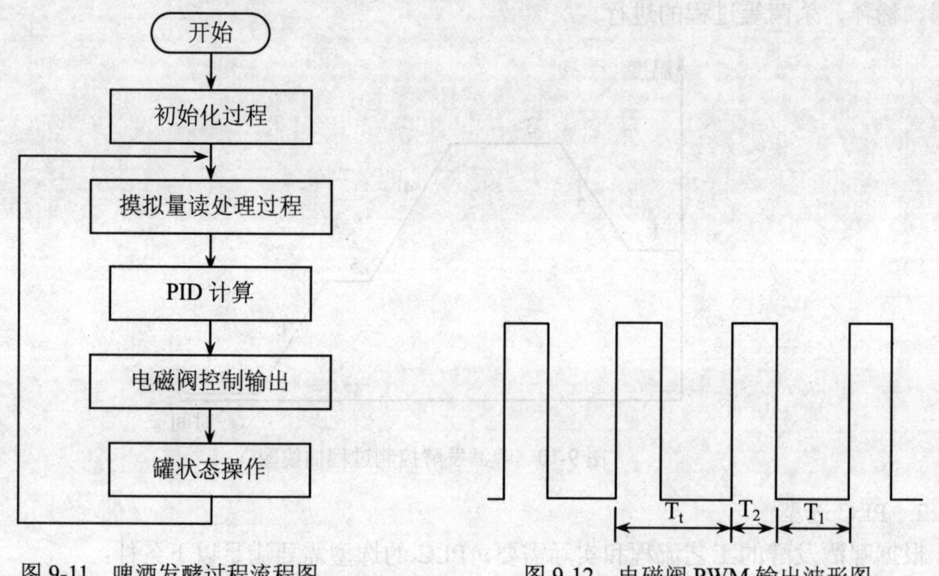

图 9-11 啤酒发酵过程流程图　　图 9-12 电磁阀 PWM 输出波形图

图中 T_t 为电磁阀动作周期，T_1 为电磁阀关闭时间，T_2 为电磁阀打开时间。它们之间的关系为：$T_t=T_1+T_2$。电磁阀的阀位值=$T_2/T_1\times100\%$。

5. 自控系统 PLC 程序说明

（1）模拟量信号采集处理

模拟量信号采集处理部分由网络 1～网络 3 组成。主要完成温度、压力、液位等模拟量的采集和处理。

网络 1

```
LD      SM0.0           //SM0.0 程序运行时始终为 ON
LPS
MOVW    AIW0, VW10      //读取模拟量输入值：1#发酵罐上部温度
AENO
MOVW    AIW2, VW12      //读取模拟量输入值：1#发酵罐中部温度
AENO
MOVW    AIW4, VW14      //读取模拟量输入值：1#发酵罐下部温度
LRD
```

```
MOVW    AIW6, VW16        //读取模拟量输入值：1#发酵罐压力
AENO
MOVW    AIW8, VW18        //读取模拟量输入值：1#发酵罐液位
LRD
MOVW    AIW10, VW20       //读取模拟量输入值：2#发酵罐上部温度
AENO
MOVW    AIW12, VW22       //读取模拟量输入值：2#发酵罐中部温度
AENO
MOVW    AIW14, VW24       //读取模拟量输入值：2#发酵罐下部温度
LPP
MOVW    AIW16, VW26       //读取模拟量输入值：2#发酵罐压力
AENO
MOVW    AIW18, VW28       //读取模拟量输入值：2#发酵罐液位
网络 2
LD      SM0.0
LPS
ITD     VW10, VD40        //将 1#发酵罐上部温度值由字变量转换为双字变量
AENO
ITD     VW12, VD44        //将 1#发酵罐中部温度值由字变量转换为双字变量
AENO
ITD     VW14, VD48        //将 1#发酵罐下部温度值由字变量转换为双字变量
AENO
ITD     VW16, VD52        //将 1#发酵罐压力值由字变量转换为双字变量
LRD
ITD     VW18, VD56        //将 1#发酵罐液位值由字变量转换为双字变量
AENO
ITD     VW20, VD60        //将 2#发酵罐上部温度值由字变量转换为双字变量
AENO
ITD     VW22, VD64        //将 2#发酵罐中部温度值由字变量转换为双字变量
AENO
ITD     VW24, VD68        //将 2#发酵罐下部温度值由字变量转换为双字变量
LPP
ITD     VW26, VD72        //将 2#发酵罐压力值由字变量转换为双字变量
AENO
ITD     VW28, VD76        //将 2#发酵罐液位值由字变量转换为双字变量
网络 3
LD      SM0.0
LPS
DTR     VD40, VD100       //将 1#发酵罐上部温度值由整数转换为浮点数
```

```
AENO
DTR      VD44, VD104        //将 1#发酵罐中部温度值由整数转换为浮点数
AENO
DTR      VD48, VD108        //将 1#发酵罐下部温度值由整数转换为浮点数
AENO
DTR      VD52, VD112        //将 1#发酵罐压力值由整数转换为浮点数
LRD
DTR      VD56, VD116        //将 1#发酵罐液位值由整数转换为浮点数
AENO
DTR      VD60, VD120        //将 2#发酵罐上部温度值由整数转换为浮点数
AENO
DTR      VD64, VD124        //将 2#发酵罐中部温度值由整数转换为浮点数
LPP
DTR      VD68, VD128        //将 2#发酵罐下部温度值由整数转换为浮点数
AENO
DTR      VD72, VD132        //将 2#发酵罐压力值由整数转换为浮点数
AENO
DTR      VD76, VD136        //将 2#发酵罐液位值由整数转换为浮点数
```

（2）发酵状态处理

根据操作人员输入的当前操作状态，对每个发酵罐的状态进行相应的设置。这个过程由网络 4～网络 8 组成。

```
网络 4
LD       SM0.0
LDB=     VB1000, 0          //1#发酵罐停止发酵
OB=      VB1002, 0          //2#发酵罐停止发酵
OB=      VB1004, 0          //3#发酵罐停止发酵
ALD
JMP      1
网络 5
LD       SM0.0
LPS
AB=      VB1000, 1          //1#发酵罐处于进料状态
S        M10.0, 1           //设置进料状态标志
R        M10.1, 3           //清除发酵、储酒、出料状态标志
LPP
AB=      VB1002, 1          //2#发酵罐处于进料状态
S        M11.0, 1           //设置进料状态标志
R        M11.1, 3           //清除发酵、储酒、出料状态标志
```

网络 6

```
LD      SM0.0
LPS
AB=     VB1000, 2        //1#发酵罐处于发酵状态
S       M10.1, 1         //设置发酵状态标志
R       M10.0, 1         //清除进料状态标志
R       M10.2, 2         //清除储酒、出料状态标志
LPP
AB=     VB1002, 2        //2#发酵罐处于发酵状态
S       M11.1, 1         //设置发酵状态标志
R       M11.0, 1         //清除进料状态标志
R       M11.2, 2         //清除储酒、出料状态标志
```

网络 7

```
LD      SM0.0
LPS
AB=     VB1000, 3        //1#发酵罐处于储酒状态
S       M10.2, 1         //设置储酒状态标志
R       M10.0, 2         //清除发酵、进料状态标志
R       M10.3, 1         //清除出料状态标志
LPP
AB=     VB1002, 3        //2#发酵罐处于储酒状态
S       M11.2, 1         //设置储酒状态标志
R       M11.0, 2         //清除发酵、进料状态标志
R       M11.3, 1         //清除出料状态标志
```

网络 8

```
LD      SM0.0
LPS
AB=     VB1000, 4        //1#发酵罐处于出料状态
S       M10.3, 1         //设置出料状态标志
R       M10.0, 3         //清除发酵、进料、储酒状态标志
LPP
AB=     VB1002, 4        //2#发酵罐处于出料状态
S       M11.3, 1         //设置出料状态标志
R       M11.0, 3         //清除发酵、进料、储酒状态标志
```

（3）温度设定值的计算

下面是计算温度设定值的程序。温度设定值的计算由网络 9～网络 13 组成。

对发酵罐温度使用 PID 控制必须具备的条件是设定的温度和实际温度。

温度的设定值很简单，就是按比例计算求值，如图 9-13 所示。曲线 a 是温度设定曲线的一部分，t_1 和 t_2 是曲线的两个端点的横坐标，T_1 和 T_2 是曲线的两个端点的纵坐标，t 是当前的

时间，T就是当前的设定温度。用很简单的比例关系式就可以求出当前的设定温度值T了。

$$T = \frac{T_2 - T_1}{t_2 - t_1} \times (t - t_1) + T_1$$

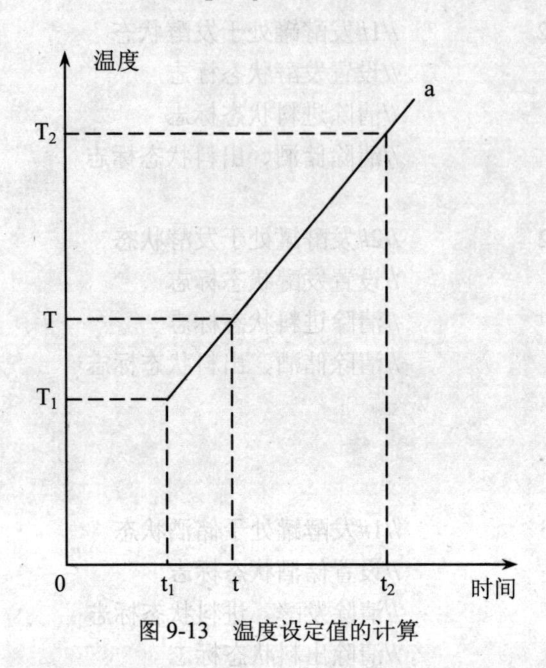

图 9-13　温度设定值的计算

```
网络 9
LD      SM0.0
MOVR    VD1204, VD1220     //下面这段程序是根据公式计算设定温度的过程
AENO
-R      VD1200, VD1220
AENO
MOVR    VD1212, VD1224
AENO
-R      VD1208, VD1224
AENO
MOVR    VD1220, VD1228
/R      VD1224, VD1228
网络 10
LD      SM0.0
MOVR    VD1228, VD1232
AENO
*R      VD1226, VD1232
AENO
MOVR    VD1232, VD1236
+R      VD1200, VD1236
```

网络 11

```
LD      SM0.0
MOVR    VD220, VD1220
AENO
MOVR    VD224, VD1224
AENO
MOVR    VD228, VD1228
AENO
MOVR    VD232, VD1232
```

网络 12

```
LD      SM0.0
MOVR    VD1236, VD1240
AENO
MOVR    VD1272, VD1276
```

网络 13

```
LD      SM0.4
EU
CALL    PID 计算：SBR2
```

（4）PID 回路计算

在计算出温度的设定值后，就可以根据以下的 PID 计算式计算出对应的输出值：

$$M_n = M_{n-1} + K_C \times \left[(E_n - E_{n-1}) + \frac{T_S}{T_1} \times E_n + \frac{T_D}{T_S} \times (PV - 2PV_{n-1} + PV_n) \right]$$

网络 14～网络 20 就是根据上面公式计算回路调节输出值的一段程序。

网络 14

```
LD      SM0.0         //下面这段程序就是根据 PID 的计算公式计算调节输出值的过程
LPS
A       M20.0
MOVR    VD1244, VD1236
-R      VD1248, VD1236
LPP
AN      M20.0
MOVR    VD1248, VD1236
-R      VD1244, VD1236
```

网络 15

```
LD      SM0.0
MOVR    VD1236, VD1252
AENO
-R      VD1240, VD1252
AENO
```

```
*R      VD1220, VD1252
网络 16
LD      SM0.0
MOVR    VD1232, VD1256
AENO
*R      VD1236, VD1256
AENO
/R      VD1224, VD1256
AENO
*R      VD1220, VD1256
网络 17
LD      SM0.0
MOVR    VD1248, VD1260
AENO
+R      VD1268, VD1260
AENO
-R      VD1264, VD1260
AENO
-R      VD1264, VD1260
网络 18
LD      SM0.0
*R      VD1220, VD1260
AENO
*R      VD1232, VD1260
AENO
/R      VD1228, VD1260
网络 19
LD      SM0.0
MOVR    0.0, VD1272
AENO
+R      VD1260, VD1272
AENO
+R      VD1256, VD1272
AENO
+R      VD1252, VD1272
AENO
+R      VD1276, VD1272          //VD1272 就是 PID 程序计算的输出值
网络 20
LD      SM0.0
```

```
MOVR    VD1264, VD1268
AENO
MOVR    VD1248, VD1264
```

（5）电磁阀控制

计算出 PID 的回路输出值之后，就要相应地调节电磁阀的输出，以控制发酵罐内的温度值。由 PID 输出值以及发酵阶段的不同，计算出不同的电磁阀开关时间。这段程序由网络 21～网络 24 组成。

```
网络 21
MOVR    VD1272, VD1300      //PID 输出值
AENO
MOVR    VD1300, VD1312
AENO
*R      VD1304, VD1312      //PID 输出值与温度控制周期相乘
AENO
MOVR    VD1312, VD1320
AENO
-R      VD1304, VD1320      //总温度控制周期减去阀开时间等于阀关时间
AENO
*R      600.0, VD1312       //温度控制时间由小时更改为分钟
AENO
AN      T37                 //根据阀开时间控制电磁阀输出
=       Q0.1
网络 22
LD      Q0.1
LPS
EU
MOVD    VD1312, VD1316      //电磁阀打开瞬间，给定阀开时间值
LPP
ED
MOVR    VD1320, VD1324      //阀关瞬间，给定阀关时间值
*R      600.0, VD1324
网络 23
LD      Q0.1
TON     T37, VW1318         //定时器控制阀开时间
网络 24
LDN     Q0.1
TON     T37, VW1324         //定时器控制阀关时间
R       T37, 1
```

9.3 知识拓展

9.3.1 通信与网络基础

在计算机控制与网络技术不断推广和普及的今天，对参与控制系统中的设备提出了可相互连接、构成网络及远程通信的要求，可编程控制器生产厂商为此加强了可编程控制器的网络通信能力。

1. 基本概念和术语

（1）并行传输与串行传输

并行传输是指通信中同时传送构成一个字或字节的多位二进制数据。而串行传输是指通信中构成一个字或字节的多位二进制数据是一位一位被传送的。很容易看出二者的特点，与并行传输相比，串行传输的传输速度慢，但传输线的数量少，成本比并行传输低，故常用于远距离传输且速度要求不高的场合，如计算机与可编程控制器间的通信、计算机USB口与外围设备的数据传送。并行传输的速度快，但传输线的数量多，成本高，故常用于近距离传输的场合，如计算机内部的数据传输、计算机与打印机的数据传输。

（2）异步传输和同步传输

在异步传输中，信息以字符为单位进行传输，当发送一个字符代码时，字符前面都具有自己的一位起始位，极性为0，接着发送5～8位的数据位、1位奇偶校验位，1～2位的停止位，数据位的长度视传输数据格式而定，奇偶校验位可有可无，停止位的极性为1，在数据线上不传送数据时全部为1。异步传输中一个字符中的各个位是同步的，但字符与字符之间的间隔是不确定的，也就是说线路上一旦开始传送数据就必须按照起始位、数据位、奇偶校验位、停止位这样的格式连续传送，但传输下一个数据的时间不定，不发送数据时线路保持1状态。

异步传输的优点就是收、发双方不需要严格的位同步，所谓“异步”是指字符与字符之间的异步，字符内部仍为同步。其次异步传输电路比较简单，链络协议易实现，所以得到了广泛的应用。其缺点在于通信效率比较低。

在同步传输中，不仅字符内部为同步，字符与字符之间也要保持同步。信息以数据块为单位进行传输，发送双方必须以同频率连续工作，并且保持一定的相位关系，这就需要通信系统中有专门使发送装置和接收装置同步的时钟脉冲。在一组数据或一个报文之内不需要启停标志，但在传送中要分成组，一组含有多个字符代码或多个独立的码元。在每组开始和结束需加上规定的码元序列作为标志序列。发送数据前，必须发送标志序列，接收端通过检验该标志序列实现同步。

同步传输的特点是可获得较高的传输速度，但实现起来较复杂。

（3）信号的调制和解调

串行通信通常传输的是数字量，这种信号包括从低频到高频极其丰富的谐波信号，要求传输线的频率很高。而远距离传输时，为降低成本，传输线频带不够宽，使信号严重失真、衰减，常采用的方法是调制解调技术。调制就是发送端将数字信号转换成适合传输线传送的模拟信号，完成此任务的设备叫调制器。接收端将收到的模拟信号还原为数字信号的过程称为解调，完成此任务的设备叫解调器。实际上一个设备工作起来既需要调制，又需要解调，将调制、解调功能由一个设备完成，称此设备为调制解调器。当进行远程数据传输时，可以将可编程控制器的PC/PPI电缆与调制解调器进行连接以增加数据传输的距离。

（4）传输速率

传输速率是指单位时间内传输的信息量，它是衡量系统传输性能的主要指标，常用波特率（Baud Rate）表示。波特率是指每秒传输二进制数据的位数，单位是bps。常用的波特率有19200bps、9600bps、4800bps、2400bps、1200bps等。例如，1200bps的传输速率，每个字符格式规定包含10个数据位（起始位、停止位、数据位），信号每秒传输的数据为：

1200/10=120（字符/秒）

（5）信息交互方式

有以下几种方式：单工通信、半双工和全双工通信方式。

单工通信是指信息始终保持一个方向传输，而不能进行反向传输。如无线电广播、电视广播等就属于这种类型。

半双工通信是指数据流可以在两个方向上流动，但同一时刻只限于一个方向流动，又称双向交替通信。

全双工通信方式是指通信双方能够同时进行数据的发送和接收。

2. *差错控制*

（1）纠错编码

纠错编码是差错控制技术的核心。纠错编码的方法是在有效信息的基础上附加一定的冗余信息位，利用二进制位组合来监督数据码的传输情况。一般冗余位越多，监督作用和检错、纠错的能力就越强，但通信效率就越低，而且冗余位本身出错的可能也变大。

纠错编码的方法很多，如奇偶检验码、方阵检验码、循环检验码、恒比检验码等。下面介绍两种常见的纠错编码方法。

1）奇偶检验码

循环检验码是应用最多、最简单的一种纠错编码。循环检验码是在信息码组之后加一位监督码，即奇偶检验位。奇偶检验码有奇检验码、偶检验码两种。奇检验码的方法是信息位和检验位中1的个数为奇数。偶检验码的方法是信息位和检验位中1的个数为偶数。例如，一信息码为35H，其中1的个数为偶数，那么如果是奇检验，检验位应为1；如果是偶检验，那么检验位应为0。

2）循环检验码

循环检验码不像奇偶检验码一个字符校验一次，而是一个数据块校验一次。在同步通信中几乎都使用这种方法。

循环检验码的基本思想是利用线性编码理论，在发送端根据要发送二进制码序列，以一定的规则产生一个监督码，附加在信息之后，构成一新的二进制码序列发送出去。在接收端，则根据信息码和监督码之间遵循的规则进行检验，确定传送中是否有错。

任何N位的二进制数都可以用一个n-1次的多项式来表示。

$$B(x)=B_{n-1}x^{n-1}+B_{n-2}x^{n-2}+\dots+B_1x^1+B_0x^0 \tag{9-1}$$

例如，二进制数11000001，

可写为
$$B(x)=x^7+x^6+1 \tag{9-2}$$

此多项式称为码多项式。

二进制码多项式的加减运算为模 2 加减运算，即两个码多项式相加时对应项系数进行模 2 加减。所谓模 2 加减就是各位做不带进位、借位的按位加减。这种加减运算实际上就是逻辑上的异或运算，即加法和减法等价。

$$B_1(x)+B_2(x)=B_1(x)-B_2(x)=B_2(x)-B_1(x) \quad (9\text{-}3)$$

二进制码多项式的乘除法运算与普通代数多项式的乘除法运算是一样的，符合同样的规律。

$$B_1(x)/B_2(x)=Q(x)+[R(x)/B_2(x)] \quad (9\text{-}4)$$

其中，Q(x)为商，$B_2(x)$多项式自定，R(x)为余数多项式。若能除尽，则 R(x)=0。n 位循环码的格式如图 9-14 所示，可以看出，一个 n 位的循环码是由 k 位信息位，加上 r 位校验位组成的。信息位是要传输的二进制数，R(x)为校验码位。

k 位信息码	r 位校验码

图 9-14　N 位循环码格式图

（2）纠错控制方法

1）自动重发请求

在自动重发请求中，发送端对发送序列进行纠错编码，可以检测出错误的校验序列。接收端根据校验序列的编码规则判断是否出错，并将结果传给发送端。若有错，接收端拒收，同时通知发送端重发。

2）向前纠错方式

向前纠错方式就是发送端对发送序列进行纠错编码，接收端收到此码后，进行译码。译码不仅可以检测出是否有错误，而且可以根据译码自动纠错。

3）混合纠错方式

混合纠错方式是上两种方法的结合。接收端有一定的判断是否出错和纠错的能力，如果错误超出了接收端的纠错能力，再命令发送端重发。

3. 传输介质

目前在分散控制系统中普遍使用的传输介质有：同轴电缆、双绞线、光缆，而其他介质如无线电、红外线、微波等，在 PLC 网络中应用很少。在使用的传输介质中双绞线（带屏蔽）成本较低、安装简单；而光缆尺寸小、重量轻、传输距离远，但成本高、安装维修难。

（1）双绞线

一对相互绝缘的线螺旋形式绞合在一起就构成了双绞线，两根线一起作为一条通信电路使用，两根线螺旋排列的目的是为了使各线对之间的电磁干扰减小到最小。而通常人们将几对双绞线包装在一层塑料保护套中，如两对或四对双绞线构成的产品称为非屏蔽双绞线，在外塑料层下增加一屏蔽层的称为屏蔽双绞线。

双绞线根据传输特性可分为 5 类，1 类双绞线常用做传输电话信号，3、4、5 类或超 5 类双绞线通常用于连接以太网等局域网，3 类和 5 类的区别在于绞合的程度，3 类线较松，而 5 类线较紧，使用的塑料绝缘性更好。3 类线的带宽为 16MHz，适用于 10Mb/s 数据传输；5 类线带宽为 100MHz，适用于 100Mb/s 的高速数据传输。超 5 类双绞线单对线传输带宽仍为 100MHz，但对 5 类线的若干技术指标进行了增强，使得 4 对超 5 类双绞线可以传输 1000Mb/s（1Gb/s）。现在 6 类、7 类线技术的草案也已经提出，带宽可分别达到 200MHz 和 600MHz。

双绞线的螺旋型的绞合仅仅解决了相邻绝缘线对之间的电磁干扰，但对外界的电磁干扰还是比较敏感的，同时信号会向外辐射，有被窃取的可能。

（2）同轴电缆

同轴电缆是从内到外依次由内导体（芯线）、绝缘线、屏蔽层铜线网及外保护层的结构制造的。由于从横截面看这四层构成了4个同心圆，故而得名。

同轴电缆外面加了一层屏蔽铜丝网，是为了防止外界的电磁干扰而设计的，因此它比双绞线的抗外界电磁干扰能力要强。根据阻抗的不同，可分为基带同轴电缆和宽带同轴电缆。基带同轴电缆特性阻抗为50Ω，适用于计算机网络的连接，由于是基带传输，数字信号不经调制直接送上电缆，是单路传输，数据传输速率可达10Mb/s；宽带同轴电缆特性阻抗为75Ω，常用于有线电视（CATV）的传输介质，如有线电视同轴电缆带宽达750MHz，可同时传输几十路电视信号，并同时通过调制解调器支持20Mb/s的计算机数据传输。

（3）光纤（又称光导纤维或光缆）

光纤常应用在远距离快速传输大量信息中，它是由石英玻璃经特殊工艺拉成细丝来传输光信号的介质，这种细丝的直径比头发丝还要细，一般直径在8～9μm（单模光纤）及50/62.5μm（多模光纤，50μm为欧洲标准，62.5μm为美国标准），但它能传输的数据量却是巨大的。人们已经实现在一条光纤上传输几百个“太”（$1T=2^{40}$）位的信息量，而且这还远不是光纤的极限。在光纤中以内部的全反射来传输一束经过编码的光信号。

光纤根据工艺的不同分为单模光纤和多模光纤两大类。单模光纤由于直径小，与光波波长相当，如同一个波导，光脉冲在其中没有反射，而沿直线进行传输，所使用的光源为方向性好的半导体激光。多模光纤在给定的工作波长上，光源发出的光脉冲以多条线路（又称多种模式）同时传输，经多次全反射后先后到达接收端，它所使用的光源为发光二极管。单模光纤传输时，由于没有反射，所以衰减小，传输距离远，接收端的一个光脉冲中的光几乎同时到达，脉冲窄，脉冲间距可以排得密，因而数据传输率高；而多模光纤中光脉冲多次全反射，衰减大，因而传输距离近，接收端的一个光脉冲中的光经多次全反射后先后到达，脉冲宽，脉冲排得疏，因而数据传输率低。单模光纤的缺点是价格比多模光纤昂贵。

光纤是以光脉冲的形式传输信号的，它具有的优点如下：

1）所传输的是数字的光脉冲信号，不会受电磁干扰，不怕雷击，不易被窃听。

2）数据传输安全性好。

3）传输距离长，且带宽宽，传输速度快。

缺点：光纤系统设备价格昂贵，光纤的连接与连接头的制作需要专门工具和受过专门培训的人员。

（4）无线介质

随着科技的发展，无线介质应用不断增加，主要可分为两类。一类为使用微波波长或更长波长的无线电频谱，另一类则是光波及红外光范畴的频谱。无线电频谱的典型实例是使用微波频率较低（2.4GHz）的扩频微波通信信道。这种小微波技术的一个例子是以3～10Mb/s的数据传输信道，两个通信点间无障碍物的传输距离可达10km以上。800/900MHz或者1500MHz的蜂窝移动数字通信装置（即数字手机）也是属于无线电频谱类。第二类的实例如蓝牙技术通信：直接安装在计算机上和外部设备上的小型红外线的收发窗口来进行两机器和设备之间的信息交换，而摆脱了传统的插头插座连接方式，省去了接线的麻烦。

通信卫星做通信中继器的微波通信也是一种常用的无线数据通信。通信卫星有两类，一类是同步地球通信卫星，这种通信卫星距离地球表面较远，所以微波信号较弱，地面要接收卫星发来的微波信号需要较大口径的天线，有一定的传输延时、地面技术复杂、价格昂贵。但这种通信卫星的通信比较稳定，通信容量大。

另一类是近地轨道通信卫星，这种卫星距离地球大约数十万米，不能做到与地球角速度相同，不能覆盖地面固定的位置，因此需要多个这种卫星接力工作才能做到通信的连续不被中断。

4. 串行通信接口标准

RS-232C 是美国电子工业协会 EIA（Electronic Industry Association）于 1962 年公布，并于 1969 年修订的串行接口标准。它已经成为国际上通用的标准。1987 年 1 月，RS-232C 再次修订，标准修改得不多。

早期人们借助电话网进行远距离数据传送而设计了调制解调器 Modem，为此就需要有关数据终端与 Modem 之间的接口标准，RS-232C 标准在当时就是为此目的而产生的。目前 RS-232C 已成为数据终端设备 DTE（Data Terminal Equipment），如计算机与数据通信设备 DCE（Data Communication Equipment），如 Modem 的接口标准，不仅在远距离通信中要经常用到它，就是两台计算机或设备之间的近距离串行连接也普遍采用 RS-232C 接口。PLC 与计算机的通信也是通过此接口。

（1）RS-232C

计算机上配有 RS-232C 接口，它使用一个 25 针的连接器。在这 25 个引脚中，20 个引脚作为 RS-232C 信号，其中有 4 个数据线、11 个控制线、3 个定时信号线、2 个地信号线。另外，还保留了 2 个引脚，有 3 个引脚未定义。PLC 一般使用 9 脚连接器，距离较近时，3 脚也可以完成。如图 9-15 所示为 3 针连接器与 PLC 的连接图。

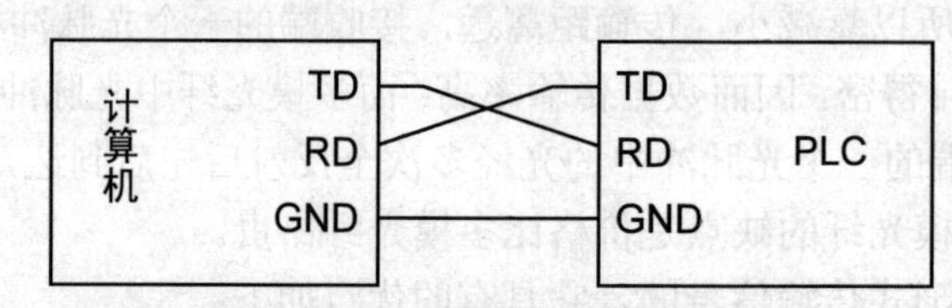

图 9-15　3 针连接器与 PLC 的连接

TD（Transmitted Data）发送数据：串行数据的发送端。

RD（Received Date）接收数据：串行数据的接收端。

GND（Ground）信号地：它为所有的信号提供一个公共的参考电平，相对于其他型号，它为 0V 电压。

常见的引脚还有：

RTS（Request To Send）请求发送：当数据终端准备好送出数据时，就发出有效的 RTS 信号，通知 Modem 准备接收数据。

CTS（Data Terminal Ready）清除发送（也称允许发送）：当 Modem 已准备好接收数据终端的传送数据时，发出 CTS 有效信号来响应 RTS 信号。所以 RTS 和 CTS 是一对用于发送数据的联系信号。

DTR 数据终端准备好：通常当数据终端加电，该信号就有效，表明数据终端准备就绪。它可以用作数据终端设备发给数据通信设备 Modem 的联络信号。

DSR（Data Set Ready）数据装置准备好：通常表示 Modem 已接通电源连接到通信线路上，

并处于数据传输方式，而不是处于测试方式或断开状态。它可以用作数据通信设备 Modem 响应数据终端设备 DTR 的联络信号。

保护地（机壳地）：一个起屏蔽保护作用的接地端。一般应参考设备的使用规定，连接到设备的外壳或机架上，必要时要连接到大地。

（2）RS-232C 的不足

232C 既是一种协议标准，又是一种电气标准，它采用单端的、双极性电源电路，可用于最远距离为 15m、最高速率达 20kb/s 的串行异步通信。232C 仍有一些不足之处，主要表现在：

1）传输速率不够快。232C 标准规定最高速率为 20kb/s，尽管能满足异步通信要求，但不能适应高速的同步通信。

2）传输距离不够远。232C 标准规定各装置之间电缆长度不超过 50 英尺（约 15m）。实际上，RS-232C 能够实现 100 英尺或 200 英尺的传输，但在使用前，一定要先测试信号的质量，以保证数据的正确传输。

3）RS-232C 接口采用不平衡的发送器和接收器，每个信号只有一根导线，两个传输方向仅有一个信号线地线，因而，电气性能不佳，容易在信号间产生干扰。

（3）RS-485

由于 RS-232C 存在的不足，美国的 EIC1977 年制定了 RS-499，RS-422 则是 RS-499 的子集，RS-485 是 RS-422 的变形。RS-485 为半双工，不能同时发送和接收信号。目前，工业环境中广泛应用 RS-422、RS-485 接口。S7-200 系列 PLC 内部集成的 PPI 接口的物理特性为 RS-485 串行接口，可以用双绞线组成串行通信网络，不仅可以与计算机的 RS-232C 接口互联通信，而且可以构成分布式系统，系统中最多可有 32 个站，新的接口部件允许连接 128 个站。

9.3.2　工业局域网基础

1．局域网的拓扑结构

网络拓扑结构是指网络中的通信线路和节点间的几何连接结构，表示了网络的整体结构外貌。网络中通过传输线连接的点称为节点或站点。拓扑结构反映了各个站点间的结构关系，对整个网络的设计、功能、可靠性和成本都有影响。常见的有星型网络、环型网络、总线型网络 3 种拓扑结构形式。

（1）星型网络

星型拓扑结构是以中央节点为中心与各节点连接组成的，网络中任何两个节点要进行通信都必须经过中央节点转发，其网络结构如图 9-16（a）所示。星型网络的特点是：结构简单，便于管理控制，建网容易，网络延迟时间短，误码率较低，便于程序集中开发和资源共享。但系统花费大，网络共享能力差，负责通信协调工作的上位计算机负荷大，通信线路利用率不高，且系统可靠性不高，对上位计算机的依赖性也很强，一旦上位机发生故障，整个网络通信就停止。在小系统、通信不频繁的场合可以应用。星型网络常用双绞线作为传输介质。

上位计算机（也称主机、监控计算机、中央处理机）通过点到点的方式与各现场处理机（也称从机）进行通信，就是一种星型结构。各现场机之间不能直接通信，若要进行相互间数据传输，就必须通过中央节点的上位计算机协调。

（2）环型网络

环型网中，各个节点通过环路通信接口或适配器，连接在一条首尾相连的闭合环型通信线路上，环路上任何节点均可以请求发送信息。请求一旦被批准，便可以向环路发送信息。环形网中的数据主要是单向传输，也可以是双向传输。由于环线是公用的，一个节点发出的信息可能穿越环中多个节点，信息才能到达目的地址，如果某个节点出现故障，信息不能继续传向环路的下一个节点，应设置自动旁路。环型网络结构如图 9-16（b）所示。

环型网具有容易挂接或摘除节点，安装费用低、结构简单的优点；由于在环型网络中数据信息在网中是沿固定方向流动的，节点之间仅有一个通路，大大简化了路径选择控制；某个节点发生故障时，可以自动旁路，提高系统的可靠性。所以工业上的信息处理和自动化系统常采用环型网络的拓扑结构。但节点过多时，会影响传输效率，整个网络响应时间变长。

（3）总线型网络

利用总线把所有的节点连接起来，这些节点共享总线，对总线有同等的访问权。总线型网络结构如图 9-16（c）所示。

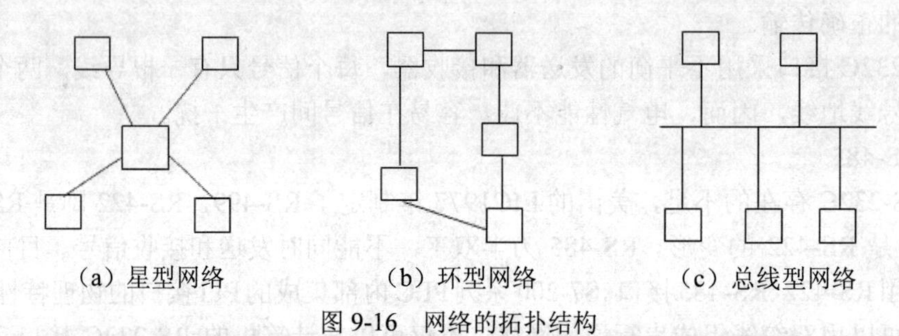

图 9-16　网络的拓扑结构

总线型网络由于采用广播方式传输数据，任何一个节点发出的信息经过通信接口（或适配器）后，沿总线向相反的两个方向传输，因此可以使所有节点接收到，各节点将目的地址是本站站号的信息接收下来。这样就无需进行集中控制和路径选择，其结构和通信在总线型网络中，所有节点共享一条通信传输链路，因此，在同一时刻，网络上只允许一个节点发送信息。一旦两个或两个以上节点同时发送信息就会发生冲突，应采用网络协议控制冲突。这种网络结构简单灵活，容易挂接或摘除节点，节点间可直接通信，速度快，延时小可靠性高。

2. 网络协议和体系结构

（1）通信协议

PLC 网络是由各种数字设备（包括 PLC、计算机等）和终端设备等通过通信线路连接起来的复合系统。在这个系统中，由于数字设备型号、通信线路类型、连接方式、同步方式、通信方式等的不同，给网络各节点间的通信带来了不便；甚至影响到 PLC 网络的正常运行，因此在网络系统中，为确保数据通信双方能正确而自动地进行通信，应针对通信过程中的各种问题，制定一整套的约定，这就是网络系统的通信协议，又称网络通信规程。通信协议就是一组约定的集合，是一套语义和语法规则，用来规定有关功能部件在通信过程中的操作。通常通信协议必备的两种功能是通信和信息传输，包括了识别和同步、错误检测和修正等。

（2）体系结构

网络的结构通常包括网络体系结构、网络组织结构和网络配置。

比较复杂的 PLC 控制系统网络的体系结构，常将其分解成一个个相对独立、又有一定联系的层面。这样就可以将网络系统进行分层，各层执行各自承担的任务，层与层可以设有接口。层次的设计结构是目前人们常用的设计方法。

网络组织结构指的是从网络的物理实现方面来描述网络的结构。

网络配置指的是从网络的应用来描述网络的布局、硬件、软件等；网络体系结构是指从功能上来描述网络的结构，至于体系结构中所确定的功能怎样实现，有待网络生产厂家来解决。

3. 现场总线

在传统的自动化工厂中，生产现场的许多设备和装置，如传感器、调节器、变速器、执行器等都是通过信号电缆与计算机、PLC 相连的。当这些装置和设备相距较远、分布较广时，就会使电缆线的用量和铺设费用随之大大地增加，造成了整个项目的投资成本增高，系统连线复杂，可靠性下降，维护工作量增大，系统进一步扩展困难等问题。现场总线（FieldBus）的产生将分散于现场的各种设备连接了起来，并有效实施了对设备的监控。它是一种可靠、快速、能经受工业现场环境、低廉的通信总线。现场总线始于 20 世纪 80 年代，90 年代技术日趋成熟，受到世界各自动化设备制造商和用户的广泛关注，目前，是世界上最成功的总线之一。PLC 的生产厂商也将现场总线技术应用于各自的产品之中构成工业局域网的最底层，使得 PLC 网络实现了真正意义上的自动控制领域发展的一个热点，给传统的工业控制技术带来了一次革新。

现场总线技术实际上是实现现场级设备数字化通信的一种工业现场层的网络通信技术。按照国际电工委员会 IEC61158 的定义，现场总线是“安装在过程区域的现场设备、仪表与控制室内的自动控制装置系统之间的一种串行、数字式、多点通信的数据总线。”也就是说基于现场总线的系统是以单个分散的、数字化、智能化的测量和控制设备作为网络的节点，用总线相连，实现信息的相互交换，使得不同网络、不同现场设备之间可以信息共享。现场设备的各种运行参数、状态信息及故障信息等通过总线传输到远离现场的控制中心，而控制中心又可以将各种控制、维护、组态命令送往相关的设备，从而建立起具有自动控制功能的网络。通常将这种位于网络底层的自动化及信息集成的数字化网络称之为现场总线系统（FieldBus）。

西门子通信网络的中间层为现场总线，用于车间级和现场级的国际标准，传输速率最大为 12Mb/s，响应时间的典型值为 1ms，使用屏蔽双绞线电缆（最长 9.6km）或光缆（最长 90km），最多可接 127 个从站。

9.3.3　S7-200 通信部件介绍

在本节中将介绍 S7-200 通信的有关部件，包括：通信口、PC/PPI 电缆、通信卡，及 S7-200 通信扩展模块等。

1. 通信端口

S7-200 系列 PLC 内部集成的 PPI 接口的物理特性为 RS-485 串行接口，为 9 针 D 型，该端口也符合欧洲标准 EN50170 中 PROFIBUS 标准。S7-200 CPU 上的通信口外形如图 9-17 所示。

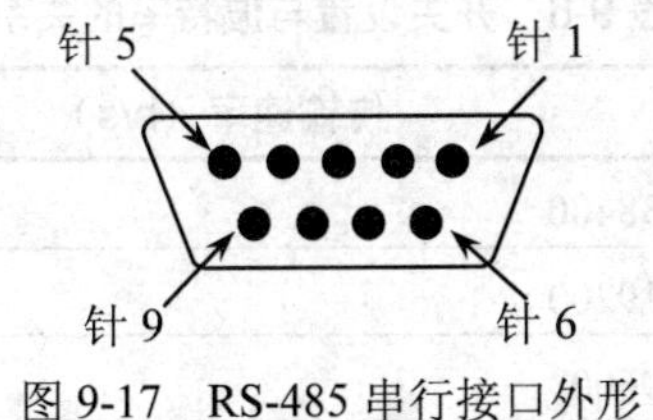

图 9-17　RS-485 串行接口外形

在进行调试时，将S7-200接入网络时，该端口一般是作为端口1出现的，作为端口1时端口各个引脚的名称及其表示的意义见表9-5。端口0为所连接的调试设备的端口。

表9-5 S7-200通信口各引脚名称

引脚	名称	端口0/端口1
1	屏蔽	机壳地
2	24V返回	逻辑地
3	RS-485信号B	RS-485信号B
4	发送申请	RTS（TTL）
5	5V返回	逻辑地
6	+5V	+5V，100Ω串联电阻
7	+24V	+24V
8	RS-485信号A	RS-485信号A
9	不用	10位协议选择（输入）
连接器外壳	屏蔽	机壳接地

2. PC/PPI电缆

用计算机编程时，一般用PC/PPI（个人计算机/点对点接口）电缆连接计算机与可编程控制器，这是一种低成本的通信方式。PC/PPI电缆外型如图9-18所示。

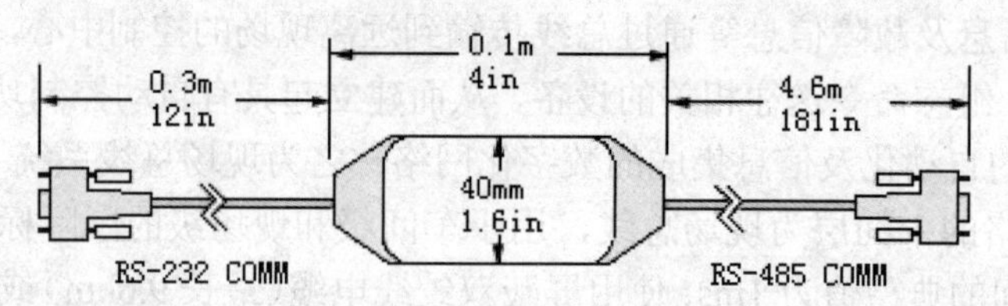

图9-18 PC/PPI电缆外型

（1） PC/PPI电缆的连接

将PC/PPI电缆有“PC”的RS-232端连接到计算机的RS-232通信接口，标有“PPI”的RS-485端连接到CPU模块的通信口，拧紧两边螺丝即可。

PC/PPI电缆上的DIP开关选择的波特率（见表9-6）应与编程软件中设置的波特率一致。初学者可选择通信速率的默认值9600b/s。4号开关为1，选择10位模式，4号开关为0，选择11位模式，5号开关为0，选择RS-232口设置为数据通信设备（DCE）模式，5号开关为1，选择RS-232口设置为数据终端设备（DTE）模式。未用调制解调器时4号开关和5号开关均应设为0。

表9-6 开关设置与波特率的关系

开关1、2、3	传输速率（b/s）	转换时间
000	38400	0.5
001	19200	1
010	9600	2

续表

开关 1、2、3	传输速率（b/s）	转换时间
011	4800	4
100	2400	7
101	1200	14
110	600	28

（2）PC/PPI 电缆通信设置

在 STEP 7-Micro/WIN 32 的指令树中单击“通信”图标，或从菜单中选择“检视→通信”选项，将出现通信设置对话框，“→”表示菜单的上下层关系。在对话框中双击 PC/PPI 电缆的图标，将出现 PC/PG 接口属性的对话框。单击其中的“属性（Properties）”按扭，出现 PC/PPI 电缆属性对话框。初学者可以使用默认的通信参数，在 PC/PPI 性能设置窗口中单击“Default（默认）”按钮可获得默认的参数。

1）计算机和可编程控制器在线连接的建立。在 STEP 7-Micro/WIN 32 的浏览条中单击“通信”图标，或从菜单中选择“检视→通信”选项，将出现通信连接对话框，显示尚未建立通信连接。双击对话框中的刷新图标，编程软件检查可能与计算机连接的所有 S7-200 CPU 模块（站），在对话框中显示已建立起连接的每个站的 CPU 图标、CPU 型号和站地址。

2）可编程控制器通信参数的修改。计算机和可编程控制器建立起在线连接后，就可以核实或修改后者的通信参数。在 STEP 7-Micro/WIN 32 的浏览条中单击“系统块”图标，或从主菜单中选择“检视→系统块”选项，将出现系统块对话框，单击对话框中的“通信口”标签，可设置可编程控制器通信接口的参数，默认的站地址是 2，波特率为 9600b/s。设置好参数后，单击“确认”按钮退出系统块。设置好需将系统块下载到可编程控制器，设置的参数才会起作用。

3）可编程控制器信息的读取

要想了解可编程控制器的型号和版本、工作方式、扫描速率、I/O 模块配置以及 CPU 和 I/O 模块错误，可选择菜单命令“PLC→信息”，将显示出可编程控制器的 RUN/STOP 状态、以位单位的扫描速率、CPU 的版本、错误的情况和各模块的信息。

“复位扫描速率”按钮用来刷新最大扫描速率、最小扫描速率、和最近扫描速率。如果 CPU 配有智能模块，要查看智能模块信息时，选中要查看的模块，单击“智能模块信息”按钮，将出现一个对话框，以确认模块类型、模块版本、模块错误和其他有关的信息。

3. 网络连接器

利用西门子公司提供的两种网络连接器可以把多个设备很容易地连到网络中。两种连接器都有两组螺丝端子，可以连接网络的输入和输出。通过网络连接器上的选择开关可以对网络进行偏置和终端匹配。两个连接器中的一个连接器仅提供连接到 CPU 的接口，而另一个连接器增加了一个编程接口（如图 9-19 所示）。带有编程接口的连接器可以把 SIMATIC 编程器或操作面板增加到网络中，而不用改动现有的网络连接。编程口连接器把 CPU 的信号传到编程口（包括电源引线）。这个连接器对于连接从 CPU 取电源的设备（例如 TD200 或 OP3）很有用。

进行网络连接时，连接的设备应共享一个共同的参考点。参考点不同时，在连接电缆中会产生电流，这些电流会造成通信故障或损坏设备。或者将通信电缆所连接的设备进行隔离，以防止不必要的电流。

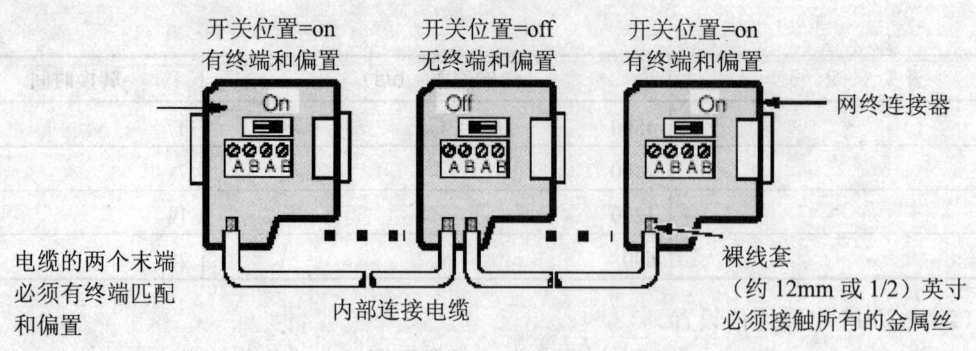

图 9-19　网络连接器

4. PROFIBUS 网络电缆

当通信设备相距较远时，可使用 PROFIBUS 电缆进行连接，表 9-7 列出了 PROFIBUS 网络电缆的性能指标。

PROFIBUS 网络的最大长度有赖于波特率和所用电缆的类型，表 9-8 中列出了规范电缆时网络段的最大长度。

表 9-7　PROFIBUS 电缆性能指标

通用特性	类型	导体截面积	电缆容量	阻抗
规范	屏蔽双绞线	24AWG（$0.22mm^2$）或更粗	<60pF/m	100～200Ω

表 9-8　PROFIBUS 网络的最大长度

传输速率（b/s）	网络段的最大电缆长度（m）
9.6～93.75k	1200
187.5k	1000
500k	400
1～1.5M	200
3～12M	100

5. 网络中继器

西门子公司提供连接到 PROFIBUS 网络环的网络中继器，如图 9-20 所示。利用中继器可以延长网络通信距离，允许在网络中加入设备，并且提供了一个隔离不同网络环的方法。在波特率是 9600 时，PROFIBUS 允许在一个网络环上最多有 32 个设备，这时通信的最长距离是 1200m（3936ft）。每个中继器允许加入另外 32 个设备，而且可以把网络再延长 1200m（3936ft）。在网络中最多可以使用 9 个中继器，每个中继器为网络环提供偏置和终端匹配。

6. EM277 PROFIBUS-DP 模块

EM277 PROFIBUS-DP 模块是专门用于 PROFIBUS-DP 协议通信的智能扩展模块。它的外形如图 9-21 所示。EM277 机壳上有一个 RS-485 接口，通过接口可将 S7-200 系列 CPU 连接至网络，它支持 PROFIBUS-DP 和 MPI 从站协议。其上的地址选择开关可进行地址设置，地址范围为 0～99。

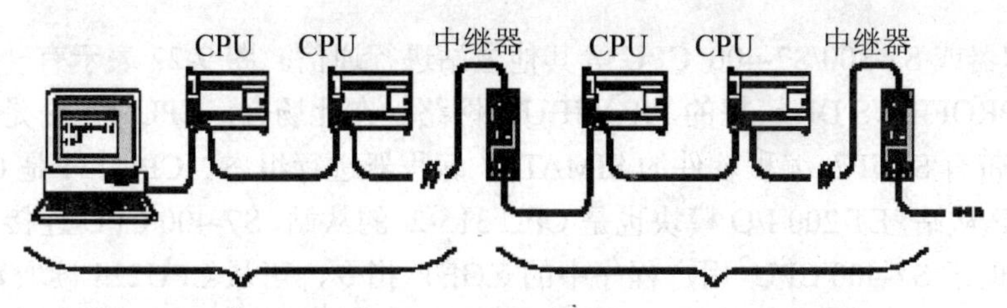

图 9-20　网络中继器

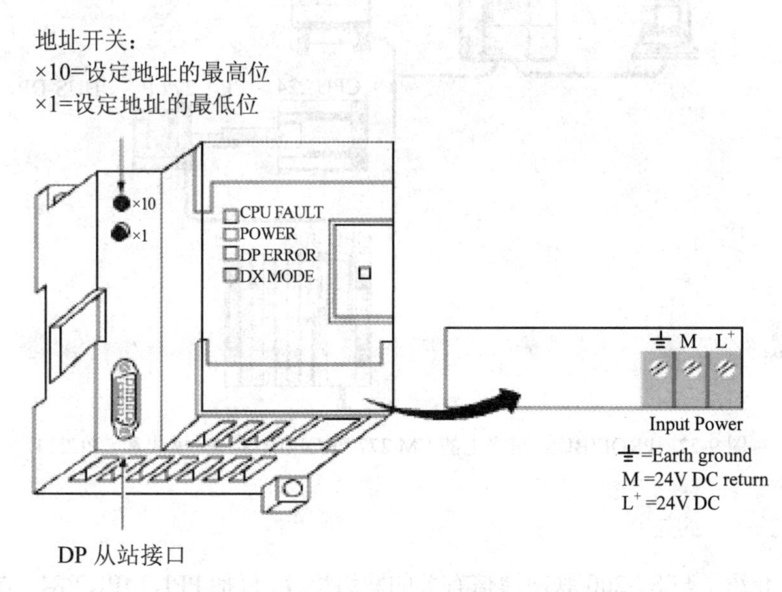

图 9-21　EM227 PROFIBUS-DP 模块

PROFIBUS-DP 是由欧洲标准 EN50170 和国际标准 IEC611158 定义的一种远程 I/O 通信协议。遵守这种标准的设备，即使是由不同公司制造的，也是兼容的。DP 表示分布式外围设备，即远程 I/O。PROFIBUS 表示过程现场总线。EM277 模块作为 PROFIBUS-DP 协议下的从站，实现通信功能。

除以上介绍的通信模块外，还有其他的通信模块。如用于本地扩展的 CP243-2 通信处理器，利用该模块可增加 S7-200 系列 CPU 的输入、输出点数。

通过 EM 277 PROFIBUS-DP 扩展从站模块，可将 S7-200 CPU 连接到 PROFIBUS-DP 网络。EM 277 经过串行 I/O 总线连接到 S7-200 CPU。PROFIBUS 网络经过其 DP 通信端口，连接到 EM 277 PROFIBUS-DP 模块。这个端口可运行于 9600～12M 波特之间的任何 PROFIBUS 支持的波特率。作为 DP 从站，EM 277 模块接受从主站来的多种不同的 I/O 配置，向主站发送和接收不同数量的数据，这种特性使用户能修改所传输的数据量，以满足实际应用的需要。与许多 DP 站不同的是，EM 277 模块不仅仅是传输 I/O 数据，还能读写 S7-200 CPU 中定义的变量数据块，这样使用户能与主站交换任何类型的数据。首先，将数据移到 S7-200 CPU 中的变量存储器，就可将输入计数值、定时器值或其他计算值传送到主站。类似地，从主站来的数据存储在 S7-200 CPU 中的变量存储器内，并可移到其他数据区。EM 277 PROFIBUS-DP 模块的 DP 端口可连接到网络上的一个 DP 主站上，但仍能作为一个 MPI 从站与同一网络上如

SIMATIC 编程器或 S7-300/S7-400 CPU 等其他主站进行通信。图 9-22 表示有一个 CPU224 和一个 EM 277 PROFIBUS DP 模拟的 PROFIBUS 网络。在此场合，CPU 315-2 是 DP 主站，并且已通过一个带有 STEP7 编程软件的 SIMATIC 编程器进行组态。CPU224 是 CPU 315-2 所拥有的一个 DP 从站，ET 200 I/O 模块也是 CPU 315-2 的从站，S7-400 CPU 连接到 PROFIBUS 网络，并且藉助于 S7-400 CPU 用户程序中的 XGET 指令，可从 CPU224 读取数据。

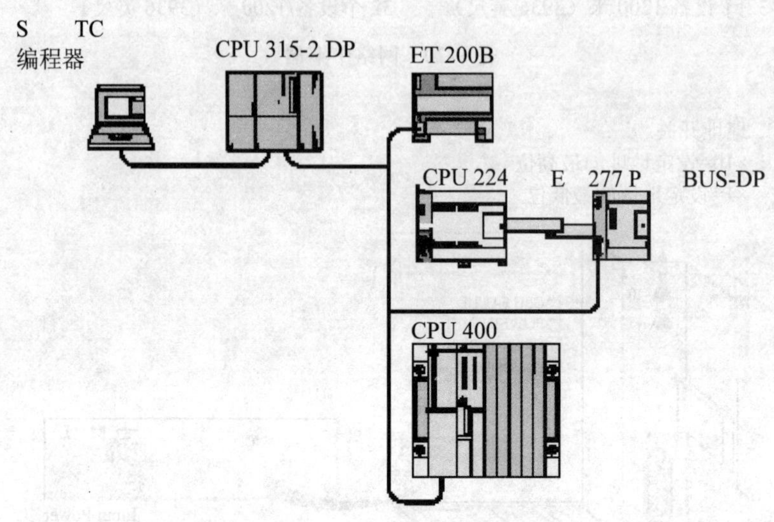

图 9-22 PROFIBUS 网络上的 EM 277 PROFIBUS-DP 模块和 CPU224

9.3.4 S7-200 PLC 的通信

在本节中介绍了与 S7-200 联网通信有关的网络协议，包括 PPI、MPI、PROFIBUS、ModBus 等协议，以及相关的程序指令。

1. 概述

S7-200 的通信功能强，有多种通信方式可供用户选择。在运行 Windows 或 Windows NT 操作系统的个人计算机（PC）上安装了编程软件后，PC 可作为通信中的主站。

（1）单主站方式

单主站与一个或多个从站相连（见图 9-23）。SETP7-Micro/WIN 32 每次和一个 S7-200 CPU 通信，但是它可以访问网络上的所有 CPU。

（2）多主站方式

通信网络中有多个主站，一个或多个从站。图 9-24 中带 CP 通信卡的计算机和文本显示器 TD200、操作面板 OP15 是主站，S7-200 CPU 可以是从站或主站。

（3）使用调制解调器的远程通信方式

利用 PC/PPI 电缆与调制解调器连接，可以增加数据传输的距离。串行数据通信中，串行设备可以是数据终端设备（DTE），也可以是数据发送设备（DCE）。当数据从 RS-485 传送到 RS-232 口时，PC/PPI 电缆是接收模式（DTE），需要将 DIP 开关的第 5 个设置为 1 的位置，当数据从 RS-232 传送到 RS-485 口时，PC/PPI 电缆是发送模式（DCE），需要将 DIP 开关的第 5 个设置为 0 的位置。

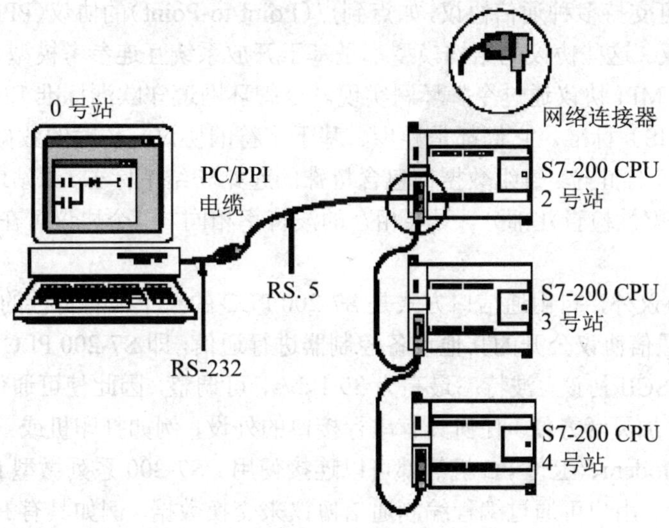

图 9-23　单主站与一个或多个从站相连

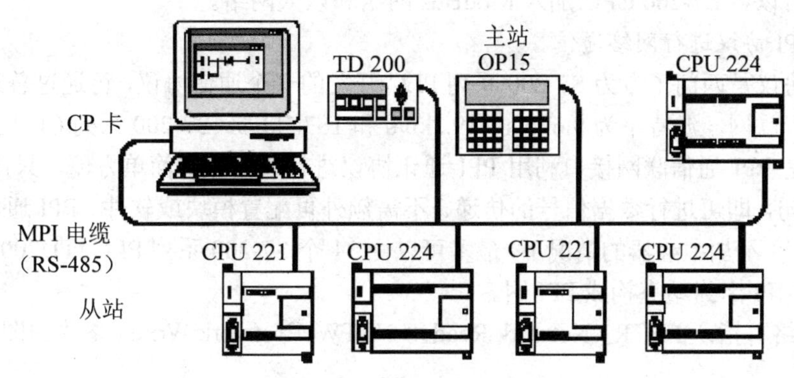

图 9-24　通信网络中有多个主站

S7-200 系列 PLC 单主站通过 11 位调制解调器（Modem）与一个或多个作为从站的 S7-200 CPU 相连，或单主站通过 10 位调制解调器与一个作为从站的 S7-200 CPU 相连。

（4）S7-200 通信的硬件选择

表 9-9 给出了可供用户选择的 STEP 7-Micro/WIN 32 支持的通信硬件和波特率。除此之外，S7-200 还可以通过 EM277 PROFIBUS-DP 现场总线网络为各通信卡提供一个与 PROFIBUS 网络相连的 RS-485 通信口。

表 9-9　STEP 7-Micro/WIN 32 支持的硬件配置

支持的硬件	类型	支持的波特率（kb/s）	支持的协议
PC/PPI 电缆	到 PC 通信口的电缆联接器	9.6、19.2	PPI 协议
CP5511	II 型，PCMCIA 卡	9.6、19.2、187.5	支持用于笔记本电脑的 PPI、MPI 和 PROFIBUS 协议
CP5611	PCI 卡（版本 3 或更高）		支持用于 PC 的 PPI、MPI 和 PROFIBUS 协议
MPI	集成在编程器中的 PC ISA 卡		

S7-200 CPU 可支持多种通信协议，如点到点（Point-to-Point）的协议（PPI）、多点协议（MPI）及 PROFIBUS 协议。这些协议的结构模型都是基于开放系统互连参考模型（OSI）的 7 层通信结构。PPI 协议和 MPI 协议通过令牌环网实现。令牌环网遵守欧洲标准 EN50170 中的过程现场总线（PROFIBUS）标准。它们都是异步、基于字符的协议，传输的数据带有起始位、8 位数据、奇校验和一个停止位。每组数据都包含特殊的起始和结束标志、源站地址和目的站地址、数据长度、数据完整性检查几部分。只要相互的波特率相同，三个协议可在同一网络上运行而不互相影响。

除上述三种协议外，自由通信口方式是 S7-200 PLC 的一个很有特色的功能。它使 S7-200 PLC 可以与任何通信协议公开的其他设备控制器进行通信，即 S7-200 PLC 可以由用户自己定义通信协议，如 ASCII 协议，波特率最高为 39.1kb/s，可调整，因此使可通信的范围大大增加，使控制系统配置更加灵活方便。任何具有串行接口的外设，例如打印机或条形码阅读器、变频器、调制解调器 Modem、上位 PC 机等都可以连接使用。S7-200 系列微型 PLC 用于两个 CPU 间简单的数据交换，用户可通过编程编制通信协议来交换数据，例如具有 RS-232 接口的设备可用 PC/PPI 电缆连接起来，进行自由通信方式通信。利用 S7-200 的自由通信口及有关的网络通信指令，可以将 S7-200 CPU 加入 ModBus 网络和以太网络。

2. 利用 PPI 协议进行网络通信

PPI 通信协议是西门子专为 S7-200 系列 PLC 开发的一个通信协议，可通过普通的两芯屏蔽双绞电缆进行联网，波特率为 9.6kb/s、19.2kb/s 和 187.5kb/s。S7-200 系列 CPU 上集成了编程口同时，就是 PPI 通信联网接口利用 PPI 通讯协议进行通信非常简单方便，只用 NETR 和 NETW 两条语句，即可进行数据信号的传递，不需额外再配置模块或软件。PPI 通信网络是一个令牌传递网，在不加中继器的情况下，最多可以由 31 个 S7-200 系列 PLC、TD200、OP/TP 面板或上位机插 MPI 卡为站点构成 PPI 网。

网络读/网络写指令 NETR（Network Read）/ NETW（Network Write）格式如图 9-25 所示。

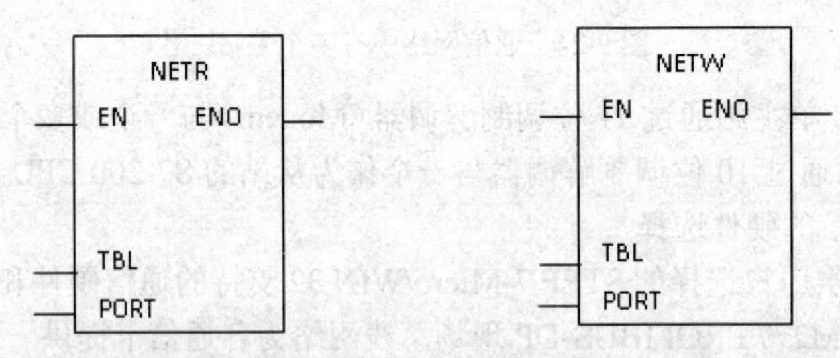

图 9-25　网络读/网络写指令 NETR/ NETW

TBL：缓冲区首址，操作数为字节。

PORT：操作端口，CPU 226 为 0 或 1，其他只能为 0。

网络读 NETR 指令是通过端口（PORT）接收远程设备的数据并保存在表（TBL）中，可从远方站点最多读取 16 字节的信息。

网络写 NETW 指令是通过端口（PORT）向远程设备写入在表（TBL）中的数据，可向远方站点最多写入 16 字节的信息。

在程序中可以有任意多 NETR/NETW 指令，但在任意时刻最多只能有 8 个 NETR 及 NETW 指令有效。TBL 表的参数定义如表 9-10 所示。表中各参数的意义如下：

表 9-10 TBL 表的参数定义

VB100	D	A	E	0	错误码
VB101	远程站点的地址				
VB102	指向远程站点的数据指针				
VB103					
VB104					
VB105					
VB106	数据长度（1～16 字节）				
VB107	数据字节 0				
VB108	数据字节 1				
…	…				
VB122	数据字节 15				

远程站点的地址：被访问的 PLC 地址。

数据区指针（双字）：指向远程 PLC 存储区中的数据的间接指针。

接收或发送数据区：保存数据的 1～16 个字节，其长度在“数据长度”字节中定义。对于 NETR 指令，此数据区指执行 NETR 后存放从远程站点读取的数据区。对于 NETW 指令，此数据区指执行 NETW 前发送给远程站点的数据存储区。

表中字节的意义：

D：操作已完成。0=未完成，1=功能完成。

A：激活（操作已排队）。0=未激活，1=激活。

E：错误。0=无错误，1=有错误。

4 位错误代码的说明：

0：无错误。

1：超时错误。远程站点无响应。

2：接收错误。有奇偶错误等。

3：离线错误。重复的站地址或无效的硬件引起冲突。

4：排队溢出错误。多于 8 条 NETR/NETW 指令被激活。

5：违反通信协议。没有在 SMB30 中允许 PPI，就试图使用 NETR/NETW 指令。

6：非法参数。

7：没有资源。远程站点忙（正在进行上载或下载）。

8：第七层错误。违反应用协议。

9：信息错误。错误的数据地址或错误的数据长度。

3. 利用 MPI 协议进行网络通信

MPI 协议总是在两个相互通信的设备之间建立逻辑连接。MPI 协议允许主/主和主/从两种通信方式，选择何种方式依赖于设备类型。如果是 S7-300 CPU，由于所有的 S7-300 CPU 都必须是网络主站，所以进行主/主通信方式。如果设备是 S7-200 CPU，那么就进行主/从通信方式，因为 S7-200 CPU 是从站。在图 9-24 中，S7-200 可以通过内置接口，连接到 MPI 网络上，波特率为 19.2kb/s 或 187.5kb/s。它可与 S7-300 或者是 S7-400 CPU 进行通信。S7-200 CPU 在 MPI 网络中作为从站，它们彼此间不能通信。

4. 利用 PROFIBUS 协议进行网络通信

PROFIBUS 是世界上第一个开放式现场总线标准，目前技术已成熟，其应用领域覆盖了从机械加工、过程控制、电力、交通到楼宇自动化的各个领域。PROFIBUS 于 1995 年成为欧洲工业标准（EN50170），1999 年成为国际标准（1EC61159-3）。

在 S7-200 系列 PLC 的 CPU 中，CPU 22X 都可以通过增加 EM277 PROFIBUS-DP 扩展模块的方法支持 PROFIBUS DP 网络协议。最高传输速率可达 12Mb/s。采用 PROFIBUS 的系统，对于不同厂家所生产的设备不需要对接口进行特别的处理和转换，就可以通信。PROFIBUS 连接的系统由主站和从站组成，主站能够控制总线，当主站获得总线控制权后，可以主动发送信息。从站通常为传感器、执行器、驱动器和变送器。它们可以接收信号并给予响应，但没有控制总线的权力。当主站发出请求时，从站回送给主站相应的信息。PRORFIBUS 除了支持主/从模式，还支持多主/多从的模式。对于多主站的模式，在主站之间按令牌传递顺序决定对总线的控制权。取得控制权的主站，可以向从站发送、获取信息，实现点对点的通信。

西门子 S7 通过 PROFIBUS 现场总线构成的系统，其基本特点如下：

1）PLC、I/O 模板、智能仪表及设备可通过现场总线连接，特别是同厂家的产品提供通用的功能模块管理规范，通用性强，控制效果好。

2）I/O 模板安装在现场设备（传感器、执行器等）附近，结构合理。

3）信号就地处理，在一定范围内可实现互操作。

4）编程仍采用组态方式，设有统一的设备描述语言。

5）传输速率可在 9.6kb/s～12Mb/s 间选择。

6）传输介质可以用金属双绞线或光纤。

（1）PROFIBUS 的组成

PROFIBUS 由三个相互兼容的部分组成，即 PROFIBUS-FMS、PROFIBUS-DP 及 PROFIBUS-PA。

1）PROFIBUS-DP（Distributed Periphery，分布 I/O 系统）

PROFIBUS-DP 是一种优化模板，是制造业自动化主要应用的协议内容，是满足用户快速通信的最佳方案，每秒可传输 12 兆位。扫描 1000 个 I/O 点的时间少于 lms。它可以用于设备级的高速数据传输，远程 I/O 系统尤为适用。位于这一级的 PLC 或工业控制计算机可以通过 PROFIBUS-DP 同分散的现场设备进行通信。

2）PROFIBUS-PA（Process Automation，过程自动化）

PA 主要用于过程自动化的信号采集及控制，它是专为过程自动化所设计的协议，可用于安全性要求较高的场合及总线集中供电的站点。

3）PROFIBUS-FMS（Fieldbus Message Specification，现场总线信息规范）

FMS 是为现场的通用通信功能所设计，主要用于非控制信息的传输，传输速度中等，可以用于车间级监控网络。FMS 提供了大量的通信服务，用以完成以中等级传输速度进行的循环和非循环的通信服务。对于 FMS 而言，它考虑的主要是系统功能而不是系统响应时间，应用过程中通常要求的是随机的信息交换，如改变设定参数。FMS 服务向用户提供了广泛的应用范围和更大的灵活性，通常用于大范围、复杂的通信系统。

（2）PROFIBUS 协议结构

PROFIBUS 协议以 ISO/OSI 参考模型为基础。第一层为物理层，定义了物理的传输特性；第二层为数据链路层；第三层至第六层 PROFIBUS 未使用；第七层为应用层，定义了应用的功能。PROFIEUS-DP 是高效、快速的通信协议，它使用了第一层、第二层及用户接口，第三～七层未使用。这样简化了的结构确保了 DP 的高速数据传输。

（3）传输技术

PROFIBUS 对于不同的传输技术定义了唯一的介质存取协议。

1）RS-485。RS-485 是 PROFIBUS 使用最频繁的传输技术，具体论述参见前面有关章节。

2）IEC1159-2。根据 IEC1159-2 在过程自动化中使用固定波特率 31.25kb/s 的同步传输，它可以满足化工和石化工业对安全的要求，采用双线技术通过总线供电，这样 PROFIBUS 就可以用于危险区域了。

3）光纤。在电磁干扰强度很高的环境和高速、远距离传输数据时，PROFIBUS 可使用光纤传输技术。使用光纤传输的 PROFIBUS 总线段可以设计成星型或环型结构。现在市面上已经有 RS-485 传输链接与光纤传输链接之间的耦合器，这样就实现了系统内 RS-485 和光纤传输之间的转换。

4）PROFIBUS 介质存取协议。PROFIBUS 通信规程采用了统一的介质存取协议，此协议由 OSI 参考模型的第二层来实现。在 PROFIBUS 协议设计时充分考虑了满足介质存取控制的两个要求，即：在主站间通信时，必须保证在分配的时间间隔内，每个主站都有足够的时间来完成它的通信任务，在 PLC 与从站（PLC 或其他设备）间通信时，必须快速、简捷地完成循环，进行实时的数据传输。为此，PROFIBUS 提供了两种基本的介质存取控制：令牌传递方式和主/从方式。

令牌传递方式可以保证每个主站在事先规定的时间间隔内都能获得总线的控制权。令牌是一种特殊的报文，它在主站之间传递着总线控制权，每个主站均能按次序获得一次令牌，传递的次序是按地址升序进行的。

主/从方式允许主站在获得总线控制权时，可以与从站通信，来发送或获得信息。

主站要发出信息，必须持有令牌。假设有一个由 3 个主站和 7 个从站构成的 PROFIBUS 系统。3 个主站构成了一个令牌传递的逻辑环，在这个环中，令牌按照系统预先确定的地址升序从一个主站传递给下一个主站。当一个主站得到了令牌后，它就能在一定的时间间隔内执行该主站的任务，可以按照主/从关系与所有从站通信，也可以按照主/主关系与所有主站通信。在总线系统建立的初期阶段，主站的介质存取控制（MAC）的任务是决定总线上的站点分配并建立令牌逻辑环。在总线的运行期间，损坏的或断开的主站必须从环中撤除，新接入的主站必须加入逻辑环。MAC 的其他任务是检测传输介质和收发器是否损坏，检查站点地址是否出错，以及令牌是否丢失或有多个令牌。

PROFIBUS 的第二层按照国际标准 IEC870-5-1 的规定，通过使用特殊的起始位和结束位、无间距字节异步传输及奇偶校验来保证传输数据的安全。PROFIBUS 第二层按照非连接的模式操作，除了提供点对点通信功能外，还提供多点通信的功能，即广播通信和有选择的广播、组播。所谓广播通信，即主站向所有站点（主站和从站）发送信息，不要求回答。所谓有选择的广播、组播是指主站向一组站点（从站）发送信息。

（4）S7-200 CPU 接入 PROFIBUS 网络

S7-200 CPU 必须通过 PROFIBUS-DP 模块 EM277 连接到网络，不能直接接入 PROFIBUS 网络进行通信。EM277 经过串行 I/O 总线连接到 S7-200 CPU。PROFIBUS 网络经过其 DP 通信端口，连接到 EM277 模块。这个端口支持 9600b/s～12Mb/s 之间的任何传输速率。EM277 模块在 PROFIBUS 网络中只能作为 PROFIBUS 从站出现。作为 DP 从站，EM277 模块接受从主站来的多种不同的 I/O 配置，向主站发送和接收不同数量的数据。这种特性使用户能修改所传输的数据量，以满足实际应用的需要。与许多 DP 站不同的是，EM277 模块不仅仅传输 I/O 数据，还能读写 S7-200 CPU 中定义的变量数据块。这样，使用户能与主站交换任何类型的数据。通信时，首先将数据移到 S7-200 CPU 中的变量存储区，就可将输入、计数值、定时器值或其他计算值传输到主站。类似地，从主站来的数据存储在 S7-200 CPU 中的变量存储区内，进而可移到其他数据区。

EM277 模块的 DP 端口可连接到网络上的一个 DP 主站上，仍能作为一个 MPI 从站与同一网络上如 SIMATIC 编程器或 S7-300/S7-400 CPU 等其他主站进行通信。为了将 EM277 作为一个 DP 从站使用，用户必须设定与主站组态中的地址相匹配的 DP 端口地址。从站地址是使用 EM277 模块上的旋转开关设定的。在变动旋转开关之后，用户必须重新起动 CPU 电源，以便使新的从站地址起作用。主站通过将其输出区来的信息发送给从站的输出缓冲区（称为“接收信箱”），与每个从站交换数据。从站将其输入缓冲区（称为发送信箱）的数据返回给主站的输入区，以响应从主站来的信息。

EM277 可用 DP 主站组态，以接收从主站来的输出数据，并将输入数据返回给主站。输出和输入数据缓冲区驻留在 S7-200 CPU 的变量存储区（V 存储区）内。当用户组态 DP 主站时，应定义 V 存储区内的字节位置。从这个位置开始为输出数据缓冲区，它应作为 EM277 的参数赋值信息的一部分。用户也要定义 FO 配置，它是写入到 S7-200 CPU 的输出数据总量和从 S7-200 CPU 返回的输入数据总量。EM277 从 FO 配置确定输入和输出缓冲区的大小。DP 主站将参数赋值和 I/O 配置信息写入到 EM277 模块，V 存储区地址和输入及输出数据长度传输给 S7-200 CPU。

输入和输出缓冲区的地址可配置在 S7-200 CPU 的 V 存储区中任何位置。输入和输出缓冲区的默认地址为 VB0。输入和输出缓冲区地址是主站写入 S7-200 CPU 赋值参数的一部分。用户必须组态主站以识别所有的从站及将需要的参数和 I/O 配置写入每一个从站。

一旦 EM277 模块已用一个 DP 主站成功地进行了组态，EM277 和 DP 主站就进入数据交换模式。在数据交换模式中，主站将输出数据写入到 EM277 模块，然后，EM277 模块响应最新的 S7-200 CPU 输入数据。EM277 模块不断地更新从 S7-200 CPU 来的输入，以便向 DP 主站提供最新的输入数据。然后，该模块将输出数据传输给 S7-200 CPU。从主站来的输出数据放在 V 存储区中（输出缓冲区）由某地址开始的区域内，而该地址是在初始化期间，由 DP 主站提供的。传输到主站的输入数据取自 V 存储区存储单元（输入缓冲区），其地址是紧随输出缓冲区的。

在建立 S7-200 CPU 用户程序时，必须知道 V 存储区中的数据缓冲区的开始地址和缓冲区大小。从主站来的输出数据必须通过 S7-200 CPU 中的用户程序，从输出缓冲区转移到其他数据区。类似地，传输到主站的输入数据也必须通过用户程序从各种数据区转移到输入缓冲区，进而发送到 DP 主站。

从 DP 主站来的输出数据，在执行程序扫描后立即放置在 V 存储区内。输入数据（传输到主站）从 V 存储区复制到 EM277 中，以便同时传输到主站。当主站提供新的数据时，则从主站来的输出数据才写入到 V 存储区内。在下次与主站交换数据时，将送到主站的输入数据发送到主站。

SMB200～SMB249 提供有关 EM277 从站模块的状态信息（如果它是 I/O 链中的第一个智能模块）。如果 EM277 是 I/O 链中的第二个智能模块，那么，EM277 的状态是从 SMB250～SMB299 获得的。如果 DP 尚未建立与主站的通信，那么，这些 SM 存储单元显示默认值。当主站已将参数和 I/O 组态写入到 EM277 模块后，这些 SM 存储单元显示 DP 主站的组态集。用户应检查 SMB224，并确保在使用 SMB225～SMB229 或 V 存储区中的信息之前，EM277 已处于与主站交换数据的工作模式。

5. 利用 ModBus 协议进行网络通信

STEP7 Micro/WIN 指令库包含有专门为 ModBus 通信设计的预先定义的专门的子程序和中断服务程序，从而与 ModBus 主站通信简单易行。使用一个 ModBus 从站指令可以将 S7-200 组态为一个 ModBus 从站，与 ModBus 主站通信。当在用户编制的程序中加入 ModBus 从站指令时，相关的子程序和中断程序自动加入到所编写的项目中。

（1）ModBus 协议介绍

ModBus 协议是应用于电子控制器上的一种通用语言，具有较广泛的应用。Modbus 协议现在为一通用工业标准。有了它，不同厂商生产的控制设备可以连成工业网络，进行集中监控。通过此协议，控制器相互之间、控制器经由网络（例如以太网）和其他设备之间可以通信。该协议定义了一个控制器能认识使用的消息结构，而不管它们是经过何种网络进行通信的。它描述了控制器请求访问其他设备的过程，以及怎样检测错误并进行记录。它确定了消息域格式及内容的公共格式。

当在 ModBus 网络上通信时，每个控制器需要知道它们的设备地址，识别按地址发来的消息，决定要产生何种行动。如果需要回应，控制器将生成反馈信息并用 ModBus 协议发出。在其他网络上，包含了 ModBus 协议的消息转换为在此网络上使用的帧或包结构。这种转换也扩展了根据具体的网络解决节地址、路由路径及错误检测的方法。

1)ModBus 协议网络选择。在 ModBus 网络上转输时，标准的 ModBus 口是使用与 RS-232C 兼容的串行接口，它定义了连接口的引脚、电缆、信号位、传输波特率、奇偶校验。控制器能直接或经由 Modem 组网。

控制器通信使用主/从技术，即指只有一个设备（主设备）能初始化传输（查询），其他设备（从设备）则根据主设备查询提供的数据做出相应反应。典型的主设备有：主机和可编程仪表；典型的从设备有：PLC。

主设备可单独与从设备通信，也能以广播方式和所有从设备通信。如果单独通信，从设备返回消息作为回应，如果是以广播方式查询，则不做任何回应。ModBus 协议建立了主设备查询的格式：设备（或广播）地址、功能代码、所有要发送的数据、错误检测域。从设备回应消息也由 ModBus 协议构成，包括确认要行动的域、任何要返回的数据和错误检测域。如果在消息接收过程中发生错误，或从设备不能执行其命令，从设备将建立错误消息并把它作为回应发送出去。

2）ModBus 查询－回应周期。

① 查询消息包括功能代码、数据段、错误检测等几部分。功能代码告之被选中的从设备要执行何种功能。数据段包含了从设备要执行功能的任何附加信息。例如功能代码 03 是要求从设备读保持寄存器并返回它们的内容。数据段必须包含要告之从设备的信息：从何寄存器开始读和要读的寄存器数量。错误检测域为从设备提供了一种验证消息内容是否正确的方法。

② 回应消息包括功能代码、数据段、错误检测等几部分。如果从设备产生正常的回应，在回应消息中的功能代码是查询消息中的功能代码的回应。数据段包括了从设备收集的数据：寄存器值或状态。如果有错误发生，功能代码将被修改以用于指出回应消息是错误的，同时数据段包含了描述此错误信息的代码。错误检测域允许主设备确认消息内容是否可用。

③ ModBus 数据传输模式。控制器能设置为两种传输模式（ASCII 或 RTU）中的任何一种。在配置每个控制器的时候，一个 ModBus 网络上的所有设备都必须选择相同的传输模式和串口通信参数（波特率、校验方式等）。所选的 ASCII 或 RTU 方式仅适用于标准的 ModBus 网络，它定义了在这些网络上连续传输的消息段的每一位，以及决定怎样将信息打包成消息域和如何解码。在其他网络上（像 MAP 和 ModBus Plus）ModBus 消息被转成与串行传输无关的帧。

（2）S7-200 中 ModBus 从站协议指令

1）MBUS_INIT 指令。用于使能、初始化或禁止 Modbus 通信，如表 9-11 所示。只有当本指令执行无误后，才能执行 MBUS SLVE 指令。当 EN 位使能时，在每个周期 MBUS_INIT 都被执行。但在使用时，只有当改变通信参数时，MBUS_INIT 指令才重新执行，因此 EN 位的输入端应采用脉冲输入，并且该脉冲应采用边沿检测的方式产生，或者采取措施使 MBUS_INIT 指令只执行一次。

表 9-11 列出了 MBUS_INIT 指令各参数的类型及适用的变量。

表 9-11　MBUS_INIT 指令格式、各参数的类型及适用的变量

指令格式	输入/输出	数据类型	适用变量
MBUS_INIT EN Mode　Done Addr　Error Band Parity MaxIQ MaxHold HoldStart	Mode、Addr、Parity	BYTE	VB、IB、QB、MB、SB、SMB、LB、AC、Constant、*AC、*VD、*LD
	Baud、HoldStart	DWORE	VD、ID、QD、MD、SD、SMD、LD、AC、Constant、*AC、*VD、*LD
	Delay、MaxAI、MaxHold	WORD	VW、IW、QW、MW、SW、SMW、LW、AC、Constant、*AC、*VD、*LD
	Done	BOOL	I、Q、M、S、SM、T、C、V、L
	Error	BYTE	VB、IB、QB、MB、SB、SMB、LB、AC、*AC、*VD、*LD

参数说明：

参数 Baud 用于设置波特率，可选 1200、2400、4800、9600、19200、38400、57600、11520。

参数 Addr 用于设置地址，地址范围为：1～247。

参数 Parity 用于设置校验方式，使之与 ModBus 主站匹配。其值可为：0（无校验）、1（奇校验）、2（偶校验）。

参数 MaxIQ 用于设置最大可访问的 I/O 点数。

2）MBUS_SLAVE 指令。MBUS_SLAVE 指令用于响应 ModBus 主站发出的请求。该指令应该在每个扫描周期都被执行，以检查是否有主站的请求。其梯形图指令如表 9-12 所示。只有当指令的 EN 位输入有效时，该指令在每个扫描周期才被执行。当响应 ModBus 主站的请求时，Done 位有效，否则 Done 处于无效状态。位 Error 显示指令执行的结果。Done 有效时 Error 才有效，但 Done 由有效变为无效时，Error 状态并不发生改变。表 9-12 列出了 MBUS_SLAVE 指令各参数的类型及适用的变量。

表 9-12 MBUS_SLAVE 指令格式、各参数的类型及适用的变量

指令格式	参数	数据类型	操作数
MBUS_SLVE EN Done Error	Done	BOOL	I、Q、M、S、SM、T、C、V、L
	Error	BYTE	VB、IB、QB、MB、SB、SMB、LB、AC、*AC、*VD、*LD

6. 工业以太网

随着网络控制技术的发展和成熟，自动控制技术、计算机、通信、网络技术、信息交换的网络正迅速全面覆盖，从工厂的现场设备控制到管理的各个层次中均有应用，由于领域宽，导致企业网络不同层次间的数据传输已变得越来越复杂。人们对工业局域网的开放性、互联性、带宽等方面提出了更高的要求，应用传统的现场总线的工业控制网已无法实现企业管理自动化与工业控制自动化的无缝接合，技术上早已成熟的管理网——以太网正在闯入人们的视线。20 世纪 70 年代末期由 Xerox、DEC 和 Intel 公司共同推出的以太网产品到现在已获得了空前的发展，传输速率从早期的 10Mb/s 到 100Mb/s 的快速以太网产品，已经开始流行。早期阻碍以太网应用与实时控制的难点已被解决，工业以太网已经成为工业控制系统的一种新的工业通信网。工业以太网有以下的一些优点：

① 以太网可以满足控制系统各个层次的要求，使企业信息网与控制网得以统一。

② 可使设备的成本下降。

③ 有利于企业工程人员的学习和管理，以太网维护容易，工作人员无需再专门学习。

④ 工业以太网易于与其他网络（如 Internet）进行集成。

⑤ 速度更快。

西门子公司已将工业以太网运用于工业控制领域，用 ASI、PROFIBUS 和工业以太网可以构成监控系统。

9.4 技能实训

9.4.1 水塔水位控制设计与调试

1. 实训目的

（1）掌握功能指令的用法。

（2）掌握水塔水位控制程序的设计。

2. 实训器材

PC机一台、PLC实训箱一台、编程电缆一根、水塔水位控制模块、导线若干。

3. 实训内容

设计要求：

设计一个水塔水位控制程序。模块示意图如图9-26所示。

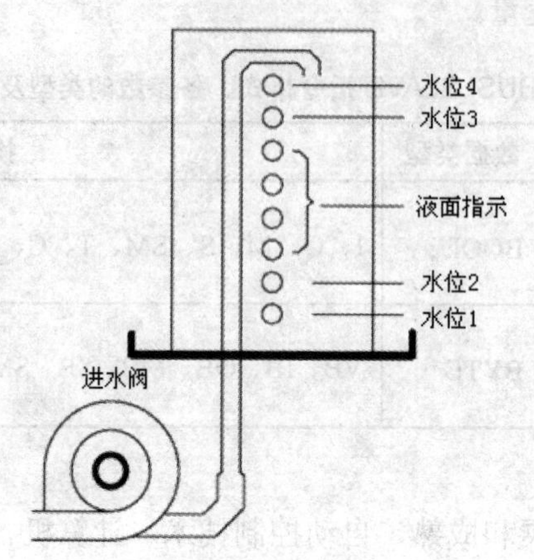

图9-26 水塔水位控制模块示意图

控制面板上，水箱位置中的四只绿色指示灯分别指示高水位液面传感器及低水位液面传感器的工作状态，按钮水位1、水位2、水位3、水位4分别用于模拟高、低水位传感器的工作状态。水位指示灯亮，表示当前水位低于指示水位。

中间的四个绿灯（3、4、5、6）用于指示液面状态。从下往上依次循环点亮，表示水面在上升。

低水位指示灯亮（高水位指示灯也亮），表示水箱缺水。这时进水阀开（指示灯亮），水箱开始进水；按下水位1按钮，水位1指示灯灭（高水位灯仍亮）；按下水位2按钮，水位2指示灯灭（高水位灯仍亮）；按下水位3按钮，水位3指示灯灭（高水位灯仍亮），这时中间四个绿灯点亮速度变慢，表示水面在缓慢上升；按下水位4按钮，水位4指示灯灭，中间四个绿灯熄灭，表示水箱满。进水阀关闭（指示灯灭）。

4. 实训步骤

（1）确定输入、输出端口、并编写程序。

（2）编译程序，无误后下载至PLC主机的存储器中，并运行程序。

（3）调试程序，直至符合设计要求。

5. 参考接线表（见表9-13）

表9-13 参考接线

输入			输出		
主机	实训模块	注释	主机	实训模块	注释
I0.0	水位1	水位1按钮	Q0.0	SP	蜂鸣器
I0.1	水位2	水位2按钮	Q0.1	DJ	电机工作指示灯
I0.2	水位3	水位3按钮	Q0.2	指示灯1	水位1

续表

输入			输出		
主机	实训模块	注释	主机	实训模块	注释
I0.3	水位4	水位4按钮	Q0.3	指示灯2	水位2
I0.4	起动	起动按钮	1L	24V	
I0.5	停止	停止按钮			
1M	24V		Q0.4	指示灯3	3、4、5、6组合指示液面变化
	0V←→COM		Q0.5	指示灯4	
			Q0.6	指示灯5	
			Q0.7	指示灯6	
			2L	24V	
			Q1.0	指示灯7	水位3
			Q1.1	指示灯8	水位4
			3L	24V	

9.4.2　邮件分拣控制设计与调试

1. 实训目的

（1）掌握功能指令的用法。

（2）掌握邮件分拣控制程序的设计。

2. 实训器材

PC机一台、PLC实训箱一台、编程电缆一根、导线若干。

3. 实训内容

设计要求：

设计一个邮件分拣控制程序。模块示意图如图9-27所示。

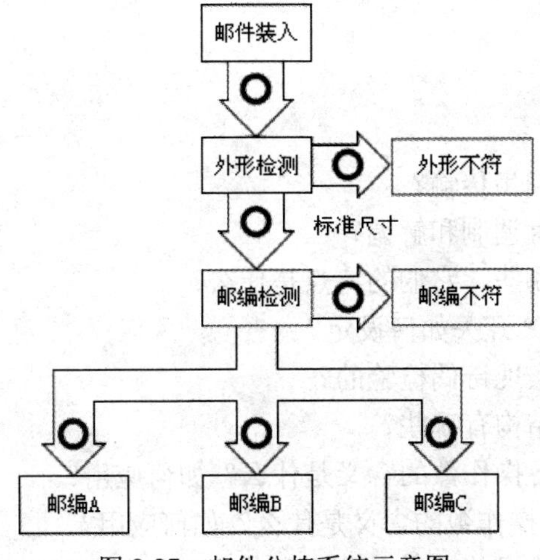

图9-27　邮件分拣系统示意图

按下起动按钮后，邮件开始进入流水线，指示灯 1 亮，延时 2 秒后，进入外形检测区，指示灯 2 亮，延时 2 秒后进入邮编检测区，指示灯 3 亮，延时 2 秒后进入邮编分档区，该区指示灯 4、5、6 闪烁点亮。

外形不符、邮编不符按钮：用来模拟非标准尺寸信号及无法识别信号。当按住按钮时，表示该信号有效，流水线暂停，等待处理；当放开按钮时，表示信号无效，流水线继续运行。

邮编 A、邮编 B、邮编 C 三个按钮指定处理相应邮编的信号，当按住某个按钮时，邮编分档区中只闪烁点亮邮编与该按钮相对应的邮件。

4．实训步骤

（1）确定输入、输出端口、并编写程序。

（2）编译程序，无误后下载至 PLC 主机的存储器中，并运行程序。

（3）调试程序，直至符合设计要求。

5．参考接线表（见表 9-14）

表 9-14　参考接线

输入			输出		
主机	实训模块	注释	主机	实训模块	注释
I0.0	起动	起动	Q0.0	1	邮件输入
I0.1	停止	停止	Q0.1	2	外形检测
I0.2	邮编 A	邮编 A	Q0.2	3	邮编检测
I0.3	邮编 B	邮编 B	Q0.3	4	邮编 A
I0.4	邮编 C	邮编 C	Q0.4	5	邮编 B
I0.5	外形不符	非标准尺寸	Q0.5	6	邮编 C
I0.6	邮编不符	无法识别	Q0.6	7	邮编不符
			Q0.7	8	外形不符
1M		24V	1L		24V
			2L		24V

思考与练习

1．什么是并行传输？

2．什么是异步传输和同步传输？

3．为什么要对信号进行调制和解调？

4．常见的传输介质有哪些，它们的特点是什么？

5．PC/PPI 电缆上的 DIP 开关如何设定？

6．奇偶检验码是如何实现奇偶检验的？

7．常见的网络的拓扑结构有哪些？

8．NETR/NETW 指令各操作数的含义是什么？如何应用？

9．MBUS_INIT 指令各操作数的含义是什么？如何应用？

10．MBUS_SLAVE 指令各操作数的含义是什么？如何应用？

参考文献

[1] SIEMENS AG．SIMATIC S7-200 Programmable Controller System Manual．2007.

[2] 西门子（中国）有限公司．S7-200 可编程序控制器系统手册．2007.

[3] 西门子（中国）有限公司．S7-200 可编程序控制器产品目录．2007.

[4] 廖常初．S7-200 PLC 编程及应用．北京：机械工业出版社，2011.

[5] 向晓汉．S7-200/300/400/1200 应用案例精讲．北京：化学工业出版社，2011.

[6] 张运刚. 从入门到精通——西门子 S7-200 PLC 技术与应用. 北京：人民邮电出版社，2008.

[7] 李雪梅．工厂电气与可编程序控制器应用技术．北京：中国水利水电出版社，2006.

[8] 程玉华．西门子 S7-200 工程应用实例分析．北京：电子工业出版社，2007.

[9] 高钦和．可编程控制器应用技术与设计．北京：人民邮电出版社，2005.

[10] 汪晓平．可编程控制器系统开发实例导航．北京：人民邮电出版社，2004.